PHYSIQUE ET CHIMIE

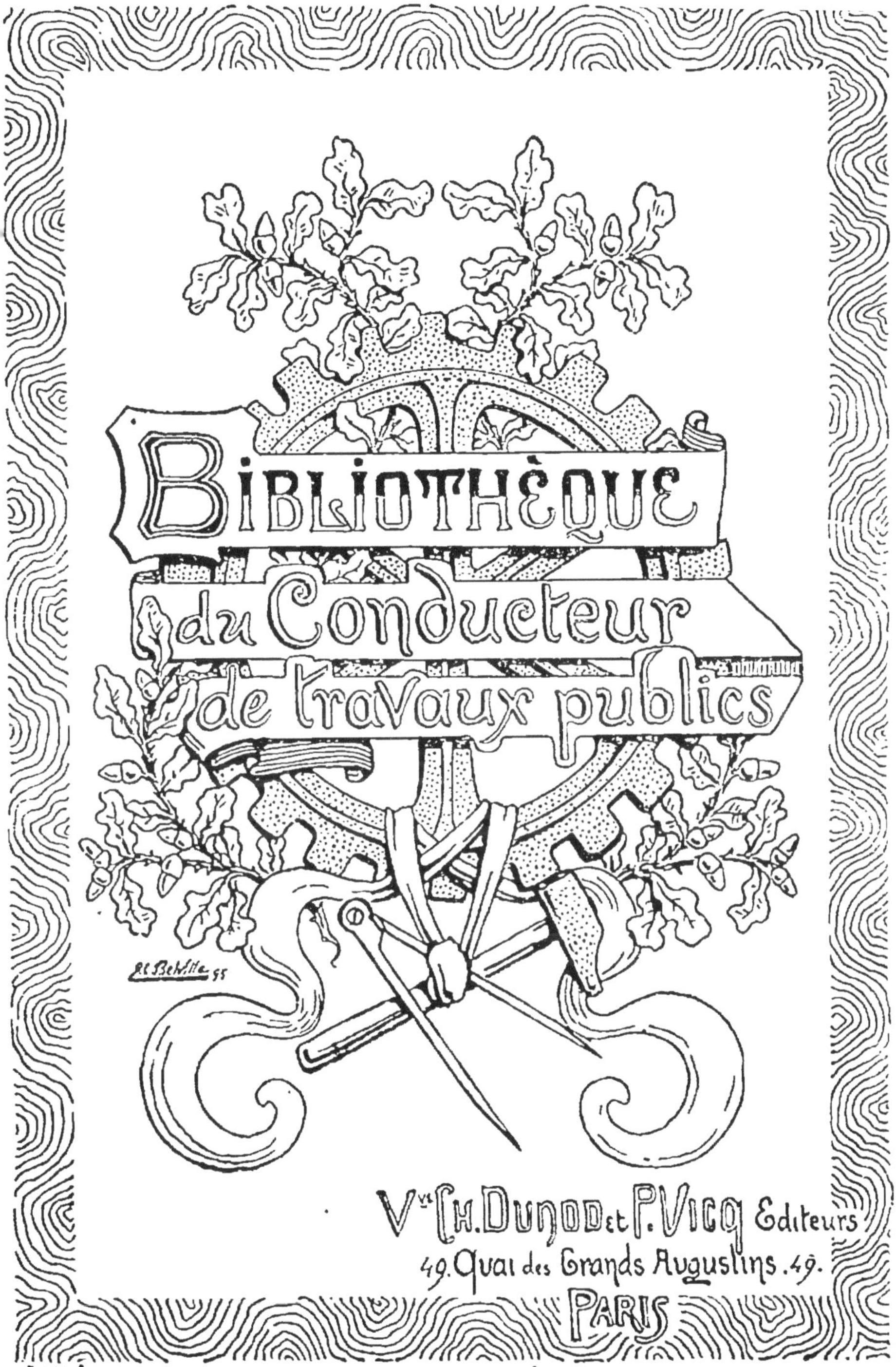

Bibliothèque
du Conducteur
de travaux publics
Vve Ch. Dunod et P. Vicq Éditeurs
49. Quai des Grands Augustins. 49.
Paris

# PHYSIQUE ET CHIMIE

TOURS. — IMPRIMERIE DESLIS FRÈRES

# PHYSIQUE ET CHIMIE

PAR

## AD. BAREAU

INGÉNIEUR DES ARTS ET MANUFACTURES

## PARIS

Vᵛᵉ Ch. DUNOD et P. VICQ, ÉDITEURS

LIBRAIRES DES PONTS ET CHAUSSÉES, DES MINES
ET DES CHEMINS DE FER

49 Quai des Grands-Augustins 49

—

1896

# BIBLIOTHÈQUE DU CONDUCTEUR DE TRAVAUX PUBLICS

PUBLIÉE SOUS LES AUSPICES

## DE MONSIEUR LE MINISTRE DES TRAVAUX PUBLICS

## Comité de patronage

| | |
|---|---|
| **BECHMANN** | Ingénieur en chef de l'assainissement (Service municipal de la ville de Paris), Professeur à l'École des Ponts et Chaussées. |
| **BOREUX** | Ingénieur en chef de la voie publique (Service municipal de la ville de Paris). |
| **BOUVARD** | Inspecteur général des services techniques municipaux d'architecture de la ville de Paris. |
| **BROUARDEL** (le Pr<sup>r</sup>) | Doyen de la Faculté de médecine, Membre de l'Institut, Président de l'Association polytechnique. |
| **COLSON** | Maître des requêtes au Conseil d'État, Professeur à l'École des Ponts et Chaussées. |
| **COMTE (J.)** | Ancien directeur des Bâtiments civils et des Palais nationaux au Ministère des Travaux publics. |
| **DEBAUVE** | Ingénieur en chef des Ponts et Chaussées, Agent voyer en chef de l'Oise, auteur du *Manuel de l'Ingénieur des Ponts et Chaussées.* |
| **DELECROIX** | Avocat, Docteur en droit, Directeur de la *Revue de la Législation des Mines.* |
| **DONIOL** | Inspecteur général des Ponts et Chaussées. |
| **BOUSQUET** (du) | Ingénieur en chef du matériel et de la traction à la C<sup>ie</sup> des Chemins de fer du Nord. |
| **FLAMANT** | Inspecteur général des Ponts et Chaussées de l'Algérie. |
| **GAY** | Inspecteur général des Ponts et Chaussées, Directeur de l'École Nationale des Ponts et Chaussées. |
| **GRILLOT** | Président honoraire de la Société des Conducteurs, Contrôleurs et Commis des Ponts et Chaussées et des Mines. |
| **GUILLAIN** | Conseiller d'État, Directeur des Routes, de la Navigation et des Mines au Ministère des Travaux publics. |
| **HATON DE LA GOUPILLIÈRE** | Membre de l'Institut, Inspecteur général des Mines, Directeur de l'École nationale supérieure des Mines. |
| **HENRY (E.)** | Inspecteur général des Ponts et Chaussées, Directeur du personnel et de la Comptabilité au Ministère des Travaux publics. |
| **HUET** | Inspecteur général des Ponts et Chaussées, Directeur administratif des Travaux de la ville de Paris. |
| **HUMBLOT** | Inspecteur général des Ponts et Chaussées, Directeur du Service des Eaux de la ville de Paris. |

**JOUBERT**                    Président de la Société des Anciens Elèves des Ecoles nationales d'Arts et Métiers.

**LAUSSEDAT** (le Colonel)    Membre de l'Institut, Directeur du Conservatoire national des Arts et Métiers.

**Mᵉ LE BERQUIER**            Avocat à la Cour d'appel de Paris.

**MARTIN (J.)**               Inspecteur général des Ponts et Chaussées.

**MARTINIE**                  Contrôleur général de l'Administration de l'Armée.

**METZGER**                   Inspecteur des Travaux publics des Colonies.

**MICHEL (J.)**               Ingénieur en chef au Chemin de fer de Paris à Lyon et à la Méditerranée.

**NICOLAS**                   Conseiller d'Etat, Directeur du Commerce intérieur et de l'Enseignement technique au Ministère du Commerce, de l'Industrie et des Postes et Télégraphes.

**PHILIPPE**                  Directeur de l'Hydraulique agricole au Ministère de l'Agriculture, Inspecteur général des Ponts et Chaussées.

**PILLET**                    Professeur au Conservatoire national des Arts et Métiers.

Le **Président** de la Société des Ingénieurs civils de France.

**RÉSAL**                     Ingénieur en chef des Ponts et Chaussées, Professeur à l'Ecole Nationale des Ponts et Chaussées.

**ROUCHÉ**                    Professeur au Conservatoire national des Arts et Métiers.

**SANGUET**                   Président de la Société de Topographie parcellaire de France.

**TAVERNIER** (de)            Ingénieur en chef des Ponts et Chaussées.

**TISSERAND**                 Conseiller d'Etat, Directeur de l'Agriculture au Ministère de l'Agriculture.

**TRICOCHE** (le Général)     Président de la Société de Topographie de France.

# AVERTISSEMENT

Ce livre a pour objet de présenter d'une façon claire et méthodique les lois et les phénomènes les plus importants de la physique et de la chimie.

En raison même de l'étendue du sujet, cet ouvrage ne pouvait être qu'un exposé succinct, que l'auteur devait rendre aussi substantiel que possible. On n'y trouvera donc pas, en général, les descriptions détaillées de méthodes ou d'expériences. D'autre part, les limites étroites imposées pour le cadre n'ont pas toujours permis de faire suivre l'exposition des lois principales d'exemples ou de développements susceptibles d'en faciliter l'intelligence. L'auteur a dû se borner à énoncer les lois en les accompagnant des commentaires strictement nécessaires, et à enregistrer les formules et les résultats les plus intéressants.

En chimie, il s'est contenté de passer rapidement en revue les *métalloïdes* les plus connus, avec leurs propriétés et leurs usages principaux, les *métaux* les plus usuels, sans entrer dans des détails de métallurgie qui ont leur place ailleurs, et seulement les corps organiques le plus généralement employés; il y a joint les notions

d'analyse chimique qualitative, permettant de déterminer la nature d'un sel soluble (base et acide).

Pour de plus amples détails, le lecteur pourra recourir
aux ouvrages spéciaux dont l'auteur s'est inspiré, savoir :
*Traités de Physique* de M. Moutier, de MM. Chappuis et
Berget, de M. Fernet ; *Traité élémentaire d'Électricité*,
de M. Joubert ; *Traité de Chimie*, de M. Troost ;
*Leçons de Chimie analytique*, par M. Silva.

L'Auteur.

# SCIENCES PHYSIQUES

## PREMIÈRE PARTIE

## PHYSIQUE

### PRÉLIMINAIRES

**1. Unités.** — Les grandeurs sont évaluées à l'aide de trois unités : longueur, masse, temps, dont les symboles sont L, M, T ; ce sont les unités *fondamentales*.

L'unité de longueur adoptée est le centimètre : C ;

L'unité de masse est la masse du gramme, c'est-à-dire la masse d'un centimètre cube d'eau distillée ; cette unité prend le nom de masse-gramme : G ;

L'unité de temps est la seconde : S.

Ces trois unités fondamentales forment le système absolu C.G.S.

On en déduit toutes les unités qui servent aux mesures des quantités géométriques ou mécaniques, et qui s'appellent *unités dérivées*. On nomme *dimension* d'une unité dérivée la relation qui la rattache aux unités fondamentales ; ainsi, une unité dérivée X étant liée aux trois unités fondamentales par l'expression $X = L^{\alpha}M^{\beta}T^{\gamma}$, cette formule indique les dimensions de l'unité dérivée, savoir : $\alpha$ en longueur ; $\beta$ en masse ; $\gamma$ en temps.

Les dimensions des principales unités géométriques et mécaniques sont ainsi :

Surface. . . . . . . . . $S = L^2$.  Accélération. $\gamma = \dfrac{V}{T} = LT^{-2}$.

Volume. . . . . . . . . $C = L^3$.  Force. . . . $F = M\gamma = LMT^{-2}$.

Vitesse. . . . $V = \dfrac{L}{T} = LT^{-1}$.  Travail. . . $W = FL = L^2MT^{-2}$.

Les unités C.G.S. de force et de travail ont reçu des noms spéciaux: la première se nomme la *dyne*, la seconde, l'*erg*; la dyne et l'erg ne sont pas les unités de force et de travail employées dans la pratique.

**2. Instruments de mesure.** — En général, on mesure les longueurs à l'aide de règles divisées en millimètres. Lorsqu'on désire apprécier des longueurs plus petites que le millimètre, on se sert d'un instrument appelé vernier.

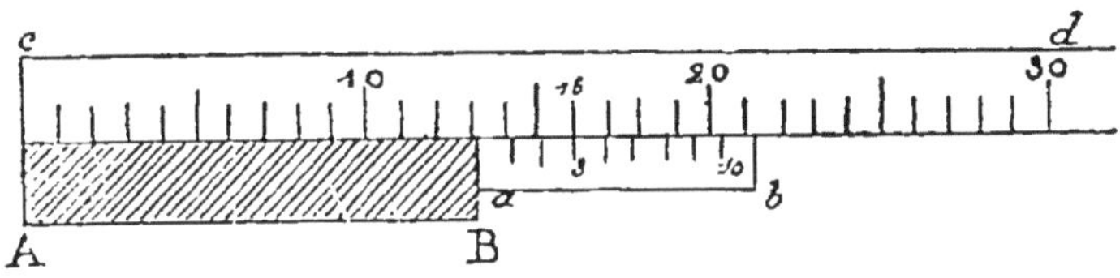

Fig. 1.

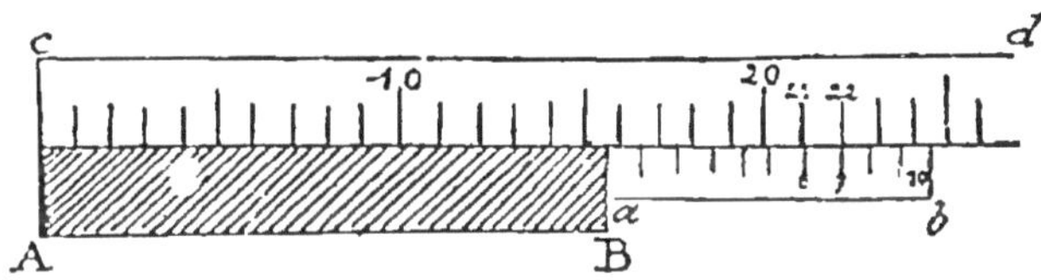

Fig. 2.

*Vernier.* — Le vernier sert à évaluer les fractions de millimètre; on dit qu'il est au $\frac{1}{10}$, au $\frac{1}{20}$, etc., lorsqu'il permet d'apprécier le dixième, le vingtième, etc., de millimètre.

Dans le vernier au $\frac{1}{10}$ une petite règle *ab*, de 9 millimètres de longueur et divisée en dix parties égales, se meut le long d'une règle fixe *cd* divisée en millimètres; la différence entre une division de la règle fixe et une division du vernier, qui vaut évidemment $\frac{9}{10}$ de millimètre, est égale à $\frac{1}{10}$ de millimètre.

Voyons comment on se sert du vernier. Soit à mesurer la longueur AB par exemple; on fait coïncider l'extrémité A de cette longueur avec le 0 de la règle fixe ; puis, on met le 0 du vernier en contact avec le point B.

Deux cas peuvent alors se présenter :

1° Si un trait 3 du vernier (*fig.* 1) *coïncide* avec un trait 16 de la règle, la longueur à mesurer s'obtient en ajoutant au nombre de millimètres lu sur la règle le nombre de dixièmes de millimètre marqué par le trait du vernier en coïncidence.

Ainsi, dans le cas de la figure 1, la longueur AB est 13$^{mm}$,3.

2° Il n'y a pas *coïncidence ;* dans ce cas la longueur AB n'est pas un nombre exact de dixièmes de millimètre, mais il y a toujours une division du vernier comprise entièrement dans une division de la règle fixe *cd.* Ainsi, dans la figure 2, la division 6-7 du vernier est comprise dans la division 21-22 de la règle (*fig.* 2).

La longueur AB sera donc 14$^{mm}$,6 par défaut, et 15$^{mm}$,7 par excès. Dans tous les cas, cette longueur AB peut être appréciée à $\frac{1}{10}$ de millimètre près.


**3. Niveau à bulle d'air.** — On donne ce nom à un tube de verre, légèrement courbé vers le haut, renfermant un liquide (ordinairement de l'éther) en contact avec une bulle de gaz le plus souvent de sa propre vapeur.

Sur le tube sont gravées des divisions, sauf entre les points *oo'*, appelés repères, entre lesquels la bulle se place lorsque le niveau est horizontal (*fig.* 3).

Fig. 3.

Un niveau est réglé, si, placé sur un plan, la bulle est entre ses repères ; la bulle reste entre ses repères lorsqu'on retourne le niveau bout pour bout.

Pour reconnaître ou pour déterminer l'horizontalité d'un plan, on place successivement le niveau dans deux directions rectangulaires.

## 4. Sphéromètre.

**4. Sphéromètre.** — Le sphéromètre est un instrument de précision permettant de mesurer de faibles épaisseurs ; de vérifier la courbure des surfaces sphériques et de mesurer leur rayon. Cet instrument est constitué par une vis micrométrique mobile dans un écrou porté par trois pointes (*fig.* 4), formant les sommets d'un triangle équilatéral et dont l'axe est perpendiculaire au plan de ce triangle et passe par son centre de gravité. La vis porte un limbe gradué mobile le long d'une règle verticale divisée et fixée au trépied.

Pour obtenir l'épaisseur $e$ d'une lame à faces parallèles, on place la lame et le trépied sur un plan de verre horizontal ; on met la vis en contact, d'abord avec la lame, puis, après enlèvement de la lame, avec le plan de verre ; dans chacune de ces deux positions, on lit les divisions de la règle, et la division du limbe. On déduit ainsi le nombre entier $n$ de tours effectués par la vis, et le nombre $m$ de divisions du limbe ayant passé en face de la règle ; si le limbe est divisé en 100 parties égales, et si $h$ est le pas de la vis, on a :

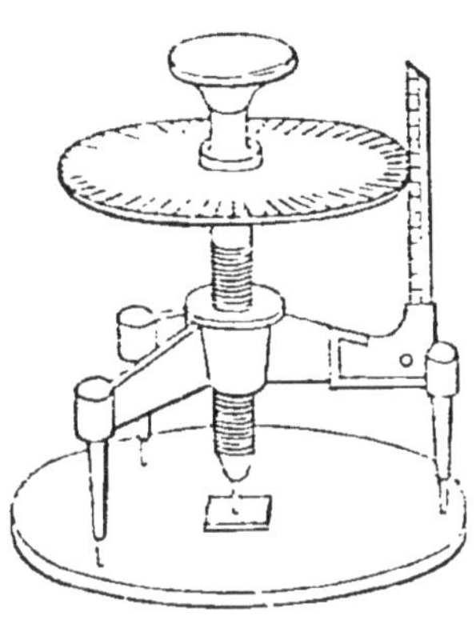

Fig. 4.

$$e = \left( n + \frac{m}{100} \right)h.$$

# CHAPITRE I

## PESANTEUR

**5. Définitions.** — Un corps quelconque abandonné à lui-même est attiré vers la terre ; la force qui produit ce mouvement est la *pesanteur*.

La *direction* de la pesanteur est donnée par celle du fil à plomb en équilibre ; cette direction s'appelle la *verticale ;* elle passe sensiblement par le centre de la terre.

En un même lieu et pour des points très rapprochés, les directions de la pesanteur, ou verticales de ces points, sont sensiblement parallèles, en raison de la grandeur du rayon terrestre.

Chaque molécule de la masse d'un corps est pesante ; la résultante des actions de la pesanteur sur les molécules d'un corps s'appelle le *poids* de ce corps ; ces actions étant parallèles et dirigées dans le même sens, la résultante est égale à leur somme, son point d'application est le *centre de gravité du corps ;* c'est un point invariable auquel on donne, parfois, le nom de centre des forces parallèles ; sa position par rapport à la masse du corps est indépendante de la position du corps lui-même.

**6. Lois de la chute des corps.** — Des corps de nature diverse, abandonnés ensemble à la même distance du sol, y parviennent en des temps différents ; ces différences tiennent à la résistance de l'air, car l'expérience montre que, dans le vide, le mouvement est le même pour tous les corps ; les lois

de la chute des corps ont été déduites de l'expérience par
Galilée. Elles sont au nombre de deux :

1° Loi des espaces. — *Les espaces parcourus e varient comme
les carrés des temps t employés à les parcourir :*

$$e = \frac{gt^2}{2}.$$

2° Loi des vitesses. — *Les vitesses v sont proportionnelles aux
temps t :*

$$v = gt.$$

Ce sont les lois du mouvement uniformément accéléré, en
supposant nulle la vitesse initiale, et en représentant par $g$
l'accélération due à la pesanteur.

**7. Pendule.** — Le pendule permet de déterminer d'une
façon exacte la valeur de l'accélération $g$ de la chute libre,
qui mesure l'intensité de la pesanteur aux différents points
du globe.

Le *pendule simple*, idéal, est réalisé par un point matériel
pesant B, suspendu à l'extrémité
d'un fil sans poids, parfaitement
flexible et inextensible, et attaché à
un point fixe A. Il a sa position
d'équilibre quand le fil est vertical ;
si on l'écarte de cette position, il
prend un mouvement oscillatoire qui
le fait passer de la position AB à la
position AB' ; l'angle BAB' représente
l'*amplitude* d'une oscillation (*fig.* 5)

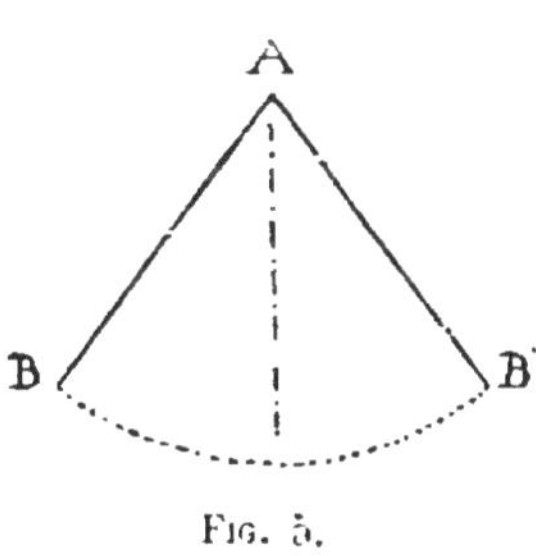


Fig. 5.

Lorsque l'amplitude des oscillations est *très petite* (4 ou 5°
au maximum), les lois du mouvement du pendule sont résumées dans la formule :

$$t = \pi \sqrt{\frac{l}{g}} \qquad (\pi = 3,1416) ;$$

$t$ est la durée constante d'une oscillation ; $l$ la longueur du
pendule ; $g$, l'accélération due à la pesanteur au lieu où

se fait l'observation ; $l$ et $g$ sont exprimées au moyen d'une même unité de longueur.

La formule :

$$ t = \pi \sqrt{\frac{l}{g}}, $$

indépendante de l'amplitude des oscillations, montre que la durée des oscillations est indépendante de l'angle d'écart (si cet angle ne dépasse pas 4 ou 5°) : c'est la loi de l'*isochronisme* des petites oscillations, découverte par Galilée.

L'expérience a montré que la pesanteur croît de l'équateur au pôle. A Paris, la valeur de $g$ est $9^m,8088$ ; à l'équateur, elle est de $9^m,78$ ; et, à la latitude de 80°, de $9^m,8693$.

Le seul pendule réalisable est toujours formé d'une masse pesante suspendue, par un fil ou par une tige, à un point fixe : c'est le *pendule composé :* la formule ci-dessus lui serait applicable s'il oscillait dans le vide, sans résistance au point de suspension.

On lui applique cependant cette formule en prenant pour valeur de $l$ la longueur, déterminée *a priori* par le calcul, du pendule simple qui ferait son oscillation dans le même temps.

### 8. Balance. — Le poids des corps se mesure par comparaison avec un poids pris pour unité ; l'unité de poids est le *gramme*. On détermine les poids *relatifs* des corps au moyen de la *balance*.

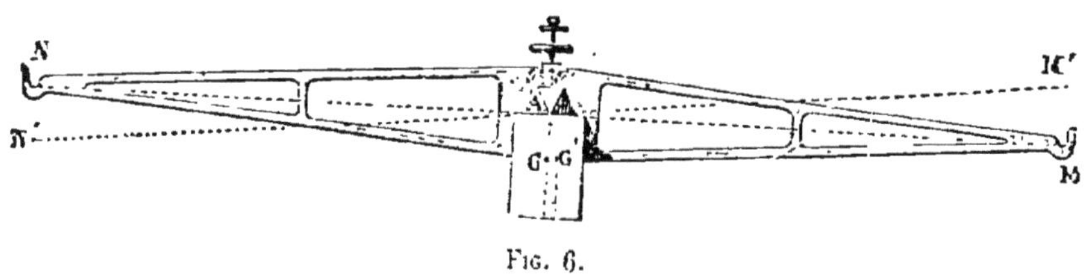

Fig. 6.

La balance se compose essentiellement d'une barre rigide appelée *fléau* (*fig.* 6), traversée en son milieu par un prisme triangulaire en acier, appelé *couteau*, qui repose sur deux petites plaques d'acier ou d'agate situées dans un même plan horizontal.

La balance doit être *juste* et *sensible*.

**9.** *Conditions de justesse.* — Une balance juste est celle où le fléau se tient horizontal sous l'action de poids égaux placés dans les deux plateaux ; cela a lieu aux deux conditions suivantes :

1° *Les deux bras du fléau, c'est-à-dire les distances de l'axe de rotation aux points de suspension, doivent être d'égale longueur ;*

2° *La verticale du centre de gravité doit passer par le point d'appui.*

**10.** *Conditions de sensibilité.* — Une balance est sensible quand, l'équilibre ayant été établi, une surcharge, si petite qu'elle soit, produit une inclinaison ; et, pour cela, il faut que :

1° *Les bras soient aussi longs que possible ;*

2° *Le poids de la balance soit aussi petit que possible, le fléau restant cependant rigide ;*

3° *Le centre de gravité soit aussi voisin que possible de l'axe de suspension.*

**11. Méthode de la double pesée de Borda.** — Elle permet d'obtenir le poids d'un corps sans avoir à se préoccuper de la justesse de la balance. On met le corps dans l'un des plateaux de la balance, dans l'autre une tare quelconque, de manière à établir l'équilibre ; puis, on remplace le corps par des poids marqués. Le poids du corps est ainsi obtenu.

## CHAPITRE II

# HYDROSTATIQUE

———

§ **1.** — Propriétés des liquides soumis uniquement
à l'action de la pesanteur

**12. Théorème fondamental.** — *La différence des pressions
moyennes par unité de surface pour deux
parois planes est égale au poids d'une colonne
liquide ayant pour base l'unité de surface,
et pour hauteur la différence de niveau des
centres de gravité des deux parois planes.*

Ainsi (*fig. 7*), si S et S' sont les surfaces
des deux parois planes supportant des
pressions P et P', $z$, la différence de ni-
veau de leurs centres de gravité, et $d$ la densité du liquide,
on a :

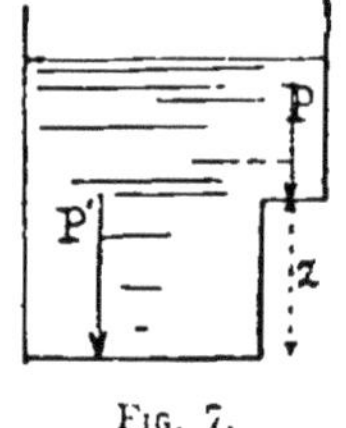

Fig. 7.

$$\frac{P'}{S'} - \frac{P}{S} = zd.$$

Le théorème ne dépend pas de la grandeur des aires S et S' ;
il est donc applicable aux pressions $\pi$ et $\pi'$ en deux points
pris sur des parois planes ou courbes, ou à l'intérieur du
liquide, et on a :

$$\pi' - \pi = zd.$$

La formule est indépendante de l'orientation des éléments

considérés, elle montre donc que la pression en un point est la même dans toute l'étendue d'un plan horizontal passant par ce point : c'est la condition d'équilibre des liquides pesants.

Le théorème s'applique encore au cas de deux points quelconques d'un liquide, même quand la droite qui les joint n'est pas entièrement immergée.

### 13. Principe de Pascal. — Si le liquide est soustrait à l'action de la pesanteur, le théorème s'exprime par la relation :

$$\frac{P}{S} = \frac{P'}{S'},$$

c'est-à-dire que *les pressions supportées par deux parois planes sont proportionnelles aux surfaces des parois.*

C'est le principe de la presse hydraulique.

### 14. Propriétés des liquides à surface libre. — *Surface libre.* — La surface libre d'un liquide pesant est horizontale. Cette propriété est indépendante de la forme des vases; elle a lieu, en particulier, pour des vases communiquants. C'est le principe du niveau d'eau.

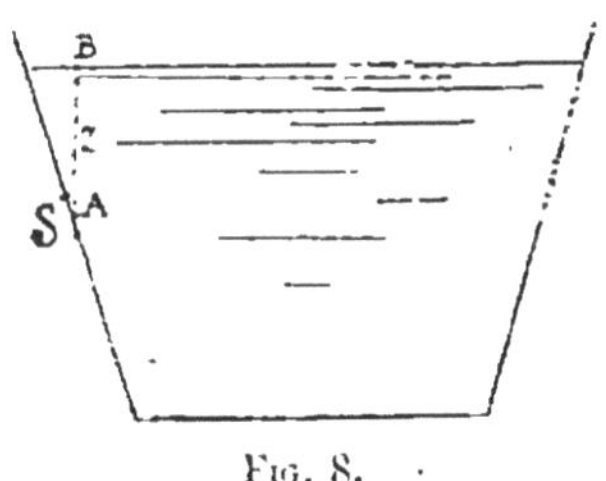

Fig. 8.

*Pression sur une paroi plane (fig. 8).* — La pression P supportée par la paroi plane S d'un vase est égale au poids d'une colonne liquide ayant pour base la surface S de la paroi, et pour hauteur la distance $z$ du centre de gravité de la paroi à la surface libre (*fig. 8*).

On a donc, d'après (12),

$$P = \pi S + S z d;$$

$\pi$ est la pression atmosphérique; si on ne tient compte que du liquide, on a simplement :

$$P = S z d.$$

*Pression sur le fond d'un vase.* — Elle s'exprime par la même formule. C'est encore à l'aide de cette relation qu'on mesure la pression de bas en haut exercée sur une paroi plane en contact par sa face inférieure seule avec un liquide dont la surface libre est à un niveau plus élevé.

Le point d'application de la pression, supportée par une paroi plane, s'appelle *centre de pression.*

*Pression sur les parois d'un vase.* — Quelle que soit la forme du vase, les pressions supportées par l'ensemble des parois ont une résultante unique, égale au poids du liquide contenu dans le vase.

**15. Liquides superposés.** — 1° Quand un vase contient deux liquides non miscibles et de densités différentes, ces liquides *se superposent par ordre de densités, le plus dense au fond, et la surface de séparation est horizontale :*

2° Quand deux liquides superposés sont dans des vases différents, les hauteurs $h$ et $h'$ des liquides au-dessus de la surface de séparation sont *inversement proportionnelles aux densités $d$ et $d'$* des deux liquides (les surfaces libres étant soumises à la même pression). On a donc :

$$\frac{h}{h'} = \frac{d'}{d}.$$

**16. Principe d'Archimède.** — *Les pressions exercées par un liquide sur les parois d'un corps solide plongé dans le liquide ont une résultante égale et directement opposée au poids du liquide déplacé par le corps solide.* — Cette résultante s'appelle la poussée du liquide ; elle passe par le centre de gravité ou centre de poussée du liquide déplacé.

**17. Equilibre des corps flottants.** — Un corps solide plongé dans un liquide est donc soumis à deux forces (*fig.* 9) :

P, poids du corps, appliqué à son centre de gravité G ;

F, poussée, égale et contraire au poids du liquide déplacé et passant par le centre de gravité C du volume de liquide déplacé.

1° Si P $>$ F, la résultante des deux forces, P — F, est dirigée de haut en bas ;

2° Si P = F, ces deux forces forment un couple, et il y a équilibre quand le centre de gravité et le *centre de poussée* sont sur une même verticale ;

3° Si P < F, la résultante P — F est dirigée de bas en haut ; le corps flotte en équilibre à la surface quand P et F deviennent égales et directement opposées.

En résumé, pour que l'équilibre ait lieu, il faut que :

*La poussée égale le poids du corps ;*

*Le centre de gravité du corps et le centre de poussée soient sur une même verticale.*

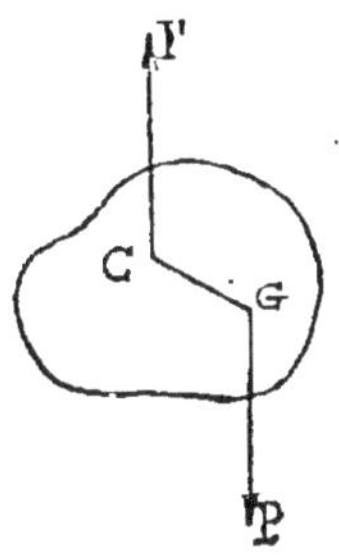

Fig. 9.

Quand un corps flotte à la surface d'un liquide, son poids est égal à celui du liquide déplacé par la portion immergée.

## § 2. — PROPRIÉTÉS DES LIQUIDES SOUMIS A D'AUTRES FORCES QUE LA PESANTEUR ; CAPILLARITÉ

**18. Phénomènes capillaires.** — Quand on plonge verticalement un tube de verre, bien nettoyé et d'un petit diamètre, dans l'eau ou dans un liquide qui mouille le verre, l'eau s'élève dans le tube, et sa surface présente un ménisque concave (*fig. 10*).

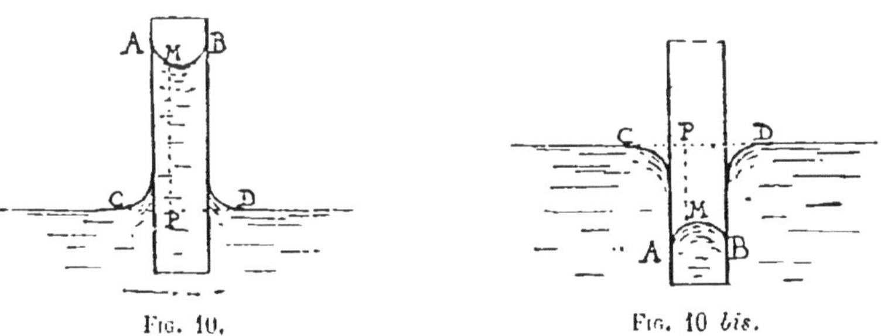

Fig. 10.

Fig. 10 *bis*.

Dans le mercure ou dans un autre liquide ne mouillant pas le verre, on observe une dépression du liquide, et son ménisque est convexe (*fig. 10 bis*).

**19. Surface capillaire.** — Considérons un tube capillaire plongé dans une cuve assez large pour que la surface terminale CD du liquide dans cette cuve, à une distance suffisante des parois, soit horizontale.

Soit $z = MP$ l'ordonnée d'un point M de la surface capillaire, c'est-à-dire la distance du point M au plan horizontal CD ; si R et R' sont les rayons de courbure principaux de la surface au point M, l'analyse montre que les quantités $z$, R, R' sont liées par la relation :

$$z = \alpha^2 \left( \frac{1}{R} + \frac{1}{R'} \right),$$

$\alpha^2$ étant une constante particulière au liquide.

**20. Loi de Jurin.** — Pour un même liquide, *les hauteurs soulevées dans des tubes capillaires sont en raison inverse des diamètres des tubes.*

Les dépressions capillaires suivent une loi semblable.

## § 3. — Densités des solides et des liquides

**21.** Le *poids spécifique* $d$ d'un corps est le poids de l'unité de volume de ce corps, ainsi :

$$d = \frac{p}{v},$$

$p$ désignant le poids du corps, et $v$, son volume.

La *densité absolue* $\rho$, ou *masse spécifique* d'un corps, est la masse de l'unité de volume ; on a de même :

$$\rho = \frac{m}{v}.$$

Comme $p = mg$, il en résulte :

$$vd = \rho v g, \qquad \text{ou:} \qquad d = \rho g,$$

c'est-à-dire qu'il y a proportionnalité, dans un même lieu, entre les poids spécifiques des différents corps et leurs densités.

*Densité par rapport à l'eau, ou densité relative* $\Delta$. — Pour comparer les densités, ou les poids spécifiques des corps, on prend, comme terme de comparaison, pour les solides et les liquides, l'eau distillée à la température de 4° centigrades.

La densité $\Delta$ d'un corps par rapport à l'eau est le rapport du poids $p$ de ce corps au poids $p_1$ d'un égal volume d'eau à 4° C. :

$$\Delta = \frac{p}{p_1}.$$

On détermine toujours $p$ par la méthode de la double pesée (n° 11), mais la mesure directe de $p_1$, poids d'un égal volume d'eau à 4°, n'est pas toujours facile; on détermine directement le poids $p'$ de l'eau, prise à la température du corps, et occupant le même volume ; on a, en effet,

$$\frac{p}{p_1} = \frac{p}{p'} \times \frac{p'}{p_1}.$$

$\frac{p}{p_1} = \Delta$ est la densité, par rapport à l'eau, du corps à la température où il se trouve.

$\frac{p}{p'}$ est la densité du corps, par rapport à l'eau prise à la température du corps.

$\frac{p'}{p_1}$ est la densité de l'eau à la température du corps par rapport à l'eau à 4°.

La valeur de $\frac{p'}{p_1} = \delta$ est donnée par des tables; d'où :

$$\Delta = \frac{p}{p'} \times \delta,$$

et, pour avoir $\Delta$, il suffit de connaître $p$ et $p'$.

Pour les *solides*, on emploie les méthodes du flacon, de la balance hydrostatique et de l'aréomètre Nicholson.

Pour les *liquides*, on emploie les méthodes du flacon, de la balance hydrostatique et de l'aréomètre Fahrenheit.

**22. Aréomètres à poids constant.** — Ces appareils servent à déterminer le degré de concentration des liquides du commerce, pour lesquels on a adopté un degré de concentration commerciale.

La détermination de la densité exacte d'un liquide est une opération assez longue et, au surplus, peu utile dans les applications.

1° Les *aréomètres de Baumé* sont de deux genres : le pèse-acides, pèse-sels ou pèse-sirops ; et le pèse-liqueurs ou pèse-esprits (*fig.* 11).

Le *pèse-acides* sert pour les liquides plus denses que l'eau ; il est lesté de façon que la partie supérieure de la tige affleure dans l'eau. Pour graduer cet instrument, on marque 0 au point d'affleurement dans l'eau, et 15 au point d'affleurement dans une dissolution de sel marin dans l'eau, contenant 15 0.0 en poids de sel ; on divise l'intervalle en parties égales, et on continue jusqu'au bas de la tige.

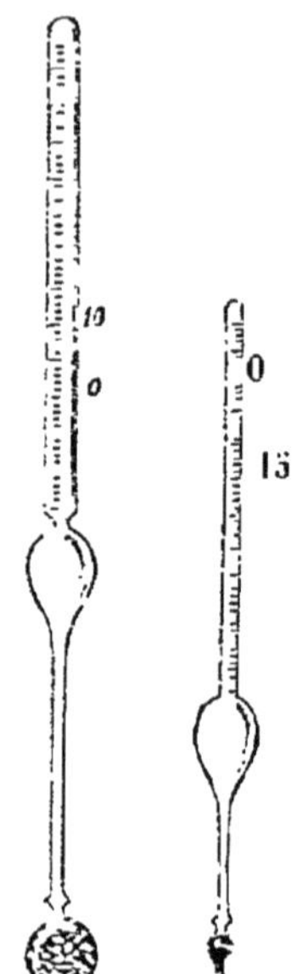

Fig. 11.

Le *pèse-liqueurs*, pour liquides moins denses que l'eau, est gradué en marquant 10 au point d'affleurement dans l'eau, et 0 au point d'affleurement dans une dissolution de 10 parties en poids de sel marin pour 90 d'eau.

2° L'*alcoomètre centésimal* de Gay-Lussac indique la richesse alcoolique d'un mélange d'alcool et d'eau, c'est-à-dire le rapport du volume de l'alcool au volume du mélange. La graduation est empirique, et faite à la température de 15° C. ; des tables donnent les corrections à effectuer aux autres températures (Voir *Table II*).

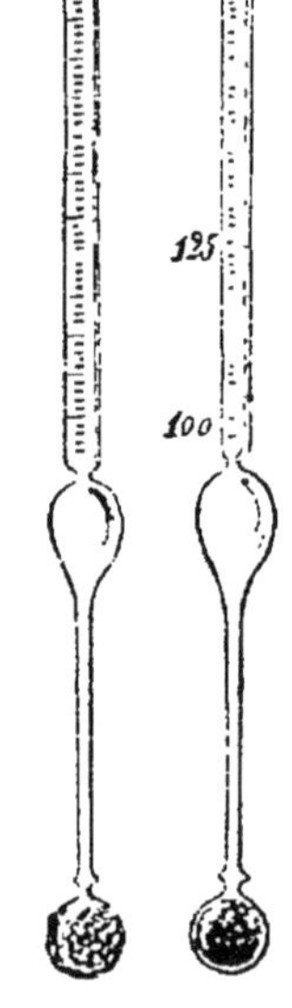

Fig. 12.

3° Le *densimètre*, ou *volumètre*, peut donner soit la densité d'un liquide, soit le volume occupé par l'unité de poids de ce liquide (*fig.* 12).

L'appareil qui sert aux liquides plus denses que l'eau est lesté de façon que son point 100, point d'affleurement dans l'eau pure, soit en haut de la tige ; celui qui sert aux liquides moins denses que l'eau, de façon que le même point 100 soit au bas de la tige.

## § 4. — Propriétés des gaz en équilibre

**23.** Les principes relatifs aux liquides en équilibre s'appliquent également aux corps gazeux.

Les gaz sont pesants ; ils ont un poids spécifique plus faible que celui des liquides ; ils sont très compressibles ; ils n'ont pas de surface libre et tendent à occuper le volume entier du récipient dans lequel ils se trouvent.

**24. Principe d'Archimède appliqué aux gaz : aérostats.** — Ce principe s'énonce pour les gaz comme pour les liquides. Ces aérostats en sont une application.

La force *ascensionnelle* d'un aérostat est égale à l'excès du poids de l'air déplacé par l'aérostat sur son poids total.

En appelant V le volume de l'air déplacé, $t$ sa température, et H sa pression en millimètres de mercure le poids de l'air déplacé est :

$$V a \, \frac{H}{760} \times \frac{1}{1 + \alpha t}. \qquad (57)$$

Le poids de l'air déplacé par les corps non gazeux de volume $v$ est :

$$v a \, \frac{H}{760} \times \frac{1}{1 + \alpha t}.$$

$a$ est le poids spécifique de l'air dans les conditions normales de température et de pression ; $\alpha$ son coefficient de dilatation.

Le poids du volume V′ du gaz contenu dans le ballon à $t$ et à H' est :

$$V'a\Delta \frac{H'}{760} \times \frac{1}{1 + \alpha t'}.$$

$\Delta$ étant la densité du gaz par rapport à l'air.

Soit $p$ le poids de l'enveloppe et des agrès.

Si on suppose :

$$V = V', \quad t = t', \quad H = H',$$

la force ascensionnelle a pour expression :

$$F = Va \frac{H}{760} \times \frac{1}{1 + \alpha t} (1 - \Delta) + va \frac{H}{760} \times \frac{1}{1 + \alpha t} - p.$$

Il faut remarquer que l'enveloppe doit toujours être assez vaste pour que le ballon puisse s'élever *avant d'être complète-ment distendu.*

En effet, si le volume du ballon ne pouvait plus s'accroître dans les régions de l'atmosphère où la pression est moindre, la pression intérieure pourrait amener la déchirure de l'enveloppe.

**25. Correction des pesées faites dans l'air.** — Cette correction s'effectue en appliquant le principe d'Archimède : tout corps plongé dans l'air éprouve une poussée de bas en haut égale au poids de l'air déplacé. Les pesées faites dans l'air sont donc affectées d'une erreur.

Soient : $x$, le poids réel du corps, c'est-à-dire dans le vide ;

P, la somme des poids marqués, qui servent à établir l'équilibre (c'est leur valeur dans le vide) ;

D et $\Delta$, les poids spécifiques du corps et du métal dont sont faits les poids marqués ;

$a$, la densité de l'air.

La valeur du poids réel du corps est :

$$x = P \frac{1 - \dfrac{a}{\Delta}}{1 - \dfrac{a}{D}}.$$

## § 5. — Pression atmosphérique

**26. Expérience de Torricelli.** — Cette expérience célèbre a montré que l'air atmosphérique exerce une pression sur les corps environnants. Pour faire cette expérience (*fig.* 13), on remplit complètement de mercure un tube de verre d'environ un mètre de longueur, fermé à une extrémité ; on le renverse ainsi sur une cuve à mercure, le niveau du mercure dans le tube descend, et conserve au-dessus de la surface libre du mercure dans la cuvette, une hauteur d'environ 76 centimètres.

La pression par unité de surface sur le mercure de la cuve est donc mesurée par une colonne de mercure ayant pour base l'unité de surface et pour hauteur 76 centimètres ; cette pression est due à l'air atmosphérique. En effet, si on prend deux surfaces égales sur un même plan, dans le tube et dans la cuvette, ces deux surfaces supportent la même pression. Or, celle du tube supporte la pression de la colonne de mercure, donc celle de la cuvette doit supporter une pression équivalente de la part de l'air.

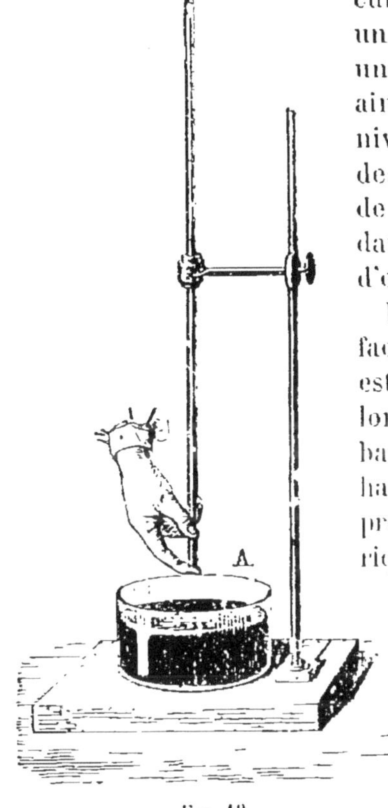

Fig. 13.

On voit que la pression de l'air sur 1 centimètre carré est :

$$P = 76 \times 13,6 = 1\,033 \text{ grammes,}$$

13,6 étant la densité du mercure par rapport à l'eau.

**27. Baromètres.** — L'appareil de Torricelli, disposé de manière à permettre de mesurer à chaque instant la pression atmosphérique, prend le nom de *baromètre*. On a choisi le mercure de préférence à tout autre liquide, parce qu'il ne dissout pas de gaz, et que sa vapeur est à peu près nulle à la température ordinaire. On emploie du mercure bien pur, dont on a chassé par l'ébullition l'air ou la vapeur.

**28. Baromètres à cuvette.** — Il en existe plusieurs dispositifs :

Dans le baromètre à niveau invariable, la surface du mercure dans la cuvette conserve un niveau constant qui sert de 0 à l'échelle divisée (*fig.* 14).

Dans les instruments soignés (*fig.* 15), un petit piston plongeant dans le mercure, et qu'une vis peut déplacer, amène le mercure en contact avec une pointe d'ivoire A qui correspond au 0 de l'échelle.

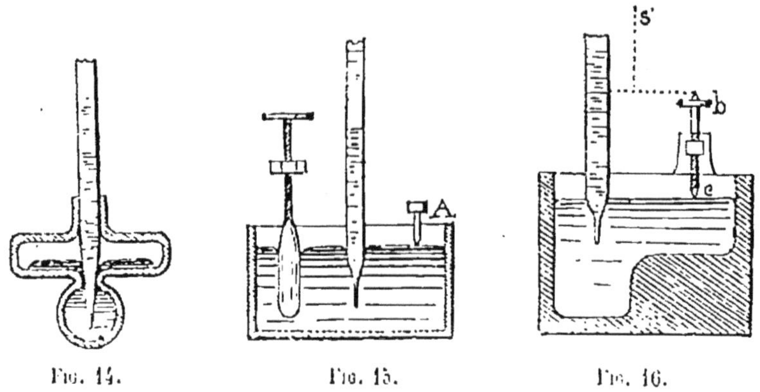

Fig. 14.                    Fig. 15.                    Fig. 16.

Dans le baromètre Regnault, ou baromètre fixe (*fig.* 16), qui convient aux observations précises, le niveau du mercure varie très peu : une vis micrométrique *b* est amenée en contact avec le niveau du mercure dans la cuvette ; la longueur de cette vis *bc* étant connue, il suffit d'y ajouter la distance, mesurée au cathétomètre, de *b* au sommet S de la colonne de mercure.

**29. Baromètre de Fortin.** — C'est l'appareil d'expérience facilement transportable (*fig.* 17).

Le niveau du mercure est déterminé par la pointe d'ivoire P.

Le tube barométrique T est placé dans un étui métallique portant deux fenêtres opposées qui permettent d'apercevoir le mercure; l'une des fenêtres porte une échelle graduée en millimètres. Un curseur annulaire, percé aussi de deux fenêtres, qui se déplace le long du tube et forme vernier, permet d'obtenir une assez grande approximation (*fig.* 18).

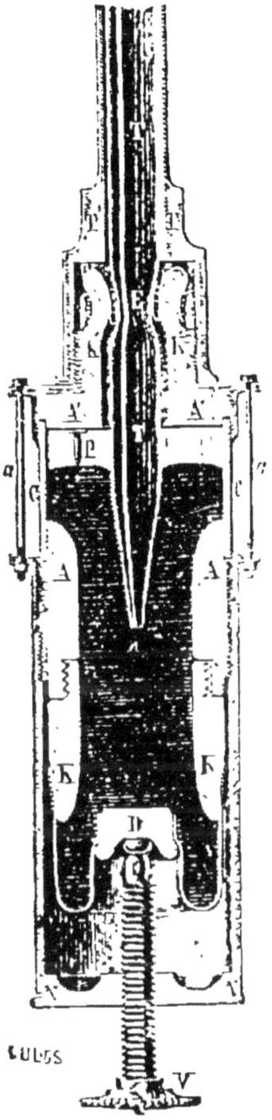

La vis V permet d'élever ou d'abaisser la pièce de buis D, sur laquelle est fixée une peau de chamois formant le fond de la cuvette.

Le baromètre est porté par une suspension à la Cardan, qui en assure la verticalité.

*Corrections.* — Les corrections à faire sont les suivantes :

1° On s'assure que la pointe d'ivoire P coïncide avec le 0 de l'échelle divisée ; pour cela, on relève au cathétomètre la distance de la pointe à une division $n$ de l'échelle; si on trouve $n + \varepsilon$ millimètres au lieu de $n$ millimètres, il faut ajouter la constante $\varepsilon$ à toute lecture faite :

2° L'échelle se dilate ; en général, elle a été graduée à 0; si on fait une lecture H' à la température $t$, la hauteur corrigée, en tenant compte de la dilatation, sera $H' + \lambda t$, $\lambda$ étant le coefficient de dilata-

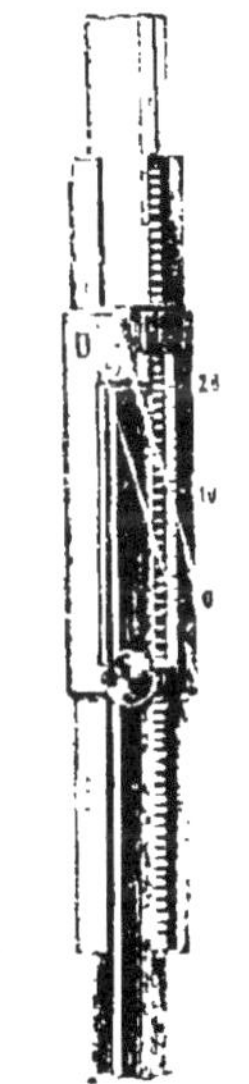

Fig. 17.

Fig. 18.

tion linéaire de l'échelle (n° 46 :

3° L'influence de la capillarité n'est pas négligeable pour le baromètre Fortin dont le tube a un diamètre assez faible ; elle a pour effet de diminuer la hauteur de la colonne de mercure. Pour savoir quelle quantité Z il faut ajouter à la hauteur observée, on mesure la flèche du ménisque convexe au moyen du curseur annulaire *m*, en l'amenant au sommet A du ménisque, puis à sa base BC ; on cherche ensuite dans des tables la valeur de Z au moyen de la flèche et du diamètre du tube.

### 30. Baromètres métalliques de Vidic et de Bourdon. — Le

premier est le baromètre anéroïde ; c'est un cylindre métallique aplati dont la face supérieure est cannelée pour qu'il soit plus flexible ; la pression atmosphérique agit sur cette surface, dont les mouvements sont transmis à une aiguille mobile sur un cadran.

Dans le baromètre Bourdon (*fig.* 19) la pression atmosphérique agit sur un tube aplati dans lequel on a fait le vide ; il est fixé par son milieu, et ses extrémités subissent un déplacement qui est transmis à une aiguille mobile sur un cadran.

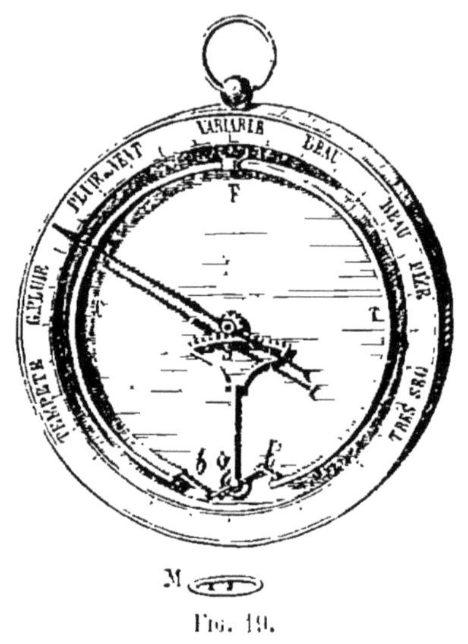


Fig. 19.

### 31. Réduction des hauteurs barométriques. — Pour rendre

les observations barométriques faites en divers lieux comparables entre elles, il faut tenir compte, outre les variations de température, de ce que l'intensité de la pesanteur varie d'un lieu à un autre. C'est là un genre de correction qui sort du cadre de cet ouvrage.

### 32. Nivellement barométrique. — Si l'on s'élève dans

l'atmosphère, la hauteur du mercure dans le baromètre diminue ; on en déduit une méthode pour mesurer, avec le baromètre, la différence de niveau de deux stations, ou la hauteur d'une montagne, au moyen de deux observations faites simultanément au sommet et au pied de la montagne. Mais la diminution de la colonne barométrique est due à la fois à la diminution de la couche d'air et à la variation de la densité de l'air qui va en décroissant à mesure qu'on s'élève dans l'atmosphère. Aussi l'établissement d'une formule mathématique a-t-elle exigé un assez grand nombre d'expériences. La plus précise est due à Laplace :

$$X = 18.393 \; (1 + 0,002837 \cos 2\lambda) \left[ 1 + \frac{2\,(T + t)}{1.000} \right] \log \frac{H}{h};$$

X représente la hauteur cherchée ; $\lambda$, la latitude du lieu ; T, la température ; H, la pression au pied de la montagne ; $t$ et $h$, la température et la pression au sommet.

## § 6. — COMPRESSIBILITÉ DES GAZ

**33. Loi de Mariotte.** — *A une même température les volumes occupés par une même masse gazeuse sont inversement proportionnels aux pressions qu'elle supporte.*

Ou encore : *A une même température les densités d'un gaz sont proportionnelles aux pressions que ce gaz supporte.*

Si $v$ et $v'$ sont les volumes d'une même masse de gaz à une même température et aux pressions $p$ et $p'$, on a :

$$vp = v'p'. \qquad \text{(premier énoncé)}$$

Or, comme on a :

$$\rho v \qquad \rho'v',$$

on déduit :

$$\frac{\rho}{p} = \frac{\rho'}{p'}, \qquad \text{(deuxième énoncé)}$$

$\rho$ et $\rho'$ étant les densités du gaz à la température considérée sous les pressions $p$ et $p'$.

La loi de Mariotte doit être considérée comme une loi approchée. Les recherches précises de Regnault ont montré que les gaz s'écartent déjà sensiblement de la loi de Mariotte quand la pression varie entre 1 et 2 atmosphères. Jusqu'à 30 atmosphères, Regnault a constaté que l'air, l'azote, l'acide carbonique sont plus compressibles que ne l'indique la loi de Mariotte, et que l'hydrogène est moins compressible que ne l'indique cette loi.

On évalue, en général, les volumes des gaz sous la pression de 760, dite *pression normale*, valeur moyenne de la pression atmosphérique ; ainsi, un gaz, qui occupe le volume V à la pression H, occupe, à la pression normale, le volume :

$$V' = V \frac{H}{760}.$$

## § 7. — Mesure des forces élastiques des gaz ou des vapeurs

**34.** La force élastique d'un gaz ou d'une vapeur se mesure avec un instrument appelé *manomètre*.

**35. Manomètre à air libre.** — Le plus simple des manomètres à air libre se compose d'un tube ouvert à ses deux extrémités et plongeant dans un réservoir à mercure placé dans un cylindre métallique où arrive la vapeur. Quand la pression de la vapeur est de 1 atmosphère, le mercure est au même niveau dans le tube et dans la cuvette ; pour 2 atmosphères le mercure s'élève à 76 centimètres dans le tube, etc. On suppose le niveau du mercure invariable dans la cuvette, ce qui n'est pas rigoureusement exact, mais n'entraîne qu'une erreur très faible, négligeable dans les observations pratiques.

**36. Manomètre à air comprimé** *(fig. 20)*. — Moins long que le précédent, il comporte un tube de verre fermé à son extrémité supérieure, et dont l'autre extrémité plonge dans le mercure. L'air sec du tube est primitivement à la pression atmosphérique $H_0$ et occupe la longueur $l$ du tube ; les traits indiquant les différentes pressions sont d'autant plus rapprochées que le mercure s'élève dans le tube.

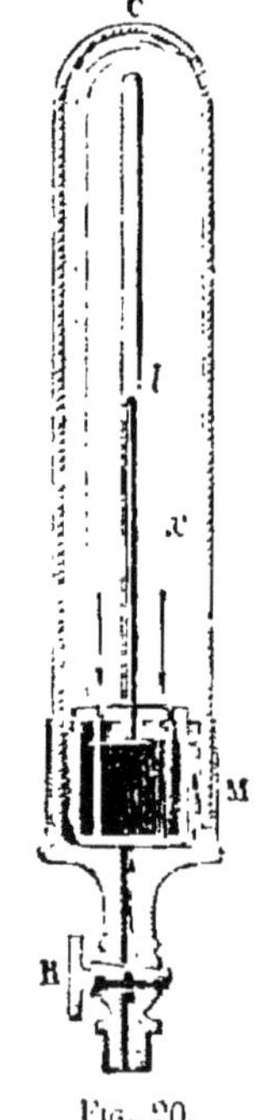

Fig. 20.

On peut graduer ce manomètre par comparaison avec un manomètre à air libre, ou bien par le calcul de la façon suivante (*fig.* 21) :

Si $s$ est la section du tube, S celle de la cuvette, $x$ la distance du sommet B du tube au niveau M du mercure dans le tube, la position du mercure dans le tube pour une pression quelconque H est donnée par la racine positive de l'équation :

$$x\left[ H - (l - x)\left(1 + \frac{s}{S}\right)\right] = lH_0.$$

En prenant pour valeurs successives de H les multiples de 760, on saura à quelles distances du sommet du tube on pourra marquer les pressions en atmosphères.

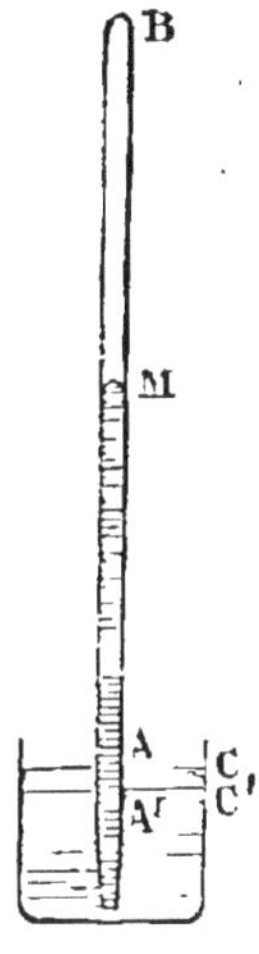

Fig. 21.

**37. Manomètre métallique** (*fig.* 22). — Sa disposition est analogue à celle du baromètre Bourdon. La vapeur arrive par un robinet dans un tube en cuivre à parois minces, à section aplatie, et courbé en spirale. Le manomètre est fixé par une extrémité au robinet qui lui amène la vapeur ; à l'autre extrémité est fixée une aiguille qui se meut sur un cadran divisé ; quand la pression de la vapeur modifie la courbure du tube, l'aiguille se déplace et on lit la pression sur le cadran.

La graduation se fait par comparaison avec un manomètre à air libre.

Fig. 22.

## § 8. — Mélange des gaz

**38.** *La pression exercée par un mélange de gaz est égale à la somme des pressions qu'exerceraient respectivement les divers gaz si chacun d'eux occupait seul le volume entier du mélange.*

Soient plusieurs gaz, sans action chimique l'un sur l'autre, occupant les volumes $v$, $v'$, $v''$,..., aux pressions $p$, $p'$, $p''$,...; ces gaz étant réunis, le mélange occupe le volume V.

Alors la force élastique du mélange est, d'après la loi de Mariotte,

$$ P = p \frac{v}{V} + p' \frac{v'}{V} + p'' \frac{v''}{V} + \dots = \sum \frac{pv}{V}; $$

c'est ce que vérifie l'expérience.

## § 9. — Solubilité des gaz

**39.** Première loi. — *Les quantités d'un gaz dissoutes par l'unité de volume d'un liquide sont proportionnelles à la pression que ce gaz exerce sur la surface du liquide.*

Deuxième loi. — *Lorsqu'un mélange de plusieurs gaz est en contact avec un liquide, chacun d'eux se dissout avec son coefficient de solubilité propre et proportionnellement à la pression qui doit lui être attribuée dans le mélange.*

On appelle *coefficient de solubilité* d'un gaz dans un liquide à une température $t$, le nombre qui exprime le volume de gaz ramené à $0°$ et 760 millimètres, que peut dissoudre à la température $t$ et sous la pression normale, l'unité de volume du liquide.

## § 10. — Machines a raréfier ou a comprimer

**40. Machine pneumatique.** — Elle sert à raréfier l'air contenu dans un récipient.

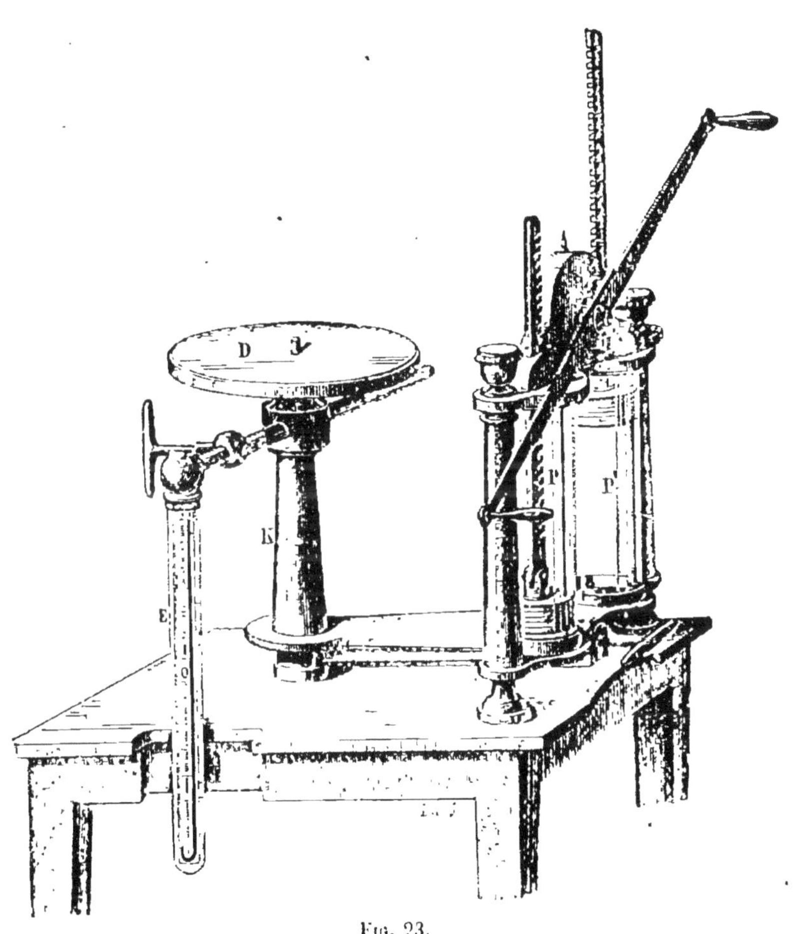

Fig. 23.

La machine pneumatique des laboratoires (*fig*. 23) est formée de deux corps de pompe en cristal renfermant des pistons P, P', mus par des crémaillères engrenant avec une roue

dentée qu'une manivelle met en mouvement. Les corps
de pompe communiquent
par leur partie inférieure
avec un seul et même con-
duit en fonte s'ouvrant
au centre d'un plateau D,
ou platine, sur lequel on
fixe le récipient dans lequel on veut faire le vide.

Chaque piston (*fig.* 24)
contient une soupape S
maintenue légèrement par
un ressort à boudin ; les
deux corps de pompe com-
muniquent, par l'intermé-
diaire des soupapes coni-
ques S', avec le conduit
qui aboutit à la platine D.

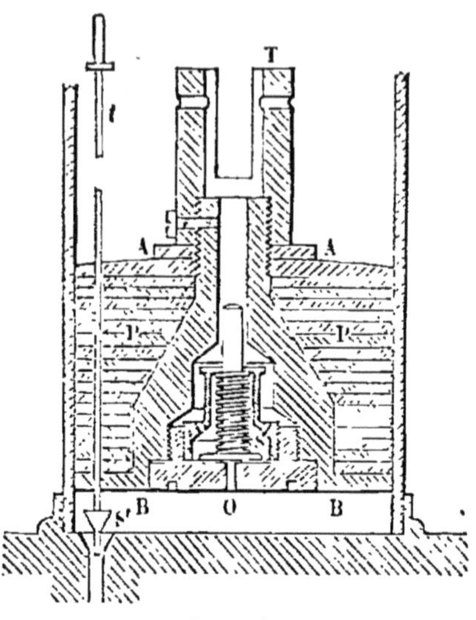

Fig. 24.

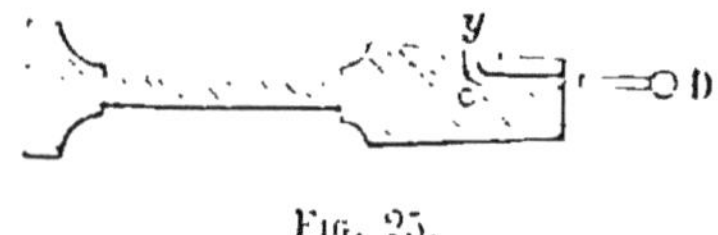

Fig. 25.

constituant la clef de la machine (*fig.* 25), on maintient le
vide dans le récipient, en empêchant la rentrée de l'air par
les corps de pompe; avec la
clef on peut encore ramener
l'air dans le récipient.

Dans cette clef, le conduit
perpendiculaire à l'axe permet d'intercepter la communication entre le récipient et
le corps de pompe; le conduit
parallèle à l'axe peut être
fermé avec une cheville D.

Dans la position (1) (*fig.* 26)
il y a communication entre

Un baromètre à siphon, dit
baromètre tronqué, contenu
dans une éprouvette en verre
E, indique la pression de l'air.

Au moyen d'un robinet,

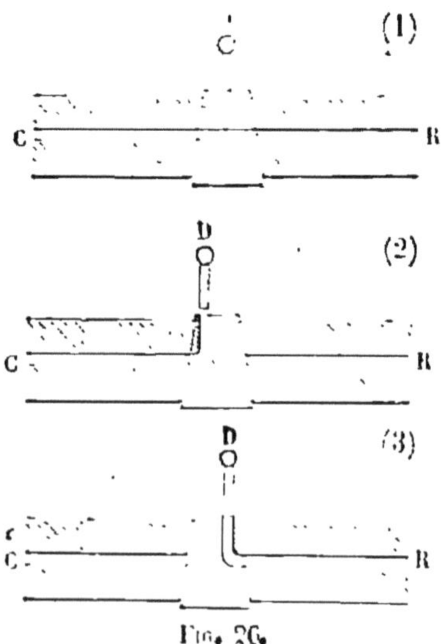

Fig. 26.

les corps de pompe et le récipient ; dans la position (2) les corps de pompe communiquent avec l'atmosphère ; dans la position (3) c'est le récipient qui communique avec l'atmosphère.

*Loi du décroissement de la force élastique du gaz dans le récipient.* — En appelant : $r$ le volume du récipient ; $v$ le volume d'un corps de pompe ; $p_0$ la pression initiale du gaz dans le récipient ; et $p_n$ la pression après $n$ coups de piston ; on a :

$$p_n = p_0 . \left( \frac{r}{r+v} \right)^n ;$$

$p_0$ est, en général, la pression atmosphérique.

Cette relation est purement théorique ; elle suppose la machine parfaite, et montre que $p_n$ peut devenir aussi faible que l'on veut. Diverses causes limitent cependant la raréfaction ; *l'espace nuisible*, ou intervalle, qui existe entre le piston arrivé au bas de sa course et le fond du corps de pompe, en est la plus importante.

L'espace nuisible $u$ entraine une limite de raréfaction de l'air dans le récipient ; cette pression limite est :

$$\pi = \frac{u}{v} \, p_0$$

($p_0 =$ pression atmosphérique).

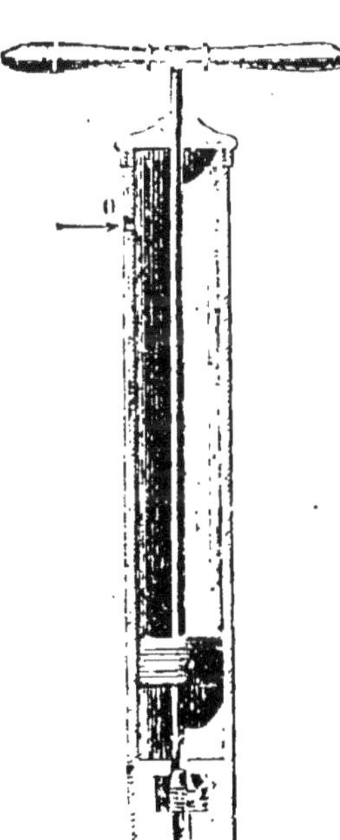



Fig. 27.

**41. Pompe à compression** (*fig.* 27). — Elle sert à refouler un gaz dans un récipient. La figure représente une pompe à main permettant de refouler l'air atmosphérique : l'air entre dans le corps de pompe par l'ouverture O, et dans le récipient par la soupape Z. La pression $p_n$ dans le récipient après $n$ coups de piston est donnée par la formule :

$$p_n = p_0 + n \frac{v}{r} p,$$

dans laquelle $p_0$ est la pression initiale ; $p$, la pression atmosphérique ; $v$, le volume du corps de pompe ; $r$, celui du récipient.

Cette formule suppose la pompe parfaite; l'espace nuisible $u$ entraîne une compression limite, qui est :

$$\pi = \frac{v}{u}\, p.$$

## § 11. — ÉCOULEMENT DES LIQUIDES

**42. Siphons.** — Le siphon sert à transvaser les liquides ; la petite branche AC plonge dans le liquide à transvaser. la grande branche CB s'ouvre dans l'air. Le tube est, au préalable, rempli de liquide : c'est ce que l'on appelle *amorcer le siphon*.

La différence des pressions en un point quelconque M du siphon détermine l'écoulement du liquide (*fig.* 28). Évaluons cette différence.

Soient : $x$ la distance de M au niveau du liquide dans le vase A ; $p$ la pression extérieure en un point de la surface A ; $h$ la différence de niveau AB: $d$ le poids spécifique du liquide ; $a$ le poids spécifique de l'air.

La pression extérieure au point B est :

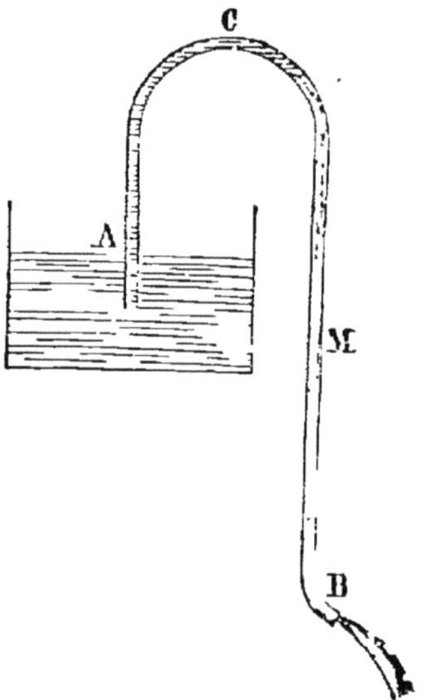

Fig. 28.

$$p + ha.$$

La pression P, qui s'exerce de haut en bas au point M, est égale à la colonne liquide CM, augmentée de la pression au point C, donc :

$$P = p + xd.$$

La pression $P_1$ au point M, qui s'exerce de bas en haut, est :

$$P_1 = p + ha - (h - x)\, d.$$

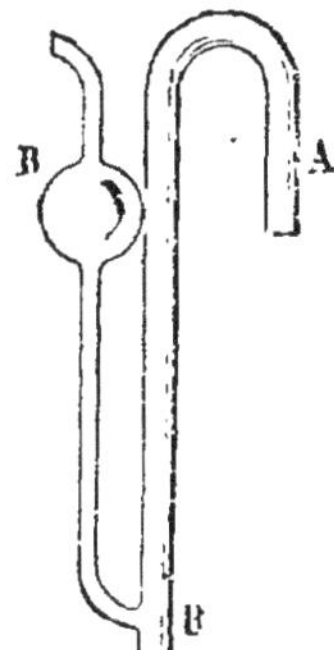

Fig. 29.

La résultante de ces deux pressions comptée dans le sens de la première est :

$$P - P_1 = h\, (d - a).$$

On *amorce* généralement le siphon en aspirant avec la bouche par l'extrémité ouverte C; mais, si le liquide est corrosif, on emploie un siphon tel que ABB′ (*fig.* 29), on fait plonger la branche A dans le liquide, on ferme l'extrémité inférieure B′, et on aspire le liquide par la branche latérale ; quand le liquide entre dans la branche latérale, [on retire le doigt et la bouche.

*Siphon à acide sulfurique* (*fig.* 30). — Pour transvaser cet acide on emploie un siphon spécial. On plonge la petite branche A dans l'acide ; on ferme le robinet R, et on ouvre les deux robinets *r* et *r′*. On verse de l'acide par l'entonnoir, et on remplit la branche CB ; l'air s'échappe par le tube *r′*. Ensuite, on ferme *r* et *r′*, et on ouvre R : la pression de l'air intérieur diminuant, le liquide monte dans la portion AC; arrivé au point C, le liquide tombe par l'effet de la pesanteur, et le siphon fonctionne avec de l'air interposé entre les deux parties du liquide.

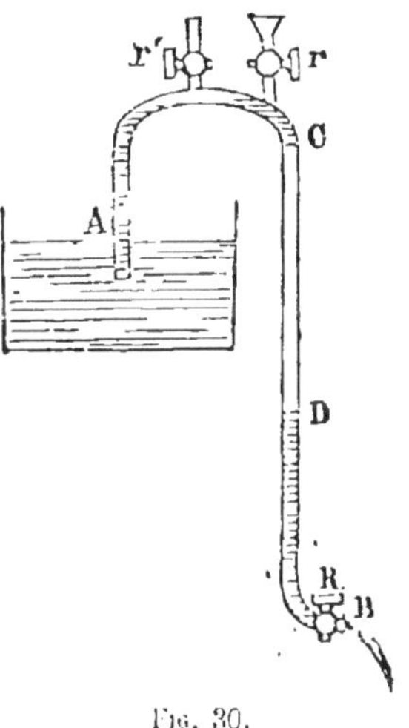

Fig. 30.

# CHAPITRE III

## CHALEUR

---

## §.1. — Thermométrie

**43. Température.** — Une source de chaleur mise en présence d'un corps solide, liquide ou gazeux, en produit la dilatation ; ce changement de longueur ou de volume d'un corps définit sa température.

Quand un corps, sous une pression constante, conserve le même volume, à des moments différents, on dit que sa température est constante à ces différents moments ; ainsi, un réservoir rempli d'un liquide quelconque, et terminé par un tube de verre, étant plongé dans la glace fondante, le niveau du liquide dans le tube ne varie pas pendant la fusion de la glace ; la température du liquide est donc constante, et la fusion de la glace s'opère de même à température constante ; c'est la *température 0°*.

La vapeur émise par une masse d'eau en ébullition sous la pression de 760 millimètres est aussi à une température constante : celle qui a été adoptée pour la température de 100°.

Pour comparer les températures des corps sous différents états, il faut définir celle d'un corps quelconque pris arbitrairement appelé *thermomètre* : tout corps pouvant donner à chaque instant des indications sur son propre volume peut servir de thermomètre.

Le *degré centigrade* est l'élévation de température nécessaire pour accroître le volume d'un corps de la centième partie dont il s'accroît en passant de 0° à 100°.

### 44. Choix d'un corps thermométrique.

— Les solides sont peu dilatables ; de plus, leur texture s'altère par les variations fréquentes de température, et on les obtient assez difficilement purs. Les liquides, au contraire, sont plus dilatables, et peuvent s'obtenir purs.

Le mercure, entre autres, peut être obtenu très pur ; en outre, son point de congélation, — 40°, est très éloigné de son point d'ébullition, + 360°. Il se trouve donc dans d'excellentes conditions pour servir à la construction des thermomètres.

Les gaz qui sont extrêmement dilatables doivent être employés pour les observations précises. Pour définir exactement les températures, les physiciens ont adopté le thermomètre à hydrogène sous volume constant, dit thermomètre *normal*, auquel on compare tous les autres.

### 45. Divers thermomètres employés dans la pratique.

— 1° *Thermomètre à tige, à mercure.* — C'est le thermomètre ordinaire. La construction du thermomètre centigrade comporte les opérations suivantes :

Choix d'un tube bien calibré ; — lavage du tube à la potasse et à l'acide azotique ; — soufflage d'un réservoir à une extrémité ; — emplissage au moyen d'une ampoule soudée à l'autre extrémité ; — et détermination à 0° du volume du réservoir et du volume d'une division ; — graduation : degré 0, et degré 100 à la pression de 760 ; — puis, division de la longueur 0 — 100 en 100 parties égales.

A 0°, le mercure dans le tube affleure à une division telle que le volume total du mercure est $na$, $a$ étant le volume d'une division du tube ;

A 100°, le volume total du mercure étant $Na$,

On appelle *coefficient thermométrique c* le rapport :

$$c = \frac{(N - n)\, a}{100na} :$$

c'est encore le *coefficient moyen* de dilatation apparente du mercure.

Avec le verre ordinaire on a, en général,

$$c = \frac{1}{6480}.$$

Aussi dans une enceinte à la température $t$ le volume du mercure étant $N'a$, la température $t$ sera définie par :

$$\frac{(N' - n)\,a}{tna} = \frac{1}{6480},$$

ce qui donne :

$$t = \frac{6480\,(N' - n)}{n}.$$

*Corrections.* — Si, au moment de la détermination du degré 100, la pression barométrique H est plus grande que 760, la température réellement déterminée est donnée par la formule :

$$T = 100 + \frac{H - 760}{27,27}.$$

La position du point 0 est également variable suivant la pression. Pour une opération précise, il faudra vérifier la position du 0.

Parfois, la tige du thermomètre ne peut être complètement plongée dans le milieu dont on veut déterminer la température ; dans ce cas, s'il reste $n$ divisions à $t°$ en dehors de ce milieu, et si la lecture donne T, la température du milieu est :

$$x = T + n\Delta\,(x - t),$$

$\Delta$ étant la dilatation apparente.

Dans la pratique, la température lue sur la tige est suffisamment exacte.

*Échelles diverses.* — Dans la graduation des thermomètres, on emploie les échelles *Centigrade, Réaumur* et *Fahrenheit.* (*Tables III et IV.*)

Dans l'échelle Réaumur, la température de l'eau bouillante est indiquée par le degré 80 ; le 0 correspond à la fusion de la glace fondante.

Dans l'échelle Fahrenheit, la température de la glace fondante est à + 32, et celle de l'eau bouillante à + 212.

Si C, R et F sont les températures données par les trois thermomètres pour le même milieu, on a les relations :

$$\frac{C}{100} = \frac{R}{80} = \frac{F - 32}{212 - 32}.$$

2° *Thermomètre à alcool.* — Il est employé pour la mesure des températures très basses ; car le mercure se congèle à — 40° C., tandis que l'alcool ne se congèle pas à — 100°.

3° *Thermomètre à poids ou à déversement* (*fig.* 31). — C'est un thermomètre sans graduation, qui donne la température au moyen d'une pesée ; il renferme un poids P de mercure à 0 ; en le portant à 100°, il en sort un poids $p$ ; le coefficient thermométrique est :

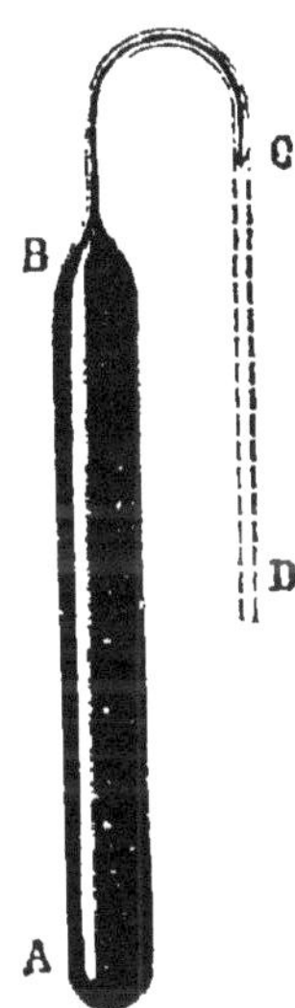

Fig. 31

$$c = \frac{p}{(P - p)\,100}.$$

Si, pour une température $t$ cherchée, il sort un poids $\pi$ de mercure, on aura $t$ par la relation :

$$c = \frac{\pi}{(P - \pi)\,t}.$$

4° *Thermomètres à gaz.* — Ils sont d'une manipulation délicate.

On distingue les *thermomètres à gaz sous pression constante* et les *thermomètres à gaz sous volume constant.*

Le thermomètre à hydrogène sous volume constant a été adopté par les physiciens comme *thermomètre normal.*

Entre 0° et 100° les indications du thermomètre à mercure sont très peu différentes de celles du thermomètre normal; au-delà de 100°, elles sont un peu supérieures.

· 5° *Thermomètres en platine.* — Pour les *hautes températures*, on emploie des thermomètres en platine ou en porcelaine; car, au-delà de 500°, le verre ne peut plus être utilisé. Pour obtenir la température dans les fours chauffés à très haute température, on emploie encore des appareils spéciaux, tels que le *pyromètre* de Wedgwood, basé sur le retrait permanent de l'argile sous l'action de la chaleur.

6° *Thermomètres à minima et à maxima.* — Ils sont employés dans les laboratoires de météorologie; tels sont ceux de Ruterford, de Walferdin, de Six et Belloni; ils indiquent les limites extrêmes entre lesquelles a varié la température d'un lieu en un temps déterminé.

## § 2. — DILATATIONS

**46. Definitions.** — Dans l'étude des dilatations, on se propose d'établir une relation entre le volume d'un corps et sa température. On mesure par l'expérience les volumes du corps aux diverses températures, et on représente la loi de dilatation par un tracé graphique, ou par une formule.

*Coefficients de dilatation.* — La dilatation est linéaire, superficielle ou cubique, suivant qu'elle est considérée sous une, deux ou trois dimensions.

Le *coefficient de dilatation linéaire* $\lambda$ est la dilatation de l'unité de longueur pour une élévation de température de 1°.

Le *coefficient de dilatation cubique* $k$ est la dilatation de l'unité de volume pour une élévation de température de 1°.

On admet que la dilatation par degré est constante, entre des limites peu éloignées (de 0° à 100°).

Si $l_0$ et $l_t$ sont les longueurs d'une barre à 0° et à $t°$, on a la relation :

$$\lambda = \frac{l_t - l_0}{l_0 t}$$

d'où :

$$l_t = l_0 (1 + \lambda t).$$

La quantité : $1 + \lambda t$ a reçu le nom de *binôme de dilatation*. De même, pour la température $t'$, on a :

$$l_{t'} = l_0 (1 + \lambda t'),$$

et, par suite,

$$l_{t'} = l_t \cdot \frac{1 + \lambda t'}{1 + \lambda t}$$

ou sensiblement :

$$l_{t'} = l_t [1 + \lambda (t' - t)].$$

Des formules analogues pour la dilatation cubique s'obtiennent de même :

$$k = \frac{v_t - v_0}{v_0 t};$$

d'où :

$$v_t = v_0 (1 + kt);$$

de même :

$$v_{t'} = v_0 (1 + kt'),$$

ou encore :

$$v_{t'} = v_t \frac{1 + kt'}{1 + kt};$$

rapport sensiblement égal à : $v_t [1 + k (t' - t)]$.

Si la dilatation est irrégulière, le rapport $\dfrac{v_t - v_0}{v_0 t}$ donne le coefficient moyen de dilatation du corps entre 0 et $t$.

**47. Relation entre le poids spécifique et la température.** — Appelons $v$ et $v_0$ les volumes d'un corps à $t°$ et à 0; $d$ et $d_0$ les poids spécifiques à ces températures.

Des deux relations :

$$vd = v_0 d_0,$$
$$v = v_0 (1 + kt),$$

on déduit :

$$d = \frac{d_0}{1 + kt},$$

c'est-à-dire que les densités sont inversement proportionnelles aux binômes de dilatation.

**48. Relation entre la dilatation linéaire et cubique et la dilatation cubique d'un corps.** — La dilatation cubique est sensiblement le triple de la dilatation linéaire:

$$k = 3\lambda,$$

en supposant que le corps, en se dilatant, reste semblable à lui-même.

**49. Dilatation absolue et dilatation apparente.** — Dans le cas des liquides la dilatation absolue D est la dilatation du liquide, abstraction faite de l'enveloppe ; la dilatation apparente $\Delta$ est celle qu'on observe et qui résulte de la dilatation K de l'enveloppe et de la dilatation D. Entre ces trois quantités existe la relation approchée :

$$D = \Delta + K.$$

**50. Dilatation des liquides.** — 1° *Dilatation du mercure.* — Le coefficient moyen de dilatation absolue du mercure, $d$, a été déterminé par Dulong et Petit, puis d'une façon plus précise par Regnault. Il était important d'avoir exactement ce coefficient $d$, notamment pour l'évaluation exacte des pressions barométriques.

Sa valeur est :

$$d = \frac{1}{5550}.$$

2° *Dilatation d'un liquide quelconque, autre que le mercure.* — On l'obtient ainsi: connaissant le coefficient $d$, on peut d'abord déterminer le coefficient $k$ de dilatation du verre ; en effet, en observant à 0 et à $t°$, avec le thermomètre à tige, on a :

$$(V_0 + nv_0)(1 + kt) = (V_0 + n_0v_0)(1 + dt),$$

où $v_0$ est le volume d'une division à 0 ; et $V_0$, celui du réservoir ;

$n_0$ et $n$ sont les nombres de divisions occupées par le mercure à 0 et à $t^o$. On déduit $k$ de cette équation, puisqu'on
connaît $d$.

Alors on opère avec le liquide dont on cherche la dilatation absolue ; ce liquide est mis dans un thermomètre à tige
du même verre, et ce thermomètre est encore porté à 0 et à $t'$ ;
on a ainsi :

$$(V_0 + n'v_0)\,(1 + kt') = (V_0 + n_0'v_0)\,(1 + d't) ;$$

le coefficient cherché se déduit de cette équation.

3° *Dilatation de l'eau.* — Elle présente un phénomène particulier. L'eau se dilate à partir de 4° C., soit que la température s'élève, ou qu'elle s'abaisse. L'eau a donc un minimum
de volume et, par suite, un maximum de densité à la température de 4° C.

**51. Dilatation des solides.** — Examinons successivement
pour les solides la dilatation cubique et la dilatation linéaire.

1° *Dilatation cubique.* — On peut l'obtenir directement par
le thermomètre à poids (*fig.* 32). Soit $x$ le coefficient de dilatation cubique d'un corps. On fait un petit cylindre avec la
substance de ce corps et on l'introduit dans le thermomètre
à poids avant d'en avoir étiré l'extrémité.

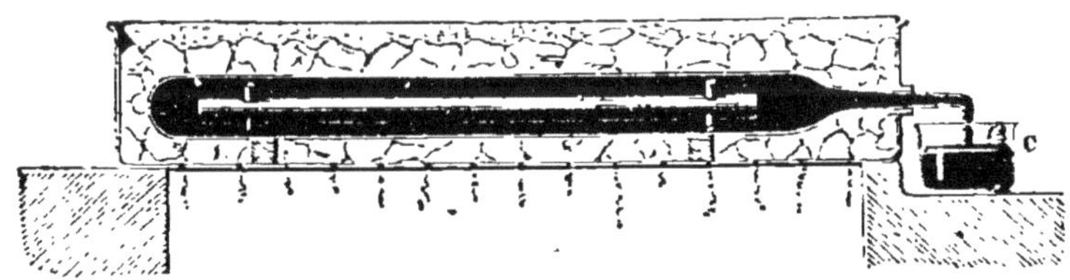

FIG. 32.

On porte d'abord l'appareil à 0°, puis à $t^o$.

Soient : P le poids du mercure à 0° ; P' le poids du cylindre ;
$p$ le poids du mercure sorti à $t^o$ ; $k$ le coefficient de dilatation de l'enveloppe ; $d$ le coefficient de dilatation absolue du
mercure ; $\delta_0$ et $\delta_0'$ les densités à 0 du mercure et du corps.

La valeur de $x$ est fournie par l'équation :

$$\left(\frac{P}{\delta_0} + \frac{P'}{\delta_0'}\right)(1 + kt) = \frac{P'}{\delta_0'}(1 + xt) + \frac{P - p}{\delta_0}(1 + dt).$$

2° *Dilatation linéaire.* — On a déjà vu que, si $l_0$ et $l$ sont les longueurs d'une barre à 0° et à $t$°, et $\lambda$ le coefficient moyen de dilatation linéaire entre 0° et $t$°, on a la relation :

$$\lambda = \frac{l - l_0}{l_0 t}.$$

On obtient donc $\lambda$ en mesurant $l$ et $l_0$ : c'est le principe de la méthode de Laplace et de Lavoisier.

**52. Dilatation des gaz.** — Entre le volume, la pression et la température, il existe toujours une relation :

$$F(v, p, t) = 0.$$

On peut maintenir constante la pression et chercher la loi de dilatation du corps sous pression constante ; ou bien, on peut maintenir le volume constant et chercher la loi de dilatation du corps sous volume constant.

Si $p$ est constant, on a :

$$\alpha_p = \frac{v - v_0}{v_0 t},$$

$\alpha_p$ étant le coefficient de dilatation du gaz sous pression constante.

Si $v$ est constant :

$$\alpha_v = \frac{p - p_0}{p_0 t};$$

$\alpha_v$ étant le coefficient de dilatation du gaz sous volume constant.

1° *Expériences et lois de Gay-Lussac.* — Ce physicien, à la suite de ses expériences sur la dilatation des gaz entre 0° et 100°, a énoncé les lois suivantes :

PREMIÈRE LOI. — *Les gaz et les vapeurs exposés à des tempé-ratures égales se dilatent exactement de la même quantité ;*

DEUXIÈME LOI. — *Le coefficient de dilatation des gaz entre 0° et 100° est* $\alpha = 0,00375$, *la pression étant supposée cons-tante ;*

TROISIÈMÉ LOI. — *La dilatation des gaz est indépendante de la pression.*

2° *Expériences de Regnault.* — A la suite d'expériences pré-cises, Regnault a trouvé :

0,003665 pour la valeur moyenne des coefficients de dila-tation des gaz entre 0° et 100°, sous volume constant ;

0,00367 pour la valeur moyenne des coefficients de dila-tation entre 0° et 100° sous pression constante ;

Que $\alpha_v$ et $\alpha_p$ augmentent avec la pression, et que $\alpha_p$ est plus grand que $\alpha_v$, sauf pour l'hydrogène.

La conclusion de ces expériences était donc que les lois de Gay-Lussac sont inexactes. Toutefois, comme elles sont suf-fisamment approchées, on les applique dans la plupart des cas pratiques, et on emploie pour tous les gaz la relation qui en est l'expression :

$$\frac{pv}{1 + \alpha t} = C^{te}, \tag{1}$$

dans laquelle on donne à $\alpha$ la valeur 0,00367, ou $\dfrac{1}{273}$ ou $\dfrac{11}{3000}$.

On appelle *gaz parfaits* ceux qui, théoriquement, suivraient exactement les lois de Mariotte et de Gay-Lussac renfermées dans la relation (1).

**53. Problèmes généraux.** — *a. Étant donné le volume* V *d'un gaz à la pression* H *et à la température* t, *trouver son volume* V' *à la température* t' *et à la pression* H'.

On a, d'après (1),

$$\frac{VH}{1 + \alpha t} = \frac{V'H'}{1 + \alpha t'}, \tag{2}$$

équation qui permet de calculer V',

*b. Étant donnée la densité* D *d'un gaz à* t *et à* H, *trouver sa densité* D' *à* t' *et* H'.

Comme :

$$VD = V'D',$$

il en résulte :

$$\frac{D'H}{1 + \alpha t} = \frac{DH'}{1 + \alpha t'},$$

d'où on déduit D'.

c. *Étant donné le volume V d'une masse de gaz à t et H, trouver son volume V à 0 et à la pression normale.*

L'application de la relation (2) donne :

$$V_0 = V \frac{H}{760} \times \frac{1}{1 + \alpha t}.$$

On aurait de même :

$$D_0 = D \times \frac{760}{H} \times (1 + \alpha t).$$

**54. Application des dilatations.** — 1° *Correction des mesures linéaires.* — Une règle ayant été divisée à la température $t$, si on fait une observation à la température T, et si on a lu $n$ divisions pour cette température, la longueur réelle observée sera :

$$l = n\,[1 + \lambda\,(T - t)],$$

$\lambda$ étant le coefficient moyen de dilatation linéaire de la règle.

2° D'après cela, si on a lu une hauteur barométrique H' sur une échelle métallique, à la température $t$, la hauteur réelle de la colonne sera :

$$H = H'\,(1 + \lambda t).$$

Si $H_0$ est la hauteur de la colonne de mercure à 0 qui correspond à la même pression, sa valeur est :

$$H_0 = \frac{H'(1 + \lambda t)}{1 + dt},$$

$d$ étant le coefficient de dilatation absolue du mercure,

## § 3. — Densité des gaz

**55. Définition.** — *La densité d'un gaz est le rapport du poids d'un volume de ce gaz au poids d'un égal volume d'air dans les mêmes conditions de température et de pression.*

Cette température est 0, et cette pression est 760 millimètres. On introduit dans les calculs les densités des gaz par rapport à l'air, parce que les poids spécifiques, ou poids de l'unité de volume de ces gaz, sont des nombres très petits.

La méthode employée pour trouver la densité d'un gaz est celle de Regnault.

**56. Poids du litre d'air.** — Connaissant la densité d'un gaz, pour avoir le poids absolu d'un volume quelconque de gaz, il suffit de connaître le poids absolu $a$ du litre d'air sec à $0°$ et à 760 millimètres. Regnault a trouvé :

$$a = 1^{gr},293187.$$

**57. Problème.** — *Calculer le poids* P *d'un volume* V *d'un gaz sec, à la température* t *et à la pression* H.

On a, d'après ce qui précède,

$$P = V \times 1^{gr},293 \times d \times \frac{H}{760} \times \frac{1}{1 + at},$$

$a$ est le coefficient de dilatation du gaz, et $d$ sa densité.

Le volume V étant exprimé en litres, le poids P doit être exprimé en grammes.

## § 4. — Densité des vapeurs

**58. Définition.** — *La densité d'une vapeur est le rapport du poids d'un volume de cette vapeur au poids d'un égal volume d'air, ces volumes étant mesurés à la même température et à la même pression.*

La densité d'une vapeur diminue quand la pression diminue ou quand la température augmente ; elle prend une valeur constante, dite *densité limite* à partir d'une certaine température, suffisamment éloignée de son point de liquéfaction : alors elle se comporte comme un gaz et suit les lois de Mariotte et de Gay-Lussac.

**59. Détermination de la densité d'une vapeur.** — Le poids d'un volume V de vapeur à $t$ et H est :

$$P = Vd \times 1^{gr},293 \times \frac{1}{760} \times \frac{1}{1 + \alpha t},$$

d'où :

$$d = \frac{P}{V \times 1^{gr},293 \times \frac{H}{760} \times \frac{1}{1 + \alpha t}}.$$

P est en grammes, et V en litres.

Pour déterminer $d$ on peut se donner P, et mesurer $v$, $t$ et H : c'est la méthode de Gay-Lussac ;

Ou bien se donner V et mesurer P, H et $t$ : c'est la méthode de Dumas.

A la température de $+$ 500°, le verre se ramollit; on emploie alors des ballons de porcelaine, placés dans des bains de vapeur donnant des températures connues et constantes.

**60. Applications.** — 1° *Poids* P *de vapeur d'eau contenue dans un volume* V *connu d'air, à une température connue* $t$. — Si $f$ est la tension de la vapeur d'eau à $t$°, l'expression du poids P est donnée par la formule :

$$P = V \times 1^{gr},293 \times d \times \frac{f}{760} \times \frac{1}{1 + \alpha t},$$

la densité de la vapeur d'eau $d$ est 0,622 ou $\frac{5}{8}$, approximativement.

2° *Poids* P' *d'un volume* V *d'air sec contenu dans un volume* V *d'air à la pression* H *et à la température* $t$. — La pression de l'air sec dans l'air atmosphérique est H $-$ $f$, si $f$ est la force élastique de la vapeur d'eau dans l'air : donc :

$$P' = V \times 1^{gr},293 \times \frac{H - f}{760} \times \frac{1}{1 + \alpha t}.$$

3° *Poids* $P_1$ *d'un volume* V *d'air humide à* $t$ *et* H. — L'air humide est un mélange d'air sec et de vapeur d'eau, c'est-à-dire un mélange de deux gaz.

On a donc (38) :

$$P_1 = P + P' = V \times 1^{gr},293 \times \frac{H - 0,378f}{760} \times \frac{1}{1 + \alpha t}.$$

On écrit encore $\dfrac{3f}{8}$, au lieu de $0,378f$.

Dans ces formules les poids sont en grammes, et le volume V est en litres.

## § 5. — Changements d'état des corps

**61. Fusion.** — Les substances réfractaires sont celles qui résistent aux plus hautes températures qu'on puisse atteindre.

1° *Chaque substance solide fond, sous pression constante, à une température constante : c'est le point de fusion de la substance ;*

2° *Si la pression ne varie pas, la température reste constante pendant toute la durée de la fusion ;*

3° *La fusion est accompagnée, en général, d'un accroissement de volume.* — La température restant constante pendant la fusion, la chaleur absorbée est employée uniquement à produire le changement d'état, et s'appelle *chaleur latente de fusion,* ou, plus simplement, *chaleur de fusion.*

Remarques. — La troisième loi admet des exceptions : il n'y a pas toujours accroissement de volume ; ainsi, la glace, le bismuth, fondent en diminuant de volume.

De même, la première loi n'est pas absolue ; la pression influe sur le point de fusion ; elle abaisse ce point de fusion pour les corps qui, comme la glace, diminuent de volume en fon-

dant ; elle l'élève pour les corps qui fondent avec accroissé-
ment de volume.

**62. Solidification.** — Les lois de la solidification sont analogues à celles de la fusion. Le point de solidification est le
même que le point de fusion.

Si, par des précautions convenables, l'état liquide d'un
corps est maintenu au-dessous de son point de solidification,
il y a *surfusion*. Un corps étant à l'état de *surfusion*, on peut
déterminer la solidification du liquide, soit en l'agitant, soit,
mieux encore, en y projetant une parcelle cristallisée de ce
corps ou d'un corps isomorphe ; la température remonte et
atteint aussitôt celle de fusion.

**63. Dissolution.** — La dissolution est la fusion d'un corps
solide au sein d'un liquide.

Le *coefficient de solubilité* d'un corps dans un liquide, à la
température $t°$, est le poids maximum de ce corps dissous,
à $t°$, par l'unité de poids du liquide : ce coefficient augmente,
en général, avec la température.

En prenant pour abscisses les températures, et pour ordon-
nées les valeurs des coefficients de solubilité à ces températures, on peut tracer les *courbes de solubilité* des corps.

Si la dissolution n'est pas accompagnée d'un phénomène
chimique, elle se fait avec absorption de chaleur. L'emploi
des *mélanges réfrigérants* est fondé sur l'abaissement de température produit par la dissolution. Les plus usuels sont les
mélanges de sels avec l'eau ou les acides, et les mélanges
de glace pilée ou de neige avec les sels et les acides.
(Voir les *Tables VI et VII.*)

**64. Cristallisation.** — C'est le phénomène inverse du précédent ; le corps qui était dissous dans un liquide repasse à
l'état solide au sein du liquide, et le plus souvent sous forme
cristalline. On produit cette cristallisation par voie humide,
soit en évaporant une dissolution saturée, soit en abaissant
sa température.

Il peut arriver, malgré cela, que la cristallisation ne se
produise pas : ce phénomène est la *sursaturation*, analogue

à celui de la *surfusion*. On l'obtient facilement avec le sulfate de sodium, ou l'azotate de calcium.

Pour provoquer la cristallisation d'une solution sursaturée, on se sert d'un procédé analogue à celui employé dans le phénomène de surfusion : on agite le liquide, ou, mieux encore, on y projette un petit cristal identique ou un cristal isomorphe.

Quand la cristallisation d'une solution sursaturée se produit, il y a brusque dégagement de chaleur ; cette propriété a été utilisée dans le chauffage des bouillottes de chemins de fer.

En outre, il y a, le plus souvent, accroissement de volume du solide ; on a proposé d'appliquer cette propriété à l'essai des pierres gélives ; en trempant une pierre dans une solution saturée à chaud de sulfate de sodium, lorsque la sursaturation cesse, la pierre se brise si elle est gélive.

**65. Vaporisation.** — C'est la transformation d'un liquide en vapeur. Elle peut s'effectuer de trois façons : 1° la vapeur se forme lentement à la surface du liquide et dans une atmosphère illimitée : c'est l'*évaporation ;*

2° La vapeur se forme au sein du liquide : c'est l'*ébullition ;*

3° La vapeur se forme au contact d'une paroi surchauffée : c'est la *caléfaction.*

**66. Propriétés générales des vapeurs.** — 1° *Dans le vide.* — Les liquides donnent dans le vide des vapeurs douées d'une *force élastique,* comme les gaz proprement dits. On le constate en introduisant de l'éther ou de l'alcool dans la chambre barométrique ; le liquide s'y vaporise, et, en comparant le niveau du mercure avec celui d'un autre baromètre, on observe une dépression, qui mesure la tension de la vapeur du liquide employé.

La vapeur est dite *saturante,* si elle est en contact avec un peu du liquide qui lui a donné naissance ; dans le cas contraire, elle est non saturante.

Les vapeurs non saturantes suivent la loi de Mariotte. Il n'en est pas de même des vapeurs saturantes, car on peut diminuer leur volume sans que leur force élastique varie : on dit alors que cette vapeur est à son *maximum de tension*, ou que sa force élastique est maximum.

La force élastique maximum acquiert une valeur croissante à mesure que la température s'élève.

**67. Principe de la paroi froide ou de Watt** (*fig. 33*). — Supposons un vase AA' contenant de l'eau en A et en A'; A et A' sont à des températures $t$ et $t'$; les tensions de la vapeur d'eau saturée sont respectivement F et F'; si la température $t$ est supérieure à $t'$, on a : F > F'; par suite de la différence de tension F — F', l'eau de A distille entièrement vers A' et s'y condense; l'équilibre s'établit quand la tension de la vapeur dans A est égale à la tension F' de la vapeur saturée dans A'.

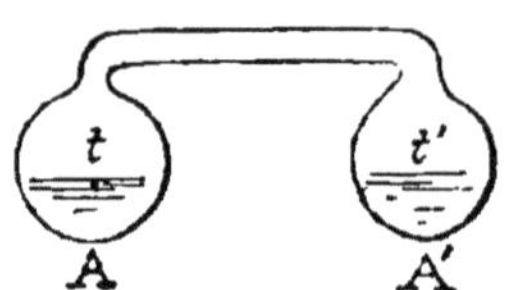



Fig. 33.

**68. Loi de Dalton.** — *Dans un espace fermé contenant un gaz, la force élastique maximum de la vapeur émise par un liquide est la même que dans le vide à la même température.*

Cette loi est encore vraie pour les vapeurs n'ayant pas leur force élastique maximum à la température donnée, c'est-à-dire pour les vapeurs non saturantes ; on peut encore énoncer cette loi en disant que la *force élastique d'un mélange de gaz et de vapeur est égale à la somme des forces élastiques qu'ils auraient isolément dans le même espace.*

**69. Évaporation.** — La rapidité de l'évaporation dépend :

De la température du liquide et de l'espace environnant ;

De l'étendue de la surface libre;

De la quantité de vapeur contenue dans l'espace environnant ;

De l'agitation de l'air.

L'évaporation est accompagnée d'un abaissement de température.

Application. — *Production industrielle du froid.* — Plusieurs appareils employés dans l'industrie sont basés sur le phénomène de l'abaissement de température pendant l'évaporation.

L'appareil Ed. Carré est une pompe qui permet de faire le

vide à la surface d'une carafe pleine d'eau : on obtient ainsi une carafe d'eau glacée ; la vapeur d'eau est absorbée par de l'acide sulfurique concentré.

L'appareil F. Carré produit le froid par l'évaporation de l'ammoniaque liquéfiée.

Au lieu de l'ammoniaque on fait évaporer d'autres liquides, tels que l'éther sulfurique, ou l'éther méthylique.

Dans la méthode de M. Pictet on emploie l'acide sulfureux liquide dont on détermine l'évaporation par le vide ; on refroidit ainsi des bains de glycérine où sont plongés les récipients pleins des liquides à congeler.

Dans la méthode de M. Vincent on fait usage du chlorure de méthyle.

**70. Ébullition.** — Ce genre de vaporisation est soumis aux trois lois suivantes :

1º *Un même liquide entre toujours en ébullition à la même température (qui est son point d'ébullition), la pression extérieure étant constante ;*

2º *La température du liquide reste invariable pendant toute la durée de l'ébullition ;*

3º *Un changement de volume très grand accompagne toujours ce changement d'état.*

*Influence de la pression.* — L'ébullition d'un liquide se produit toujours à la température pour laquelle la force élastique maximum de la vapeur est égale à la pression de l'atmosphère qui le surmonte.

Ainsi, en diminuant la pression au-dessus d'un liquide, on abaisse son point d'ébullition ; au contraire, en augmentant la pression, on élève le point d'ébullition (expérience de la marmite de Papin).

*Influence des gaz.* — Au contact d'un solide, l'ébullition d'un liquide est difficile ; il en est de même au sein d'un autre liquide ; mais la présence d'un gaz facilite l'ébullition ; c'est ainsi que l'ébullition de l'acide sulfurique, qui est difficile et dangereuse, devient inoffensive quand on a soin d'y mettre quelques fragments de charbon de cornue ; ce dernier, étant très poreux, amène ainsi de nombreuses bulles d'air au sein du liquide.

**71. Caléfaction.** — C'est la production lente de vapeurs par le contact d'un liquide avec une paroi très chaude.

On remarque dans ce phénomène :

1° Que le liquide n'est pas en contact avec la paroi chauffée ;

2° Que la température du liquide est toujours inférieure à celle de son point d'ébullition.

**72. Liquéfaction des gaz et des vapeurs.** — Elle s'obtient soit par *refroidissement*, soit par *pression*, soit encore par *refroidissement et pression* simultanés.

Certains gaz dits permanents avaient résisté à ces méthodes. Les expériences d'Andrews ont montré qu'il existe pour chaque gaz une température, dite *point critique*, au-dessus de laquelle il ne peut exister qu'à l'état gazeux, quelle que soit la pression à laquelle on le soumette. Ainsi, par exemple, pour l'acide carbonique, le point critique est 31° ; jusqu'à cette température il peut se liquéfier par la pression ; au dessus, c'est impossible.

M. Cailletet a liquéfié les gaz réputés permanents (oxygène, hydrogène, azote, etc...) par la méthode suivante : il soumet le gaz à une pression de $n$ atmosphères ; puis, il abaisse brusquement cette pression à $n'$ atmosphères ($n' < n$) ; il se produit ainsi une détente qui cause un refroidissement considérable.

§ 6. — Mesure des tensions de la vapeur d'eau

**73. Tension maximum de la vapeur d'eau.** — Il est important d'en connaître les valeurs aux différentes températures. (Voir *Table IX*.)

Au-dessous de 0 la glace émet encore des vapeurs qui ont une tension sensible.

Regnault a fait des expériences entre les températures de — 30° et + 230°. Le principe de sa méthode est le suivant : *la force élastique de la vapeur émise par un liquide en ébullition est égale à la pression qui s'exerce à sa surface.*

Regnault a exprimé ses résultats par la formule empirique

suivante :

$$\log F = a - b\alpha^x - c\beta^x,$$

où :

$$x = t^\circ + 20, \qquad a = 6,2640348,$$
$$\log b = 0,1397743, \qquad \log \alpha = \overline{1},994049292,$$
$$\log c = 0,6924351, \qquad \log \beta = \overline{1},998343862;$$

et F est la tension de la vapeur en millimètres de mercure.

— Pour les machines à vapeur, entre 97° et 230°, on peut employer la formule plus simple de Duperray, suffisante pour les calculs industriels :

$$f = at^4,$$

$f$ exprimant en kilogrammes la pression par centimètre carré;

$t$ la température en centaines de degrés.

REMARQUE. — Comme $a = 0,984$, on peut se contenter de la formule plus simple :

$$f = t^4.$$

**74. Hygrométrie.** — Le poids $p$ (en grammes) d'un volume $v$ (en litres) de vapeur d'eau à la tension $f$ et à la pression $t$ est (57 et 60) :

$$p = v \times 1^{\mathrm{gr}},293 \times 0,622 \frac{f}{760} \times \frac{1}{1 + \alpha t}.$$

Le poids P de vapeur d'eau contenu dans le même volume d'air saturé à $t^\circ$ est :

$$P = v \times 1^{\mathrm{gr}},293 \times 0,622 \times \frac{F}{760} \times \frac{1}{1 + \alpha t};$$

F étant la tension maximum de la vapeur d'eau à $t^\circ$.

De ces deux équations on déduit le rapport :

$$e = \frac{p}{P} = \frac{f}{F}.$$

qu'on appelle *état hygrométrique* de l'air, ou *fraction de saturation*, au moment considéré.

L'objet de l'hygrométrie est la détermination de ce rapport.

La méthode change suivant qu'on détermine $p$ ou $f$.

1° Dans l'*hygromètre chimique*, on fait passer, au moyen d'un aspirateur, un volume d'air dans des tubes desséchants. On note l'augmentation $p$ du poids de ces tubes, et l'on a :

$$p = \text{V}_0 (1 + \text{K}t') \times a \times 0,622 \times \frac{\text{H} - \text{F}}{\text{H} - f} + \frac{1}{1 + \alpha t'} \times \frac{f}{760};$$

$t'$ est la température de l'aspirateur à la fin de l'expérience ;

$f$ est la force élastique de la vapeur d'eau dans l'air à $t°$ ;

F est la tension maximum de la vapeur à $t'$ ;

H est la pression barométrique à la fin de l'expérience ;

$\text{V}_0$ est le volume de l'aspirateur à 0 ;

K le coefficient de dilatation de sa substance.

L'équation permet de déterminer $f$.

2° *Hygromètre à cheveu de Saussure* (*fig.* 34). — Il est basé sur l'allongement que subit un cheveu A sous l'influence de l'humidité ; cet allongement est transmis à une aiguille L mobile sur un cadran divisé C. Le point 0 est le point de sécheresse extrême ; le point 100 est le point d'humidité extrême. On divise l'intervalle 0 — 100 en 100 parties égales.

Les divisions intermédiaires n'expriment pas directement l'état hygrométrique ; il faut se reporter, une fois la lecture faite, à des tables dressées par Gay-Lussac, pour toutes les températures usuelles.

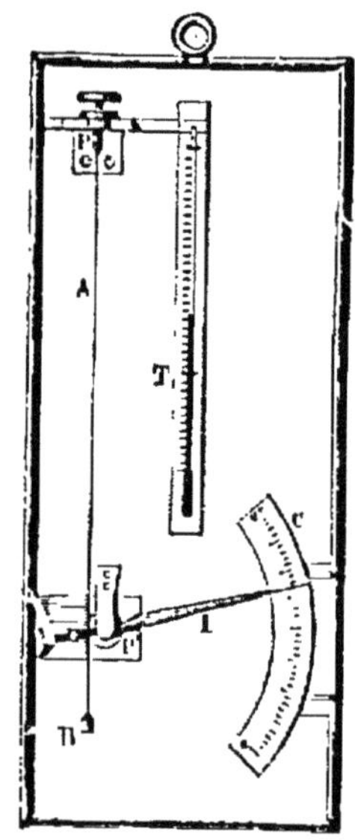

Fig. 34.

Cet instrument est commode, mais peu précis.

3° L'*hygromètre à condensation* s'appuie sur le principe suivant : *la tension $f$ de la vapeur d'eau ne change pas quand la température varie.*

Supposons donc une plaque métallique brillante dans une atmosphère à la température T ; si l'on peut refroidir la plaque, il arrive un moment où la vapeur de l'air qui est au contact de la plaque devient saturante et y forme un dépôt de rosée; si on note exactement la température $t$ du point de rosée, et si on cherche, dans des tables établies par Regnault, la force élastique maximum de la vapeur d'eau à $t°$, cette tension représente précisément la tension $f$ à $T°$, puisque, d'après le principe énoncé, la tension de la vapeur d'eau n'a pas changé.

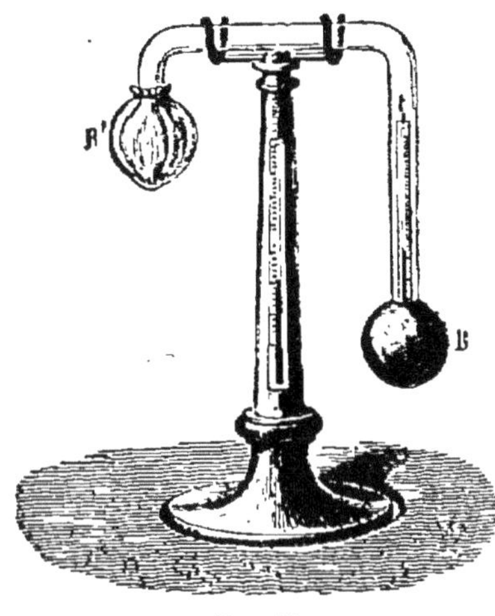

Fig. 35.

Le premier hygromètre à condensation a été imaginé par Daniell (*fig. 35*). En versant de l'éther sur la mousseline qui entoure la boule B', on produit une évaporation; B' se refroidit; l'éther contenu dans la boule B distille vers B' et B se couvre d'un dépôt de rosée, qui est apparent, car la boule B est colorée en bleu; le thermomètre intérieur donne la température $t$ du point de rosée; le thermomètre extérieur donne la température ambiante T. On cherche dans les tables de Regnault la tension maximum à $t$: c'est la tension $f$ à T ; on cherche aussi la tension maximum F à T : on a donc le rapport :

$$e = \frac{f}{F}.$$

Cet hygromètre est très imparfait: Regnault en a imaginé un plus exact, qui a été à son tour modifié et mis sous une forme plus pratique par M. Alluard. L'hygromètre *Alluard* est généralement employé aujourd'hui ; il est formé d'un prisme en laiton doré et poli et d'une lame de métal identique qui encadre le prisme sans le toucher; la rosée se produisant sur l'une des faces du prisme, cette face se ternit, tandis que la lame reste brillante, ce qui facilite beaucoup l'observation.

## § 7. — Calorimétrie

**75.** La calorimétrie a pour objet la mesure des quantités de
chaleur. Elle comprend : l'étude des *chaleurs spécifiques*, c'est-
à-dire des quantités de chaleur nécessaires pour produire
sur un corps des variations de température déterminées, et
l'étude des *chaleurs de fusion* et de *vaporisation*, c'est-à-dire des
quantités de chaleur nécessaires pour produire les changements d'état sans variation de température.

La *calorie* est l'unité choisie : *c'est la quantité de chaleur
nécessaire pour élever de 0° à 1° l'unité de poids d'eau* (1 kilo-
gramme).

Regnault a montré que cette quantité est constante quand
la température initiale, au lieu d'être 0°, est $t$, comprise entre
0° et 50°. Dans ces conditions, on peut dire encore que la
calorie est la *quantité de chaleur nécessaire pour élever de $t°$ à
$(t + 1)°$ la température de l'unité du poids d'eau.*

**76. Solides et liquides.** — La *chaleur spécifique d'un corps,*
ou sa *capacité calorifique,* est la quantité de chaleur nécessaire
pour élever de 1° la température de l'unité de poids du corps.

La chaleur nécessaire Q pour élever de $t°$ la température
du poids P d'un corps de chaleur spécifique $c$ est donc :

$$Q = Pct.$$

La chaleur spécifique des solides et des gaz peut être considérée comme constante sur une grande étendue de l'échelle
thermométrique.

**77. Méthode des mélanges de Regnault.** — Un poids $p$ d'un
corps, à la température $t$, est plongé dans un vase en laiton,
qu'on appelle *calorimètre,* contenant un poids $q$ d'eau à $t'$
$(t' < t)$ ; une température commune finale $\theta$ s'établit, et, en
exprimant que la chaleur perdue par le corps est égale à la

chaleur gagnée par l'eau, on a la relation :

$$px\,(t - \theta) = q\,(\theta - t'),$$

qui détermine $x$, chaleur spécifique du corps.

Mais le calorimètre, le panier en laiton contenant le corps, l'agitateur en verre, le mercure et le verre du thermomètre qui sert à la mesure de $\theta$ absorbent aussi de la chaleur.

Soient : $p'$, $p_1$, $p_2$, $p_3$, les poids de ces substances (panier, calorimètre, verre, mercure) ; $c_1$, $c_2$, $c_3$, leurs chaleurs spécifiques.

En observant que ce calorimètre subit deux pertes de chaleur, l'une R par rayonnement, l'autre K par conductibilité, l'équation complète est donc :

$$(px + p'c_1)\,(t - \theta) = (q + p_1c_1 + p_2c_2 + p_3c_3)\,(\theta - t') + R + K.$$

Si les quantités $c_1$, $c_2$, $c_3$ étaient inconnues, on les déterminerait par des expériences, et on aurait une équation permettant de calculer $x$.

La somme :

$$\pi = q + p_1c + p_2c_2 + p_3c_3,$$

représente le *poids du calorimètre réduit en eau*.

La perte K par conductibilité peut s'éviter en prenant des précautions spéciales ; les lois du rayonnement donnent la quantité $d\theta$ qu'il faut ajouter à $\theta$ pour tenir compte de la perte par rayonnement.

L'appareil employé varie avec les solides et les liquides.

REMARQUE. — Il existe deux autres méthodes, dont nous parlerons à propos de la chaleur de fusion de la glace (81), et de la loi du refroidissement (91).

**78. Résultats.** — La chaleur spécifique des solides et des liquides croît avec la température : et, pour une même substance, la chaleur spécifique du corps à l'état liquide est plus grande que la chaleur spécifique du corps à l'état solide.

La chaleur spécifique d'un solide varie également avec la structure du solide.

**79. Applications** — *Détermination d'une haute température,* par exemple celle d'un four.

On fait chauffer dans le four un cylindre de platine de poids $p$ et de chaleur spécifique $c$ ; on le plonge ensuite dans un calorimètre renfermant un poids $p'$ d'eau à $t°$.

Si $\theta$ est la température d'équilibre, on a :

$$pc\,(x - \theta) = p'\,(\theta - t),$$

on en déduit $x$.

LOI DE DULONG ET PETIT. — Donnons, en passant, cette loi qui a son utilité en chimie :

*Le produit de la chaleur spécifique d'un corps par son poids atomique est un nombre constant.*

**80. Chaleur spécifique des gaz.** — Il y a la chaleur spécifique *sous pression constante* C, et la chaleur spécifique *sous volume constant* c. La définition est la même que pour les solides et les liquides ; si on rapporte les chaleurs spécifiques à l'unité de volume du gaz, elles ont alors pour valeurs : $Cd$ et $cd$, $d$ étant le poids de l'unité de volume du gaz.

1° La chaleur spécifique sous *pression constante* a été déterminée par Regnault à l'aide d'une méthode analogue à celle des mélanges. Il a trouvé pour l'air, en particulier, que la chaleur spécifique sous pression constante est un nombre constant égal à 0,2377.

2° La chaleur spécifique d'un gaz sous *volume constant* c se déduit de la valeur du rapport $\dfrac{C}{c}$ qu'on a déterminé. — Pour l'air $c = 0,1688$. La valeur moyenne de $\dfrac{C}{c}$ est 1,40.

La valeur de C est toujours plus grande que celle de c.

**81. Chaleur de fusion.** — La *chaleur de fusion* d'un corps est le nombre de calories nécessaires pour faire fondre l'unité de poids de ce corps sans élévation de température.

1° *Chaleur de fusion de la glace* $\lambda$. — Elle se détermine par la méthode des mélanges ; on plonge un poids $p$ de glace dans un calorimètre de poids P et de chaleur spécifique $c$, renfermant un poids $q$ d'eau à $t°$ ; soit $\theta$ la température d'équilibre, on a :

$$p\lambda + p\theta = (q + \mathrm{P}c)(t - \theta),$$

équation qui détermine $\lambda$.

Connaissant $\lambda$, on pourra déterminer la chaleur spécifique $c$.

2° *Pour un corps quelconque.* — La méthode est analogue.

Exemple pour un corps solide : on fond le corps et on le porte à une température $T_1$ plus grande que celle de son point de fusion $T$ ; si $l$ est sa chaleur de fusion, si $C_s$ et $C_l$ sont les valeurs de sa chaleur spécifique à l'état solide et à l'état liquide, on a :

$$p\mathrm{C}_l(\mathrm{T}_1 - \mathrm{T}) + pl + p\mathrm{C}_s(\mathrm{T} - \theta) = (q + \mathrm{P}c)(\theta - l).$$

**82. Chaleur de vaporisation.** — La *chaleur de vaporisation* $l_t$ à $t°$ d'un liquide est la quantité de chaleur qu'il faut fournir à l'unité de poids de ce liquide pour le transformer à cette température $t$ en une vapeur saturante.

La chaleur de vaporisation de l'eau a été déterminée par Despretz et Regnault, ils ont trouvé pour sa valeur à 100° : 537 calories.

**83. Chaleur totale de vaporisation.** — La chaleur totale de vaporisation à $t°$, soit $\lambda_t$, est la quantité de chaleur qu'il faut fournir à l'unité de poids d'un liquide pris à 0° pour le porter à $t°$, puis pour le transformer en vapeur saturante à cette même température.

On voit donc que pour un liquide quelconque :

$$\lambda_t = l_t + ct \quad (c, \text{ chaleur spécifique moyenne}) ;$$

et pour l'eau :

$$\lambda_t = l_t + t.$$

Les expériences de Regnault l'ont conduit pour l'eau à la formule :

$$\lambda_t = 606,5 + 0,305t.$$

## § 8. — Propagation de la chaleur

La chaleur se propage par *rayonnement*, c'est-à-dire à distance et rapidement, ou par *conductibilité*, c'est-à-dire par contact et lentement.

### I. — Chaleur rayonnante

**84.** Le rayonnement de la chaleur est vérifié par ce fait que la chaleur traverse le vide ; elle traverse aussi les corps pondérables sans les échauffer.

La propagation se fait en ligne droite.

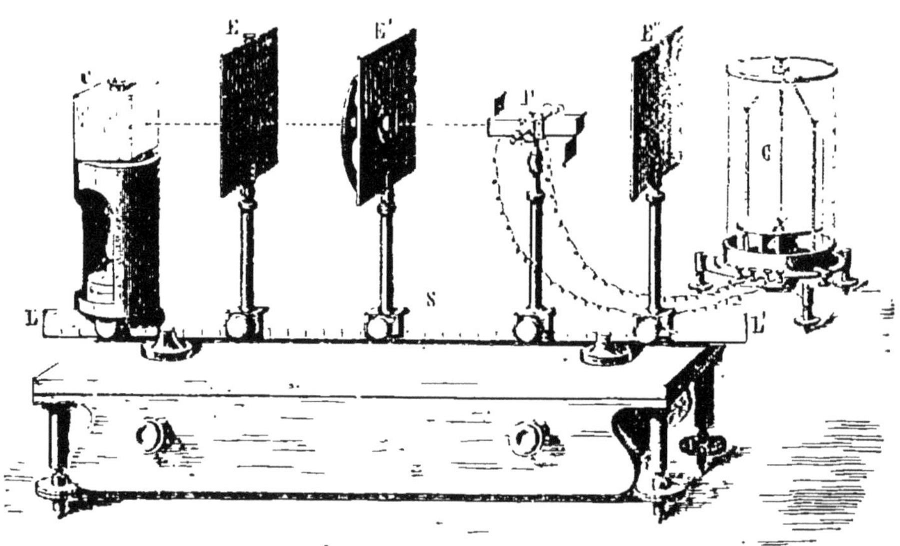

Fig. 36.

L'étude de la chaleur rayonnante se fait à l'aide de l'appareil de Melloni (*fig.* 36), qui comprend des sources de chaleur et un instrument de mesure des quantités de chaleur. Ce dernier est une pile thermo-électrique très sensible P, en communication avec un galvanomètre, dont les déviations mesurent les quantités de chaleur reçues par la pile (n⁰ˢ 153 et 154).

Parmi les sources de chaleur, il y a un cube métallique C rempli d'eau qu'on maintient bouillante ; les faces de ce cube sont recouvertes de diverses substances.

**85. Lois géométriques de la chaleur rayonnante.** — *Réflexion.* — Un rayon calorifique tombant sur une surface polie obéit aux deux lois suivantes :

*Le rayon réfléchi reste dans le plan d'incidence ;*

*L'angle de réflexion est égal à l'angle d'incidence.*

On vérifie ces lois par l'appareil de Melloni, et aussi par l'expérience des miroirs ardents.

On appelle *pouvoir réflecteur* R d'une surface le rapport de la quantité de chaleur réfléchie par cette surface à la quantité de chaleur incidente.

Pour déterminer R avec l'appareil de Melloni on met le corps sous forme de plaque, on y fait tomber les rayons calorifiques d'une source quelconque, et on reçoit sur la pile le faisceau réfléchi ; on lit une déviation $\alpha$ sur le galvanomètre ; on observe une nouvelle déviation $\alpha'$ en supprimant la plaque et en recevant directement le faisceau sur la pile ;

le rapport $\dfrac{\alpha}{\alpha'} = $ R est le pouvoir réflecteur : il varie avec l'angle d'incidence.

**86. Diffusion.** — C'est la réflexion irrégulière produite par la chaleur tombant sur des substances mates ; elle se réfléchit dans toutes les directions.

Le *pouvoir diffusif* D est le rapport entre la quantité de chaleur diffusée dans une direction donnée et la chaleur incidente.

**87. Réfraction.** — C'est la déviation éprouvée par les rayons calorifiques en traversant certains corps : ces corps sont dits *diathermanes ;* ceux que la chaleur ne peut traverser sont *athermanes.*

Les lois de la réfraction de la chaleur sont les mêmes que pour la lumière, savoir : 1⁰ le *rayon réfracté reste dans le plan d'incidence ;* 2° le *rapport du sinus de l'angle d'incidence au sinus de l'angle de réfraction est constant, pour un même milieu.*

Le *pouvoir diathermane* D d'une plaque, pour un faisceau calorifique déterminé, est le rapport entre la quantité de chaleur transmise et la quantité de chaleur incidente. Il se détermine par l'appareil de Melloni; on prend le rapport des déviations obtenues en recevant d'abord sur la pile le faisceau calorifique qui a traversé la substance mise sous forme de plaque, puis en recevant directement ce faisceau sur la pile.

Le sel gemme est une substance parfaitement diathermane pour toute espèce de chaleur. Pour la plupart des autres substances, la proportion de chaleur transmise varie avec la nature de la chaleur incidente.

**88. Absorption.** — Les corps absorbent une partie de la chaleur qu'ils reçoivent, et cette partie produit un changement d'état ou une élévation de température.

Le *pouvoir absorbant* A est le rapport entre la quantité de chaleur absorbée et la quantité de chaleur incidente.

Les corps diathermanes absorbent de la chaleur en quantité variable ; les corps athermanes en absorbent par leur surface une quantité qui se propage dans l'intérieur par conductibilité.

Si $q$ est la quantité de chaleur d'un faisceau tombant sur un corps athermane, $r$, $d$, $a$, les quantités de chaleur réfléchie, diffusée, absorbée, on doit avoir :

$$q = r + d + a,$$

et :

$$1 = R + D + A.$$

Pour les substances polies, $D = o$, et par suite :

$$R + A = 1,$$

dont on déduit facilement la valeur de A.

Dans les substances mates, $R = o$, donc :

$$D + A = 1.$$

**89. Pouvoir émissif.** — Les corps, chauffés à une même température, envoient, à surfaces égales, des quantités de chaleur différentes.

Le pouvoir émissif E d'un corps est le rapport de la quantité de chaleur qu'il émet à celle émise par une surface égale de noir de fumée.

Ce rapport est déterminé par celui des déviations obtenues dans l'appareil de Melloni, en plaçant devant la pile le cube d'eau bouillante, dont une des faces est recouverte de la substance dont on veut le pouvoir émissif, et une autre face de noir de fumée.

*Égalité des pouvoirs émissif et absorbant.* — En comparant les pouvoirs absorbants avec les pouvoirs émissifs des mêmes corps rapportés à celui du noir de fumée, on a trouvé le même nombre pour chaque substance et pour des faisceaux calorifiques de même nature.

**90. Loi du refroidissement de Newton.** — Un poids $p$ d'un corps, de chaleur spécifique $c$, est placé dans une enceinte à température plus basse ; l'excès de la température du corps sur celle de l'enceinte est A au début de l'observation ; au bout du temps $x$, la variation de la température de l'enceinte est $t$ ; pour une variation de temps $dx$, la variation de température est $dt$, on peut donc écrire :

$$dt = - \frac{SE}{pc} \times t \times dx ;$$

S est la surface du corps ; E son pouvoir émissif.

Cette relation montre que : la *variation $dt$ de température est proportionnelle au temps $dx$ et à l'excès $t$.*

On déduit de cette relation, en l'intégrant :

$$t = Ae^{-\frac{SE}{pc}x},$$

A désignant une constante

Cette formule se traduit par l'énoncé suivant, qui est la loi de Newton :

*Les excès décroissent en progression géométrique quand les temps croissent en progression arithmétique.*

C'est une loi approchée qui n'est applicable que pour des différences de températures ne dépassant pas 40 à 50°.

**91. Application.** — On déduit de la dernière formule une méthode de détermination des chaleurs spécifiques des solides, dite méthode du refroidissement.

En effet, la formule peut s'écrire, en passant des exponentielles aux logarithmes :

$$\frac{L\text{A} - L.t}{S\text{E}} = \frac{x}{pc}.$$

Si l'on fait en sorte que le premier membre reste constant, en opérant avec des substances diverses de poids $p_1, p_2, p_3 \ldots$ et de chaleurs spécifiques $c_1, c_2, c_3, \ldots$, on aura :

$$\frac{x_1}{p_1 c_1} = \frac{x_2}{p_2 c_2} = \frac{x_3}{p_3 c_3} = \ldots$$

$x_1, x_2, x_3, \ldots$, sont les temps de ces observations.

On pourra ainsi avoir le rapport des chaleurs spécifiques de deux substances ; si l'une d'elles est connue, on en déduira l'autre.

## II. — CONDUCTIBILITÉ

**92. Solides.** — La théorie de la conductibilité repose sur l'hypothèse du *rayonnement moléculaire*. Fourier admet que toute molécule chaude rayonne vers la molécule moins chaude la plus voisine, et lui envoie une quantité de chaleur dépendant de la distance des deux molécules, et proportionnelle à leur différence de température.

C'est l'application de la loi de Newton aux molécules. Cette hypothèse a été confirmée par l'expérience.

Un corps étant en contact par une partie de sa surface avec un autre corps plus chaud, il arrive un moment où la température en chaque point ne change plus ; le premier corps est alors à l'*état permanent :* on se placera dans ce cas.

Fourier a traité deux problèmes distincts : celui du *mur* et celui de la *barre*.

**93. Problème du mur.** — Un mur homogène, indéfini, d'épaisseur $e$, à faces parallèles, a une de ses faces à la température $t$, l'autre à la température $t'$ ($t > t'$), c'est le cas d'une chaudière).

La quantité de chaleur qui traverse pendant l'unité de temps l'unité de surface d'un plan intermédiaire quelconque est :

$$Q = c \frac{t - t'}{e}.$$

La quantité $c$ est le *coefficient de conductibilité intérieure* de la substance dont est faite le mur ; c'est la quantité de chaleur qui traverse pendant une seconde l'unité de surface d'un mur de 1 mètre d'épaisseur, fait avec ce corps, et dont les faces extrêmes sont à des températures différant de 1°.

Le *coefficient de conductibilité extérieure* $h$ est la quantité de chaleur perdue pendant l'unité de temps par l'unité de surface d'un corps dont la température est supérieure de 1° à la température du milieu qui l'environne.

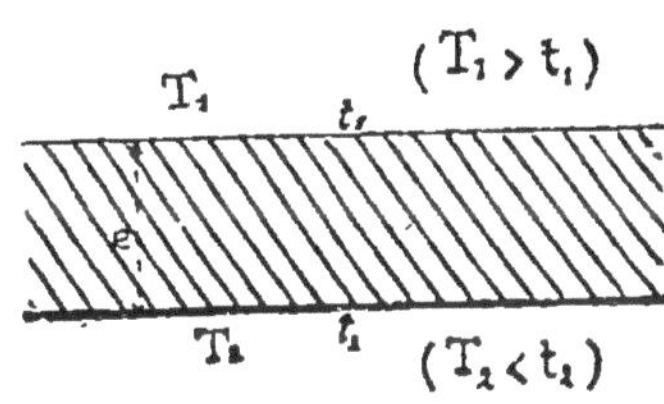

Fig. 37.

Ainsi, soit un mur (*fig.* 37) dont les deux faces sont en contact avec deux milieux dont les températures sont $T_1$ et $T_2$, et dont les coefficients de conductibilité extérieure sont $h_1$ et $h_2$ ; le régime permanent établi, les deux faces du mur seront, l'une à la température $t_1$, et l'autre à $t_2$.

On a :

$$h_1 (T_1 - t_1) = c \frac{t_1 - t_2}{e}.$$

et :

$$h_2 (t_2 - T_2) = c \frac{t_1 - t_2}{e}.$$

On peut ainsi connaître $T_1$ et $T_2$ en fonction des autres quantités.

**94. Problème de la barre.** — On considère une barre homogène, longue et mince ; on peut regarder la température de cette barre comme uniforme dans une section droite quelconque.

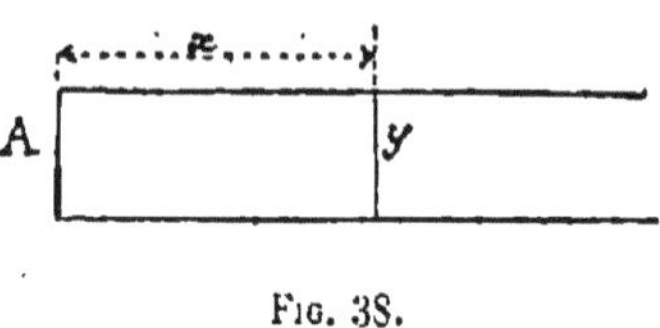

Fig. 38.

Supposons une extrémité A de cette barre (*fig.* 38) à température constante ; soit $x$ la distance d'une section intérieure quelconque à cette extrémité ; $y$ l'excès de la température de cette section sur la température ambiante ; la loi de distribution des excès de température sur l'air ambiant est représentée par l'équation :

$$y = Me^{ax} + Ne^{-ax}, \qquad (1)$$

dans laquelle M et N sont deux constantes que l'on détermine d'après les conditions initiales de l'expérience.

D'ailleurs :

$$a = \sqrt{\frac{hp}{cS}} ;$$

$c$ est le coefficient de conductibilité de la barre ;

$p$ et S sont le périmètre et la surface ;

$h$ est le coefficient de conductibilité extérieure.

**95. Conséquence.** — Si l'on prend trois tranches équidistantes, à des distances $x - i$, $x$ et $x + i$ de l'extrémité de la barre, et dont les excès de température correspondants sont $y_1, y_2, y_3$, on établit facilement par l'équation (1) la relation :

$$\frac{y_1 + y_3}{y_2} = e^{ai} + e^{-ai} = C^{te}.$$

C'est ce qu'on a vérifié par l'expérience, en mesurant $y_1, y_2, y_3$.

On voit que, la quantité $e^{ai} + e^{-ai}$ étant déterminée pour une substance, l'équation $e^{ai} + e^{-ai} = C^{te}$ permet de déterminer le coefficient de conductibilité de cette substance, puisque :

$$a^2 = \frac{hp}{cS}.$$

**96. Conductibilité des liquides et des gaz.** — En chauffant les liquides par la partie supérieure, pour ne pas produire de courants, on constate qu'ils sont peu conducteurs de la chaleur. Le mercure est le liquide le meilleur conducteur de la chaleur.

Les gaz aussi sont mauvais conducteurs, sauf l'hydrogène.

La lampe Davy, la conservation de la glace dans les glacières, etc., sont des applications de la conductibilité.

## § 9. — Équivalent mécanique de la chaleur

**97.** Le volume $v$ d'un corps est fonction de la pression $p$ et de la température $t$; entre ces trois quantités il y a une relation de la forme générale :

$$f(v, p, t) = 0.$$

Deux des variables étant données, la troisième s'en déduit, et l'état du corps est déterminé.

La forme de l'équation $f(v, p, t) = 0$ n'est pas connue généralement, sauf pour les gaz parfaits, c'est-à-dire pour les gaz qui suivraient exactement les lois de Mariotte et de Gay-Lussac. On a dans ce cas :

$$\frac{pv}{1 + \alpha t} = p_0 v_0 ; \qquad (1)$$

$p_0$ est la pression atmosphérique, égale à 1033 grammes par centimètre carré ;

$v_0$ le volume occupé par l'unité de poids du gaz .

$$\left( v_0 = \frac{1,000}{1,293} \right).$$

On déduit de l'équation (1) :

$$pv = p_0 v_0 \alpha \left( \frac{1}{\alpha} + t \right).$$

ou :

$$pv = RT, \qquad (2)$$

en posant :

$$R = p_0 v_0 \alpha, \qquad \text{et :} \qquad T = \frac{1}{\alpha} + t = 273 + t.$$

Les températures T sont dites températures *absolues;* elles sont comptées à partir d'un 0 qui se trouverait à 273° au-dessous du 0 normal; c'est le 0 *absolu.*

## 98. Chaleur absorbée par une transformation élémentaire quelconque. — L'équation (2) donne :

$$Rdt = pdv + vdp.$$

d'où :

$$dt = \frac{pdv}{R} + \frac{vdp}{R};$$

$\dfrac{pdv}{R}$ est la variation de température qui correspond à la variation de volume *dv* sous la pression constante $p$ ;

$\dfrac{pdv}{R}$ est la variation de température qui correspond à la variation de pression *dp* sous le volume constant *v*.

La chaleur nécessaire pour produire la variation de température *dt* est :

$$dq = \frac{Cpdv}{R} + \frac{cvdp}{R};$$

C est la chaleur spécifique du gaz sous pression constante ; *c* est la chaleur spécifique du gaz sous volume constant.

La dernière relation peut encore s'écrire :

$$dq = cdt + \frac{C - c}{R}\, pdv. \qquad (1)$$

Sous cette dernière forme, *cdt* est la chaleur qui produit l'élévation de température sous volume constant, et $\dfrac{C - c}{R}\, pdv$ est la chaleur produisant la variation de volume *dv* sous pression constante.

**99.** ʿREMARQUE.— Lorsqu'une masse gazeuse éprouve, sous l'action de la chaleur, une variation de volume $dv$, la pression étant $p$, le travail élémentaire correspondant à cette variation de volume est :

$$d\mathfrak{C} = pdv.$$

La relation (1) devient alors :

$$dq = cdt + \frac{C - c}{R}\, d\mathfrak{C}. \qquad (2)$$

**100. Cas d'un gaz à température constante.** — Dans ce cas $dt = 0$ et la transformation subie par le gaz est dite *isotherme*.

Alors, les équations (1) et (2) se réduisent à :

$$dq = \frac{C - c}{R}\, pdv,$$

et :

$$dq = \frac{C - c}{R}\, d\mathfrak{C}.$$

On déduit :

$$q = \frac{C - c}{R}\, \mathfrak{C},$$

et si l'on pose :

$$\frac{C - c}{R} = A,$$

il vient :

$$q = A\mathfrak{C}. \qquad (3)$$

**101. Principe de l'équivalence.** — *A un travail déterminé correspond toujours la même quantité de chaleur dégagée, quel que soit le procédé employé pour transformer le travail en chaleur.*

Il y a, en effet, un rapport constant entre le travail dépensé exprimé en kilogrammètres, et la chaleur produite, exprimée en calories; ce rapport constant J est *l'équivalent mécanique de la chaleur.*

*Détermination de* J. — 1° On peut le déduire des propriétés des gaz parfaits. L'équation (3) :

$$q = A\mathfrak{C},$$

exprime l'équivalence entre une quantité de chaleur $q$ et un travail $\mathfrak{E}$; en posant : $J = \dfrac{1}{A}$, il vient :

$$\mathfrak{E} = Jq.$$

D'ailleurs :

$$J = \frac{R}{C - c} = \frac{p_0 v_0 \alpha}{C - c}.$$

Par exemple, pour l'air, la valeur de $J$, dans le système du kilogrammètre, est :

$$J = \frac{1033 \times \dfrac{1}{1,293} \times \dfrac{1}{273}}{0,0689} = 425 \text{ kilogrammètres},$$

rapport sensiblement constant pour les gaz permanents.

2° Il l'est aussi pour les autres corps, comme l'ont vérifié Joule et Hirn, en transformant le travail (choc ou frottement) en chaleur ; leurs expériences ont fourni le nombre 425 kilogrammètres comme valeur moyenne de $J$.

3° Hirn a aussi déterminé $J$ par la transformation inverse de la chaleur en travail; pour cela, il s'est servi d'une machine à vapeur.

L'unité de poids d'eau prise à 0° et transformée en vapeur saturante à T° absorbe une quantité de chaleur :

$$Q = 606,5 + 0,305T.$$

En arrivant au condenseur à $t°$, cette vapeur contient une chaleur :

$$Q' = 606,5 + 0,305t$$

La vapeur, en traversant le corps de pompe, a donc perdu :

$$Q - Q' = 0,305 \, (T - t).$$

Le travail était mesuré, d'autre part, à l'aide d'un indicateur de Watt, donnant la valeur de la pression pour chaque point de la course du piston.

Hirn trouva 413 pour la valeur de $J$.

# CHAPITRE IV

## ÉLECTRICITÉ

---

### § 1. — Électricité statique

**102. Notions fondamentales.** — Le frottement peut donner à toutes les substances la propriété d'attirer les corps légers ; on dit alors qu'elles sont *électrisées*, et on appelle *électricité* la cause inconnue qui produit cet état.

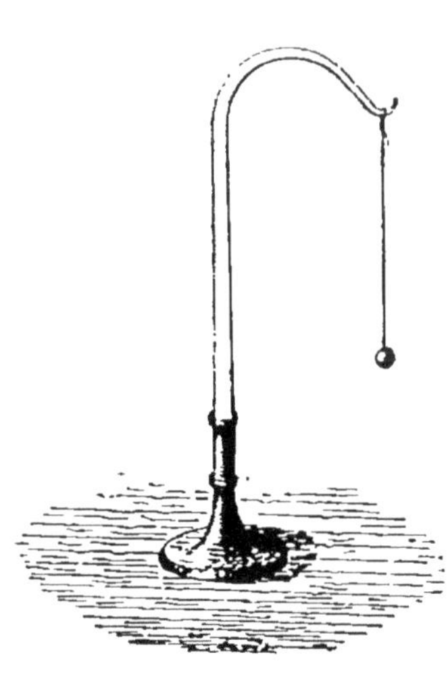

Fig. 39.

Les corps qui, comme les métaux, le corps humain..., transmettent l'électricité, sont dits *bons conducteurs ;* les autres, comme le verre, la soie, etc., sur lesquels l'électricité reste localisée au point où on l'a développée, sont appelés *mauvais conducteurs*, ou *isolants*. L'air est évidemment un isolant ; les gaz et les vapeurs aussi.

*Deux sortes d'électricités.* — En présentant un bâton de verre électrisé à un pendule électrique, formé d'une balle de sureau suspendue à une tige rigide en verre par un fil isolant (*fig.* 39), on remarque qu'il y a attraction, puis répulsion ; si l'on présente aussitôt un bâton de résine électrisé au même pendule, la balle est attirée. On en conclut que l'électricité du verre et celle de la résine sont différentes.

Il n'y a, d'ailleurs, que ces deux électricités. On les désignait autrefois sous les noms d'électricités *vitrée* et *résineuse :* on dit aujourd'hui *positive* et *négative.*

On voit, en outre, par cette expérience, que *deux corps chargés de la même électricité se repoussent, et deux corps chargés d'électricités contraires s'attirent.*

*Développement des deux électricités par le frottement.* — Le corps frottant et le corps frotté sont tous deux électrisés, l'un positivement, l'autre négativement, et les deux charges de signes contraires sont équivalentes. L'espèce d'électricité que prend un corps par le frottement dépend de la nature du corps avec lequel il est mis en contact.

*Hypothèse des deux fluides.* — Symmer admet que tous les corps, à l'état neutre, contiennent en quantités égales les deux électricités, qui se neutralisent; elles se séparent dès qu'une cause quelconque, le frottement par exemple, modifie leur équilibre électrique.

**103. Masse électrique.** — L'électrisation d'un corps ne s'apprécie que par les actions mécaniques qu'il exerce comme corps électrisé ; si l'on a une sphère fixe de charge invariable, et, à une distance invariable, une autre sphère dont on fait varier la charge de façon à obtenir une action deux, trois, quatre fois plus grande, on dit que, pour cette sphère, la *charge électrique*, ou la *masse électrique*, ou encore la *quantité d'électricité*, est devenue deux, trois, quatre fois plus grande.

L'*unité de masse électrique* C.G.S. est celle qui, agissant sur une masse égale placée à la distance de 1 centimètre, la repousse avec une force égale à une dyne.

L'unité pratique est le *coulomb*.

**104. Loi de Coulomb.** — *L'action qui s'exerce entre deux petites sphères électrisées varie en raison inverse du carré de leur distance.*

C'est ce que Coulomb a vérifié par la balance de torsion.

De la définition de la masse et de la loi de Coulomb, il résulte que l'action qui s'exerce entre deux masses $m$ et $m'$, à distance $r$, est :

$$f = \pm \frac{mm'}{r^2},$$

+ pour des masses de même signe (répulsion) ;
— pour des masses de signes contraires (attraction).

**105. Distribution de l'électricité.** — Étant donné un conducteur dont les masses électriques sont en équilibre, *la résultante des actions de ces charges sur un point intérieur du conducteur est toujours nulle.*

La *force électrique en un point* est la valeur de cette résultante pour une masse d'électricité positive égale à l'unité placée en ce point.

Si la force en tout point intérieur est nulle, il en résulte que l'électricité se distribue en couche mince à la surface ; de plus, en raison de l'équilibre, elle est normale et dirigée vers l'extérieur.

On vérifie par plusieurs expériences que l'électricité se porte uniquement à la surface extérieure des corps.

*Première expérience.* — On électrise une boule métallique creuse, portée par une tige isolante (*fig.* 40) ; en touchant la surface extérieure avec un *plan d'épreuve*, on constate que l'on enlève au corps une partie de son électricité ; en touchant la surface intérieure,

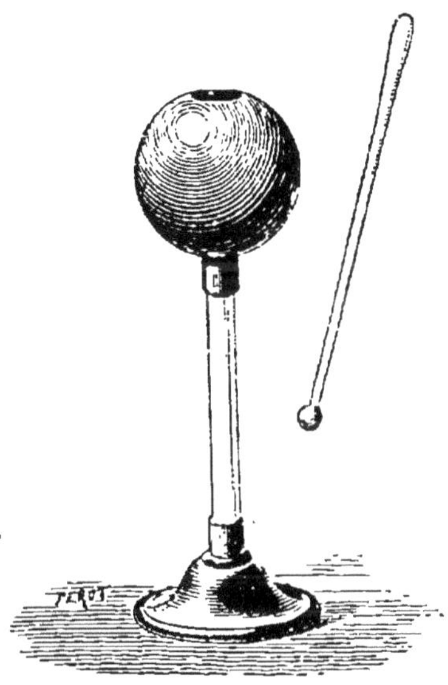

Fig. 40.

on constate, au contraire, qu'on n'en enlève pas.

*Deuxième expérience.* — On électrise un globe métallique porté par une tige isolante ; on le recouvre exactement avec deux hémisphères métalliques à manches isolants (*fig.* 41) en les retirant ensemble, on peut constater qu'ils sont électrisés et que la boule ne l'est plus.

*Troisième expérience due à Faraday.* — On électrise un sac

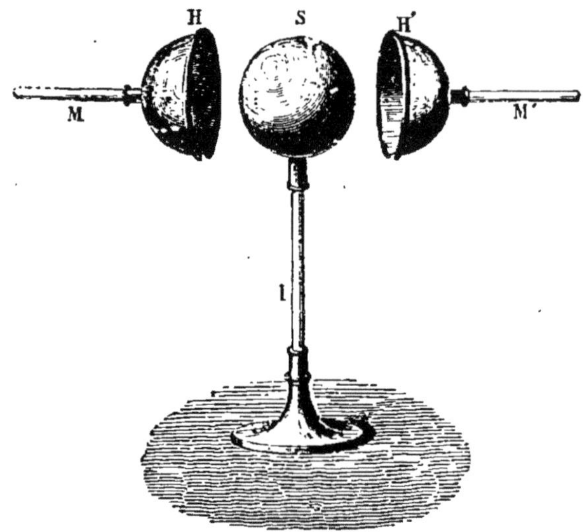

Fig. 41.

conique de gaze en lin ou en chanvre fixé à un support iso-

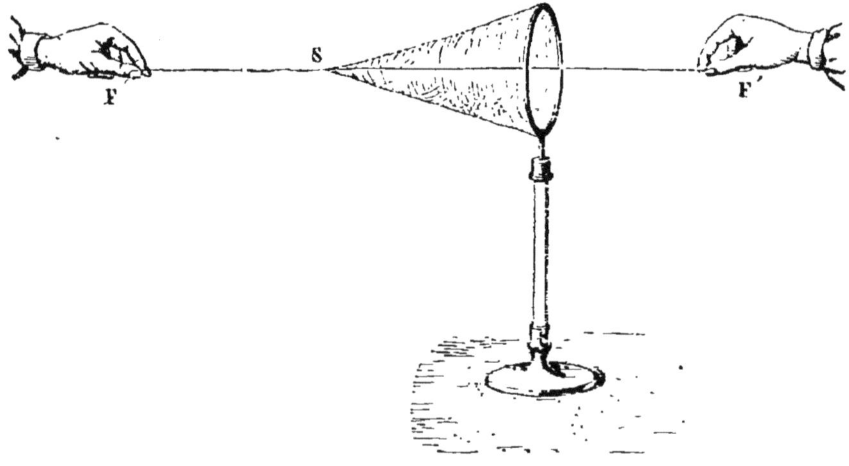

Fig. 42.

lant (*fig. 42*) ; on constate que l'électricité réside sur la surface extérieure seulement ; si, avec le fil de soie qui traverse le sac on le retourne, on vérifie que l'électricité a changé de place et s'est portée sur la nouvelle surface extérieure.

On appelle *densité électrique* en un point la charge par unité de surface dans le voisinage de ce point.

L'étude de la densité électrique en divers points de la surface d'un corps se fait à l'aide du *plan d'épreuve* et de la balance de torsion. Le plan d'épreuve est un petit disque de papier doré porté par une tige isolante faite d'un fil de gomme laque pure; avec ce plan on touche les différents points de la surface qu'on veut étudier; on mesure chaque fois la charge qu'il emporte au moyen de la balance de torsion. L'expérience nous montre que sur une sphère la quantité d'électricité est la même en un point quelconque; sur un ellipsoïde les quantités d'électricité aux extrémités des grands axes sont proportionnelles aux longueurs de ces axes.

**106. Pouvoir des pointes.** — Si le grand axe d'un ellipsoïde s'allonge indéfiniment par rapport aux autres, c'est-à-dire si le corps se termine en pointe, la charge électrique tend à devenir infinie à la pointe. La force électrique y deviendrait

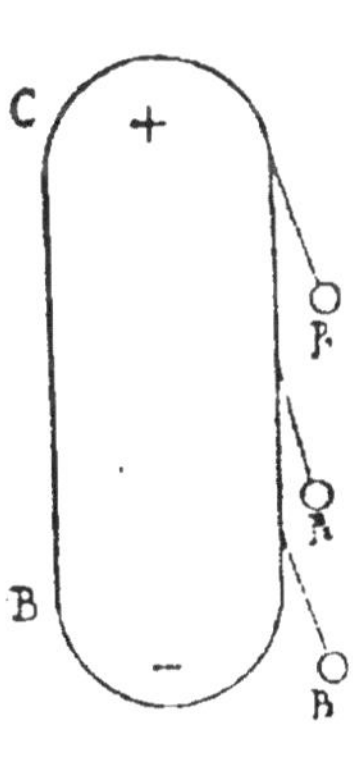


infinie si le pouvoir isolant de l'air était sans limite; mais la tension électrique finit par vaincre la résistance de l'air, et l'électricité s'écoule par les pointes. Il se produit alors une répulsion entre l'air et la pointe qui se trouvent chargés d'électricité de même nom, et, si cette pointe est mobile, elle se meut en sens inverse de la direction de la force (c'est le tourniquet électrique).

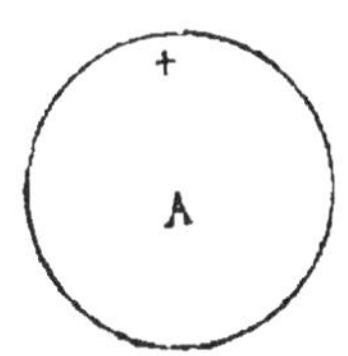


Fig. 43.

**107. Influence électrique** (*fig. 43*). — Soit un cylindre BC, à l'état neutre, portant trois pendules $p_1, p_2, p_3$; ces pendules touchent le cylindre au début. On approche une sphère A chargée d'électricité positive; $p_1$ et $p_3$ divergent et l'on reconnaît que $p_1$ est chargé positivement, $p_3$ négativement; celui du milieu $p_2$ reste immobile; il est dans la ligne neutre. Il y a donc en C de l'électricité positive, en B de l'électricité négative. Si on éloigne A, le cylindre BC revient à l'état neutre. L'électricité qu'on peut produire ainsi sur BC est dite développée *par influence* ou *induite;* celle de A est *inductrice.*

Si on touche BC avec le doigt, ce qui fait communiquer le cylindre BC avec le sol, le pendule $p_3$ diverge seul; puis, si on enlève le doigt et si on écarte la sphère A, le cylindre reste chargé d'électricité négative, c'est-à-dire contraire à celle de A. On a donc ainsi un moyen de charger un corps d'une électricité connue.

. (Quand on touche le cylindre, on peut appliquer le doigt à l'une ou l'autre de ses extrémités.)

REMARQUE. — On explique par l'influence les expériences du *carillon électrique* et de la *grêle électrique;* et aussi ce fait que deux corps chargés d'une même électricité peuvent s'attirer à petite distance, l'un d'eux étant fortement électrisé.

**108. Champ électrique.** — On appelle ainsi toute la région de l'espace où se fait sentir l'action du système électrique considéré.

On nomme *ligne de force* une ligne courbe tracée dans le champ de manière qu'en chacun de ses points la force électrique soit tangente à la courbe.

**109. Potentiel.** — 1° *Définition.* — Si un conducteur électrisé communique par un fil long et fin avec un électroscope à feuilles d'or placé dans une salle voisine de façon à être soustrait à toute influence directe, on observe que les feuilles d'or ont le même écart, quel que soit le point touché à l'intérieur ou à la surface du conducteur.

Si c'est un corps soumis à l'influence qui communique avec l'électroscope, l'écart reste encore invariable, quel que soit le point touché, et l'électricité indiquée par l'électroscope est toujours celle du corps influent. Cependant la divergence est moindre que dans le premier cas.

Pour un corps qui communique avec le sol la divergence est toujours nulle.

Donc, l'indication de l'électroscope est la même pour tous

les points d'un conducteur, dans des conditions données ; elle est indépendante de la grandeur et du signe de la charge au point touché ; elle varie seulement avec les conditions électriques où se trouve le corps considéré. On peut donc dire que cette indication caractérise un état particulier du conducteur auquel on a donné le nom de *potentiel*.

Le sol donnant toujours un écart nul, on dit que le sol a un potentiel égal à 0. On prend comme unité le potentiel qui correspond à un certain écart $\alpha$, et on appelle potentiel 2, 3, 4,..., celui qui correspond à un écart $2\alpha, 3\alpha, 4\alpha$,... ; le sens de la divergence donne le signe du potentiel. Si deux conducteurs donnent un même écart $\alpha$, ils ont même potentiel ; s'ils ont des potentiels différents, et, si on les relie, il s'établit un potentiel intermédiaire, positif ou négatif, et il y a mouvement d'électricité de l'un à l'autre.

On peut dire encore que le potentiel caractérise l'état électrique d'un corps, comme la température en caractérise l'état calorifique ; mais la température d'un corps ne dépend pas de sa situation relative par rapport aux autres corps.

2° *Définition mathématique.* — Si l'on considère un champ électrique formé par des points fixes où se trouvent des masses $m_1, m_2, m_3,...$, et en un point P une masse d'électricité positive égale à 1, à des distances $r_1, r_2, r_3$, des points fixes, le potentiel au point P a pour expression :

$$V = \sum \frac{m}{r}.$$

C'est donc la somme des quotients des masses agissantes par leur distance au point considéré.

Une *surface de niveau* est le lieu des points du champ qui ont même potentiel ($V = C^{te}$).

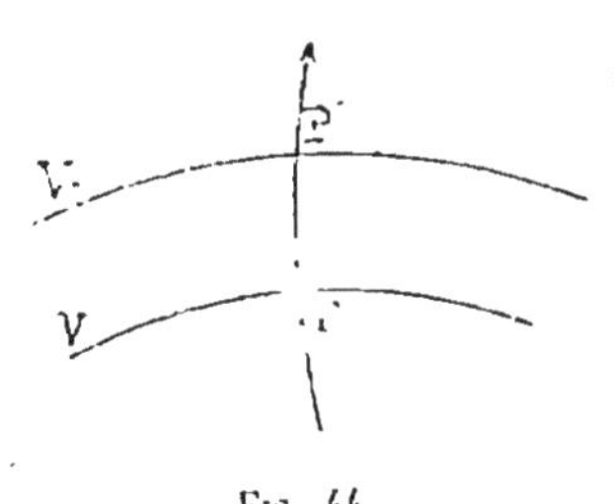

Fig. 44.

**110.** *L'intensité du champ*, ou force agissante, en un point, peut se calculer en fonction du potentiel. Soient deux surfaces de niveau V et $V_1$ très voisines (*fig.* 44) ; supposons que l'on déplace l'unité de masse de la première à la seconde suivant la ligne de force PP'; si $dn$ est la longueur de cette ligne comprise entre les deux surfaces, F la valeur moyenne de la force de P en P', on a :

$$F = -\frac{dV}{dn};$$

c'est-à-dire qu'elle est égale et de signe contraire à la dérivée du potentiel, par rapport à la normale à la surface de niveau qui passe par ce point.

**111. Potentiel d'une sphère en un point.** — Soit une couche électrique de masse M distribuée uniformément sur une sphère de rayon R; si le point est extérieur à la sphère et à distance $r$ du centre, le potentiel au point, abstraction faite du signe, est :

$$V = \frac{M}{r}.$$

Si le point M est intérieur à la sphère, le potentiel a la même valeur qu'au centre, savoir :

$$V = \frac{M}{R}.$$

**112. Unité.** — On exprime les différences de potentiel ou de *force électromotrice* au moyen d'une unité appelée *volt*.

MACHINES ÉLECTRIQUES

**113. Machines à frottement.** — La *machine de Ramsden* (*fig.* 45), employée dans les laboratoires, est le type des machines à frottement. Elle est formée d'un plateau en verre que l'on fait tourner à l'aide d'une manivelle entre deux paires de coussins de cuir recouverts d'une couche de bisulfure d'étain et placés aux extrémités d'un diamètre vertical ; ces coussins communiquent par une chaîne avec le sol ; le frottement développe sur le verre de l'électricité positive, dans les cous-

sins de l'électricité négative qui s'écoule par la chaîne dans
le sol. Le plateau passe entre deux peignes F et F' formés de

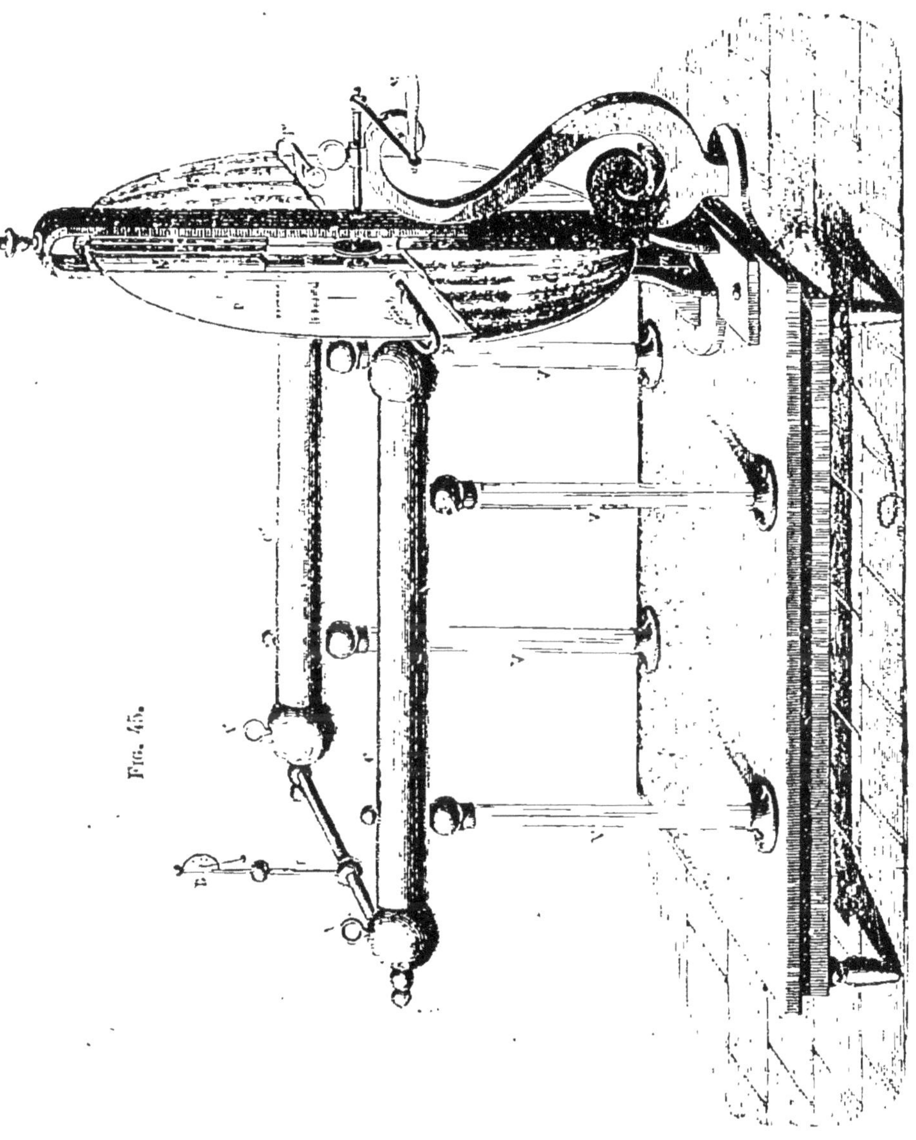



pointes métalliques, et reliés avec des cylindres métalliques
C et C' reposant sur des isolateurs de verre ; ces cylindres constituent les collecteurs. Le fluide neutre des peignes est décom-

posé; l'électricité négative s'écoule par les pointes et neutralise la surface du plateau. L'électricité positive se répand sur
les collecteurs qui permettent de la recueillir.

**114. Machines à influence.** — *Électrophore* (*fig.* 46). — Il
est composé d'un gâteau de résine A coulé dans un moule B
en bois ou en métal, et d'un plateau M en métal ou en bois,
recouvert d'une feuille d'étain et fixé à l'extrémité d'une tige
isolante en verre.

On charge d'électricité négative le gâteau de résine, en le
frottant avec une peau de
chat bien sèche; puis, on
y place le plateau métallique. Les fluides se distribuent, comme l'indique la
figure; en approchant le
doigt de la face supérieure
du plateau M, on a une
petite étincelle et le plateau M reste chargé de fluide
positif maintenu sur sa face
inférieure; ce fluide se répand sur les deux faces du plateau
quand on l'enlève par le manche de verre; le plateau peut
servir alors à charger d'électricité un corps quelconque, une
bouteille de Leyde, par exemple.

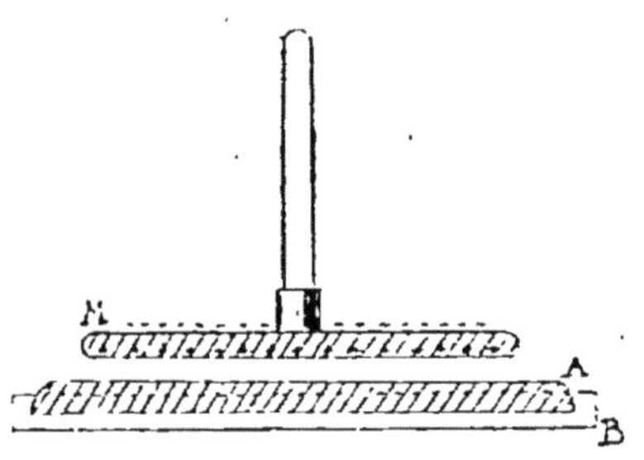

Fig. 46.

**115. Débit et puissance d'une machine.** — Le débit d'une
machine est la quantité I d'électricité qu'elle peut fournir en
une seconde. Si E est la différence des potentiels aux deux
pôles, le produit EI est la puissance mécanique de la machine,
ou le travail qu'elle fournit dans chaque unité de temps.
L'unité de puissance est le *watt*.

Le débit d'une machine est proportionnel à la vitesse de
rotation et indépendant de la capacité du conducteur. Il est
plus grand pour les machines à induction que pour les
machines à frottement.

CAPACITÉ. — CONDENSATION

**116. Capacité.** — La charge M et le potentiel V d'un conducteur sont liés entre eux par la relation :

$$M = CV.$$

Le facteur constant C qui dépend de la forme et des dimensions du corps est la *capacité* du conducteur ; c'est *la charge qu'il faut donner au conducteur considéré pour l'amener au potentiel 1, tous les conducteurs voisins étant en communication avec le sol.*

Le potentiel d'une sphère de rayon R est:

$$V = \frac{M}{R},$$

d'où :

$$M = RV.$$

La capacité d'une sphère est donc : $C = R$.

La capacité d'un corps s'exprime comme une longueur (en centimètres dans le système C.G.S.).

Quand on emploie les unités pratiques, on prend comme unité le *farad ;* c'est la capacité qu'un *coulomb* porte à un *volt ;* on compte ordinairement en *micro-farads*, le microfarad étant le millionième du farad.

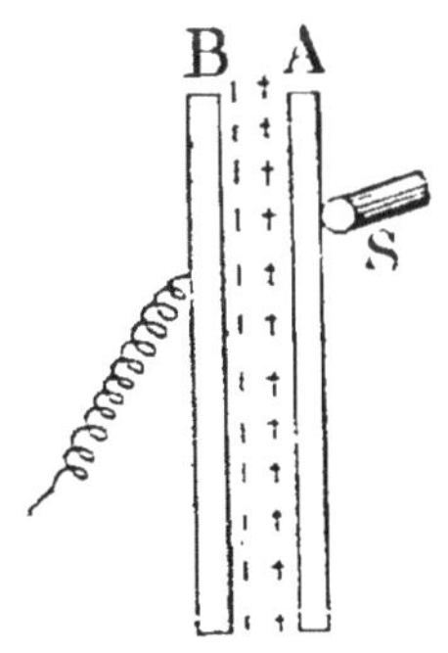


Fig. 47.

**117. Principe de la condensation.** — On appelle *condensateur* tout système de conducteurs disposés de façon à accroître la capacité ou la charge de l'un d'eux.

Supposons deux plateaux métalliques, isolés, disposés parallèlement (*fig.* 47) ; si A est mis en communication avec une source S d'électricité positive, il acquiert bientôt une charge limite ; si on met alors en présence de A le plateau B relié au sol, le fluide neutre de B est décomposé, son fluide

négatif modifie la distribution du fluide positif de A, et en
attire une plus grande partie sur la face intérieure ; la source S
peut alors envoyer une nouvelle quantité d'électricité positive
au plateau A. A est appelé plateau *collecteur ;* B plateau *condensateur.*

On interpose généralement une lame de verre pour éviter
qu'en approchant trop les plateaux A et B on produise une
combinaison des deux fluides. Cet instrument s'appelle condensateur *à plateaux,* ou condensateur *d'Œpinus (fig.* 48).

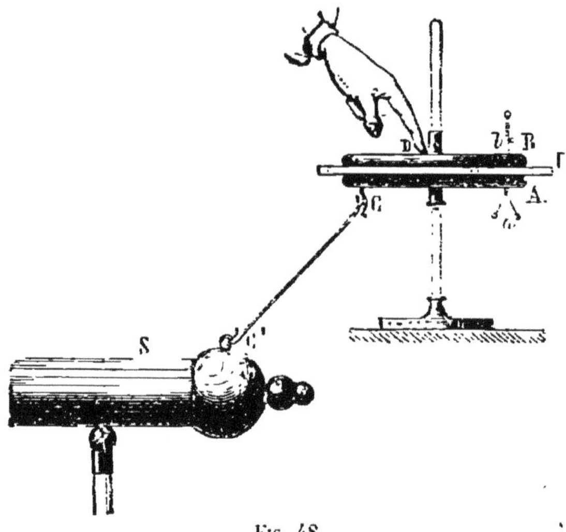



Fig. 48.

Soit C la capacité du conducteur A quand il est seul ; C'
sa capacité quand il est en présence de B relié au sol. Les
charges nécessaires dans les deux corps pour porter A au
potentiel V sont :

$$M = CV, \qquad M' = C'V,$$

La charge M donnerait, dans le second cas, un potentiel
$V' < V$, et tel que :

$$M = C'V'.$$

On déduit :

$$\frac{C'}{C} = \frac{M'}{M} = \frac{V}{V'}.$$

$\dfrac{C'}{C}$ est la *force condensante.*

Si, après avoir chargé le système des plateaux A et B comme il a été dit, on supprime la communication entre A et la source, puis si on éloigne B, on peut vérifier, à l'aide du plan d'épreuve, que la charge du plateau A est supérieure à celle qu'il acquiert sans l'intervention du plateau B.

On compose des condensateurs *feuilletés* en superposant alternativement des lames de mica et d'étain.

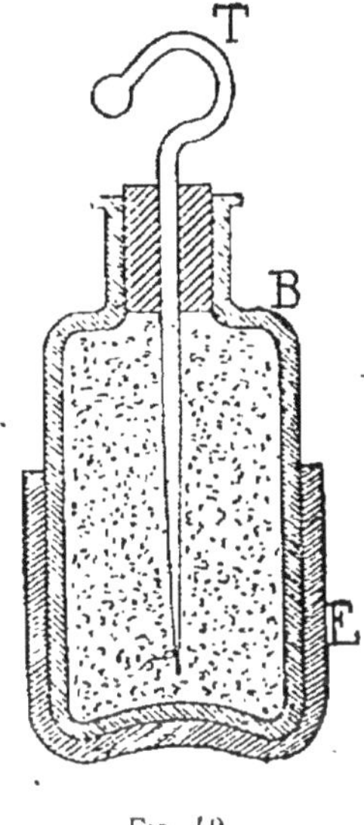

Fig. 49.

**118. Bouteille de Leyde** (*fig.* 49). — C'est un condensateur formé d'une bouteille B de verre mince, entourée d'une feuille d'étain E à l'extérieur et remplie à l'intérieur de corps conducteurs (feuilles d'or ou de clinquant) ; au milieu de ces corps plonge une tige métallique T, maintenue dans le goulot par un bouchon verni à la gomme laque. Pour charger la bouteille, on la prend à la main par la panse et l'on fait communiquer l'armature intérieure, par la tige, avec une machine électrique. On voit que les feuilles d'or et la feuille d'étain jouent respectivement le rôle de plateaux A et B.

**119. Batteries électriques.** — Ce sont les appareils formés en associant $n$ condensateurs, de façon qu'ils ajoutent leurs capacités. Ils sont composés ordinairement de grosses bouteilles de Leyde, reliées entre elles par une armature métallique. Dans les batteries en *cascade*, l'armature extérieure de l'une communique avec l'armature intérieure de la suivante, la dernière extérieure étant en communication avec le sol, l'armature intérieure de la première bouteille communiquant avec la source ; dans les batteries en *surface*, toutes les armatures intérieures sont en relation avec la source, et toutes les armatures extérieures avec le sol.

**120. Influence du diélectrique.** — On constate que la capacité d'un condensateur varie avec la nature du corps diélectrique ou isolant.

La lame isolante intervient encore d'une autre façon ; c'est
sur elle que résident surtout les fluides développés, on le
vérifie au moyen de la *bouteille de Leyde* à armatures mobiles
(*fig.* 50); la lame isolante est un verre conique qui peut se
séparer des deux armatures ; on charge la bouteille, et, après

Fig. 50.

l'avoir isolée, on en sépare les pièces ; les deux armatures ne
donnent qu'une faible étincelle ; si on reconstitue alors la
bouteille, on peut obtenir une étincelle presque aussi forte
que celle qu'on aurait eue tout d'abord.

**121. Effets des décharges électriques.** — Elles produisent
des effets mécaniques, calorifiques, lumineux, chimiques ou
physiologiques.

*Effets mécaniques.* — Les décharges électriques, en traversant les corps, y produisent un ébranlement d'autant plus
grand que ces corps sont mauvais conducteurs. C'est ce qu'on
peut montrer par diverses expériences.

1° Expériences du *perce-verre* : on fait passer la décharge
d'une bouteille de Leyde entre les deux pointes T et T', en faisant communiquer la chaîne C avec l'armature extérieure de
la bouteille, et en touchant la boule B avec le bouton de l'armature intérieure (*fig.* 51) ;

2° Expérience du *perce-carte ;*

3° Expérience du *thermomètre de Kinnersley* : on fait passer la décharge entre les deux boules B et B au milieu de l'air con-

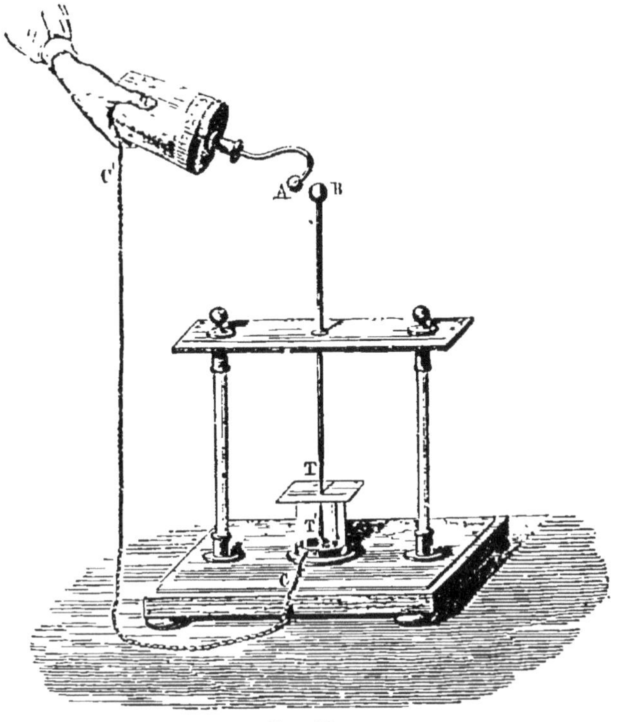

FIG. 51.

tenu dans le gros tube ; l'eau est refoulée de *n* en *n'* (*fig.* 52).

*Effets calorifiques.* — Le dégagement de chaleur s'observe surtout quand la décharge traverse un corps de faible section.

1° Expérience du *portrait de Franklin* (*fig.* 53) : On volatilise par la décharge électrique une feuille d'or appliquée contre un papier découpé qui représente le portrait de Franklin ; de l'autre côté de la découpure on place un ruban de soie blanche, et le tout est pressé fortement entre deux planchettes. La vapeur d'or traverse le papier découpé et reproduit le dessin sur la soie blanche.

2° On peut fondre ou volatiliser des métaux.

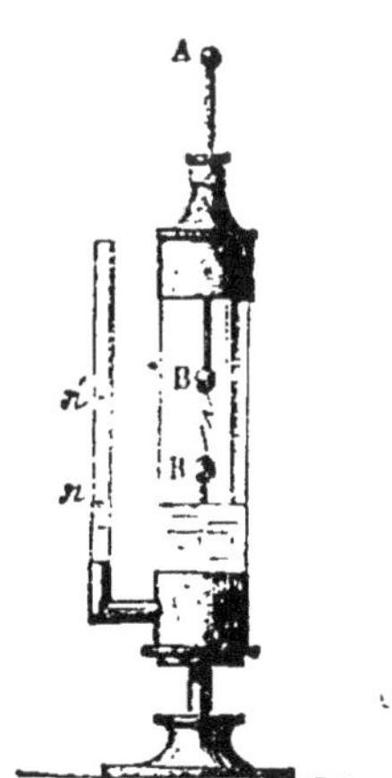

FIG. 52.

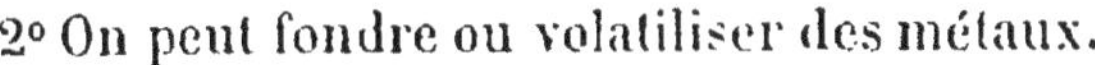

*Effets lumineux.* — La décharge peut produire des étincelles, des aigrettes, des lueurs. On peut obtenir ces phénomènes au moyen de tubes et de carreaux étincelants. Les

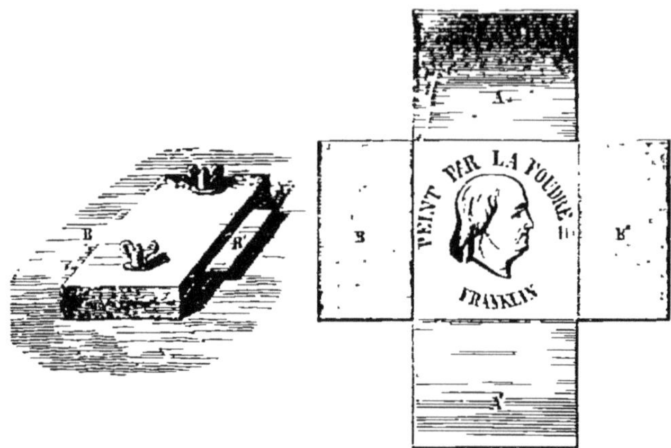


Fig. 53.

lueurs s'observent surtout lorsqu'on fait passer les décharges
électriques dans des gaz raréfiés : expériences de l'*œuf électrique*, des *tubes de Geissler*.

*Effets chimiques.* — L'étincelle peut produire la combinaison de certains gaz, par exemple de
l'hydrogène et de l'oxygène ; expérience du *pistolet de Volta* (*fig.* 54) :
c'est un flacon en métal où l'on introduit le mélange d'oxygène et
d'hydrogène. En approchant la
boule B d'une machine électrique
on peut faire jaillir une étincelle
entre A et C ; la vapeur d'eau produite acquiert par l'élévation de la

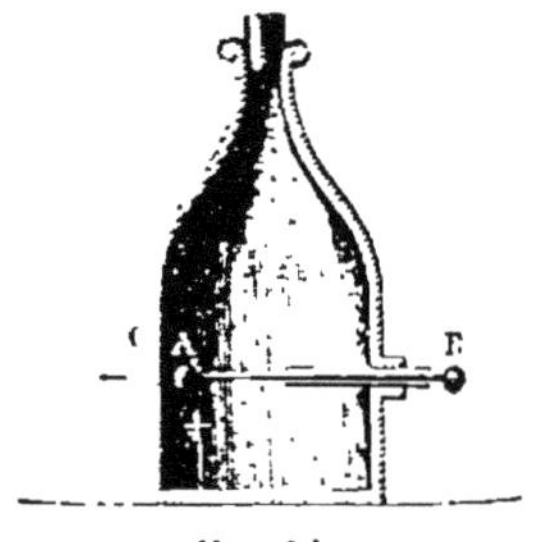

Fig. 54.

température due à la combinaison chimique une force élastique qui chasse le bouchon avec explosion.

- Certains corps, au contraire, peuvent être décomposés en
leurs éléments ; ainsi, le gaz ammoniac est décomposé en
azote et en hydrogène. Il faut toujours, dans ce cas, une série
d'étincelles.

**122. Électromètre de Henley.** — Cet électromètre (*fig.* 55) est formé d'une balle de sureau fixée au bout d'une tige d'ivoire, qui se meut le long d'un cadran gradué ; le tout est suspendu à une tige en bois qu'on peut visser, par une douille, à l'un des conducteurs d'une machine. Il indique simplement si une source d'électricité possède toujours la même charge.

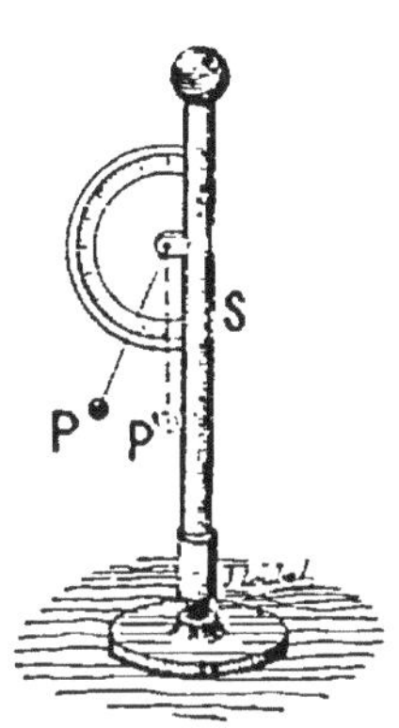

Fig. 55.

**123. Électroscope à feuilles d'or** (*fig.* 56). — Il sert à constater la présence et la nature de l'électricité dans un corps. Il se compose de deux lames d'or très minces, suspendues à une tige de cuivre terminée par une boule ; cette tige traverse le bouchon d'une cloche de verre recouverte à sa partie supérieure d'une couche de gomme laque ; le bouchon est également garni de gomme laque ; la cloche est placée sur un plateau métallique. En face des feuilles d'or sont deux colonnettes en cuivre qui, en se chargeant par influence d'électricité contraire à celle des feuilles d'or, augmentent ainsi la divergence, et, par suite, la sensibilité de l'instrument.

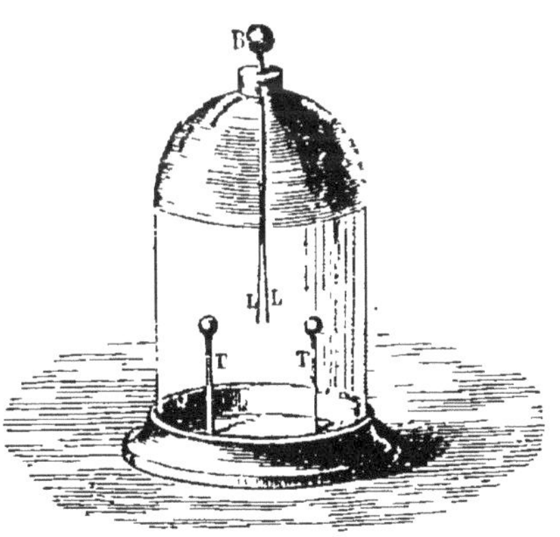

Fig. 56.

Pour reconnaître si un corps est électrisé, il suffit de l'approcher de la boule qui termine la tige, la divergence des feuilles indique que le corps est chargé d'électricité. Pour avoir quelle est cette électricité, on charge d'abord l'ins-

trument d'une électricité connue, puis on approche le corps
éprouvé. Il est facile de conclure, suivant qu'il y a rappro-
chement ou divergence plus grande.

On peut encore charger l'électroscope au moyen du corps
qu'on étudie, puis approcher de l'appareil une électricité connue; dans ce cas, le corps étant approché, on touche, un instant, la boule avec le doigt; les feuilles retombent; on retire
le doigt, puis le corps; les lames divergent de nouveau, chargées alors d'une électricité contraire à celle du corps. On
approche ensuite, à grande distance et *très lentement*, un
corps chargé d'électricité connue, un bâton de résine par
exemple; il agit par influence, développe de l'électricité positive dans la partie la plus voisine, et, dans les feuilles d'or,
de l'électricité négative.

Si la divergence des lames augmente, cela indique qu'elles
étaient chargées d'électricité négative et, par conséquent, le
corps primitif était chargé d'électricité positive; si, au contraire, la divergence décroît, devient nulle, puis se manifeste
de nouveau, cela indi-
que qu'elles étaient chargées d'électricité posi-
tive, et, par conséquent,
le corps primitif d'élec-
tricité négative.

**124. Électroscope con-
densateur** (*fig.* 57). — On
l'emploie quand il s'agit
d'une faible source d'é-
lectricité, qui, avec l'é-
lectroscope ordinaire,
ne donnerait pas aux
lames d'or une charge
sensible; ce n'est, d'ailleurs, qu'un électros-
cope à feuilles d'or, sur-
monté d'un condensa-
teur composé de deux

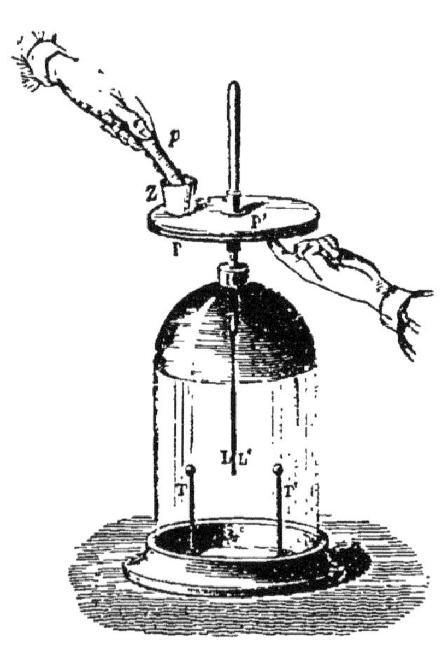

Fig. 57.

plateaux métalliques vernis sur les deux surfaces placées en regard (le vernis formant lame isolante). Pour opérer, on fait communiquer la source que l'on étudie avec la face supérieure du plateau supérieur; on relie au sol, par le doigt, la face inférieure du plateau inférieur; on enlève le doigt, puis la source, et on soulève le plateau supérieur à l'aide de son manche isolant; on observe alors une divergence: la charge qui la produit est augmentée dans le rapport du pouvoir condensant.

**125. Électromètre à quadrants** (*fig.* 58). — Il peut servir à déterminer des différences de potentiels; il est formé d'une aiguille très légère G en aluminium, ayant la forme d'un 8 et suspendue horizontalement par un fil de platine très fin au-dessus et près de quatre secteurs métalliques horizontaux fixes, formant les quadrants d'un cercle; le fil se termine par un petit miroir; A et A' sont réunis par un conducteur, B et B' par un autre. L'aiguille est mise en communication avec une source constante et très faible d'électricité positive; son axe est dirigé suivant une des lignes de séparation des quadrants, quand ils sont au même potentiel; lorsque les deux systèmes de quadrants

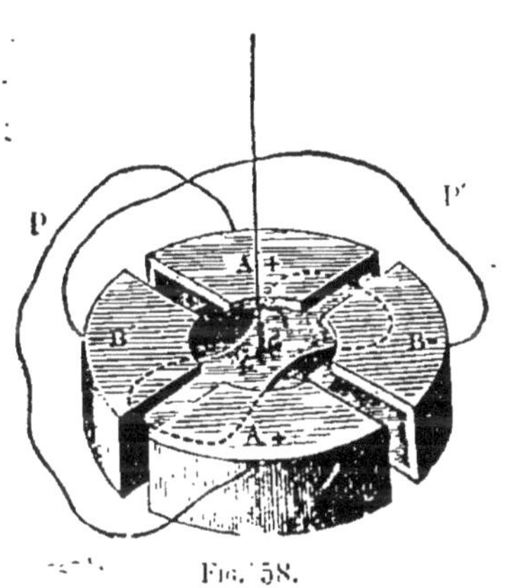



Fig. 58.

sont à des potentiels différents, l'aiguille indique des déviations qui sont mesurées à l'aide du petit miroir.

Pour avoir la différence des potentiels de deux conducteurs, on met l'un d'eux en communication avec le système des secteurs AA', l'autre avec le système des secteurs BB'.

## § 2. — Électricité dynamique

**126. Loi du contact ou de Volta.** — Galvani, ayant réuni les nerfs lombaires aux muscles d'une grenouille par un arc métallique formé de deux métaux, zinc et cuivre, observa de vives contractions.

Il expliqua ce fait en assimilant la grenouille à un condensateur, l'arc métallique jouant dans ce cas le rôle d'excitateur.

Volta l'expliqua, au contraire, par la production d'électricité due au contact de deux métaux différents; il appuya, d'ailleurs, sa théorie par de nombreuses expériences et émit la loi suivante: *Le contact de deux métaux ou de deux corps homogènes établit entre eux une différence de potentiel; cette différence ne dépend que de leur nature et de leur température: elle est indépendante de leur forme, de leurs dimensions, de l'étendue des surfaces en contact et de la valeur initiale du potentiel sur chacun d'eux.*

Cette différence de potentiel se manifeste surtout au contact des corps solides; elle est faible, au contraire, entre un solide et liquide conducteur.

Ainsi donc, quand deux métaux sont en contact et en équilibre électrique, le potentiel est constant sur chacun d'eux; mais il éprouve une variation brusque, quand on passe de l'un à l'autre.

On appelle *force électro-motrice* la cause qui produit et maintient cette différence de potentiel.

**127. Loi des contacts successifs.** — Si l'on considère une chaîne de corps métalliques, hétérogènes, en contact les uns avec les autres, la *différence des potentiels aux extrémités est la même que si les métaux intermédiaires n'existaient pas.*

**128. Production d'un courant.** — Il n'en est pas ainsi si la chaîne n'est pas entièrement composée de métaux, s'il y a, entre eux, des liquides acidulés ou des solutions salines. Supposons, par exemple, en contact, du zinc, de l'eau acidu-

lée et du cuivre; le zinc et le cuivre en contact avec l'eau
ont à peu près le même potentiel. Si on réunit extérieurement
en un point le zinc et le cuivre par un fil de ce dernier métal,
on a au point considéré une différence de potentiel qui n'est
plus compensée par celle qui existe entre le cuivre et le zinc
en contact avec l'eau, comme cela avait lieu quand l'eau ne
les séparait pas; les deux extrémités de la chaîne ne sont plus
au même potentiel; en la fermant, la somme des forces électro-motrices n'est plus nulle, et il se produit un *courant continu* d'électricité: l'énergie chimique due à l'action de l'acide
sur les métaux s'est transformée en énergie électrique.

Il en est de même encore quand les contacts d'une chaîne
métallique ne sont pas à la même température (piles thermo-
électriques).

**129. Pile de Volta et ses modifications** (*fig.* 59). — La pile de
Volta, basée sur les idées qui précèdent, est ainsi formée: sur un support isolant on place un disque de cuivre, par dessus un disque de zinc; puis, au-dessus du
zinc, une rondelle de drap imprégnée d'eau acidulée;
sur le drap un autre disque de cuivre, et ainsi de suite,
de façon à former une sorte de colonne ou *pile* de métaux. Le cuivre extrême et le zinc extrême sont appelés les pôles de la pile: le

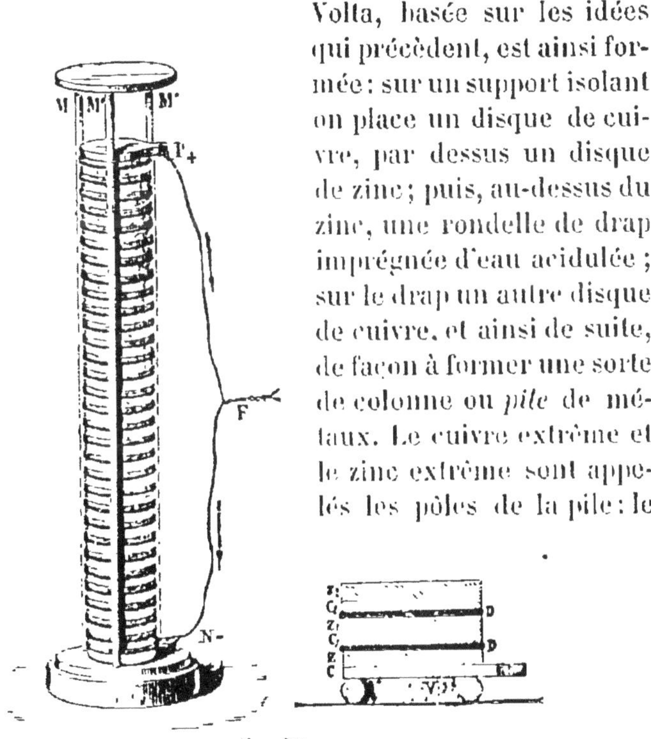

Fig. 59.

*pôle positif* est celui dont le potentiel est le plus élevé; le *pôle négatif*, celui dont le potentiel est le moins élevé. Le premier correspond au disque de cuivre supérieur ; le second, au disque de zinc inférieur.

On vérifie, à l'aide d'un électromètre, que pour cette pile *la différence de potentiels croît proportionnellement au nombre des éléments zinc-cuivre superposés.*

Entre les deux extrémités de la pile il y a une différence de potentiels constante ; en joignant les deux pôles par un fil conducteur, l'électricité s'écoule du potentiel le plus élevé au potentiel le moins élevé, c'est-à-dire du pôle positif au pôle négatif : c'est ce qu'on appelle le *courant électrique*, le sens en est ainsi défini.

*Modifications de la pile de Volta.* — Dans cette pile. les rondelles de drap laissent échapper l'eau acidulée, sous l'action du poids qu'elles supportent, et la pile perd rapidement de son énergie. Pour remédier à cet inconvénient, on a imaginé la pile dite à *auge* (pile Cruiksank), et la pile à *tasses* (*fig.* 60).

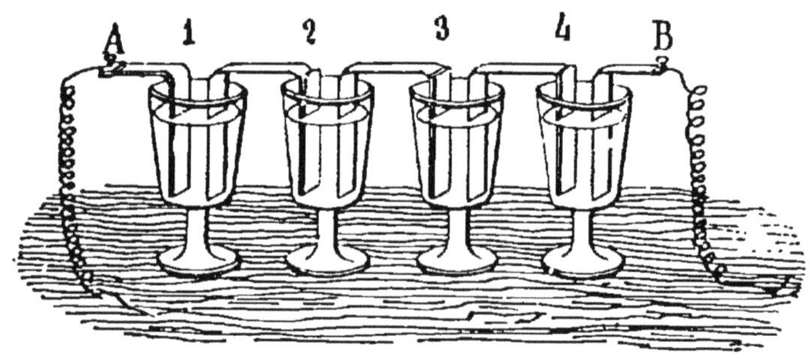


Fig. 60.

Cette dernière se compose d'un certain nombre d'éléments, ou *couples*, formés par un vase contenant de l'eau acidulée, dans laquelle plonge une lame de cuivre et une lame de zinc.

En réunissant plusieurs couples, on formera une pile.

On dit que les éléments sont associés en *tension*, quand les pôles de noms contraires sont réunis ; en *surface*, quand ce sont, au contraire, les pôles de même nom qui sont reliés entre eux.

La force électro-motrice d'un couple Volta est 1 volt environ, en circuit ouvert ; elle baisse rapidement en circuit fermé.

La pile de *Hare*, celles de *Wollaston*, de *Munch*, sont d'autres modifications de la pile de Volta.

**130. Amalgamation des zincs.** — Dans la confection des piles, on emploie toujours du zinc *amalgamé*, car le zinc ordinaire, n'étant pas chimiquement pur, est attaqué, même en circuit ouvert, par l'eau acidulée.

Le zinc chimiquement pur, au contraire, n'est pas attaqué en circuit ouvert; il se dissout simplement en circuit fermé; mais le zinc pur est trop cher; aussi, pour remédier à cet inconvénient, on emploie du zinc ordinaire amalgamé, qui jouit des mêmes propriétés que le zinc pur. De cette façon, lorsque le circuit est ouvert, la pile ne s'use pas inutilement.

**131. Polarisation.** — Les piles s'affaiblissent d'abord parce que la concentration de l'acide diminue, mais surtout, à cause de la polarisation.

Lorsque le circuit est fermé, il se produit aussi une action chimique, l'eau est décomposée, l'oxygène se porte sur le zinc et il se forme du sulfate de zinc; l'hydrogène se dégage sur la lame de cuivre qu'il recouvre d'une sorte de couche de bulles gazeuses; cette couche modifie la nature de la surface et, par suite, la valeur des forces électro-motrices dues au contact: la pile est dite *polarisée*. Ces phénomènes de polarisation ont été utilisés dans la construction des *piles secondaires*, ou *accumulateurs*, comme nous le verrons plus tard.

**132. Piles constantes et à deux liquides.** — Pour obtenir des piles constantes, il faut: 1° maintenir constante la concentration des liquides; 2° empêcher la polarisation, et cela en absorbant l'hydrogène. Le dépolarisant peut être de l'oxygène fourni par un sulfate, ou du chlore fourni par un chlorure; il peut être également un oxyde, un acide, etc.

On forme ainsi les piles constantes et à deux liquides séparés; l'un agit sur le zinc; l'autre, dans lequel plonge le pôle positif, sert à absorber l'hydrogène. Les principales piles à deux liquides sont les suivantes:

**133. Pile Daniell** (*fig. 61*). — Elle comprend un vase poreux V contenant un cylindre de zinc amagalmé $z$ non fermé et entouré d'une grille annulaire de cuivre G contenant des cristaux de sulfate.

Le zinc plonge dans l'eau acidulée, le vase poreux dans une solution concentrée de sulfate de cuivre.

L'hydrogène produit est absorbé par le sulfate de cuivre; il se forme une action chimique représentée par la formule :

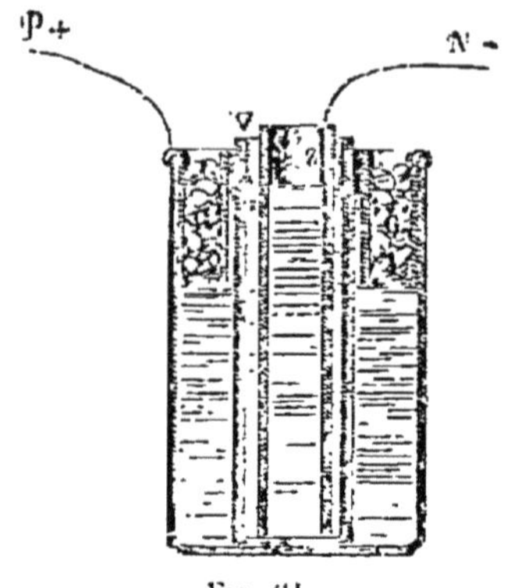

Fig. 61.

$$CuSO^4 + 2H = SO^4H^2 + Cu.$$

La force électro-motrice de cet élément est $E = 1,10$ volt.

**134. Pile Callaud** (*fig.* 62). — Le vase poreux est supprimé, ce qui diminue beaucoup la résistance de la pile. Les liquides, solution de sulfate de cuivre en bas, et solution de sulfate de zinc en haut, sont superposés par ordre de densités; une lame de zinc plonge dans le suffate de zinc; la lame de cuivre qui est au fond communique avec l'extérieur par un fil protégé, dans la partie mouillée, par une enveloppe de gutta-percha. Pile très économique, de faible résistance ; elle est employée pour la télégraphie et la téléphonie.

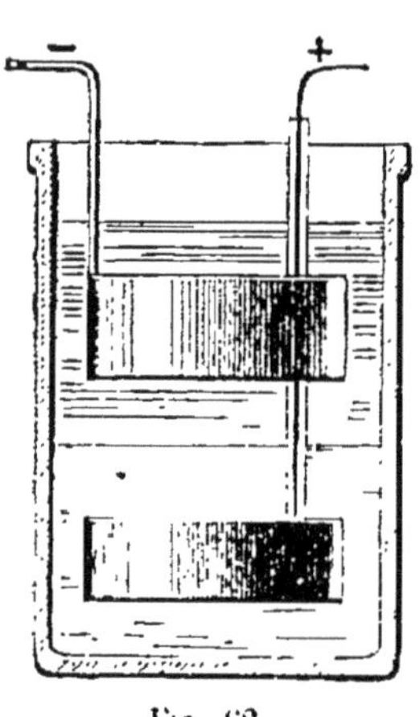
Fig. 62.

**135. Pile Marié-Davy.** — Le sulfate de cuivre de la pile de Daniell est remplacé par du sulfate de mercure pâteux, et le cuivre par du charbon. Ce sulfate est très cher, aussi la pile est peu employée. — Sa force $E = 1,50$ volt.

**136. Pile de Grove.** — Elle diffère de celle de Daniell en ce

que le dépolarisant est de l'acide azotique, et que la lame
de cuivre est remplacée par une lame de platine. L'hydrogène
libre agit sur l'acide azotique, et il se forme du bioxyde d'azote
qui, à l'air, se transforme en vapeurs rutilantes. Sa force
$E = 1,96$ volt. A cause de son prix élevé, elle n'a pas d'applications industrielles.

**137. Pile Bunsen.** — Elle a aussi comme dépolarisant l'acide
azotique, ou un mélange d'acide azotique et d'acide sulfurique ; cette solution est contenue dans un vase poreux dans
lequel plonge un cylindre de charbon de cornue remplaçant le
cuivre ; autour du vase poreux, un cylindre de zinc amalgamé
trempe dans un vase en grès contenant de l'eau acidulée. Sa
force $E = 1,8$ volt. Sa résistance est plus faible que celle de la
pile de Daniell ; elle n'est pas constante, car l'acide azotique
s'appauvrit rapidement ; de plus, elle dégage des vapeurs
malsaines.

**138. Pile Leclanché** (*fig.* 63). — Elle a pour dépolarisant du

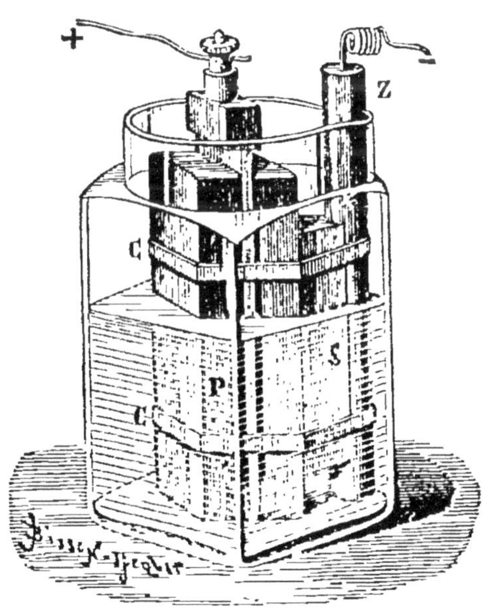


Fig. 63.

bioxyde de manganèse mélangé de fragments de coke. Le

pôle positif est formé d'un prisme de charbon de cornue;
le pôle négatif est du zinc amalgamé;
ces substances plongent dans une
solution de chlorhydrate d'ammoniaque.

Elle est très employée, car son
prix est peu élevé, et sa durée assez
longue. — Sa force E = 1,4 volt.

**139. Pile au bichromate de po-
tasse** (*fig.* 64). — Le dépolarisant est
de l'oxygène dû à la réaction du
bichromate de potasse en présence
de l'acide sulfurique. Il y a deux
plaques de charbon, séparées par
une plaque de zinc amalgamé ; ces
plaques plongent ensemble dans une
solution de bichromate de potasse et
d'acide sulfurique, contenue dans

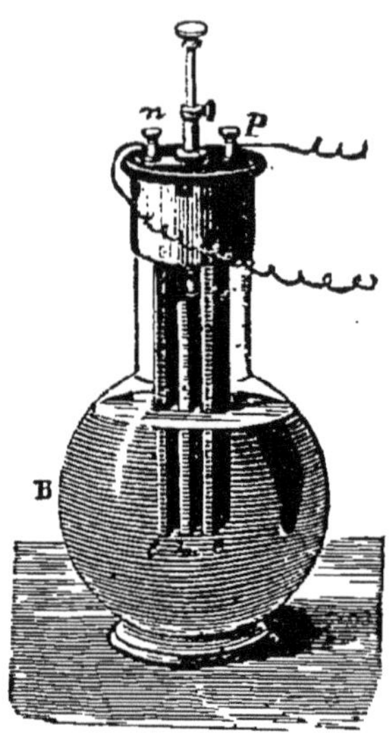

Fig. 64.

un ballon en verre ou dans un vase en grès. Il n'y a pas
d'usure en circuit ouvert, si on remonte le zinc au moyen
de la tige à laquelle il est fixé. Sa force E = 2 volts.

Elle est très employée, quoique coûtant assez cher.

LOIS DES COURANTS

**140. Loi d'Ohm.** — *L'intensité* I *d'un courant* (exprimée en
ampères) *est égale au quotient de la force électro-motrice* E (en
volts) *par la résistance* R *du circuit* (en ohms):

$$ I = \frac{E}{R}. $$

*L'intensité* I d'un courant est la quantité d'électricité qui
traverse par seconde une section quelconque du circuit ; avec
les unités pratiques l'unité d'intensité est celle qui correspond à un coulomb par seconde, elle se nomme *ampère*.

D'autre part, si $s$ est la section du conducteur, $l$ sa longueur, et $\rho$ la *résistance spécifique* de la substance du conducteur, c'est-à-dire la résistance d'une masse de ce corps ayant une section de 1 centimètre carré et une longueur de 1 centimètre, on a :

$$R = \rho \, \frac{s}{l}.$$

L'unité de résistance, ou *ohm*, est celle qui présente entre ses extrémités une différence de potentiel d'un volt quand elle est parcourue par un courant d'un ampère : c'est la résistance qu'offrirait à 0° une colonne de mercure de 1 centimètre carré de section et de 106 centimètres de longueur environ.

La formule $I = \dfrac{E}{R}$ s'applique non seulement au circuit entier, mais aussi à une partie quelconque du circuit qui ne renferme pas de force électro-motrice, E étant la différence de potentiel qui existe entre les deux extrémités de cette portion, R la résistance comprise entre ces deux points.

*Circuit renfermant un élément de pile.* — Si $e$ est la force électro-motrice de cet élément, R la résistance du conducteur, $\pi$ celle de la pile, l'intensité est :

$$I = \frac{e}{\pi + R}.$$

*Circuit renfermant n éléments :*

$$I = \frac{\Sigma e}{\Sigma \pi + R};$$

si les $n$ éléments sont identiques, on a :

$$I = \frac{ne}{n\pi + R}.$$

1° Si les $n$ éléments sont réunis en *tension*, on a :

$$I = \frac{e}{\pi}, \qquad \text{ou :} \qquad I = \frac{ne}{R};$$

selon que la résistance du conducteur est négligeable en
présence de la résistance de la pile, ou inversement.

2° Si les $n$ éléments sont réunis en *surface*, alors:

$$I = \frac{e}{\frac{\pi}{n} + R} = \frac{ne}{\pi + nR};$$

d'où on déduit encore:

$$I = n\frac{e}{\pi}; \qquad \text{ou:} \qquad I = \frac{e}{R};$$

selon qu'on peut négliger la résistance du conducteur interpolaire ou celle de la pile.

**141. Groupement des éléments d'une pile pour avoir l'in-
tensité maximum.** — Pour qu'une pile donne dans un circuit un courant d'intensité maximum, il faut que la pile soit
formée de telle sorte que sa résistance intérieure soit juste-
ment égale à celle du fil interpolaire.

**142. Courants dérivés.** — **Lois de Kirchoff.** — On ne considère plus ici des circuits simples, mais des courants dérivés.

Exemple: Si l'on bifurque le courant
en A, nous aurons en ACB un courant
dérivé; si l'on joint CD, on formera un
circuit encore plus complexe (*fig.* 65).

1° *La somme algébrique des intensités*

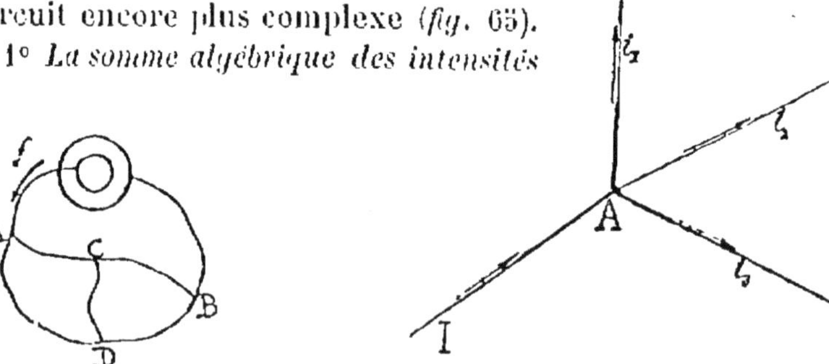

Fig. 65.                         Fig. 66.

*des courants qui concourent en un point A est nulle.* Ainsi on a
(*fig.* 66):

$$I - \Sigma i = 0,$$

en donnant le signe $+$ au courant qui arrive, et le signe $-$ au courant qui part ; d'une façon générale,

$$\Sigma i = 0.$$

2° *Dans un circuit fermé ABCD la somme algébrique des produits de la résistance de chaque conducteur simple par l'intensité du courant qui le parcourt est égale à la force électro-motrice qui se trouve dans le circuit, ou est nulle, s'il n'y existe pas de force électro-motrice.*

On a donc :

$$\Sigma ir = e,$$

s'il y a une force $e$ en B, ou :

$$\Sigma ir = 0,$$

si $e$ n'existe pas (*fig.* 67).

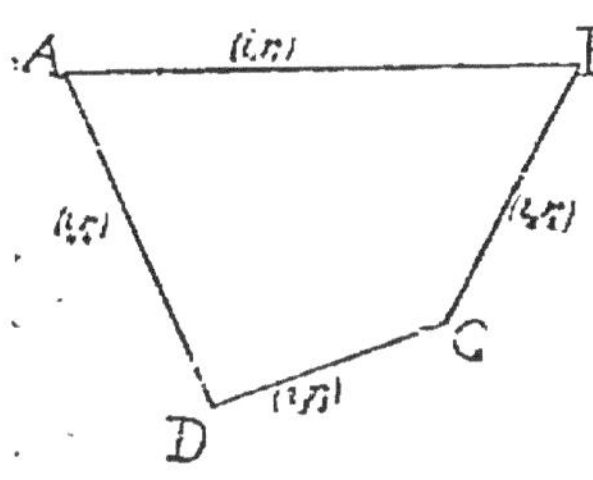

Fig. 67.

On comptera positivement les produits $ir$ quand, en parcourant le circuit fermé dans un sens déterminé, on descendra le courant, et négativement quand on le remontera.

**143. Intensité dans une dérivation** (*fig.* 68). — On la calcule en appliquant les théorèmes précédents; on trouve ainsi pour le cas de la figure 68 :

$$i_1 = \frac{Ir_2}{r_1 + r_2}; \qquad i_2 = \frac{Ir_1}{r_1 + r_2};$$

et :

$$I = \frac{e\,(r_1 + r_2)}{R\,(r_1 + r_2) + r_1 r_2}$$

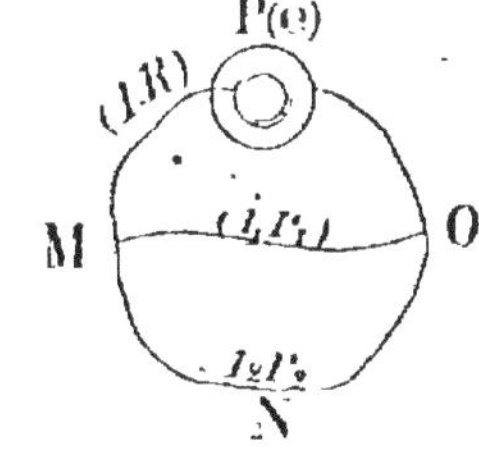

Fig. 68.

## ÉLECTROLYSE

**144.** L'*électrolyse* est la décomposition de certains corps par le courant électrique.

Le corps décomposé est l'*électrolyte*, les deux conducteurs métalliques sur lesquels apparaissent les produits de la décomposition sont les *électrodes*. Le corps qui se dépose sur l'électrode positive est dit *électro-négatif*, celui qui se dégage sur l'électrode négative est dit *électro-positif*.

— Les premières expériences qui furent faites sur l'électrolyse sont celles de Carlisle et Nicholson. La décomposition de l'eau donna de l'hydrogène au pôle négatif et de l'oxygène au pôle positif. L'appareil qui servit à faire cette décomposition reçut le nom de *voltamètre* (*fig.* 69); il contient de l'eau acidulée dans laquelle plongent les électrodes composées, dans ce cas, de deux fils de platine pour qu'elles soient inattaquables; l'oxygène se dégage dans une éprouvette, l'hydrogène en volume double dans une autre.

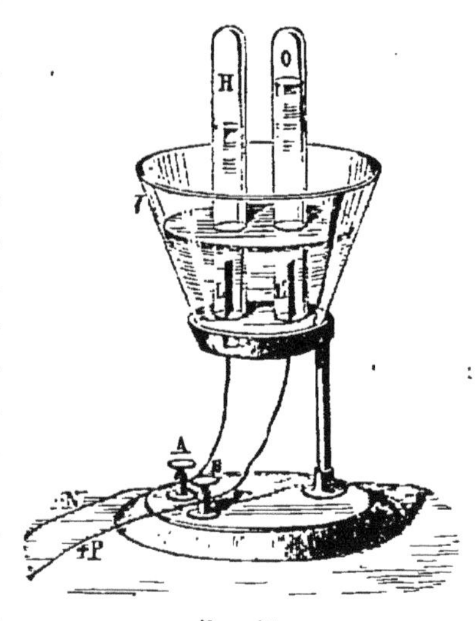

Fig. 69.

Citons aussi les expériences de Davy et de Seebeck : décomposition de la potasse humide qui donne du potassium au pôle négatif et de l'oxygène au pôle positif (*fig.* 70).

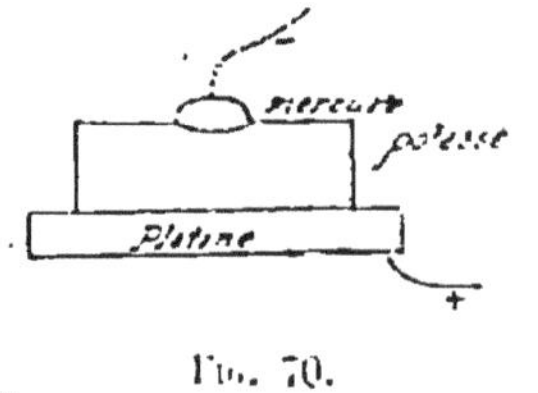


Fig. 70.

Les corps susceptibles d'être décomposés sont les composés chimiques dissous ou fondus. Les liquides proprement dits à l'état de pureté, tels que l'eau, l'alcool, l'éther, ne sont pas de véritables électrolytes.

**145. Loi générale de l'électrolyse.** — Le métal contenu dans l'électrolyte (ou l'hydrogène) se porte seul sur l'électrode négative de la pile dont le courant produit la décomposition ; le reste du corps se porte sur l'électrode positive.

EXEMPLE. — Si on prend comme électrolyte une solution de sulfate de cuivre, et comme électrodes deux lames de platine, le cuivre se porte sur l'électrode négative ; le corps $SO^4$, sous forme d'acide sulfurique et d'oxygène, se porte sur l'électrode positive.

**146. Actions secondaires.** — Quand l'électrode n'est pas inaltérable, le corps qui s'y porte peut produire des actions chimiques, dites *secondaires*. Ainsi, dans la décomposition du sulfate de cuivre, si l'électrode positive est une lame de cuivre et non de platine, il ne s'y dégage pas d'oxygène, mais il se forme du sulfate de cuivre par union du corps $SO^4$ avec le cuivre ; le sel formé est en quantité égale à celle qui a été décomposée. C'est sur ce principe, et en employant une électrode positive soluble, qu'est basé l'art de la galvano-plastie.

**147. Lois de Faraday.** — 1° *Le travail chimique est le même dans toute l'étendue du circuit extérieur.*

On vérifie cette loi en plaçant un voltamètre à eau en un point quelconque du circuit ; on constate qu'en un temps $t$ la quantité d'hydrogène dégagé est la même partout.

2° *Le travail intérieur de la pile est égal au travail extérieur.* — Il suffit, pour le constater, de comparer la quantité de zinc consommé en un temps $t$ dans la pile, et la quantité d'hydrogène dégagé dans le même temps, dans un voltamètre placé dans le circuit.

3° *La quantité d'électricité qui dégage un équivalent d'hydrogène met en liberté un équivalent d'un métal quelconque.*

On appelle *équivalents électro-chimiques* les nombres qui satisfont à cette loi, laquelle fournit un moyen simple d'obtenir la valeur absolue de l'intensité d'un courant ; on convient de prendre pour unité de courant celui qui met en liberté, en un temps donné, une quantité donnée d'hydrogène.

**148. Galvanoplastie.** — La galvanoplastie est l'art de reproduire par dépôt métallique un objet quelconque (modelage des médailles, des clichés). Elle permet aussi d'obtenir des dépôts galvaniques d'or, d'argent, de cuivre, etc., sur un objet quelconque.

Le principe de la galvanoplastie est celui de l'*électrode soluble* (n° 146).

Fig. 71.

1° La *reproduction* d'un objet comprend les opérations suivantes : le modelage, ou fabrication des moules sur lesquels se font les dépôts (la gutta-percha est très employée) ; la métallisation des moules par la plombagine pour les rendre conducteurs, s'ils ne le sont pas ; — la disposition des moules dans les bains ; — la séparation et le remplissage des dépôts obtenus.

L'appareil employé (*fig.* 71) est une cuve qui contient la solution saline que le courant doit décomposer, du sulfate de cuivre, par exemple. La tringle métallique XX' communique avec le pôle positif, on y suspend plusieurs lames de cuivre ; parallèlement à ces lames on suspend aux tringles PP'P$_1$P'$_1$, qui communiquent avec le pôle négatif, les empreintes M, ou moules à recouvrir, ou les surfaces sur lesquelles on veut faire le dépôt et que l'on tourne du côté des lames de cuivre.

2° Les *dépôts galvaniques* se font en couches minces. Pour la dorure et l'argenture il faut des solutions alcalines. Le bain est généralement du cyanure double d'or ou d'argent et de potassium. La pièce à dorer ou à argenter est dégraissée par chauffage à l'ébullition dans la potasse, puis lavée ; elle subit ensuite le *dérochage* dans l'eau acidulée au dixième avec de l'acide sulfurique, puis le *décapage* dans l'acide azotique.

Le *cuivrage* du fer et de la fonte se fait au moyen d'un bain neutre de cyanure double de cuivre, et de potassium, ou bien d'un bain acide de sulfate de cuivre, après avoir recouvert d'abord la pièce d'un vernis résineux enduit de plombagine.

**149. Piles secondaires ou accumulateurs.** — Ces piles sont des applications du phénomène de la polarisation. Considérons un voltamètre à eau relié à une pile ; dans le circuit on place un galvanomètre ; quelques instants après, on voit diminuer la déviation de l'aiguille du galvanomètre ; si on supprime alors la pile, en la remplaçant par un fil métallique, l'aiguille du galvanomètre est déviée encore, mais accuse un courant dont le sens est contraire de celui du courant primitif ; ce courant est dit *secondaire*, il existait avec celui de la pile. Il est dû à la présence de l'oxygène et de l'hydrogène sur les fils de platine ; les deux gaz tendent à se recombiner pour former de l'eau. En effet, si l'on prend deux fils de platine n'ayant servi à aucune décomposition, si on plonge l'un d'eux dans une éprouvette contenant de l'oxygène, et l'autre dans une éprouvette contenant de l'hydrogène, on voit, après avoir fermé le circuit, que les volumes des deux gaz diminuent dans le rapport de 2 volumes d'hydrogène pour 1 volume d'oxygène.

D'ailleurs, cela n'est pas particulier à l'électrolyse de l'eau.

Les *accumulateurs* ont pour objet d'utiliser les courants secondaires, c'est-à-dire d'emmagasiner par la polarisation une grande quantité d'électricité, c'est la période de charge ; cette électricité sera restituée ensuite par intervalles et à volonté, c'est la période de décharge.

**150. Accumulateur Planté** (*fig.* 72). C'est le premier qui ait été fait. Il se composait de deux lames de plomb enroulées,

et séparées par des bandes de caoutchouc ; le cylindre ainsi
formé plonge dans un vase contenant de l'acide sulfurique au
dixième ; chaque lame est mise en communication avec l'un
des pôles d'une pile (2 Bunsen ou 3 Daniell) ; dans ces condi-

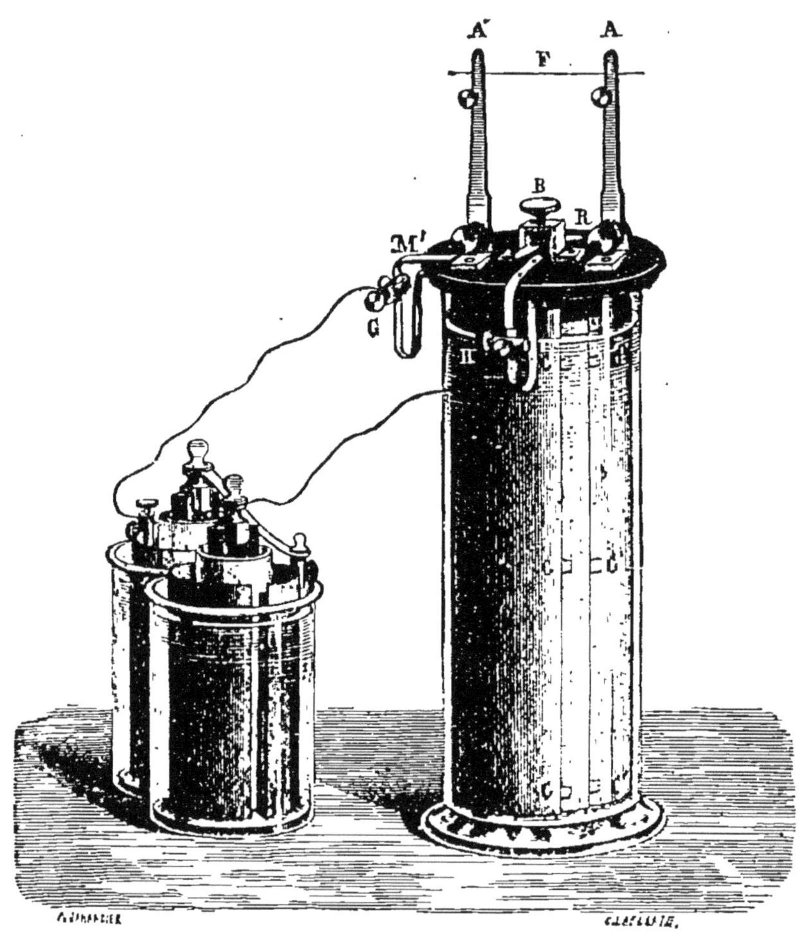



Fig. 72.

tions, l'électrolyse de l'eau donne de l'oxygène qui va se fixer
sur la lame positive en formant du peroxyde de plomb, et de
l'hydrogène qui se fixe sur la lame négative. Quand l'oxygène
se dégage à l'extérieur, la pile secondaire est chargée. Pour
former complétement l'élément, on change le sens du courant,

c'est alors l'hydrogène qui se dégage sur la lame positive et l'oxygène sur la lame négative ; par des oxydations et des désoxydations répétées on rend le plomb poreux, et à la dernière charge les deux gaz s'accumulent en plus grande quantité, l'hydrogène sur la lame négative, l'oxygène sur la lame positive ; on obtient ainsi une polarisation énergique qui persiste longtemps après qu'on a supprimé la communication avec la pile. Pour se servir de l'élément (période de *décharge*), il suffit de relier les deux lames entre elles ; le courant de polarisation se produit alors.

**151. Accumulateur Faure.** — La période de charge du précédent exigeait plusieurs mois ; dans celui-ci elle est réduite à cent heures environ, car les plaques de plomb employées sont trouées et recouvertes, au préalable, d'une pâte de minium et d'eau.

THERMO-ÉLECTRICITÉ

**152. Chaleur produite par les courants.** — **Loi de Joule.** — L'*énergie* d'une pile, d'intensité I et de force électromotrice E, s'exprime par la formule :

$$W = EI, \quad \text{ou :} \quad W = I^2R.$$

Avec les unités pratiques, E étant exprimée en volts, I en ampères ; l'énergie, ou puissance de la pile, est exprimée en watts.

Considérons le cas où elle est totalement transformée en chaleur ; si J est l'équivalent mécanique de la calorie, Q la quantité de chaleur dégagée pendant l'unité de temps, la loi de Joule est exprimée par la relation :

$$JQ = I^2R.$$

La vérification de cette loi se réduit à une expérience calo-

rimétrique qui donne la valeur de Q pour une valeur connue
de I et de R.

L'effet d'un courant est donc d'échauffer le fil qu'il traverse;
il parvient même à le fondre lorsqu'il acquiert une grande
intensité.

**153. Courants produits par la chaleur.** — *Expérience de Seebeck (fig. 73).* — Soit une lame d'antimoine AA soudée à ses
deux extrémités à une lame BB de bismuth; entre elles, il y
a une des aiguilles
N'S' aimantées d'un
système astatique
(n° 176), l'autre NS
étant au-dessus du
bismuth ; l'appareil
est orienté dans le
plan du méridien ma-
gnétique. Si l'on
chauffe l'une des sou-

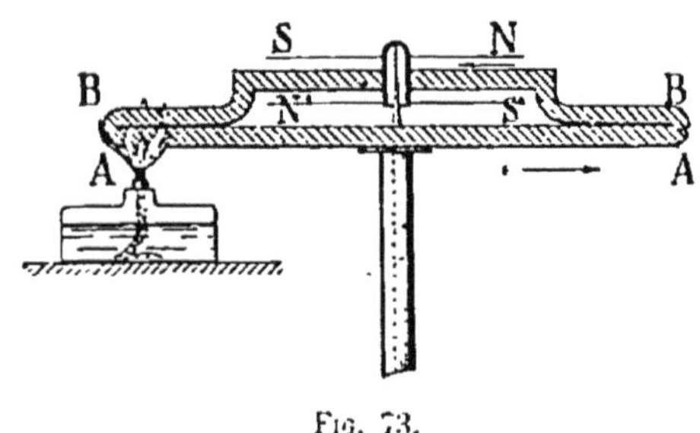


Fig. 73.

dures, l'aiguille est déviée comme elle le serait par un courant
dirigé du bismuth à l'antimoine à travers la soudure chaude.

On dit que le bismuth est *positif* par rapport à l'antimoine,
et l'antimoine *négatif* par rapport au bismuth. On peut obtenir
ce courant, dit *thermo-électrique*, avec d'autres métaux. En réunissant plusieurs éléments semblables, on forme une pile dite
pile thermo-électrique.

En général, la force électro-motrice est proportionnelle à la
différence de température des deux soudures, pourvu que
cette différence, variable selon les couples, ne soit pas trop élevée; sinon, la force électro-motrice devient décroissante, puis
nulle; il peut même y avoir *inversion* du courant, lorsque la
différence de température atteint une certaine limite.

**154. Piles thermo-électriques.** — Ces piles ont une force
électro-motrice très faible.

La *pile de Melloni (fig. 74 et 75)* est formée de barreaux
de bismuth et d'antimoine soudés bout à bout, de façon que
toutes les soudures paires se trouvent à gauche par exemple,
et les soudures impaires à droite. On replie la chaîne des

barreaux en forme de prisme, dont une face présente toutes les soudures impaires, et la face opposée les soudures paires ; on a eu soin d'interposer des bandes de papier verni pour

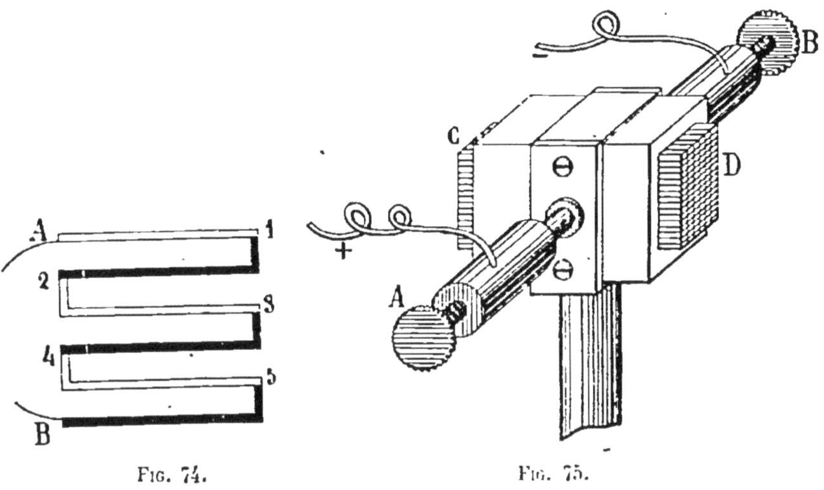

Fig. 74.

Fig. 75.

empêcher le contact des barreaux partout ailleurs qu'aux soudures. Ces deux faces sont recouvertes d'une couche de noir de fumée qui a un grand pouvoir absorbant pour la chaleur.

La pile ainsi composée est assujettie dans une gaine métallique ; les deux extrémités de la chaîne sont reliées à deux bornes d'attache, et, par des fils, à un galvanomètre. Cette pile est employée pour la mesure des quantités de chaleur. (Voir *Chaleur rayonnante*, 84.)

Citons encore la pile *Noé* et la pile *Clamond*.

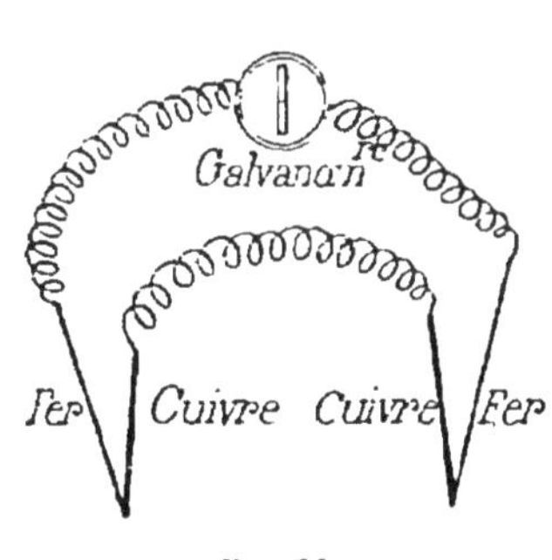


Fig. 76.

**155. Mesure des températures par les couples thermo-électriques.** — Si la soudure froide est à une température fixe, la force électro-motrice d'un couple thermo-électrique peut servir à déterminer la température de la soudure chaude. La figure 76 représente la disposition de l'aiguille *thermo-élec-*

*trique de Becquerel,* pour des températures inférieures à 100°. Une soudure étant placée au point dont on veut connaître la température, on plonge l'autre dans un bain dont on fait varier la température jusqu'à ce que le courant soit nul; les températures des deux soudures sont alors égales.

**156. Circuits formés d'un seul métal** (*fig.* 77). — Quand on chauffe un fil *homogène* dont les deux extrémités sont re-

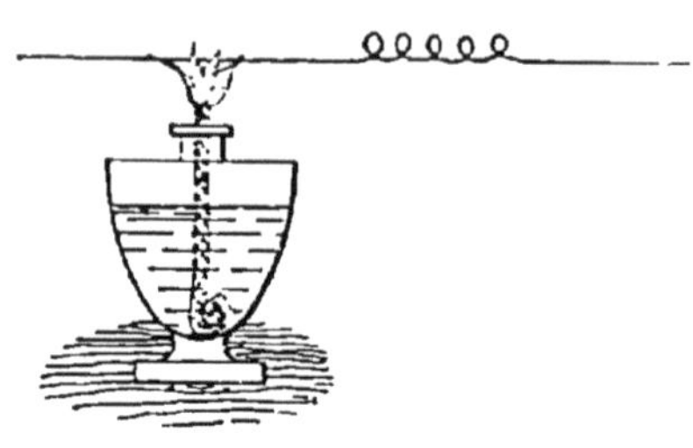

Fig. 77.

liées à un galvanomètre, on n'observe aucun courant; il s'en produit un si on modifie la structure du métal par le martelage, par le recuit, ou par torsion.

## § 3. — MAGNÉTISME

### AIMANTS NATURELS ET AIMANTS ARTIFICIELS

L'oxyde de fer, dit oxyde magnétique, attire le fer, c'est un aimant naturel, il peut, en outre, communiquer cette propriété à l'acier, qui devient ainsi un aimant artificiel. L'acier conserve l'aimantation; le fer pur, ou *fer doux*, ne la garde pas.

**157. Pôles** (*fig.* 78). — Quand on plonge un barreau aimanté dans la limaille de fer, on constate que la limaille s'attache davantage en certains points situés près des extrémités; ces points sont les pôles. En outre, le barreau, suspendu librement autour de son centre de gravité, prend dans l'espace une direction invariable, la même partout : la projection horizontale de cette ligne est à peu près la ligne nord-sud. Cette action de la terre définit les deux pôles de l'aimant : le pôle nord est celui qui est tourné vers le nord ; le pôle sud, celui qui est

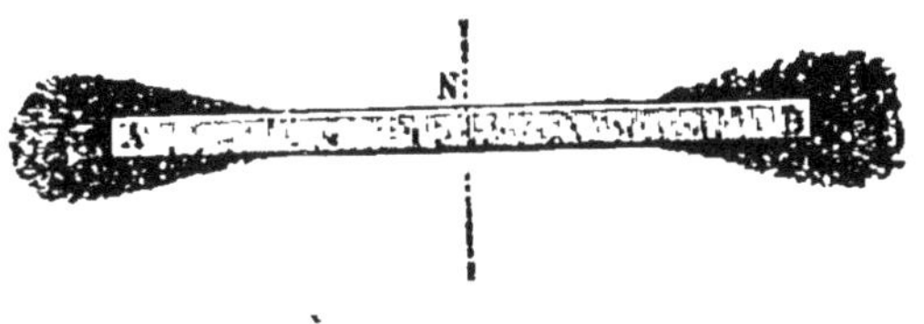

Fig. 78.

tourné vers le sud. Dans les aiguilles aimantées, l'extrémité nord est marquée par la teinte bleue qu'on lui laisse après le recuit.

On constate aisément que : *deux pôles de même nom se repoussent, et deux pôles de noms contraires s'attirent.*

**158. Loi de Coulomb.** — *Les attractions ou répulsions entre les pôles de deux aimants sont en raison inverse du carré de leur distance.*

**159. Masse magnétique.** — Deux aimants à des distances égales d'une même masse de fer peuvent avoir une action différente ; de là, l'emploi d'une grandeur nouvelle : *la quantité de magnétisme*, ou la *masse magnétique*. Dans le système C.G.S. l'unité de masse magnétique est celle qui, placée à 1 centimètre d'une masse égale à l'unité, la repousse avec une force égale à 1 dyne.

L'action de deux pôles de masses $m$ et $m'$, à distance $r$, sera alors représentée par la formule :

$$f = \frac{mm'}{r^2};$$

d'après la loi de Coulomb.

**160 Champ magnétique.** — On appelle ainsi toute la partie de l'espace dans laquelle une masse magnétique est soumise à une certaine force.

Une *ligne de force* est une ligne courbe tracée dans le champ de telle façon que la force magnétique lui soit tangente en tous ses points.

Le voisinage de la terre est un champ magnétique, c'est le *champ terrestre* ; en un lieu donné, la direction de l'aiguille aimantée est la même, les lignes de force sont donc parallèles entre elles, et le champ terrestre est uniforme.

**161. Définition précise des pôles.** —Un aimant placé dans un champ uniforme est donc soumis à l'action de deux forces parallèles et de sens contraires appliquées en deux points fixes du barreau ; ce sont les *pôles*, et la ligne qui les joint est l'*axe magnétique* de l'aimant, ou ligne des pôles. On donne le signe + à la masse magnétique nord, et le signe — à celle du pôle sud.

**162. Moment d'un aimant.** — Si $m$ est la masse absolue de chacun des pôles, $2a$ leur distance, le produit $M = 2am$ est le moment magnétique de l'aimant.

**163. Constitution des aimants.** — Dans *l'hypothèse de Coulomb* un aimant est un ensemble de petits éléments magnétiques contenant toujours, à l'état naturel ou aimanté, des quantités égales des deux fluides, uniformément réparties, et ces deux fluides ne peuvent se mouvoir que dans les éléments. Par le fait de l'aimantation, les fluides se distribuent d'une façon particulière dans chaque élément.

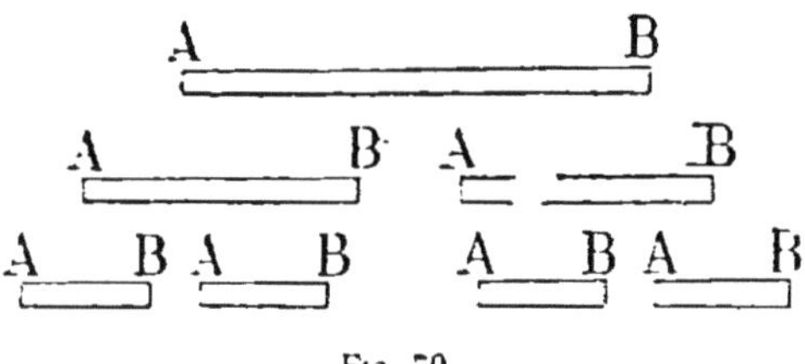


Fig. 79.

Cette hypothèse tend à faire croire que, si l'on brise un aimant bipolaire, on doit avoir deux moitiés chargées, l'une uniquement de fluide boréal, l'autre uniquement de fluide austral. Or, quand on brise un barreau aimanté (*fig.* 79), chaque partie constitue un aimant complet ayant ses deux pôles de même intensité, de signes contraires et dirigés comme dans l'aimant primitif AB, et cela a lieu toujours ainsi, aussi loin que l'on pousse la division des fragments (Expérience des *aimants brisés*).

D'après l'*hypothèse d'Ampère*, chaque élément a deux pôles fixes, et les fluides y sont séparés, mais ces éléments sont mobiles : à l'état neutre ils sont orientés dans toutes les directions ; par l'aimantation ils s'orientent, leur pôle nord dans une direction fixe, leur pôle sud dans une autre inverse. Cette hypothèse est plus exacte, car elle explique mieux les faits suivants :

1° Le coefficient d'élasticité de l'acier diminue par l'aimantation ;

2° L'aimantation de l'acier diminue par la torsion.

On peut mettre en évidence l'orientation des éléments en aimantant de la limaille de fer remplissant complètement un tube de verre bouché ; on a ainsi un aimant qui possède deux pôles ; mais, si l'on secoue le tube, l'orientation des grains de limaille est détruite, et aussi l'aimantation.

## INFLUENCE MAGNÉTIQUE

**164. Aimantation par influence.** — Un morceau de fer placé dans un champ magnétique devient un aimant ; les pôles de noms contraires de l'aimant et du fer sont le plus près possible l'un de l'autre.

Avec du *fer doux* (fer pur et non écroui), le magnétisme est *temporaire;* si le fer est impur (fonte, acier...), l'aimantation est lente à s'établir, mais elle persiste quand on éloigne l'aimant influençant. Le magnétisme est dit *rémanent*, et on appelle *force coercitive* la propriété qu'a le fer impur de garder l'aimantation après l'influence.

**165. Corps magnétiques et diamagnétiques.** — On appelle corps *magnétiques* les corps qui s'aimantent par influence, et sont attirés par les aimants : tels sont le fer, le platine, le nickel, le cobalt...

On nomme *diamagnétiques* les corps qui ne sont pas attirés par les aimants : tels sont le zinc, l'étain, l'or, le bismuth...

On a constaté que presque tous les gaz sont diamagnétiques ; l'oxygène est un des rares gaz magnétiques.

Les liquides aussi sont sensibles à l'action magnétique.

**166. Méthodes d'aimantation.** — Voici les principales :

*Méthode de la double touche (fig. 80).* — Le barreau à aimanter MN est mis sur les pôles de deux barreaux fixes ; on place au centre de MN les pôles contraires juxtaposés de deux aimants égaux ; on promène simultanément les deux aimants supérieurs sur la surface de MN, jusqu'aux extrémités, et en partant du milieu, pour y revenir.

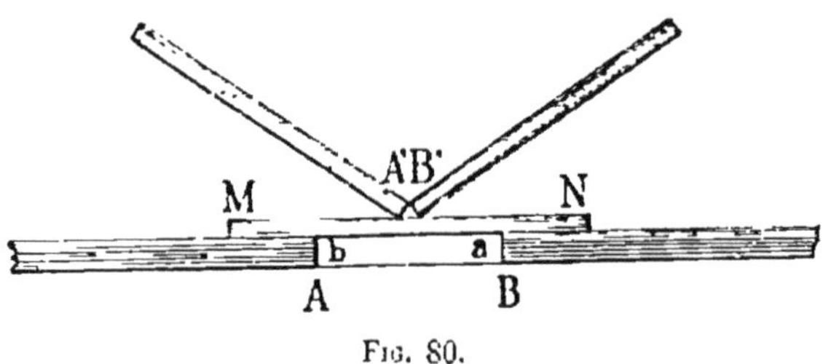


Fig. 80.

*Méthode de la touche séparée.* — La disposition est la même que pour la double touche ; mais on frotte le barreau à aimanter MN avec les deux aimants supérieurs en les *écartant* simultanément vers les extrémités ; on recommence ainsi plusieurs fois. Un pôle positif se forme à l'extrémité touchée en dernier lieu par le pôle négatif de l'aimant dont on se sert.

*Simple touche.* — On emploie ce procédé pour une aiguille d'acier, par exemple ; on la frotte un certain nombre de fois sur l'extrémité d'un barreau puissant en la faisant glisser suivant sa longueur, et toujours dans le même sens.

*Aimantation par la terre.* — Un barreau s'aimante par influence sous l'action de la terre quand on l'a placé dans la direction de l'aiguille d'inclinaison.

*Aimantation par les courants électriques.* — C'est le seul procédé usité. (Voir 187.)

*Influence de la trempe et de la température.* — Un barreau conserve une intensité magnétique d'autant plus grande qu'il a été, avant l'aimantation, trempé à une température plus élevée. Plus on élève la température après l'aimantation, plus on en diminue l'intensité.

**167. Conservation du magnétisme. —Armatures.** — La terre, la température, le voisinage d'autres aimants tendent à dimi-

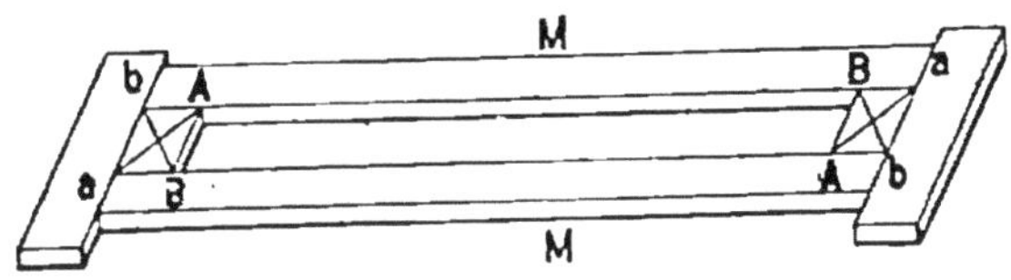


Fig. 81.

nuer l'intensité magnétique dans les aimants. Pour conserver cette intensité, on les met en contact avec des pièces de fer doux, ou *armatures*, qui, s'aimantant par influence, maintiennent les fluides séparés dans les aimants (*fig.* 81).

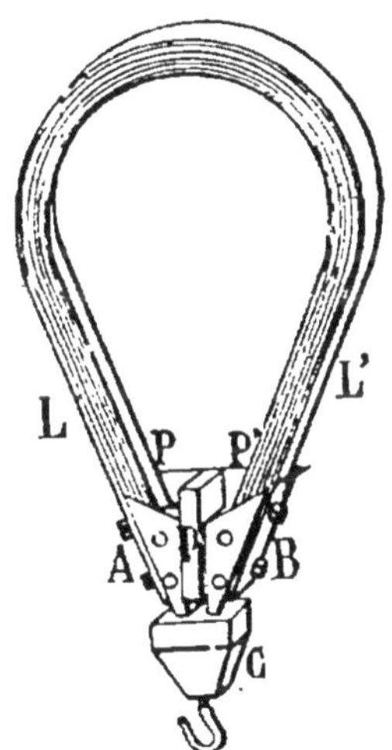


Fig. 82.

Il est avantageux aussi de faire porter des poids aux aimants; on augmente peu à peu ces poids, et on *nourrit* ainsi les aimants.

Les aimants en fer à cheval de Jamin (*fig.* 82) sont formés de lames d'acier trempé L', aimantées séparément, puis placées à plat les unes sur les autres ; le faisceau ainsi formé est courbé en fer à cheval, et les deux extrémités sont réunies par une armature de fer doux C.

MAGNÉTISME TERRESTRE

**168.** Le champ magnétique terrestre, uniforme en un lieu donné, est défini en chaque point du globe par l'intensité et la direction de la force terrestre.

L'axe magnétique d'une aiguille aimantée suspendue libre-

ment par son centre de gravité, et soustraite à toute autre
action que celle du champ terrestre, prend la direction de la
force magnétique terrestre ; cette direction est à peu près
celle du nord au sud, l'aiguille étant fortement inclinée sur
l'horizon, le pôle nord pointant vers le sol.

Le *méridien magnétique* est le plan vertical passant par la
direction de la force terrestre. Cette direction se définit au
moyen de deux angles : la *déclinaison* D, et l'*inclinaison* I.

La *déclinaison* D est l'angle du méridien magnétique avec
le méridien astronomique ; elle est *occidentale* ou *orientale*,
selon que le pôle nord est à l'ouest ou à l'est du méridien
astronomique.

L'*inclinaison* I est l'angle de la force terrestre avec sa projection sur le plan horizontal.

D, I et l'intensité T du champ sont les trois caractéristiques
du magnétisme terrestre.

**169. Couple terrestre.** — Les forces qui agissent sur une
aiguille aimantée, librement suspendue, sont purement direc-
trices, et ces forces se réduisent à un couple, car il ne peut
exister ni composante verticale, ni composante horizontale
pouvant produire une translation. On peut le vérifier de la
façon suivante :

1° On fixe une aiguille aimantée sur un disque de liège flot-
tant à la surface de l'eau, l'aiguille tourne de façon à prendre
une certaine orientation, mais on n'observe pas un mouvement de translation du disque ; donc l'action de la terre ne
développe aucune force tendant à produire un mouvement
de translation *horizontal ;*

2° D'autre part, si on pèse exactement une aiguille non
aimantée, on constate que ce poids n'est pas changé après
l'aimantation ; donc aucune force *verticale* ne s'est ajoutée,
par suite de l'aimantation, à la pesanteur ;

3° Et il n'y a pas non plus de force *oblique*, car cette force
pourrait être décomposée en deux autres, l'une horizontale,
l'autre verticale.

On peut donc représenter un barreau aimanté soumis à
l'action de la terre comme formé de deux points, ses pôles,
à distance $a$, contenant chacun des masses magnétiques $m$

égales et de signes contraires ; les pôles sont les points d'application des forces égales, parallèles, et de sens contraires, qui constituent le couple terrestre.

La direction du couple est définie par la déclinaison D et par l'inclinaison I ; D donne le plan vertical, ou méridien magnétique, contenant les forces du couple directeur ; I donne la direction de ces forces dans le plan vertical. Comme on ne peut réaliser un instrument où l'aiguille soit librement suspendue par son centre de gravité, on se sert de deux instruments, savoir : la *boussole de déclinaison*, où l'aiguille est mobile autour d'un axe vertical, et qui fait connaître D ; et la *boussole d'inclinaison*, où l'aiguille est mobile autour d'un axe horizontal, et qui fait connaître I.

**170. Décomposition du couple terrestre** (*fig.* 83). — Supposons que le plan du papier soit le plan du méridien magnétique, et CM la méridienne ; soit un plan CA, d'azimuth α, et dans ce plan l'aiguille CP ; supposons en P une masse magnétique égale à l'unité, et soit T l'action de la terre parallèle au plan du papier. L'angle TPH est l'inclinaison I.

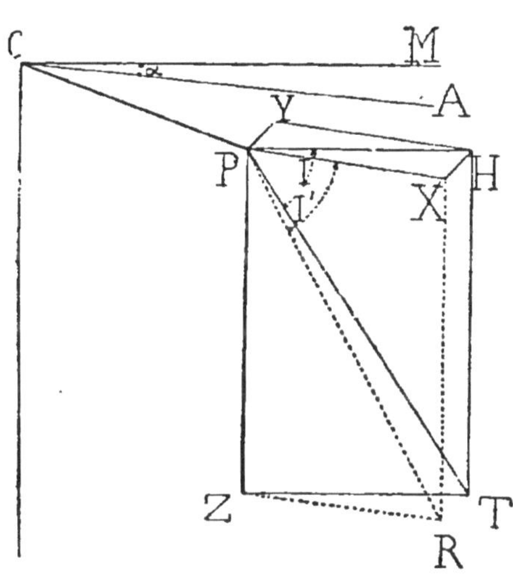

Fig. 83.

La force T étant décomposée suivant PH et PZ, les composantes ont pour valeur :

$$H = T \cos I, \quad \text{et :} \quad Z = T \sin I.$$

On peut décomposer H suivant une parallèle et une perpendiculaire à CA, ce qui donne PX et PY, et on a :

$$X = T \cos I \cos \alpha = H \cos \alpha.$$

De même, on aura :

$$Y = T \cos I \sin \alpha = H \sin \alpha,$$
$$Z = T \sin I.$$

Si $m$ est la masse magnétique de chaque pôle, $a$ la distance des pôles, le moment magnétique du barreau est :

$$M = ma.$$

L'action de la terre sur le barreau est, pour chaque pôle, $Tm$, et le moment du couple est :

$$Tma = TM,$$

en supposant l'axe magnétique perpendiculaire à la direction du champ.

**171. Problèmes.** — 1° *Rendre une aiguille horizontale.* — En plaçant un poids $p$ à une distance $d$ de l'axe de rotation, on peut maintenir l'aiguille horizontale ; alors :

$$X = Y = 0,$$

et la condition d'équilibre est :

$$pd = TM \sin I.$$

Ce résultat est indépendant de l'azimuth $\alpha$.
On peut en déduire la valeur de TM :

$$TM = \frac{pd}{\sin I}.$$

2° *Force à appliquer à une aiguille aimantée, mobile dans un plan horizontal, pour la maintenir dans un plan d'azimuth $\alpha$.* — On a ici :

$$Z = X = 0 ;$$

reste la force Y ; en écartant l'aiguille d'un angle $\alpha$, le moment du couple qui tend à la ramener dans le méridien magnétique est :

$$MH \sin \alpha$$

(loi du sinus de Coulomb).

3° *Force sollicitant une aiguille mobile autour d'un axe horizontal passant par son centre de gravité, l'aiguille étant dans un plan d'azimuth* α. — On a donc :

$$Y = o.$$

La résultante des forces X et Z est :

$$R = \sqrt{X^2 + Z^2} = T \sqrt{\cos^2 I \cos^2 \alpha + \sin^2 I}.$$

L'angle I′ que fait dans ce plan l'aiguille avec l'horizon est défini par :

$$\cot g\, I' = \frac{X}{Z} = \frac{T \cos I \cos \alpha}{T \sin I} = \cot g\, I \cos \alpha,$$

donc :

$$\cot g\, I' = \cot g\, I \cos \alpha.$$

De cette formule on déduit les méthodes de mesure de l'inclinaison.

**172. Boussole de déclinaison.** — L'aiguille est mobile autour d'un axe vertical ; elle obéit donc seulement aux composantes horizontales X et Y, dont le couple résultant a pour effet d'amener l'aiguille dans le plan du méridien magnétique. Pour mesurer D, il suffit de déterminer l'angle que fait l'axe magnétique de l'aiguille avec le méridien astronomique.

L'angle qu'on observe ainsi est, en réalité, l'angle que fait l'*axe de figure* de l'aiguille avec le méridien astronomique. L'axe de figure pouvant ne pas coïncider avec l'axe magnétique, on fait la correction par la méthode du retournement de l'aiguille (*fig.* 84) ; la moyenne des deux angles observés AON, A′ON donne l'angle cherché MON.

L'appareil employé est la boussole théodolite de *Brünner*

*(fig. 85)*. En E, il y a un aimant suspendu horizontalement
par un fil de cocon sans
torsion ; au moyen de la
lunette F, on commence
par déterminer le méri-
dien géographique ; on
fait ensuite tourner l'appareil autour de l'axe
vertical d'un angle D tel
que l'extrémité de l'axe
de l'aimant tombe sous

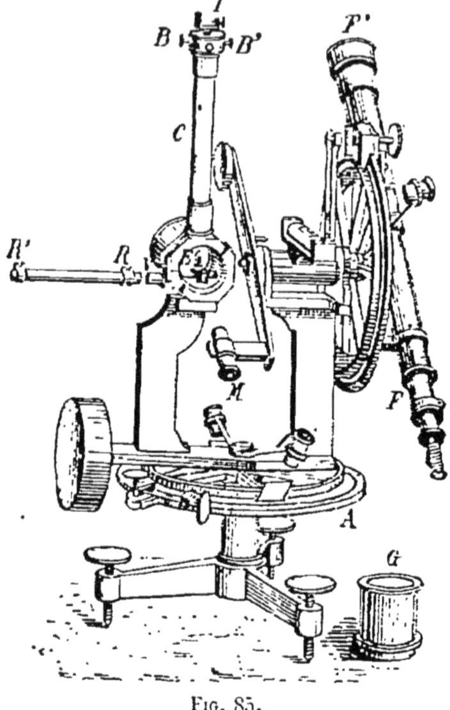

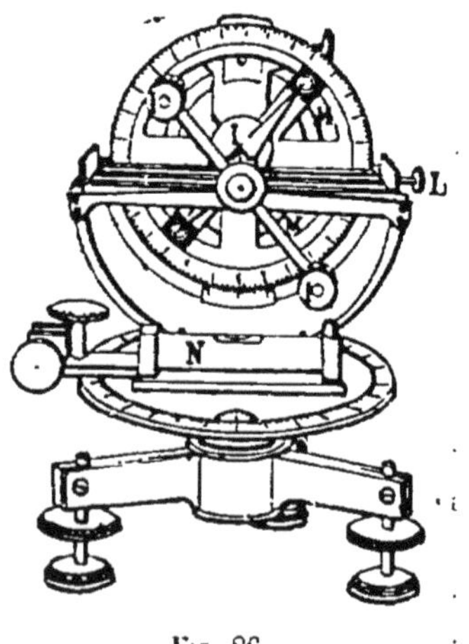

Fig. 84.                                    Fig. 85.

le réticule du microscope M ; cet angle D est la déclinaison.

**173. Boussole d'inclinaison**
*(fig. 86)*. — La boussole d'inclinaison de *Brünner* est formée
d'une aiguille d'acier en forme de
losange, traversée par un axe
d'acier horizontal. On fait la lecture par une alidade M qui se
déplace sur un limbe vertical. A
chaque observation on rend l'alidade parallèle à l'aiguille, au
moyen de deux petits miroirs
concaves ayant leur centre dans
le plan de l'aiguille ; ils donnent
dans ce plan une image réelle et

Fig. 86.

renversée des extrémités de l'aiguille ; on amène l'image renversée de la pointe au contact de la pointe elle-même.

L'aiguille, étant mobile autour d'un axe horizontal, n'obéit qu'aux composantes situées dans le plan vertical perpendiculaire à l'axe, savoir : X et Z.

On a trouvé (problème 3) la formule :

$$\operatorname{cotg} I' = \operatorname{cotg} I \cos \alpha ;$$

I' est l'inclinaison apparente, ou inclinaison de l'aiguille dans le plan d'azimuth $\alpha$.

1° Pour $\alpha = 0$, on a :

$$I' = I ;$$

I' est l'inclinaison vraie ;

2° Pour $\alpha = 90°$,

$$I' = 90.$$

L'aiguille est verticale ;

3° Pour les angles $\alpha$ et $\alpha \pm 90°$ différant de 90°, on a :

$$\operatorname{cotg} I' = \operatorname{cotg} I \cos \alpha,$$

$$\operatorname{cotg} I'' = \pm \operatorname{cotg} I \sin \alpha.$$

En élevant au carré et ajoutant, on a :

$$\operatorname{cotg}^2 I' + \operatorname{cotg}^2 I'' = \operatorname{cotg} I^2, \qquad (1)$$

De là, trois méthodes d'observation :

Dans le premier cas ($\alpha = 0$), on oriente le limbe vertical dans le méridien magnétique supposé connu, et on lit directement la valeur de I.

Dans le deuxième cas ($\alpha = 90°$), on peut déterminer le plan du méridien magnétique ; il suffit de chercher le plan dans lequel l'aiguille se tient verticale, et ensuite de faire tourner le limbe de 90° : le limbe sera ainsi dans le plan du méridien magnétique.

Enfin (troisième cas), on peut déterminer les angles I' et I'' correspondant à deux positions du limbe distantes de 90°, et appliquer la formule (1).

## § 4. — Électro-magnétisme

**174. Expérience d'Œrstedt et loi d'Ampère** (*fig.* 87). — En plaçant un fil métallique dans une direction parallèle à une aiguille aimantée mobile sur un pivot, et faisant ensuite passer un courant dans le fil, Œrstedt observa une déviation de l'aiguille.

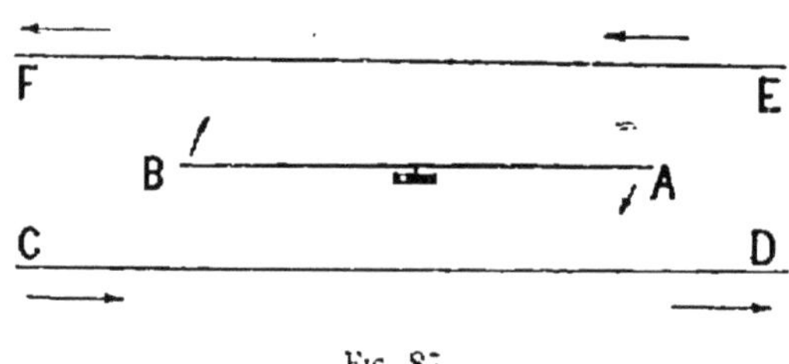


Fig. 87.

Ampère reprit les expériences d'Œrstedt, qu'il résuma dans cette loi : *Quand un courant rectiligne agit sur un aimant, le pôle nord de l'aimant se porte toujours vers la gauche du courant.*

Et, pour définir la droite et la gauche du courant, Ampère suppose un observateur couché sur le fil, en regardant l'aiguille, de façon que le courant entre par ses pieds et sorte par sa tête ; la gauche de l'observateur est alors la gauche du courant.

**175. Multiplicateur de Schweigger** (*fig.* 88). — L'expérience d'Œrstedt permet de constater l'existence d'un courant et sa direction, mais l'action de la terre maintenant l'aiguille dans le méridien magnétique, un courant faible produit un écart plus faible encore. Schweigger en a augmenté l'action en multipliant autour de l'aiguille les portions du fil qui agissent sur elle ; les

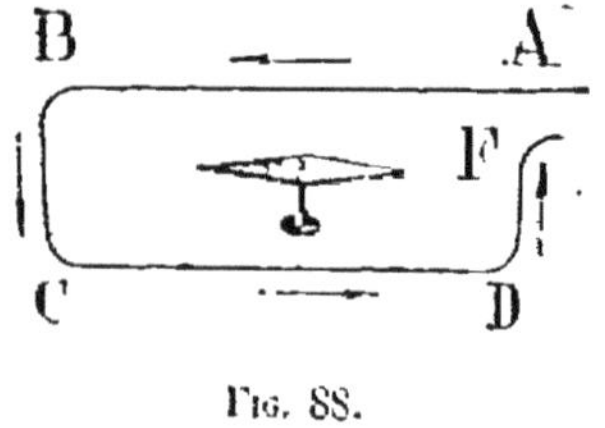


Fig. 88.

quatre portions AB, BC, CD, DF ont des actions concordantes.

On enroule le fil, préalablement recouvert d'une couche isolante, un grand nombre de fois et dans le même sens, sur un cadre de bois, et on a ainsi un *multiplicateur*.

**176. Système presque astatique de Nobili** (*fig.* 89). — On réunit ensemble deux aiguilles aimantées à l'aide d'une tige de cuivre M, leurs pôles de noms contraires en regard ; la tige M est suspendue à un fil de soie sans torsion ; si les aiguilles sont bien identiques, l'action de la terre est nulle ; mais si l'aimantation des aiguilles est un peu différente, la terre agit encore faiblement sur le système. Cela étant, soit un courant ABCDE disposé comme dans la figure ; l'action de AB sur l'aiguille supérieure coïncide avec les actions de AB, BC, CD, DE, sur l'aiguille inférieure ; les actions de BC, CD, DE sont inverses ; mais, comme elles sont faibles par rapport aux autres, elles sont négligeables.

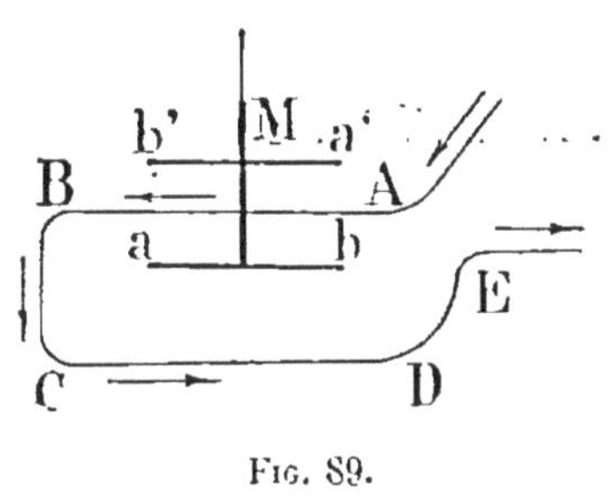

Fig. 89.

Ce système presque astatique a pour effet : 1° de diminuer beaucoup l'action de la terre ; 2° d'augmenter l'action du courant.

On peut, d'ailleurs, comme dans le cas précédent, enrouler le fil un grand nombre de fois sur un cadre.

**177. Galvanomètre** (*fig.* 90). — Le galvanomètre ordinaire se compose d'un semblable système de deux aiguilles suspendues à un fil de cocon ; l'aiguille inférieure est à l'intérieur d'un cadre d'ivoire formant multiplicateur : l'aiguille supérieure est en dehors, au-dessus d'un cercle de cuivre, gradué pour la mesure des déviations. Le diamètre qui passe par le 0 de la graduation est placé parallèlement aux tours du fil du cadre : les extrémités de ce fil aboutissent à deux bornes métalliques.

Pour opérer, on oriente d'abord le cadre parallèlement à la position des aiguilles, au moyen d'un engrenage mû à l'aide d'un bouton, et qui fait tourner le cadre et le cercle. Les fils

faisant partie d'un circuit parcouru par un courant, le *sens
et la grandeur de la déviation donnent la direction et l'intensité du courant.*

La graduation est empirique; mais, pour les déviations
d'un petit nombre de degrés, on peut toujours regarder les
intensités comme sensiblement proportionnelles aux déviations.

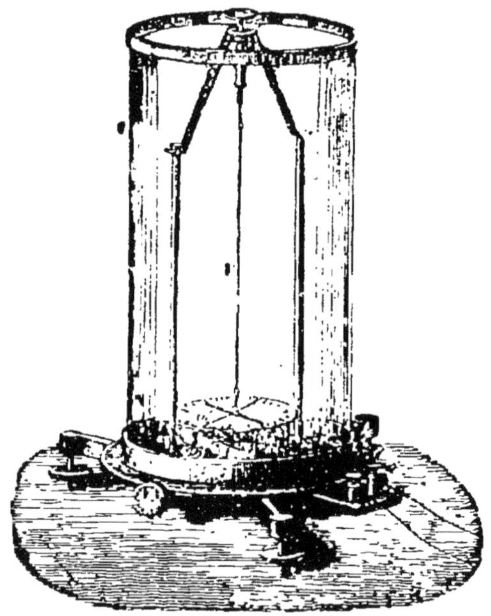

Fig. 90.

Le galvanomètre *différentiel* se compose de deux fils de
même longueur et couverts de soie; ils sont tordus ensemble
et enroulés ainsi sur le cadre; les quatre extrémités séparées
communiquent avec quatre bornes métalliques distinctes.

Ce galvanomètre permet d'apprécier la différence d'intensité de deux courants, en les faisant passer simultanément,
mais en sens contraires, l'un dans un fil, l'autre dans l'autre fil.

Quand il s'agit du courant d'une source hydro-électrique,
dont la résistance intérieure est très grande, celle du fil
du galvanomètre est relativement négligeable; il y a donc
avantage à employer un fil très fin et très long pour augmenter l'action sur l'aiguille. — S'il s'agit du courant d'une pile

thermo-électrique, il faut un fil gros et assez court : un fil fin et long introduirait une résistance relativement grande, étant donné le peu de puissance de la pile.

Pour que l'action d'un galvanomètre soit *maximum*, il faut que sa résistance soit égale à la résistance totale du circuit extérieur.

— Le galvanomètre de *Thomson*, et celui de d'*Arsonval* sont les plus employés ; ils sont très sensibles.

— Les galvanomètres industriels s'appellent *ampère-mètres ;* citons celui de *Thomson*, celui de *Desprez*, etc.

— Ces appareils servent pour les mesures de comparaison ; pour les mesures directes, absolues, on emploie la *boussole des tangentes* et la *boussole des sinus*.

## ACTIONS RÉCIPROQUES DES COURANTS ET DES AIMANTS

**178. Action d'un courant rectiligne sur un aimant.** — *Quand un courant rectiligne et indéfini est en présence d'un aimant, chaque pôle de l'aimant est sollicité par une force dont la direction est perpendiculaire au plan qui passe par ce pôle et par le courant. L'intensité de cette force varie en raison inverse de la distance du pôle au courant lui-même.*

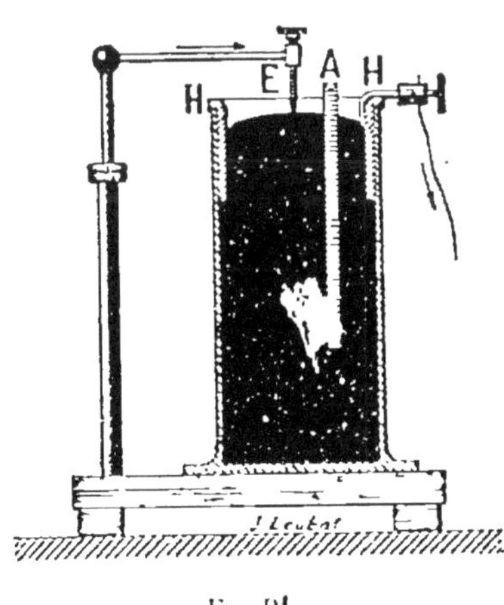


Fig. 91.

**179. Mouvements imprimés aux aimants par les courants ; exemples.** — L'expérience d'Œrstedt montre l'*orientation* d'une aiguille aimantée sous l'action d'un courant.

La *rotation* continue d'un aimant autour d'un axe parallèle est produite dans l'expérience de Faraday (*fig.* 91) ; A est un petit barreau aimanté, placé verticalement dans une éprouvette en verre contenant du mercure, et muni d'un anneau métallique H; on relie les deux fils aux pôles d'une pile, dès que le circuit est fermé; l'aimant A tourne autour de la tige métallique E.

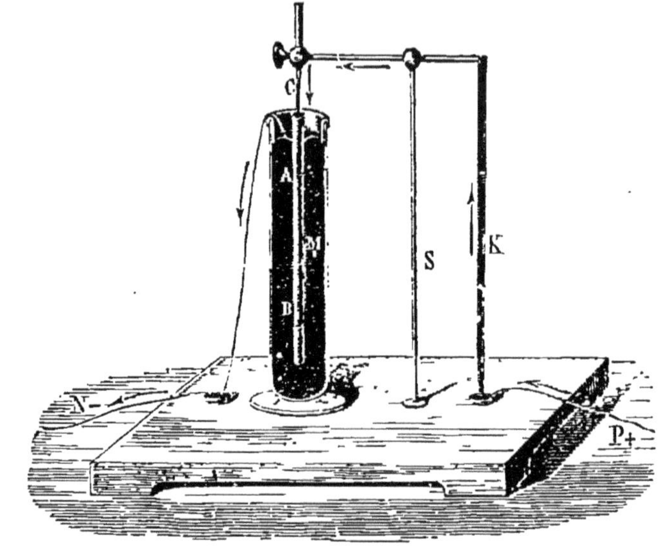

FIG. 92.

— La rotation de l'aimant autour de la tige s'explique par la loi d'Ampère.

— Dans l'expérience d'Ampère (*fig. 92*), la rotation de l'aimant s'effectue autour de son axe.

**180. Mouvements imprimés aux courants par les aimants.** — Un aimant peut produire l'*orientation* ou la *translation* d'un circuit parcouru par un courant.

Il peut aussi en produire la *rotation continue*, comme dans cette autre expérience de Faraday (*fig. 93*).

Une cuve de zinc D contient de l'eau acidulée ; l'équipage formé des fils *b* et *c* et du cercle

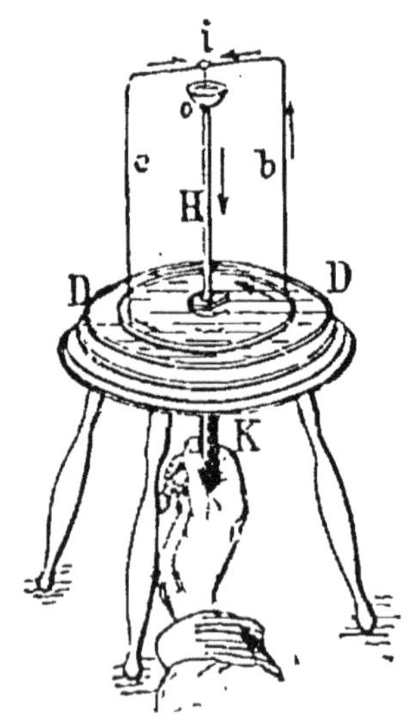

FIG. 93.

inférieur qui plonge dans le liquide est mobile autour de la pointe *o*. Un courant est produit par l'action de l'acide sulfurique sur le zinc ; si on approche le pôle austral, par exemple, d'un aimant K au-dessous de la colonne métallique H, l'équipage se met à tourner dans le sens des flèches, et suivant la loi d'Ampère.

## § 5. — ÉLECTRO-DYNAMIQUE

**181. Actions des courants sur les courants.** — On étudie ces actions au moyen du dispositif des figures 94 et 95, composé d'un circuit mobile *abcdefg* (*fig.* 94), et d'un circuit fixe. Le circuit fixe fait partie d'un cadre multiplicateur MNPQ (*fig.* 95) tenu à la main et qui est parcouru par le même courant que le circuit mobile; celui-ci, de forme rectangulaire ou autre, repose par deux pointes dans les godets à mercure *a* et *b*.

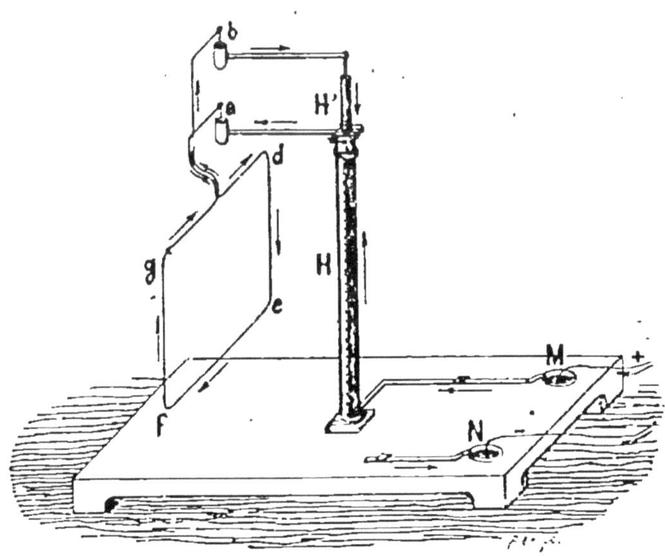


Fig. 94.

Le godet *a* communique avec une colonne métallique creuse H, où on peut amener un courant par le fil M : le godet *b* communique avec une tige métallique H′ située à l'intérieur de H et isolée dans un tube de verre.

1° *Courants parallèles.* — *Deux courants parallèles et de même sens s'attirent ; deux courants parallèles et de sens contraire se repoussent.*

C'est ce que l'on vérifie avec le cadre M en présentant verticalement l'un de ses côtés à l'un des côtés verticaux du circuit mobile ;

2° *Courants croisés.* — *Les courants tendent à devenir parallèles et de même sens ;* autrement dit : ils s'attirent, s'ils s'approchent ou s'éloignent ensemble (*a*) de leur point de croisement *o* ; ils se repoussent, quand l'un s'approche, tandis que l'autre s'en éloigne (*b*) (*fig.* 96) ;

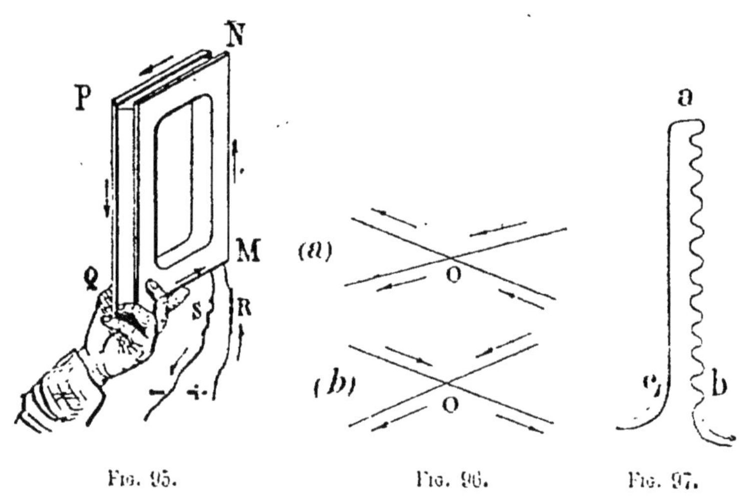



Fig. 95.          Fig. 96.          Fig. 97.

3° *Courant sinueux.* — *L'action d'un courant sinueux ab est identique à celle d'un courant rectiligne ac ayant les mêmes extrémités, pourvu que la distance à laquelle s'exerce cette action soit très grande par rapport à l'amplitude des sinuosités.*

En effet (*fig.* 97), le système *abc* approché, au lieu du cadre M, d'un des côtés verticaux du circuit mobile H. ne lui imprime aucun mouvement ;

4° *Action d'un courant sur lui-même.* — *Si deux portions d'un courant sont parallèles, elles doivent s'attirer ; si elles sont dans le prolongement l'une de l'autre, elles se repoussent.*

Cette répulsion peut s'observer avec l'appareil de la figure 98 :
une cuve en bois C contient du mercure et un flotteur F ; dès

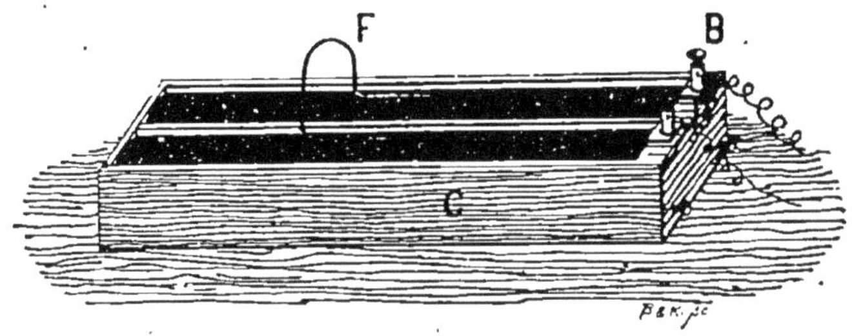



Fig. 98.

que les fils des deux bornes B sont reliés à une pile, le flotteur F est repoussé vers la gauche de la cuve.

**182. Rotation des courants par les courants.** — 1° La rotation d'un courant *vertical* sous l'influence d'un autre courant
fixe peut s'observer avec l'appareil de la figure 99. — Le
courant fixe est un courant circulaire horizontal formé par
un fil s'enroulant plusieurs fois sur un cadre circulaire de

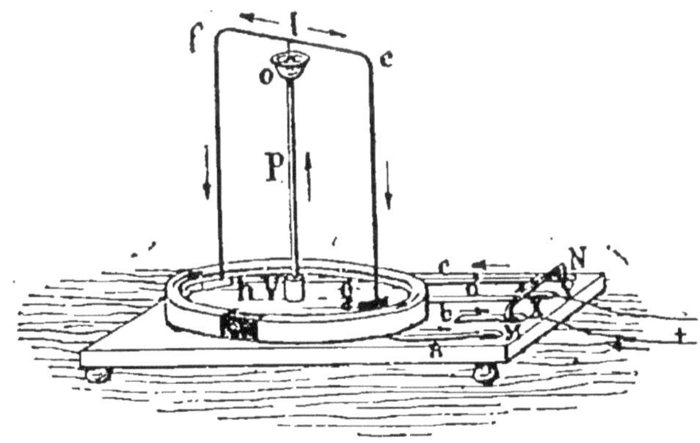



Fig. 99.

bois ; le vase de cuivre V contient de l'eau acidulée, et son
bord replié recouvre le cadre. La colonne métallique P traverse le vase V, dont elle est d'ailleurs isolée. Le courant

mobile est constitué par l'équipage *gefh*, dont les extrémités *g* et *h* plongent dans le liquide.

Si le courant vertical est *descendant* (cas de la figure 100), l'équipage prend un mouvement de rotation dont le sens est *inverse* de celui du courant circulaire, c'est-à-dire en sens contraire de la flèche *f*, ce qu'on explique facilement par la loi des courants croisés.

Si le courant vertical est *ascendant* (*fig*. 101), l'équipage tourne dans un sens qui est le même que celui du courant

Fig. 100.

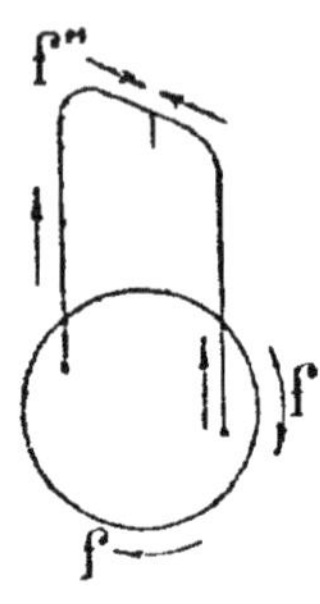

Fig. 101.

circulaire, c'est-à-dire dans le sens de *f*.

2° On peut observer aussi avec le même équipage la rotation d'un courant *horizontal* sous l'action du même courant circulaire.

Dans le premier cas, le courant horizontal est *centrifuge f'*, et la rotation est inverse ; dans le deuxième cas, le courant est centripète *f''*, et la rotation de l'équipage est de même sens que le courant circulaire fixe.

**183. Action de la terre sur les courants.** — La terre agit comme un courant dirigé de l'est à l'ouest, perpendiculairement au méridien magnétique ; ce résultat est d'accord avec la direction de l'aiguille aimantée et la loi d'Ampère, l'aiguille étant au-dessus du courant.

1° *Action sur un courant vertical.* — Avec l'appareil de la figure 102, on constate qu'un courant vertical *ascendant v* se dirige vers l'ouest de l'axe de rotation, c'est-à-dire dans le même sens que le courant terrestre. Si le courant est *descendant*, il se dirige vers l'est, c'est-à-dire en sens inverse de celui du courant terrestre.

Dans l'appareil, le levier T est en bois et repose par la pointe *i* dans la capsule *o* ; la tige H est isolée des cuves VV', en cuivre et contenant de l'eau acidulée ; le godet N à mercure communique avec le pied de la tige ; le godet M, avec le bord de V.

2° *Action sur un courant horizontal.* — En employant un équipage tel que E (*fig.* 103), si le courant est centrifuge (sens des flèches *f*), la rotation se fait à gauche (en sens in-

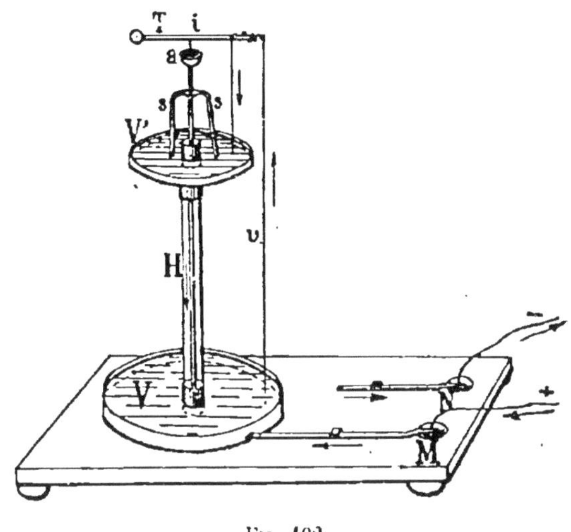



Fig. 102.

verse des aiguilles d'une montre); si le courant est centri-ptée, la rotation se fait à droite (sens des aiguilles d'une montre).

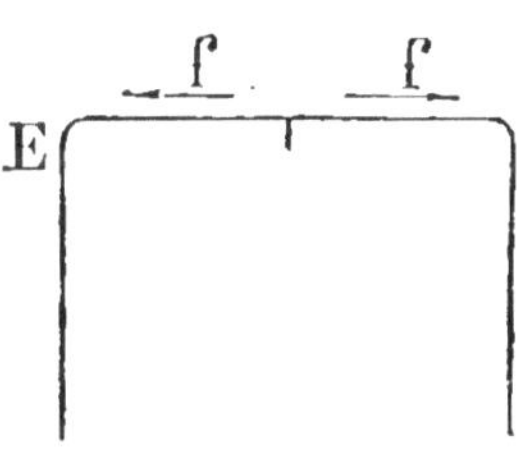



Fig. 103.

3° *Action sur les courants fermés.* — On peut observer l'action de la terre sur les courants fermés au moyen du circuit mobile qui a servi à l'étude de l'action des courants sur les courants (*fig.* 94). Les communications étant établies, et aucun autre courant n'étant placé dans le voisinage, on voit l'équipage se placer *perpendiculairement au méridien magnétique*, de façon que, dans le fil horizontal inférieur, le courant ait la même direction (est à ouest) que le courant terrestre.

**184. Conducteurs astatiques.** — Ce sont des appareils tels que P (*fig.* 104); ils sont en équilibre sous l'action de la terre, car les actions exercées par la terre sur les différents côtés se neutralisent. Avec cet appareil on peut donc étudier les effets électro-dynamiques sans avoir à tenir compte des actions terrestres.

### 185. Solénoïdes. — Un solénoïde est, par définition, un système de courants circulaires très petits, égaux, de même sens, et très voisins, distribués normalement à une courbe passant par leurs centres.

Un tel système peut être réalisé comme l'indique la figure 105. On voit que l'ensemble se comporte comme s'il se réduisait aux courants circulaires.

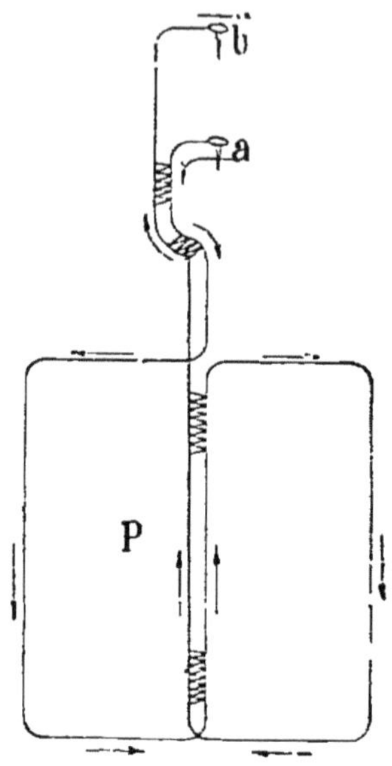

Fig. 104.

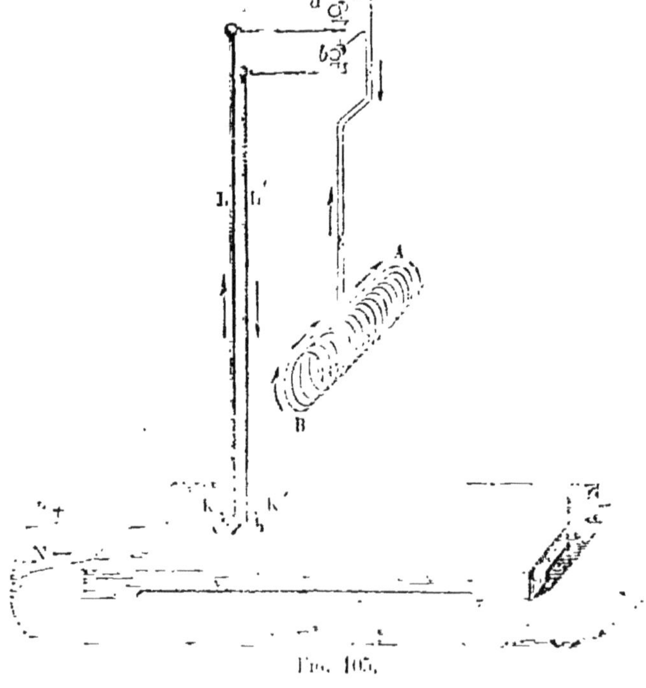

Fig. 105.

*Les solénoïdes jouent le rôle d'aimants.* En effet :

1º Un solénoïde s'oriente sous l'action de la terre comme un aimant, c'est-à-dire que son axe se place parallèlement à l'aiguille de la déclinaison; le pôle *austral* est l'extrémité tournée vers le nord; c'est encore l'extrémité en face de laquelle il faut se placer pour que le sens des courants circulaires paraisse inverse de celui du mouvement des aiguilles d'une montre;

2º Un courant agit sur un solénoïde comme sur un aimant : il le met en croix, le pôle austral à gauche du courant;

3º Un solénoïde agit comme un aimant, sur un autre aimant;

4º Les actions mutuelles de deux solénoïdes sont les mêmes que celles de deux aimants.

**186. Conséquences déduites par Ampère.** — Il n'y a pas de fluides magnétiques; les propriétés des aimants sont dues à des courants électriques qui circulent autour de leurs molécules : ce sont les *courants particulaires.* Dans un barreau à l'état neutre ces courants sont dirigés dans tous les sens. Un barreau aimanté n'est autre chose qu'un solénoïde.

Un courant électrique doit donc orienter les courants particulaires : c'est l'aimantation par les courants (due à Arago).

**187. Aimantation par les courants.** — Un barreau de fer doux s'aimante quand il est placé perpendiculairement à un courant, les pôles étant placés conformément à la loi d'Ampère.

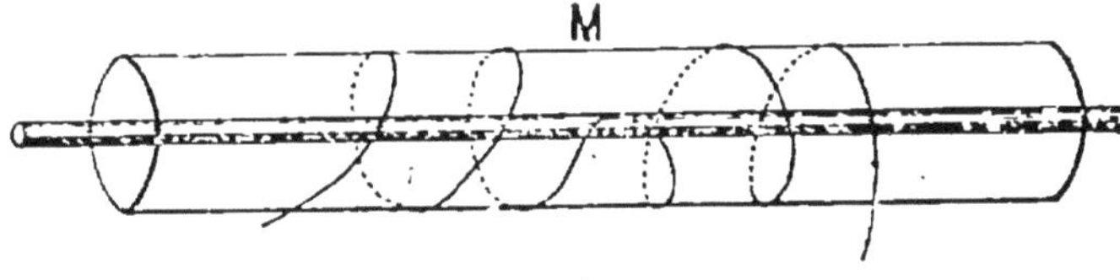


Fig. 106.

Un fil de cuivre traversé par un courant étant plongé dans la limaille de fer, on voit les grains de limaille s'attacher à ce fil et s'attirer les uns les autres, comme de petits aimants.

Si le fil du courant est enroulé plusieurs fois en hélice autour d'un tube de verre contenant un barreau de fer, l'action est augmentée. Le pôle *austral* est celui devant lequel il faut se placer pour voir le courant circuler en sens inverse des aiguilles d'une montre, il est donc à la gauche du courant. En changeant le sens de l'enroulement, on détermine des *pôles conséquents* dans le barreau (*fig.* 106).

— L'aimantation persiste, si le barreau est en acier. Elle cesse avec le courant qui la détermine dans le fer doux.

**188. Électro-aimants** (*fig.* 107 et 108). — Ce sont les appareils obtenus en plaçant un barreau de fer doux dans l'axe d'une bobine parcourue par un courant intense. Dans l'électro-aimant en fer à cheval, l'enroulement du fil doit être fait

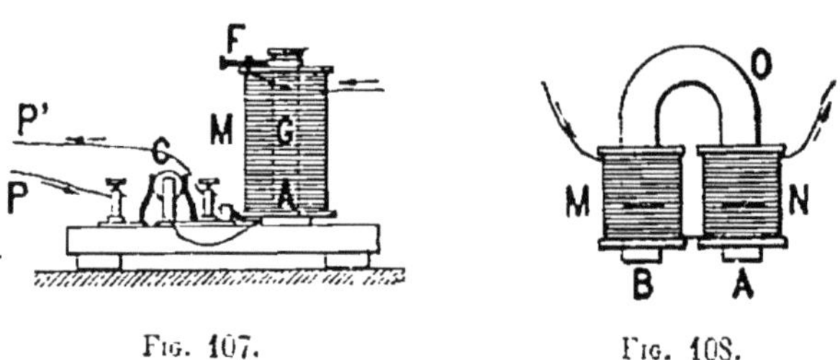


Fig. 107.        Fig. 108.

en sens contraire, de façon à donner des pôles de noms contraires aux deux extrémités du barreau.

Les électro-aimants en fer à cheval sont généralement formés de deux barreaux réunis par une traverse de fer doux et placés dans deux bobines parallèles.

— On emploie les électro-aimants dans la télégraphie électrique.


## § 6. — Induction


Les courants d'induction prennent naissance sous l'influence d'autres courants, ou sous l'influence des aimants.

**189. Courants volta-électriques, ou produits par les courants.** — Considérons deux bobines formées d'un fil de cuivre recouvert de soie, enroulé sur un cylindre de bois creux (*fig.* 109). La bobine A reliée à une pile est la bobine *inductrice* ; l'autre B reliée à un galvanomètre est la bobine *induite*.

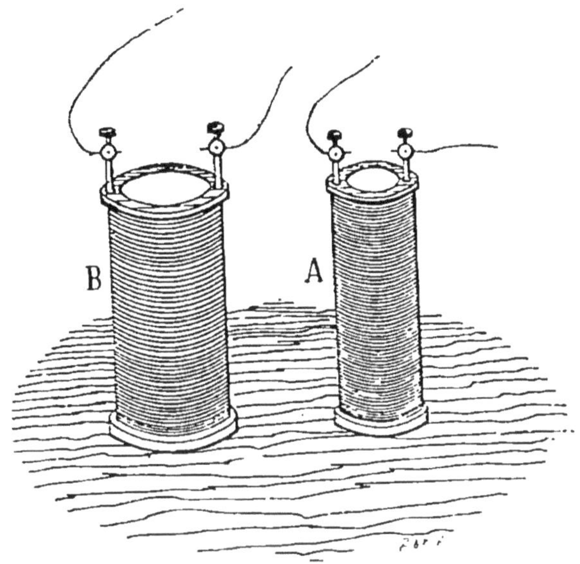


Fig. 109.

En fermant le circuit inducteur après avoir introduit A dans B, ou en introduisant vivement la bobine A dans la bobine B, ou encore en augmentant l'intensité du courant inducteur, on observe, par la déviation au galvanomètre, un courant *induit inverse*, c'est-à-dire de sens contraire au courant inducteur.

On a, au contraire, un courant *induit direct*, quand, la bobine A étant placée dans la bobine B, on rompt le courant inducteur, ou, sans rompre le courant inducteur, quand on enlève vivement la bobine inductrice A, ou encore quand on diminue l'intensité du courant inducteur (à l'aide d'une dérivation, par exemple).

**190. Courants magnéto-électriques.** — Si dans la bobine induite B on introduit vivement un aimant en fer doux, ou si l'on augmente l'aimantation du fer doux, on a un courant

induit *inverse* (inverse du sens des courants particulaires
développés par l'aimantation
dans le fer doux); en retirant
le noyau de fer doux, ou en
diminuant son aimantation,
on observe un courant induit
*direct*.

Avec un *faisceau de fils* de
fer, le courant induit est plus
intense. En combinant l'effet
produit par un aimant avec
celui produit par un courant,
(*fig.* 110), on remarque que les
deux actions s'ajoutent, et, par
conséquent, que l'intensité est
plus grande (principe de la bobine de Ruhmkorff).

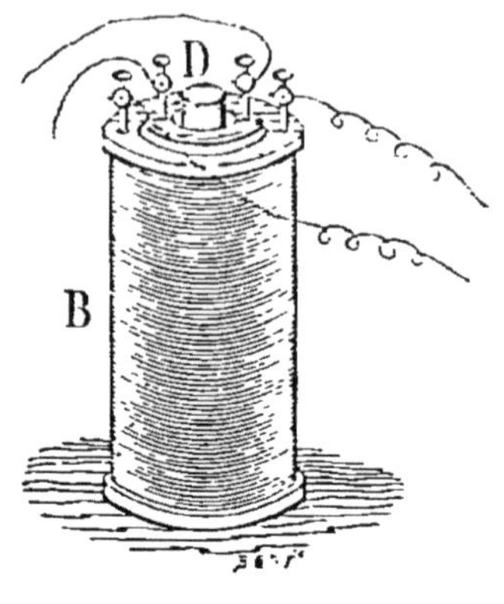

Fig. 110.

**191. Courants telluriques.** — L'action de la terre est assimilable à celle d'un aimant ou d'un courant. Si on place une bobine de telle façon que son axe soit d'abord parallèle à l'aiguille d'inclinaison, et si on la fait tourner brusquement pour l'amener dans le plan perpendiculaire, il y a formation de courants induits.

**192. Extra-courant ou self-induction.** — Un courant développe dans son propre circuit des courants d'induction de sens contraire quand il commence, de même sens quand il finit. On le constate ainsi : Soit PCABD le circuit d'une pile P (*fig.* 111); AB est

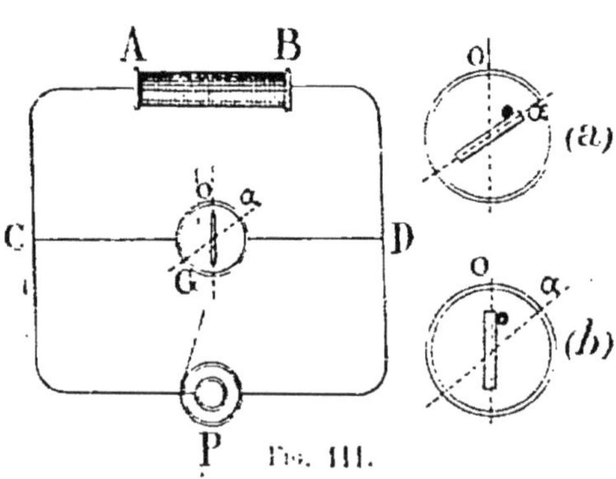


Fig. 111.

une bobine; CD est une dérivation où il y a un galvanomètre G; le courant de la pile donne une déviation α.

On met alors le galvanomètre dans la position (a), c'est-à-dire qu'on place l'aiguille à la déviation α en l'empêchant, au moyen d'un petit arrêt, de revenir au 0. Le circuit étant ouvert, si on le *ferme* brusquement, l'aiguille est lancée vers la droite, au-delà de α ; donc, il y a eu dans la bobine un courant induit inverse, qui, circulant dans le sens BAC, a traversé le galvanomètre de C en D et s'est ajouté au courant principal.

Mettons maintenant l'aiguille dans la position (*b*), au 0, en l'empêchant de dévier à droite, par un petit arrêt ; alors, le circuit étant fermé, si on l'*interrompt* brusquement, l'aiguille est chassée vers la gauche ; il y a donc eu un courant induit direct dans la bobine ; ce courant circulant dans le sens ABD, c'est-à-dire dans le même sens que le courant principal, a traversé le galvanomètre de D en C, en sens inverse de l'inducteur. Donc : *l'extra-courant de fermeture* est un courant *inverse*, qui diminue l'intensité du courant principal ; et *l'extra-courant de rupture* est un courant *direct* qui augmente l'intensité du courant principal.

**193. Caractères des courants d'induction.** — Les courants d'induction ont une durée très courte, l'aiguille du galvanomètre revient, en effet, très vite à sa position primitive ; mais ils ont une intensité considérable.

Les courants directs produisent des commotions plus fortes, ou une aimantation plus grande que les courants inverses.

**194. Loi de Lenz.** — C'est la loi générale des courants d'induction ; elle contient tous les résultats précédents : *Quand on déplace un circuit fermé dans le voisinage d'un aimant ou d'un courant, il se développe dans ce circuit un courant de sens contraire à celui qui eût été capable de produire ce déplacement.*

## § 7. — APPLICATION DES PHÉNOMÈNES D'INDUCTION

**195. Bobine de Ruhmkorff** (*fig.* 112). — La bobine de Ruhmkorff est basée sur la production des courants volta-électriques renforcés par l'action d'un faisceau de fils de fer doux placé dans la spirale inductrice. Le faisceau est dans un cylindre en bois sur lequel sont enroulés le fil inducteur, gros

et court, et, par dessus, le fil induit, fin et très long. Les
deux fils sont isolés par une enveloppe de coton imprégnée

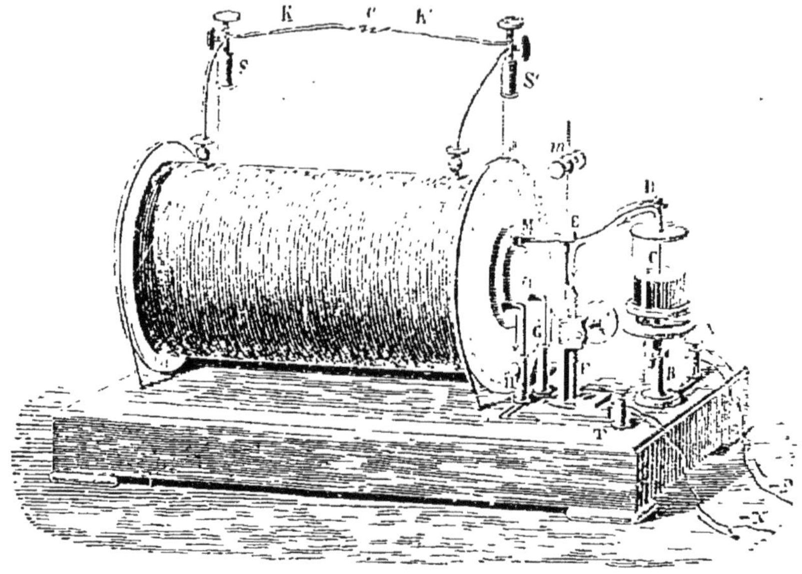

Fig. 112.

de gommel aque. Le fil induit aboutit aux bornes, qui sont
les pôles de la machine.

Le courant primaire est fourni par une pile : l'induction est
produite par un interrupteur qui rompt et rétablit successi-

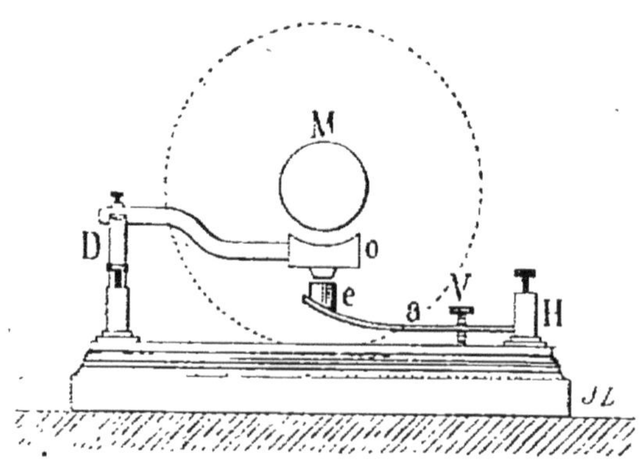

Fig. 113.

vement le courant inducteur (*fig.* 113); il est formé d'un
marteau dont la tête est en fer doux *o*, et d'une enclume *e*.

Quand le courant passe, le faisceau s'aimante et attire le marteau : d'où interruption du courant ; puis, le marteau retombe, alors le courant est rétabli, et le marteau est attiré de nouveau, etc...

— Le fil induit, dans les plus grosses bobines, a jusqu'à 400 kilomètres de longueur, et le fil inducteur environ 500 mètres.

**196. Machines magnéto et dynamo-électriques.** — Dans les machines magnéto-électriques on produit les courants induits dans un circuit, par le déplacement de ce circuit, devant un *aimant permanent*. Dans les machines dynamo-électriques on produit les courants induits dans un circuit par le déplacement de ce circuit devant un *électro-aimant* (qui fournit un champ magnétique bien plus puissant) ; ou bien encore c'est l'électro-aimant qui se déplace devant le circuit.

**197. Machine magnéto-électrique Gramme** (*fig.* 114). — En voici le principe. Soit un anneau de fer doux portant une spire métallique couverte de soie, et tournant entre les pôles B et A d'un aimant permanent en fer à cheval ; cela revient à faire mouvoir la spire sur l'anneau, celui-ci restant fixe.

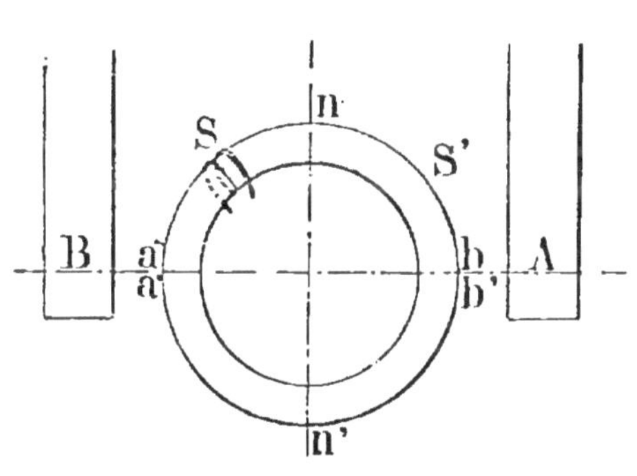

Fig. 114.

Par influence, il se fait un double pôle boréal *bb'*, un double pôle austral *aa'*, et une région neutre *nn'* ; on se trouve donc en présence de deux aimants demi-circulaires *anb*, *a'n'b'*. Le sens des courants particulaires dans *a'n'b'* est donc inverse de celui qu'ils ont dans *anb* :

1° La spire étant en S, il se fait un courant induit direct, de même sens que les courants particulaires du pôle *a*, car la spire s'en éloigne, dans le sens F (conformément à la loi de Lenz) (*fig.* 115) ;

2° La spire, étant en S', s'approche de *b* ; donc courant

inverse des courants particulaires du pôle $b$; ce courant a donc le sens F.

Donc, dans la demi-rotation $anb$ il y a deux courants différents; de même, dans la demi-rotation $b'n'a'$; d'ailleurs, le sens du courant induit est constant dans la partie $a'an$, et constant aussi, mais inverse du premier, dans la région $nbn'$, attendu que le sens des courants particulaires du deuxième aimant demi-circulaire $a'n'b'$ est

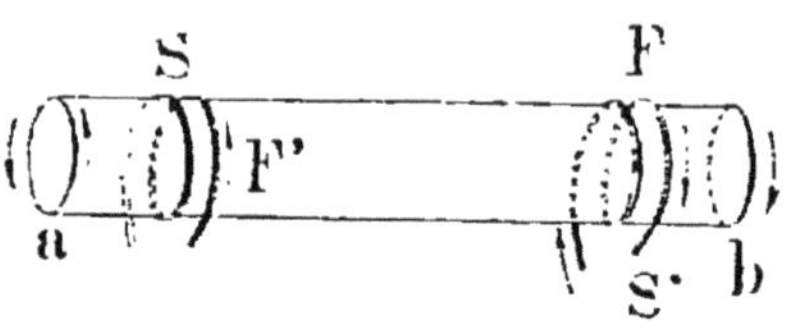

Fig. 115.

inverse de celui des courants particulaires de $anb$.

Si c'est l'anneau qui tourne, entraînant la spire, rien n'est changé.

Si, au lieu d'une seule spire, il y en a plusieurs diamétralement opposées, à un moment donné, les spires qui sont dans la demi-circonférence $n'a'an$ sont le siège de courants induits de même sens et produisent un courant égal à leur somme; les spires de la demi-circonférence $n'bb'n$ sont de courants inverses et produisent un courant inverse égal à leur somme. Pour recueillir ces courants induits en un seul de même sens, on réunit les deux points situés sur la zone neutre par un conducteur extérieur.

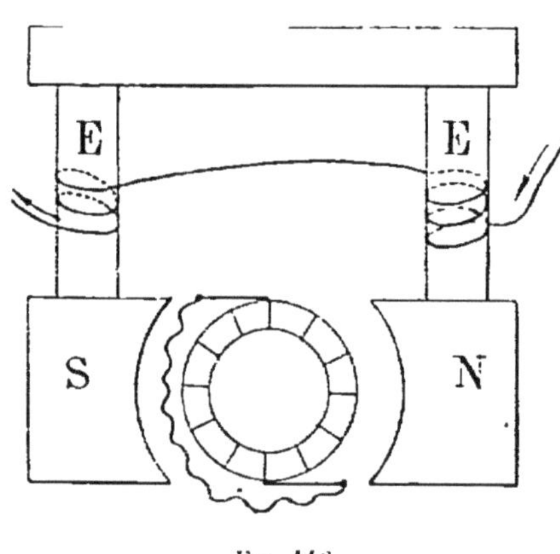

Fig. 116.

**198. Machines dynamo-électriques.** — L'aimant en fer à cheval est ici remplacé par un électro-aimant EE. Les dynamos sont à excitation: indépendante, simple, ou dérivée, selon que les électro-aimants sont excités par un courant autre que celui de la machine (cas de la figure 116), par le courant total, ou par une dérivation du courant total.

Les courants sont *continus*, ayant toujours le même sens, comme dans la machine précédente, ou *alternatifs*, quand ils sont pris tels qu'ils sont développés dans les bobines induites.

**199. Téléphones.** — Ils sont basés sur le principe suivant : modifier l'intensité d'un aimant placé dans une bobine entourée d'un fil conducteur, à l'aide d'une armature de fer doux. Dans les téléphones, cette armature est une plaque très mince qui vibre en face de l'aimant sous l'effet d'un son quelconque ; il en résulte des courants *induits* changeant de sens et d'intensité toutes les fois que la plaque se rapproche ou s'éloigne de l'aimant. L'appareil devant lequel on produit les sons se nomme *transmetteur*. Si dans le circuit on dispose un appareil analogue, sa plaque reproduit les vibrations émises. Cet appareil s'appelle *récepteur*.

Il y a plusieurs sortes de téléphones : les *téléphones magnétiques* qui emploient les aimants : le transmetteur et le récepteur sont semblables ; les *téléphones à piles* qui utilisent les courants des piles et dans lesquels le transmetteur et le récepteur sont différents. Dans les téléphones à piles, on modifie, par des vibrations sonores, la résistance du circuit de la pile et, par suite, l'intensité du courant ; de cette façon, on peut proportionner la source d'électricité aux résistances à vaincre. On arrive à ce résultat au moyen d'un interrupteur spécial, en modifiant le degré de pression de cet interrupteur à ses points de contact avec les pièces conductrices. Pour le charbon, ces variations de pression influent d'une façon assez considérable sur sa conductibilité et, par suite, sur l'intensité du courant ; aussi est-il employé dans tous les transmetteurs des téléphones actuels.

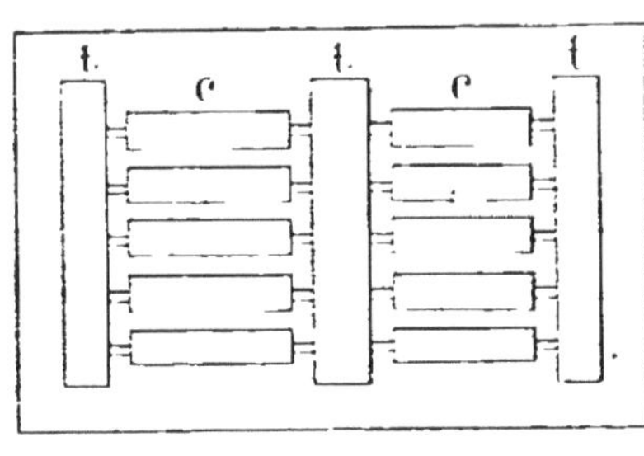

Fig. 117.

Dans le cas d'un téléphone magnétique une station comprend : un appareil téléphonique, une sonnerie, et une pile pour la sonnerie.

Dans le cas d'un téléphone à pile, chaque station a un

récepteur et un transmetteur, une pile et une sonnerie.

Dans le téléphone Ader, très employé, le transmetteur est formé d'une plaque vibrante de bois mince, placée comme un pupitre, sur dix petits cylindres *c* en charbon fixés dans des traverses également en charbon *t*; les traverses extrêmes sont reliées aux pôles de la pile (*fig*. 117). Cette plaque recouvre une boîte dans laquelle se trouve la bobine d'induction. Il y a deux récepteurs suspendus à des crochets de chaque côté du transmetteur ; l'un d'eux, mobile, joue le rôle de commutateur: quand il est suspendu à son crochet, le courant est relié à la sonnerie, et l'on peut recevoir ou transmettre un signal d'appel ; quand il est décroché, la sonnerie s'arrête et les récepteurs, ainsi que la bobine d'induction, sont dans le circuit de la ligne.

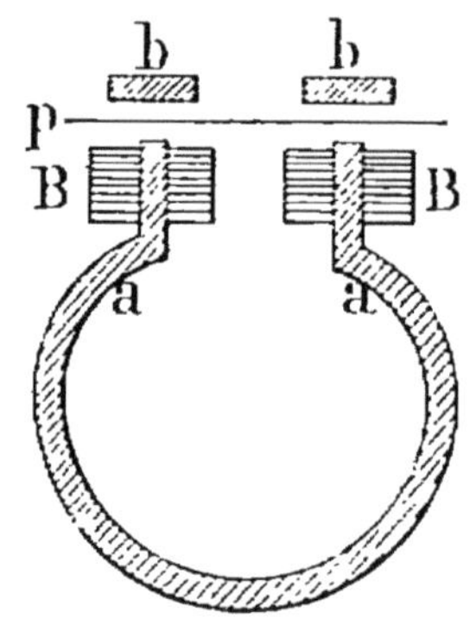

Fig. 118.

Ce récepteur est formé d'un aimant *a* en fer à cheval, ayant en face de ses pôles une plaque vibrante *p*, et au-dessus de la plaque une deuxième armature circulaire *b* de fer doux, fixe, qui a pour but de renforcer les effets magnétiques déterminant les vibrations. Les deux bobines B sont mises en communication avec le circuit par deux bornes (*fig*. 118).

# CHAPITRE V

## ACOUSTIQUE

§ **1.** — Production, transmission et vitesse du son

**200. Production du son.** — Un son est le résultat d'un mouvement vibratoire; on peut le vérifier par les expériences suivantes :

1° Une corde étant tendue entre deux points fixes, si on vient à l'écarter en la pinçant au milieu, puis à l'abandonner à elle-même, elle exécute, de part et d'autre de sa position d'équilibre, une série d'allées et venues; en même temps, elle émet un son.

L'ensemble d'une allée et d'une venue constitue une *vibration;*

1° Le même effet se produit avec une lame métallique fixée dans un étau par une de ses extrémités;

3° Si on fait résonner un timbre avec un archet, on peut sentir avec l'ongle les vibrations du métal; on peut aussi les percevoir en plaçant dans le timbre une petite bille.

**201. Le son ne peut se transmettre dans le vide.** — On s'en assure en mettant sous la cloche de la machine pneumatique une sonnerie; cette dernière ne s'entend pas quand on fait le vide.

De même, si on suspend une clochette dans un ballon, puis

si on y fait le vide, on ne perçoit aucun son en agitant le ballon.

L'air est le véhicule ordinaire du son; les autres gaz, les vapeurs, les liquides et les solides, peuvent aussi le transmettre.

**202. Vitesse du son dans l'air.** — Elle est d'environ $v_0 = 333^{\text{m}},5$ par seconde, à la température 0°, d'après les dernières expériences de Regnault. La vitesse $v$ à $t^o$ peut s'obtenir par la formule de Newton :

$$v_0 = \frac{v}{\sqrt{1 + \alpha t}}.$$

où $\alpha$ est le coefficient de dilatation de l'air.

Les expériences faites sous toutes les latitudes et à diverses altitudes, ont montré que la vitesse du son est sensiblement indépendante de la pression atmosphérique et de l'état hygrométrique de l'air; elle est la même pour tous les sons, c'est-à-dire que ni leur hauteur, ni leur intensité, ni leur timbre, n'influent sur la vitesse de propagation.

**203. Vitesse du son dans l'eau.** — Elle a été déterminée par Sturm et Colladon dans le lac de Genève; elle est de 1435 mètres environ par seconde.

Dans les solides, le son se propage encore plus rapidement.

### § 2. — Qualités du son

L'oreille distingue dans un son trois caractères principaux : l'*intensité*, le *timbre*, la *hauteur*.

**204. Intensité.** — L'intensité dépend de l'*amplitude* des vibrations. Si on fait vibrer une corde de harpe, en l'écartant de sa position d'équilibre, le son diminue d'intensité à mesure que l'on voit décroître les amplitudes des vibrations.

**205. Timbre.** — C'est la propriété qui distingue deux sons de même hauteur et de même intensité, ceux d'une flûte et d'un violon, par exemple.

**206. Hauteur.** — La hauteur est cette propriété qui nous fait dire qu'un son est grave ou aigu, bas ou élevé; elle est déterminée par le *nombre* de vibrations sonores effectuées en une seconde. De deux sons, le plus grave correspond au plus petit nombre de vibrations; le plus aigu, au plus grand nombre. Deux sons se trouvent à l'*unisson* quand ils proviennent d'un nombre égal de vibrations.

**207. Détermination de la hauteur d'un son.** — On peut mesurer le nombre de vibrations d'un son de plusieurs manières :

1° *Par les compteurs graphiques.* — Cette méthode consiste à munir d'un style fin une des parties du corps vibrant, et à promener devant ce style une surface blanche, couverte de noir de fumée et animée d'un mouvement de translation perpendiculaire au plan dans lequel se meut le style vibrant. Le

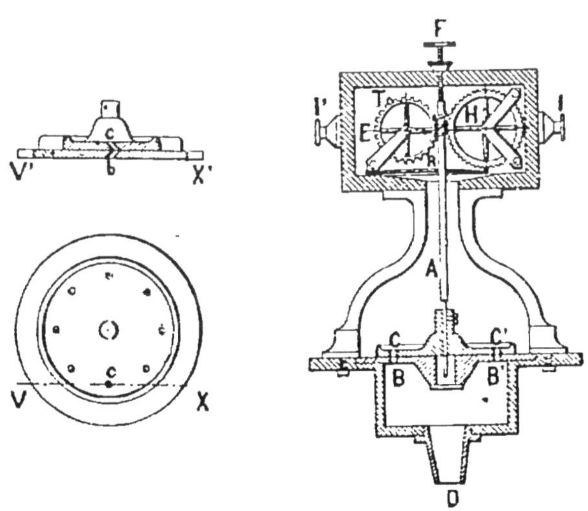

Fig. 119.

corps vibrant trace une courbe sinueuse. On peut comparer les nombres de vibrations dans le même temps de deux corps vibrant simultanément, en comptant le nombre des sinuosités tracées par l'un et l'autre.

2° *Méthode de la sirène* (fig. 119). — La sirène est un appareil avec lequel on produit un son identique à celui qu'on étudie, et qui fait connaître le nombre de vibrations de ce son par seconde. La difficulté consiste à maintenir, pendant toute la durée de l'expérience, le son de comparaison identique avec celui qu'on étudie. Avec un peu d'habitude, on y arrive assez facilement.

La sirène de Cagniard de la Tour se compose essentiellement de deux plateaux superposés percés de trous équidistants BB' et CC' ; le plateau inférieur forme le couvercle d'un porte-vent qui se fixe sur une soufflerie ; ce plateau est percé de huit canaux dont les axes sont à 45° sur l'horizon ; le plateau supérieur est aussi percé de huit trous, mais inclinés en sens contraire.

Quand un courant d'air sort du porte-vent par un trou $b$, cet air, arrivant dans une direction à peu près normale à la paroi du canal $c$, donne au plateau supérieur une impulsion tangentielle ; ce plateau tourne et le vent est interrompu huit fois par tour du plateau.

Le mouvement du plateau supérieur se communique par l'axe A à un compteur situé au-dessus de ce plateau.

En soufflant dans l'appareil on arrive à donner au plateau une vitesse suffisante pour que le son produit soit à l'unisson de celui qu'on étudie. On embraye alors le compteur : au bout d'un certain temps que l'on note très exactement, on le débraye. Si le nombre de tours est $n$ en $t$ secondes, le nombre de vibrations par seconde, ou la hauteur, est $\dfrac{8n}{t}$.

**208. Réflexion du son.** — Elle est soumise à des lois identiques à celles de la réflexion de la lumière. (Voir 224.)

On le vérifie par l'expérience des *miroirs conjugués* : le tic-tac d'une montre placée au foyer de l'un des miroirs A est perceptible au foyer de l'autre miroir B et seulement à ce foyer.

Le phénomène de l'écho résulte de la réflexion du son sur un obstacle solide.

## § 3. — Intervalles musicaux. — Gamme

**209.** L'intervalle de deux sons est le rapport des nombres de vibrations qui leur correspondent, pendant des temps égaux.

Un son émettant un nombre de vibrations double de celui d'un autre son est dit à l'*octave aiguë* de ce dernier.

**210.** La **gamme** est une série de huit sons, ou notes, dont les termes extrêmes sont formés par un son quelconque et par son octave, et dont les termes intermédiaires présentent entre eux certains intervalles. Dans la gamme d'ut, par exemple, le rapport du nombre de vibrations par seconde de chacune des huit notes au nombre des variations de ut est :

| $ut_1$ | ré | mi | fa | sol | la | si | $ut_2$ |
|---|---|---|---|---|---|---|---|
| $1$ | $\dfrac{9}{8}$ | $\dfrac{5}{4}$ | $\dfrac{4}{3}$ | $\dfrac{3}{2}$ | $\dfrac{5}{3}$ | $\dfrac{15}{8}$ | $2$ |

Les intervalles de deux notes consécutives sont :

| $ut_1$ | ré | mi | fa | sol | la | si | $ut_2$ |
|---|---|---|---|---|---|---|---|
| $\dfrac{9}{8}$ | $\dfrac{10}{9}$ | $\dfrac{16}{15}$ | $\dfrac{9}{8}$ | $\dfrac{10}{9}$ | $\dfrac{9}{8}$ | $\dfrac{16}{15}$ |

Il n'y a donc que trois intervalles distincts, qu'on a appelés : ton majeur $\left(\dfrac{9}{8}\right)$, ton mineur $\left(\dfrac{10}{9}\right)$, et demi-ton majeur $\left(\dfrac{16}{15}\right)$.

Le *comma* est l'intervalle du ton majeur au ton mineur; il a pour valeur $\dfrac{81}{80}$; on peut le négliger dans la pratique.

Il est souvent nécessaire, pour les besoins de l'exécution musicale, de transposer, c'est-à-dire de prendre comme point de départ de la gamme, une note différente de celle choisie par le compositeur. Mais afin que, dans la nouvelle gamme, les tons et les demi-tons soient à leur place habituelle, on intercale entre les notes primitives de nouvelles notes appelées *dièses* et *bémols*.

## § 4. — Vibrations des gaz. — Tuyaux sonores

**211.** Un tuyau sonore est un tube à parois rigides dans lequel on fait vibrer l'air pour produire des sons.

On peut constater le mouvement vibratoire de l'air intérieur dans un tuyau en verre placé sur une soufflerie, en y introduisant, à l'aide d'un fil, un petit plateau rempli de sable fin : on voit le sable s'agiter sous l'influence des vibrations, sauf pourtant en certains points, dont nous allons parler bientôt (n° 213).

Un même tuyau sonore, ouvert ou fermé, peut rendre une série de sons différents, de plus en plus élevés, qu'on nomme ses *harmoniques*. Le plus grave de ces sons est le son *fondamental*.

**212. Lois des tuyaux.** — 1° *Pour des tuyaux de même espèce les nombres de vibrations qui correspondent au son fondamental varient en raison inverse des longueurs de ces tuyaux. C'est la loi des longueurs;*

2° *Un tuyau fermé donne le même octave grave qu'un tuyau ouvert de même longueur;*

3° *Loi des harmoniques.* — Pour un tuyau *fermé* la série des harmoniques se compose de sons dont les nombres de vibrations sont entre eux comme les nombres impairs 1, 3, 5, 7...

Pour un tuyau *ouvert*, les nombres de vibrations des harmoniques sont entre eux comme les nombres entiers 1, 2, 3, 4, 5, 6.

**213. Nœuds et ventres.** — La théorie montre que, dans un tuyau qui vibre, il y a des tranches où la vitesse vibratoire est nulle, mais où la compression, ou la dilatation, est plus grande que dans toute autre tranche du tuyau : ces parties ont reçu le nom de *nœuds*. Il y a aussi des tranches où la vitesse vibratoire est maximum, mais où il n'y a ni compression ni dilatation : on a donné à ces parties le nom de *ventres*. On peut constater l'existence des nœuds et des ventres par le procédé décrit au n° 211 et dans lequel on voit le sable demeurer immobile aux nœuds, et s'agiter dans les autres parties, surtout aux ventres. Les nœuds sont équidistants pour un harmonique déterminé et d'autant plus nombreux que cet harmonique est d'ordre plus élevé.

Deux nœuds consécutifs sont séparés par un ventre, et inversement ; le fond d'un tuyau fermé correspond à un nœud, la bouche à un ventre ; dans un tuyau ouvert les deux extrémités correspondent chacune à un ventre.

## § 5. — Vibrations des corps solides

**214. Vibrations des cordes.** — 1° En pinçant une corde tendue entre deux points, on la fait vibrer *transversalement ;* la hauteur du son fondamental est donnée par la formule :

$$n = \frac{1}{2rl}\sqrt{\frac{gP}{\pi d}},$$

$n$ étant le nombre de vibrations du son fondamental ;

$r$ le rayon de la corde ; $l$ sa longueur ; $d$ son poids spécifique ; $P$ le poids tenseur ; $g$ l'accélération due à la pesanteur ; $\pi = 3,1416$. L'expérience montre qu'une corde, outre le son fondamental, rend également des harmoniques ;

2° En frottant la corde dans le sens de sa longueur avec un morceau de drap imprégné de colophane, on la fait vibrer *longitudinalement ;* le nombre de vibrations du son fondamental est :

$$n' = \frac{1}{2rl}\sqrt{\frac{gK}{\pi d}},$$

où K est le coefficient d'élasticité de la corde.

**215. Vibration des verges.** — 1° Pour des verges semblablement assujetties, les nombres de vibrations transversales correspondant au son fondamental sont inversement proportionnels aux carrés des longueurs, directement proportionnels aux épaisseurs, indépendants de la largeur, supposée petite par rapport à la longueur.

(L'épaisseur est la dimension transversale parallèle au plan où se font les vibrations.)

2° On fait aussi vibrer les verges *longitudinalement;* pour cela on prend une tige de bois ou de métal et on la frotte dans le sens de la longueur avec les doigts imprégnés de colophane.

Si *une extrémité* de la verge est libre, les lois de vibrations sont les mêmes que pour les tuyaux *fermés;* si les *deux extrémités* sont libres, les lois sont les mêmes que pour les tuyaux *ouverts;* si les deux extrémités sont fixes, les lois sont celles des cordes vibrant longitudinalement.

**216. Plaques.** — Une plaque métallique circulaire étant fixée sur un pied par son centre de figure, si on la fait vibrer en frottant avec un archet un des points du contour et en appuyant fortement le doigt sur un autre point, on obtient des sons différents suivant les positions des points touchés.

En couvrant la plaque de sable fin, on le voit prendre des mouvements rapides qui le portent vers certaines lignes où il s'accumule. La plaque est ainsi partagée par ces *lignes nodales* en un certain nombre de parties qui vibrent séparément.

Pour une même plaque la production d'une même figure nodale est toujours accompagnée du même son.

# CHAPITRE VI

## OPTIQUE

——

### § 1. — Propagation de la lumière

Les corps lumineux sont les corps visibles à notre œil, soit que leur lumière émane d'eux-mêmes, soit qu'ils la reçoivent d'autres corps.

**217. Hypothèses sur la lumière.** — Newton supposait que les corps lumineux envoyaient dans toutes les directions des particules d'une substance impondérable, qui, venant frapper la rétine, produisaient la sensation de la lumière ; c'est ce qu'on a appelé l'hypothèse de *l'émission*.

Dans l'hypothèse des *ondulations* de Fresnel, un corps lumineux est le siège d'un mouvement vibratoire rapide se transmettant jusqu'à l'œil par l'intermédiaire d'un milieu particulier qui n'est certainement pas l'air, puisque la lumière se propage dans le vide. On donne à ce milieu, à ce fluide, le nom d'*éther*. Cette hypothèse, est la seule admise aujourd'hui.

**218. Vitesse de la lumière.** — Elle est d'environ 300.000 kilomètres par seconde.

**219. Ombres.** — La lumière se propage en ligne droite, au moyen de *rayons lumineux*. — Si on suppose un corps opaque CD en présence d'un point lumineux A (*fig.* 120), ce corps arrête tous les rayons qui le rencontrent, et l'espace où la lumière ne pénètre pas est *l'ombre portée* par le corps dont les limites peuvent être déterminées géométriquement d'après le principe de la propagation de la lumière en ligne droite.

Soit, par exemple, le cas où le corps lumineux O et

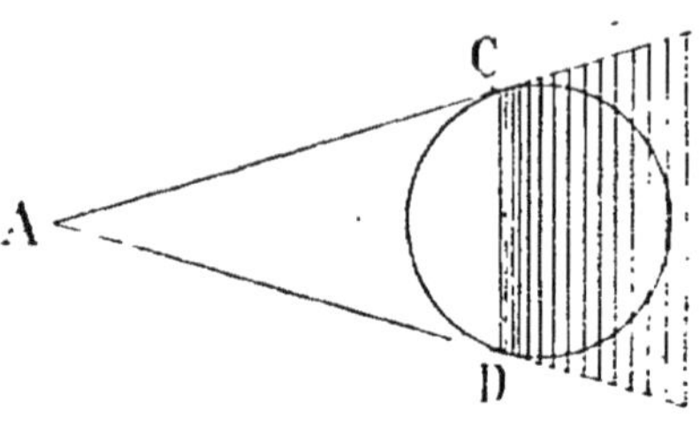

Fig. 120.

le corps opaque O' sont sphériques (*fig.* 121); le cône ASB, tangent extérieurement aux deux sphères, limite la région de l'ombre portée; la circonférence *ab* est la ligne de séparation de l'ombre et de la lumière. Si on construit aussi le cône A'S'B' tangent intérieurement, l'espace compris entre les deux cônes est moins éclairé que l'espace extérieur, et la lumière diminue à mesure qu'on s'approche de l'ombre portée; cet espace est appelé la *pénombre*.

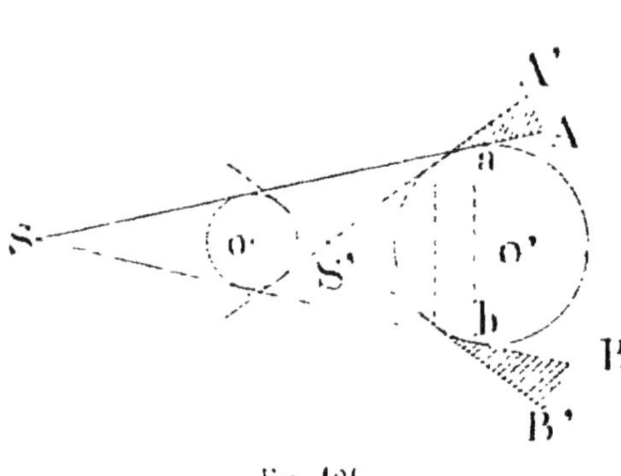

Fig. 121.

## § 2. — Photométrie

**220.** La photométrie a pour objet la mesure comparative des quantités de lumière émises par diverses sources dont l'une est prise pour unité. Ces quantités sont appréciées par l'éclairement plus ou moins vif des objets environnants.

Étant donné un point lumineux A, si on décrit de ce point

comme centre une sphère avec un rayon égal à l'unité, la quantité de lumière reçue par l'unité de surface de cette sphère s'appelle *l'intensité i* de la source lumineuse.

Soient un élément *mn* de surface S et un élément *m'n'* de surface $\sigma$ intercepté par le cône *mAn* sur la surface sphérique considérée (*fig.* 122), la quantité de lumière reçue par *mn* est:

$$q = i\sigma.$$

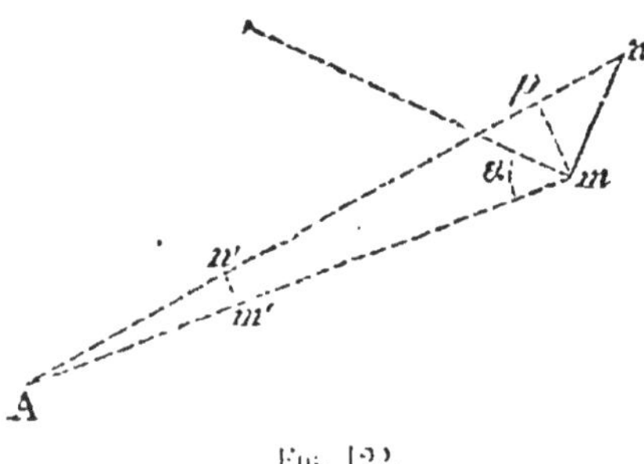

Fig. 122.

Si l'on mène la normale en *m* à l'élément *mn*, $\alpha$ est *l'angle d'incidence* du rayon *Am* sur l'élément *mn*. Décrivons maintenant une sphère du point A comme centre avec $Am = r$ comme rayon ; les éléments *m'n'* et *mp* étant semblables, on a :

$$\sigma = \frac{S\cos\alpha}{r^2},$$

d'où :

$$q = i\frac{S}{r^2}\cos\alpha, \qquad \text{et :} \qquad \frac{q}{S} = i\frac{\cos\alpha}{r^2}.$$

La quantité de lumière reçue par l'unité de surface de l'élément *mn* est *l'intensité de la lumière* ou *l'éclairement du point m*. Pour un même angle d'incidence cette intensité en un point donné est donc inversement proportionnelle au carré de la distance.

**221. Photomètres.** Ils servent à comparer les intensités des sources lumineuses. Leur emploi est basé sur ce fait que l'œil saisit facilement une faible différence d'éclairement de deux sources lumineuses en deux points voisins.

*Photomètre Bouguer* (*fig.* 123). On compare les intensités de deux sources lumineuses S et S' en les plaçant devant un écran en papier huilé AA' et de part et d'autre d'une cloison opaque E; on approche ou on éloigne les deux sources, de façon que l'œil placé derrière l'écran le trouve également éclairé par chacune des deux sources lumineuses.

Les intensités de ces deux sources sont alors proportionnelles aux carrés de leurs distances aux deux écrans :

$$\frac{i}{i'} = \frac{r^2}{r'^2}.$$

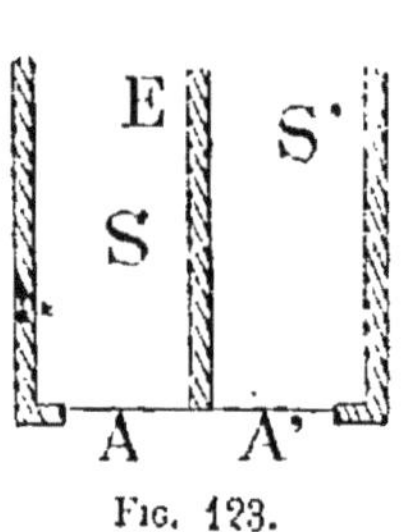

Fig. 123.

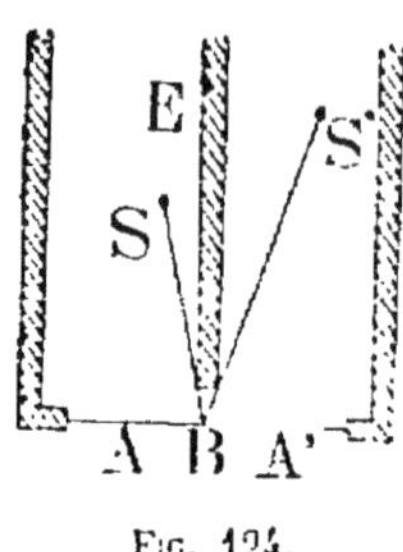

Fig. 124.

*Photomètre Foucault (fig. 124).* — L'écran est une plaque de verre translucide ; on règle la position de la cloison opaque E de façon que les deux parties AA' de l'écran soient en contact ; puis on déplace l'une des deux sources jusqu'à ce que ces deux parties soient également éclairées. Alors l'intensité de la lumière en B, considérée comme faisant partie de BA ou de BA', est :

$$\frac{i \cos \alpha}{r^2} = \frac{i' \cos \alpha'}{r'^2}.$$

Si :
$$\alpha = \alpha',$$
$$\frac{i}{i'} = \frac{r^2}{r'^2}.$$

*Photomètre Rumford (fig. 125).* — Un cylindre noirci C est en regard d'un écran blanc ; les deux sources S et S' sont placées de façon que les deux ombres portées par le cylindre soient en contact. L'ombre AB est éclairée par S, l'ombre BA' par S'.

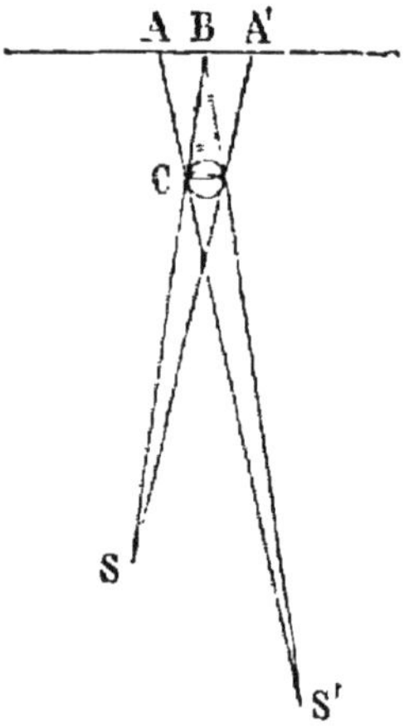

On dispose S et S' de telle sorte que l'œil placé en avant du cylindre et observant les ombres, à travers un tube, les trouve également noires. Le rapport des intensités est alors déterminé par la relation :

$$\frac{i}{i'} = \frac{p^2}{p'^2}.$$

Fig. 125.

*Photomètre Bunsen (fig. 126)*. — Les deux sources S et S'
sont de chaque côté d'un écran formé par un disque D de

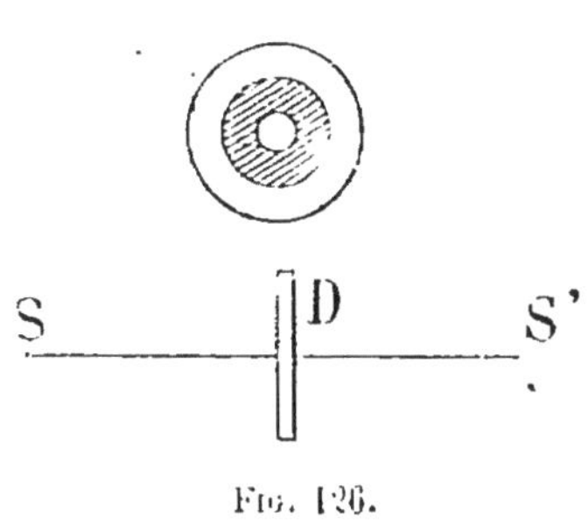

papier, rendu en partie translucide par une tache d'huile
en forme d'anneau. L'écran
est déplacé de manière à être
également éclairé par les deux
sources; dans ce cas on ne
voit plus la tache d'huile.

Les intensités de S et S'
sont alors proportionnelles
aux carrés de leurs dis-

Fig. 126.

tance à l'écran.

**222. Unité de lumière.** — En France, avant 1881, on em-
ployait comme unité de lumière une lampe Carcel à huile de
colza et à mèche spéciale consommant 42 grammes d'huile
par heure. En 1889, on a adopté comme unité la quantité de
lumière de même espèce, émise en direction normale par
1 centimètre carré de surface de platine fondu, à la température de solidification.

## § 3. — RÉFLEXION DE LA LUMIÈRE

**223.** Quand un rayon lumineux rencontre une surface polie opaque, il se
*réfléchit* sur cette surface.

L'angle d'incidence $i$ est celui que
forme le rayon incident avec la normale
MN au point d'incidence M (*fig.* 127);
l'angle de réflexion $r$ est l'angle formé
par la normale et le rayon réfléchi.

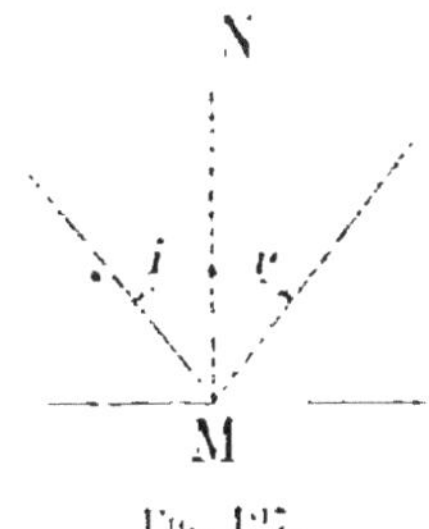

Fig. 127.

**224. Lois de la réflexion.** — 1° *Le rayon incident, le rayon
réfléchi et la normale au point d'incidence sont dans un même
plan ;*

2° *L'angle de réflexion est égal à l'angle d'incidence.*

On vérifie ces lois avec l'appareil de la figure 128.

Une lunette se meut sur un limbe vertical divisé ; un bain de mercure placé en avant réfléchit la lumière d'un point lumineux, une étoile par exemple.

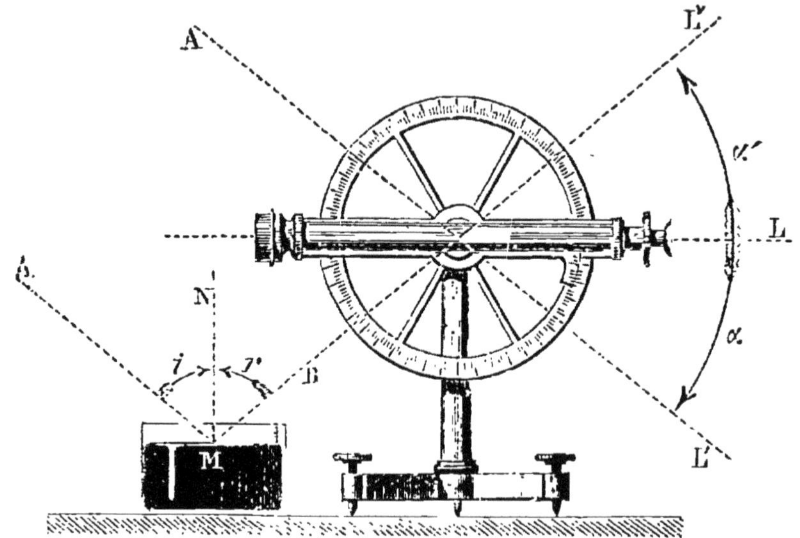

Fig. 128.

On amène d'abord la lunette en L', de façon à viser le point lumineux A, puis on lit l'angle α ; dirigeant ensuite la lunette dans la position L″ de façon à recevoir le rayon réfléchi, on lit α', on constate alors que α = α', c'est-à-dire que $i = r$.

On voit, d'ailleurs, d'après la position du limbe divisé, que le rayon incident, le rayon réfléchi et la normale sont dans un même plan vertical.

### MIROIRS PLANS

225. Soit A un plan lumineux envoyant un rayon AM sur le miroir plan RS (*fig.* 129). Ce rayon se réfléchit en MB de façon que $i = r$. La perpendiculaire AI coupe en A' le pro-

longement du rayon réfléchi, A' est symétrique de A, par

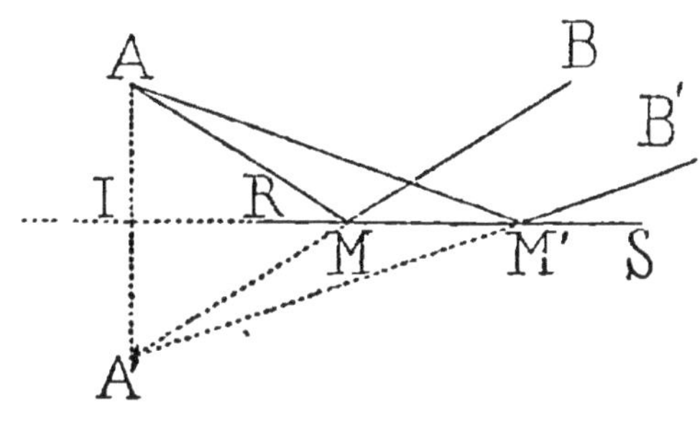



Fig. 129.

rapport au miroir. Il en est de même pour un autre rayon AM'.

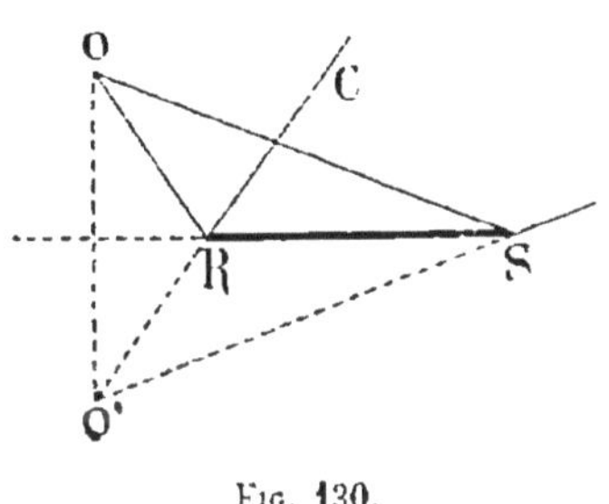



Fig. 130.

Les rayons réfléchis se propagent donc comme s'ils émanaient du point A'. On dit que A' est une *image virtuelle* du point A.

Le *champ* du miroir est la portion CRS (du cône CO'S) (*fig.* 130), renfermant tous les points lumineux qui par réflexion seront visibles pour l'œil placé en O. Le champ varie selon la position de l'œil.

**226. Application.** — *Quand un rayon incident de direction invariable rencontre un miroir plan, si le miroir tourne d'un angle $\alpha$, le rayon réfléchi tourne d'un angle double $2\alpha$.*

On a en effet (*fig.* 131) dans le triangle AMM' :

$$2i' = 2i + \beta,$$

d'où :

$$\beta = 2(i' - i).$$

Le triangle BMM' donne aussi :

$$i' = i + \alpha, \qquad \text{d'où :} \qquad \alpha = i' - i.$$

Donc :

$$\beta = 2\alpha.$$

C'est le principe du *sextant*.

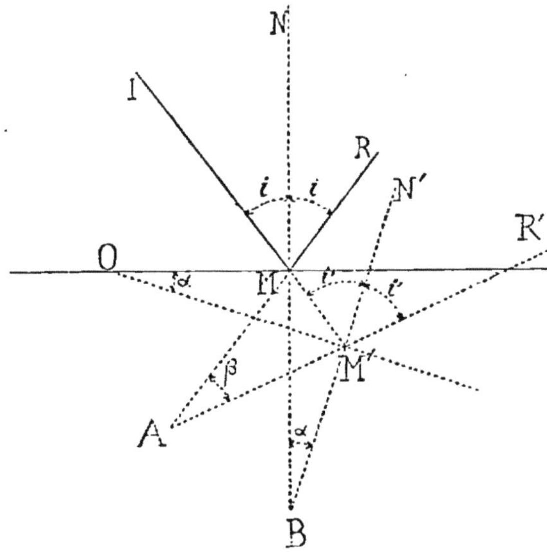

Fig. 131.

**227. Miroirs plans parallèles.** — Si on désigne par $\alpha$ et $\beta$ les

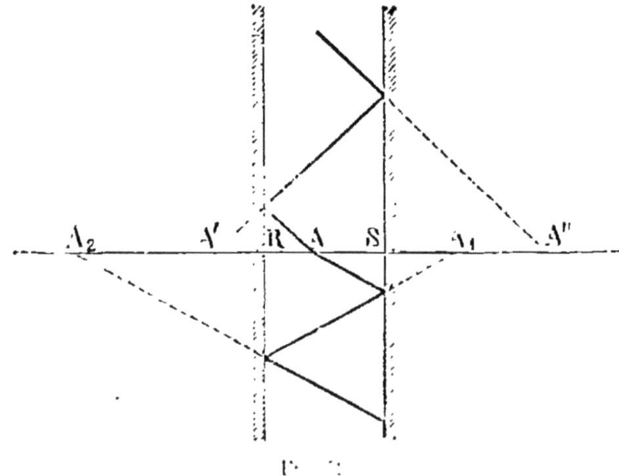

Fig. 132.

distances d'un point lumineux A aux miroirs R et S (*fig.* 132).

on obtient derrière le miroir R des images successives dont les distances au point A sont respectivement :

$$2\alpha, \qquad 2\alpha + 2\beta, \qquad 4\alpha + 2\beta, \qquad 4\alpha + 4\beta, \text{ etc.,}$$

et derrière le miroir S des images analogues dont les distances au même point sont :

$$2\beta, \qquad 2\beta + 2\alpha, \qquad 4\beta + 2\alpha, \qquad 4\beta + 4\alpha, \text{ etc.}$$

**228. Réflexion irrégulière ou diffusion.** — Quand un observateur est dans une chambre obscure où un faisceau lumineux tombe sur un miroir plan, il ne reçoit de lumière que s'il se trouve dans la direction des rayons réfléchis. Si le faisceau tombe sur un corps non poli, sur un mur blanc, par exemple, la surface éclairée est visible pour l'observateur placé en un point quelconque de la chambre. La lumière ne se réfléchit pas régulièrement suivant une seule direction, mais dans un grand nombre de directions différentes : c'est le phénomène de la *diffusion*.

MIROIRS SPHÉRIQUES

**229.** On appelle miroir sphérique une surface réfléchissante ayant la forme d'une calotte sphérique. Le centre O de la

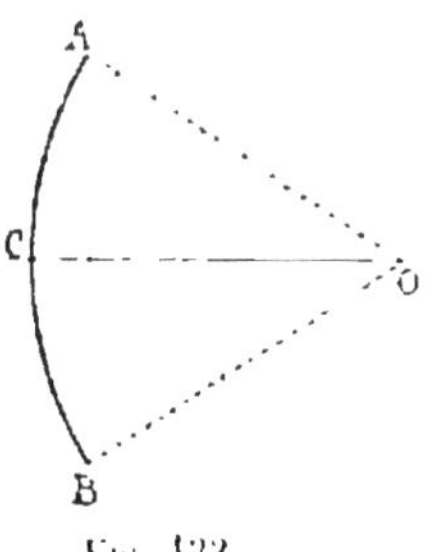

Fig. 133.

sphère est le *centre de courbure* du miroir; le rayon OC de la sphère perpendiculaire à la base de la calotte sphérique est l'*axe principal*; le *sommet* est le point C où ce rayon rencontre le miroir (*fig.* 133).

Le miroir est *concave* ou *convexe*, selon que la partie réfléchissante est l'intérieur ou l'extérieur de la calotte sphérique.

L'angle AOB est appelé *ouverture* du miroir; on la suppose toujours très petite.

**230. Miroirs concaves.** — Considérons un foyer lumineux A sur l'axe *xy* (*fig.* 134). Un rayon lumineux AC dirigé suivant l'axe principal se réfléchit sur lui-même; dirigé suivant un rayon quelconque du miroir, il suit les lois de la réflexion ; le rayon AM se réfléchit suivant MA' de façon que : $i = r$.

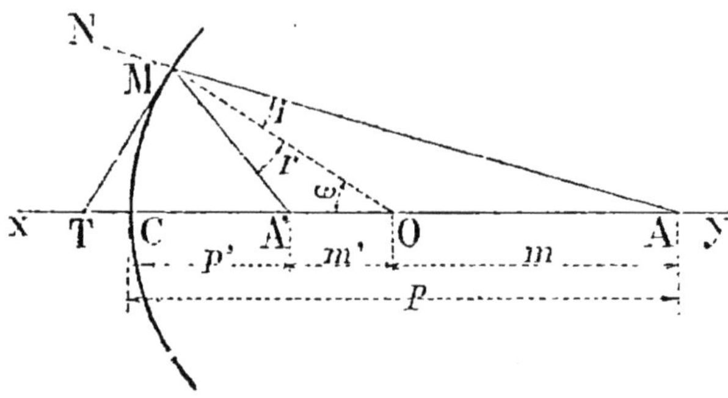

Fig. 134.

Menons la tangente MT au point M, les droites MO et MT sont les bissectrices, MO de l'angle AMA', MT de l'angle supplémentaire formé par A'M et AM prolongé ; on a, par suite,

$$A'T \times OA = OA' \times AT.$$

ou :

$$(OT - m')m = m'(OT + m)$$
$$OT.m - mm' = OT.m' + mm'$$
$$(m - m')OT = 2mm'$$

Or :

$$OT = \frac{R}{\cos \omega}.$$

On déduit :

$$m - m' = \frac{2mm'\cos \omega}{R}.$$

d'où :

$$\frac{1}{m'} - \frac{1}{m} = \frac{2\cos \omega}{R}.$$

On voit qu'à chaque valeur de $\omega$ correspond un point A' différent, et que les rayons issus de A ne se réfléchissent pas tous en A'.

Si $\omega$ est très petit, comme on l'a supposé, on peut écrire :

$$\frac{1}{m'} - \frac{1}{m} = \frac{2}{R}.$$

En prenant pour origine le point C, et en posant :

$$AC = p \qquad \text{et :} \qquad A'C = p',$$

on a :

$$p = R + m, \qquad \text{et :} \qquad p' = R - m',$$

d'où :

$$\frac{1}{p'} + \frac{1}{p} = \frac{2}{R}. \qquad\qquad (2)$$

Cette relation (2) définit les positions de A' quand on connaît celles de A.

**231. Foyer principal** (*fig.* 135). — On voit que, si $p$ est infini, c'est-à-dire si le foyer lumineux est très loin, le rayon AM est parallèle à l'axe principal ; et :

$$p' = \frac{R}{2}.$$

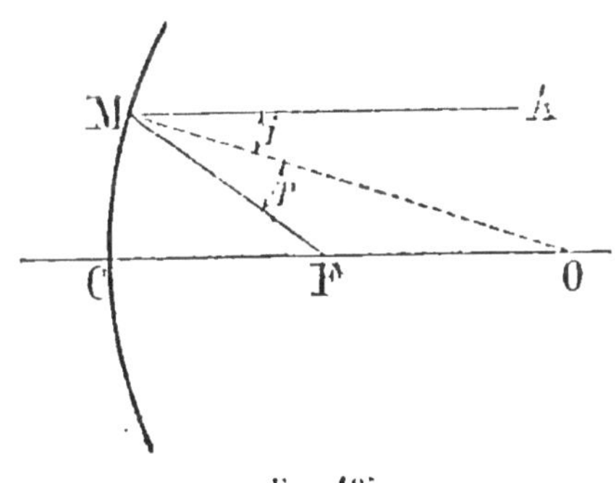

Fig. 135.

relation qui montre que tous les rayons parallèles convergent après réflexion en un même point F de l'axe principal ; ce point est le *foyer principal*, il est au milieu de OC.

La longueur $f = \dfrac{R}{2}$ s'appelle la *distance focale principale*, et l'on peut écrire, dans ce cas,

$$\frac{1}{p'} + \frac{1}{p} = \frac{1}{f}. \qquad\qquad (3)$$

La formule (3) étant symétrique par rapport à $p$ ou $p'$, on

voit que, si un point lumineux placé en A envoie un faisceau
de rayons qui, après réflexion, concourent en A'; réciproque-
ment si la source était en A', les rayons réfléchis concour-
raient en A ; les points A et A' sont *dits conjugués.*

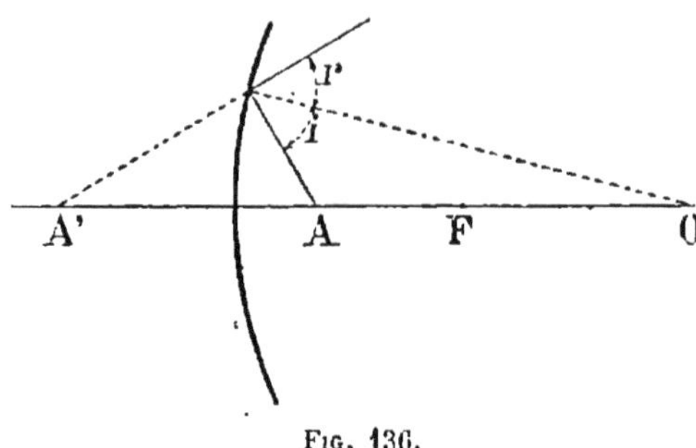

Fig. 136.

Les longueurs $p$ et $p'$ sont comptées à partir du miroir et
positivement du côté d'où vient la lumière ; quand la formule (3) donne des valeurs négatives pour $p$ ou $p'$ le point
correspondant A' est derrière le miroir. Le point A' est dans
ce cas le foyer virtuel du point A *(fig. 136).*

**232. Discussion.** — En discutant la formule (3), on obtient
les résultats suivants :

Pour : $p = \infty$ :            $p' = f,$

    $\infty > p > 2f$ :      $p'$ augmente et reste $< 2f,$

    $p = 2f$ :            $p' = 2f,$

    $2f > p > f$ :         $p' > 2f,$

    $p = f$ :             $p' = \infty,$

    $0 < p < f$ ;          $\begin{cases} p' \text{ est négatif, ce qui corres-} \\ \text{pond aux foyers virtuels.} \end{cases}$

Si $p$ est négatif, cela revient à considérer un point lumineux
virtuel ; dans ce cas, $p'$ est positif et va en croissant de 0 à $f$.
Le foyer d'un point lumineux virtuel est un foyer réel.

**233. Axe secondaire** *(fig. 137).* — Si le point lumineux A est
en dehors de l'axe principal, on peut considérer OA comme un
axe, et on aura sur cet axe une image A' ; AOB s'appelle un

*axe secondaire*. Pour avoir A', il suffit de mener le rayon parallèle AD, ou le rayon AF passant par le foyer principal, ou encore le rayon AC, et de construire le rayon réfléchi cor-

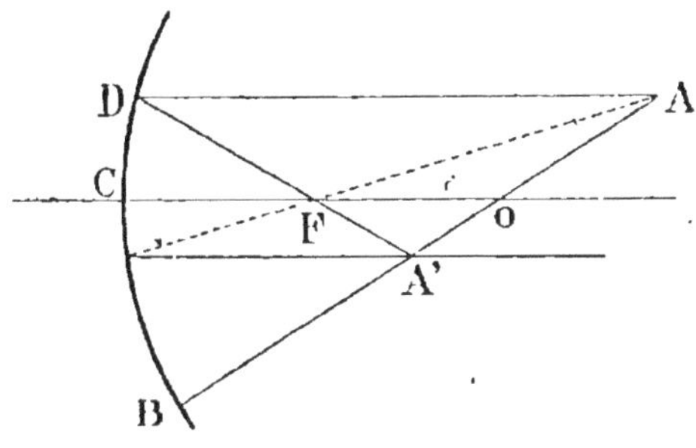

Fig. 137.

respondant ; l'intersection de ce dernier avec l'axe secondaire AOB donne l'image A'.

**234. Images des objets.** — On peut construire l'image A'B' d'un objet AB, au moyen de l'axe secondaire (*fig.* 138).

Si AB est situé au-delà du centre O, l'image A'B' est réelle, renversée, et plus petite que l'objet.

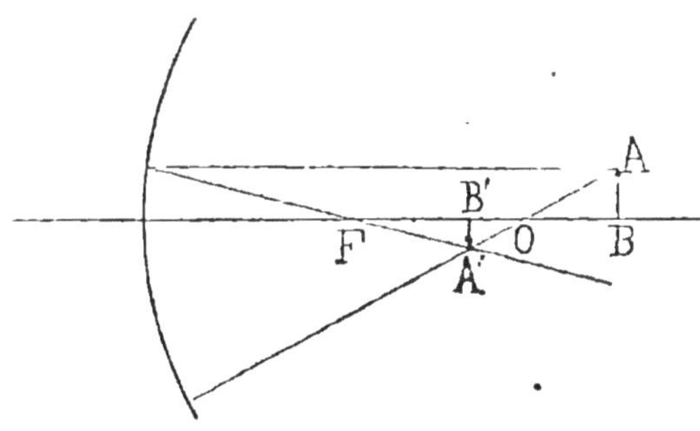

Fig. 138.

Si l'objet AB est en O, l'image est réelle, renversée, égale à l'objet et symétriquement placée par rapport à l'axe principal.

Si l'objet AB est entre le centre O et le foyer F, l'image est au-delà du centre, réelle, renversée et plus grande que l'objet.

Si AB est en F, l'image s'éloigne à l'infini.

Lorsque l'objet est entre le foyer principal F et le miroir, l'image est *virtuelle, droite*, et *plus grande que l'objet*.

D'ailleurs, entre la grandeur $i$ de l'image et celle $o$ de l'objet, on a la relation :

$$\frac{i}{o} = \frac{p'}{p},$$

en y joignant la relation :

$$\frac{1}{p'} + \frac{1}{p} = \frac{1}{f},$$

on peut retrouver par la discussion les résultats précédents relatifs aux images.

**235. Formule de Newton.** — Si $\pi$ et $\pi'$ sont les distances du point lumineux et de son image au foyer principal, on a, en prenant $\pi$ et $\pi'$ positivement à droite de F, négativement à gauche,

$$\pi = p - f, \quad \text{et} : \quad \pi' = p' - f.$$

L'équation (3) devient, en y reportant les valeurs de $p$ et $p'$ en fonction de $\pi$ et $\pi'$ :

$$\pi\pi' = f^2,$$

formule applicable aux miroirs convexes.

**236. Caustique par réflexion.** —**Aberrations de sphéricité.** — Les rayons envoyés par un point lumineux tombant sur un miroir sphérique concave ne se coupent pas, rigoureusement après réflexion, en un même point, si l'ouverture du miroir n'est pas très faible ; on peut le voir avec la formule (1) :

$$\frac{1}{m'} - \frac{1}{m} = \frac{2\cos\omega}{R}.$$

Si l'on considère, par exemple, les rayons incidents parallèles à l'axe principal, les intersections successives des rayons réfléchis donnent, dans un plan passant par l'axe, une courbe lumineuse formée de deux branches symétriques partant du foyer principal F ; cette courbe qu'on nomme : *caustique par réflexion*, est l'enveloppe des rayons réfléchis (*fig.* 139).

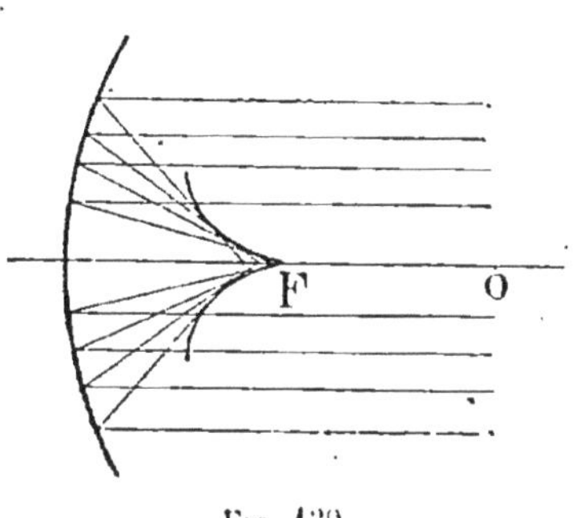

Fig. 139.

**237.** Ce défaut de convergence absolue est appelé *aberration de sphéricité.*

Soit un miroir concave MN (*fig.* 140) ; le rayon parallèle R issu d'un point à l'infini vient se réfléchir en F' ; FF' est l'aberration *longitudinale*, FH l'aberration *transversale*, et dans ce cas particulier, où le point lumineux est à l'infini, elles se nomment aberrations principales. Elles ont pour valeur, en fonction de l'ouverture du miroir (*fig.* 140),

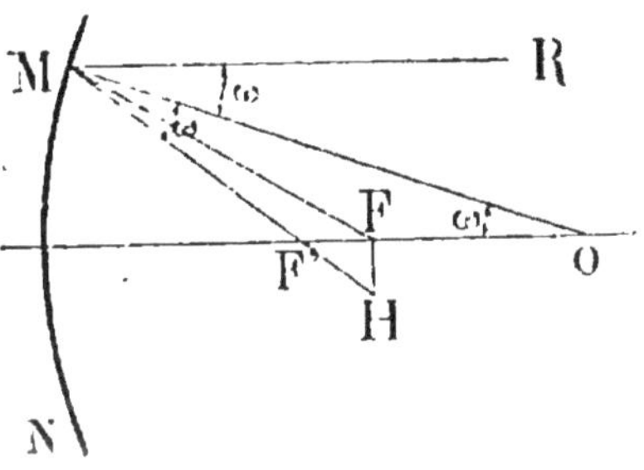

Fig. 140.

$$FF' = OF' - OF = \frac{OM}{2\cos\omega} - f = f\left(\frac{1}{\cos\omega} - 1\right);$$

et :

$$FH = FF' \times \tang HF'F = f\left(\frac{1}{\cos\omega} - 1\right)\tang 2\omega.$$

**238. Miroirs convexes** (*fig.* 141). — La formule des miroirs convexes s'établit comme pour les miroirs concaves. Soit un point lumineux A ; un rayon AM se réfléchit suivant MR de façon que r = i. Le prolongement de MR vient couper l'axe en A' qui est un foyer *virtuel* du point lumineux A. En menant la tangente MB, on a, comme dans les miroirs concaves, quatre points O, A', B, A, liés par la relation :

$$BA \times OA' = BA' \times OA.$$

D'où :

$$m + m' = \frac{2mm' \cos \omega}{R}.$$

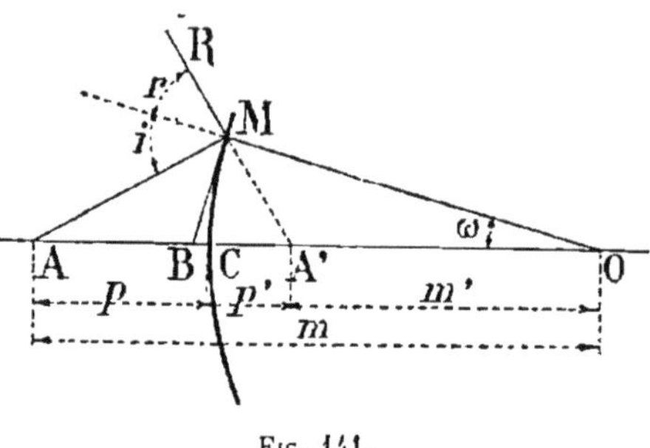

Fig. 141.

En supposant $\omega$ très petit et en prenant C pour origine, on a, en appelant $p$ et $p'$ les distances AC et A'C,

$$\frac{1}{p'} - \frac{1}{p} = \frac{2}{R}. \qquad (1)$$

Si l'on considère un rayon PM parallèle à l'axe principal (*fig.* 142), c'est-à-dire si $p = \infty$, on voit que $p' = \frac{R}{2}$ ; le prolongement du rayon réfléchi coupe l'axe en un point F qui est le *foyer principal;* c'est un foyer principal virtuel.

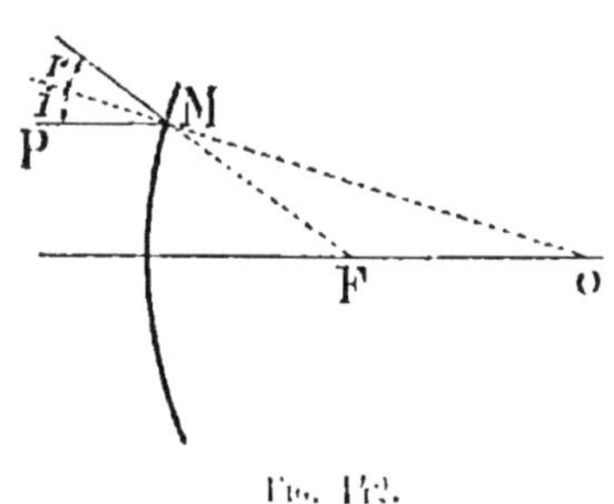

Fig. 142.

$$f = \frac{R}{2}$$

étant la *distance focale principale,* la formule (1) devient :

$$\frac{1}{p'} - \frac{1}{p} = \frac{1}{f}.$$

Tout point lumineux A (*fig.* 141) situé sur l'axe principal d'un miroir convexe a un foyer virtuel A' situé derrière le miroir entre le foyer principal et le sommet ; à mesure que le point lumineux se rapproche du miroir, le foyer virtuel A' s'en rapproche également.

Les deux points A et A' sont dits *conjugués*.

**239. Images.** — On peut construire facilement les images

au moyen de l'axe secondaire, comme on l'a vu pour les miroirs concaves.

Ainsi, l'image A'B' de la droite AB (*fig.* 143) s'obtient en menant par A l'axe secondaire AO, le rayon AI parallèle à l'axe

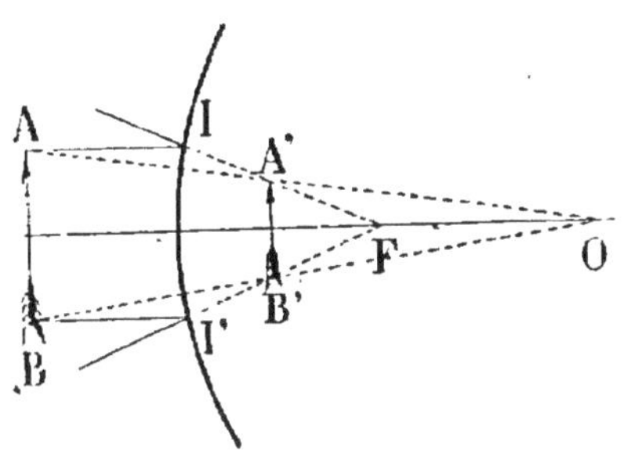

principal et en joignant FI ; le rayon FI coupe l'axe secondaire AO au point A' ; on fait de même pour le point B et on a en A'B' une image droite et virtuelle de AB.

Un miroir convexe donne toujours une image virtuelle, droite,

Fig. 143.

et diminuée d'un objet lumineux *réel ;* l'image est d'autant plus petite et d'autant plus rapprochée du foyer principal, que l'objet est lui-même plus éloigné du miroir.

**240. Distance focale ou courbure des miroirs sphériques.** — 1° *Miroirs concaves.* — On dirige l'axe du miroir vers le centre du soleil, et on cherche la position à donner à un écran perpendiculaire à l'axe principal du miroir pour avoir une image nette du soleil. La distance de l'écran au miroir est la *distance focale principale ;*

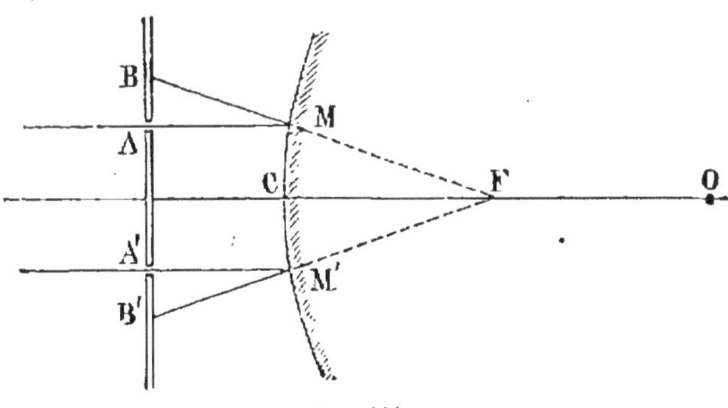

Fig. 144.

2° *Miroirs convexes.* — On reçoit sur le miroir (*fig.* 144) des rayons parallèles AM et A'M' traversant deux petites ouver-

tures ménagées dans un écran perpendiculaire à l'axe et
à distance $d$ du miroir; on voit que, si $CF = f$, on a :

$$\frac{BB'}{MM'} = \frac{f+d}{f}.$$

On mesure $d$, et on en déduit $f$.

## § 4. — RÉFRACTION

**241.** Quand la lumière tombe sur la surface de séparation
de deux milieux, une par-
tie se réfléchit, l'autre
peut traverser le second
milieu en changeant de
direction; cette déviation
est la *réfraction* (*fig.* 145).

**242. Lois.** — 1° *Le rayon
incident, le rayon réfracté
et la normale à la surface
de séparation des deux milieux sont dans un même
plan :*

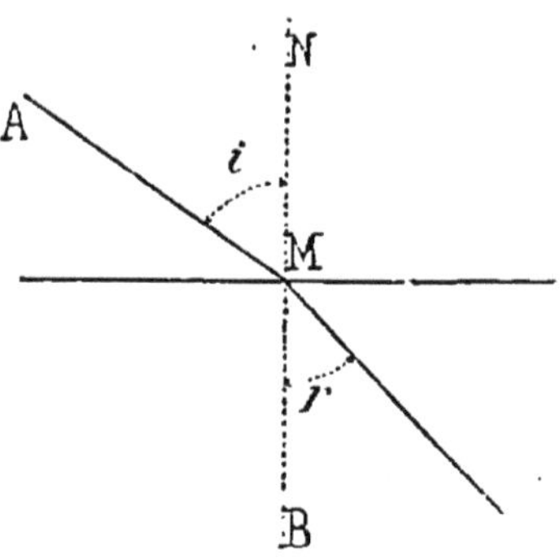

Fig. 145.

2° *Les sinus des angles d'incidence i et de réfraction r sont dans
un rapport constant n qu'on appelle l'indice de réfraction* de la
lumière.

D'après la deuxième loi, on a donc :

$$\frac{\sin i}{\sin r} = n.$$

Selon que $n$ est $> 1$ ou $< 1$, on dit que le premier milieu
est moins *réfringent* ou plus *réfringent* que le second.

**243. Vérification** (*fig.* 146). — On vérifie ces lois au moyen
d'une cuve de verre cylindrique, verticale et séparée en deux
parties égales par une lame de verre RS. Une bande de papier

collée sur la cuve à la moitié de sa hauteur porte une division qui permet d'évaluer les angles. L'une des moitiés de la cuve

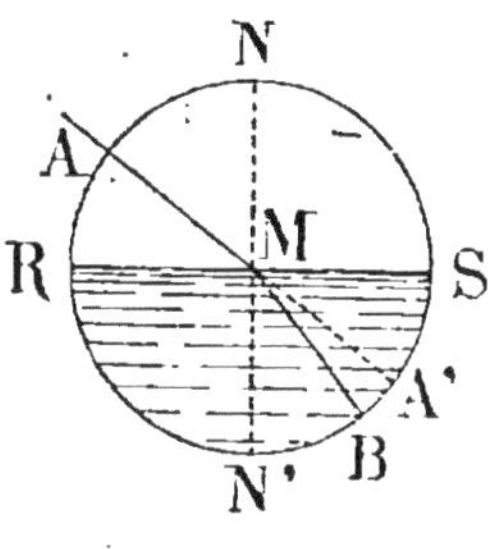

renferme de l'eau à la hauteur de la division tracée sur la bande de papier.

On fait arriver un faisceau lumineux dans le plan vertical AM ; la partie supérieure du faisceau traverse la lame de verre RS suivant la direction AMA′ ; la partie inférieure MA′ se réfracte en traversant l'eau et suit la direction MB. On lit sur la division tracée sur le papier, les angles d'incidence et de réfraction, et, en comparant leurs sinus, on peut ainsi vérifier les lois de la réfraction.

Fig. 146.

**244. Angle limite. — Réflexion totale.** — 1° *Supposons un rayon passant d'un milieu dans un autre plus réfringent (par exemple, passant de l'air dans l'eau). On a, dans ce cas,*

$$r < i, \quad \text{ou :} \quad n > 1 ;$$

or :

$$\sin r = \frac{1}{n} \sin i.$$

On voit que, lorsque $i$ croît de 0 à $\frac{\pi}{2}$, l'angle $r$ croît depuis 0

jusqu'à une valeur $\lambda$ qu'on appelle *angle limite*, et qui est toujours inférieure à 1. La valeur du sinus de cet angle est donnée par la formule :

$$\sin \lambda = \frac{1}{n}.$$

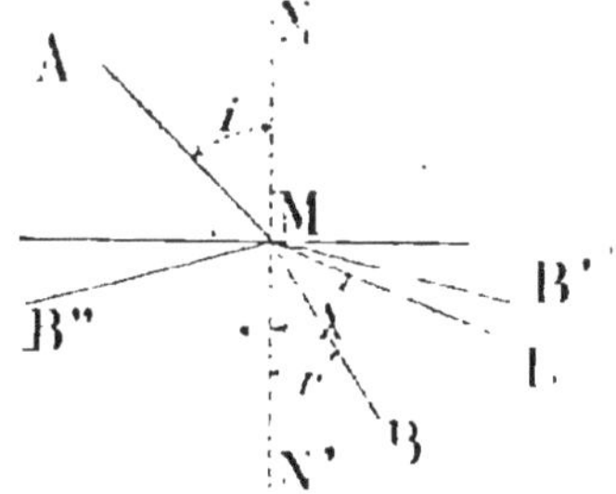

Fig. 147.

Il y a donc toujours réfraction.

2° *Cas d'un rayon passant d'un milieu dans un autre moins réfringent (fig. 147).* — Ce cas se ramène au premier en considérant la marche inverse des rayons. Pour les valeurs de l'angle d'incidence, comprises entre 0 et l'angle limite λ, l'angle de réfraction varie de 0 à $\frac{\pi}{2}$ ; quand l'angle d'incidence est N'MB' plus grand que N'ML = λ, il n'y a plus réfraction, le rayon B'M se réfléchit alors totalement en MB″ : il y a *réflexion totale*.

**245. Prismes à réflexion totale** (*fig.* 148). — Quand la section d'un prisme de verre est un triangle rectangle isocèle, un rayon BM tombant normalement sur la face AM la traverse normalement et fait avec l'hypoténuse un angle de 45° ; cet angle est supérieur à l'angle limite du verre qui est de 42° environ ; par suite, le rayon BM est réfléchi totalement sur l'hypoténuse et vient traverser normalement la face AP. Dans ce cas, le prisme se comporte comme un miroir plan.

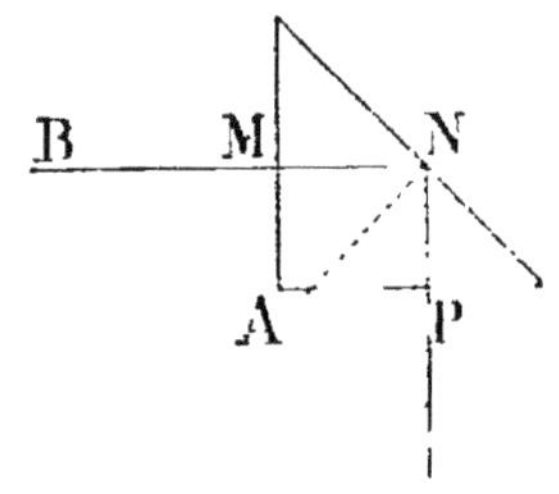

Fig. 148.

Dans certains instruments d'optique, lorsqu'un faisceau formé de rayons parallèles doit être réfléchi dans une direction perpendiculaire à sa direction primitive, il est avantageux d'employer un prisme à réflexion totale, au lieu d'un miroir métallique dont la surface éprouve, avec le temps, une altération toujours assez rapide.

**246. Lames à faces parallèles** (*fig.* 149). — Un rayon lumineux conserve la même direction en traversant une lame de verre à faces parallèles.

En effet, si $n$ est l'indice de réfraction du verre par rapport à l'air,

$\frac{1}{n}$ sera celui de l'air par rapport au verre.

On a :

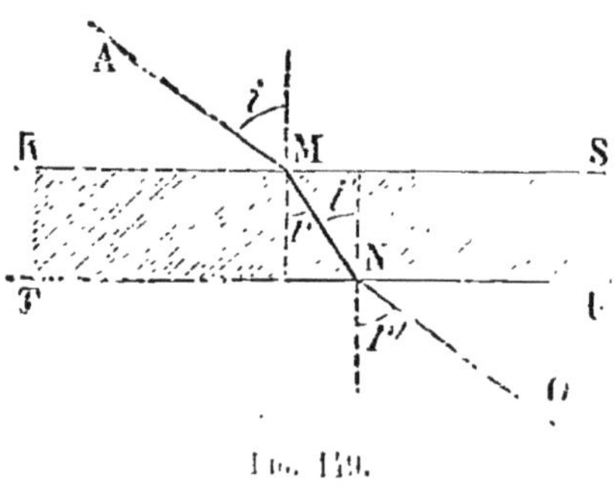

Fig. 149.

$$\sin i = n \sin r. \qquad \text{et :} \qquad \sin i' = \frac{1}{n} \sin r'.$$

Comme $i' = r$, on en conclut que $i = r'$. Donc le rayon émergent NO est parallèle au rayon incident AM.

Cela a lieu encore quand la lumière traverse un ensemble de lames parallèles placées dans un même milieu.

**247. Images multiples formées par les miroirs étamés** (*fig.* 150). — Soient BB' et CC' les deux faces parallèles d'une lame de verre étamée sur sa face postérieure CC', et A un point lumineux.

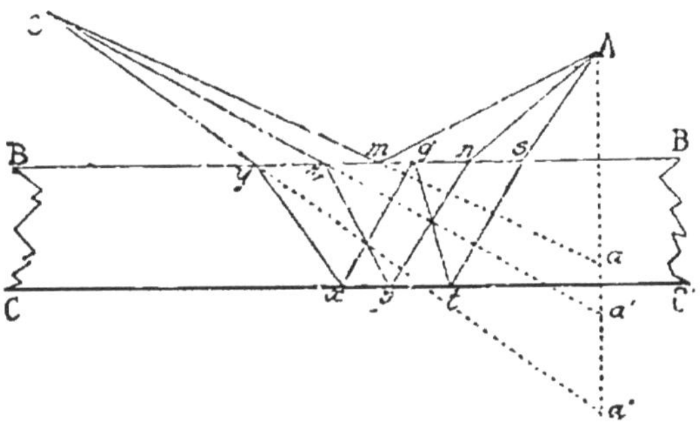

Fig. 150.

L'œil placé en O voit une première image $a$, symétrique de A par rapport à BB' ; elle est due à des rayons tels que A$m$ réfléchis sur la face libre du verre. Une deuxième image $a'$ est due à des rayons tels que A$n$ qui se réfractent en $n$ en pénétrant dans le verre, puis se réfléchissent en $p$, et se réfractent une deuxième fois en $r$, pour arriver finalement à l'œil suivant $r$O. Une troisième image $a''$ est formée par des rayons tels que A$stqryz$O, réfléchis deux fois sur la face inférieure et une fois sur la face supérieure ; et ainsi de suite.

**248. Réfraction atmosphérique.** — Les couches de l'atmosphère sont de moins en moins denses à mesure qu'on s'élève ; elles forment une succession de milieux de moins en moins réfringents à travers lesquels la lumière se réfracte en passant d'une couche dans une autre.

Soient RS, R'S', R''S'', les surfaces de séparation horizontales de diverses couches et un point lumineux A, un astre par exemple (*fig.* 151). Un rayon lumineux AM suit le chemin AMM'M". Un observateur placé en M" voit l'astre dans la direction M"A". La réfraction atmosphérique a donc, en général, pour effet de relever l'image de l'objet au-dessus de l'horizon.

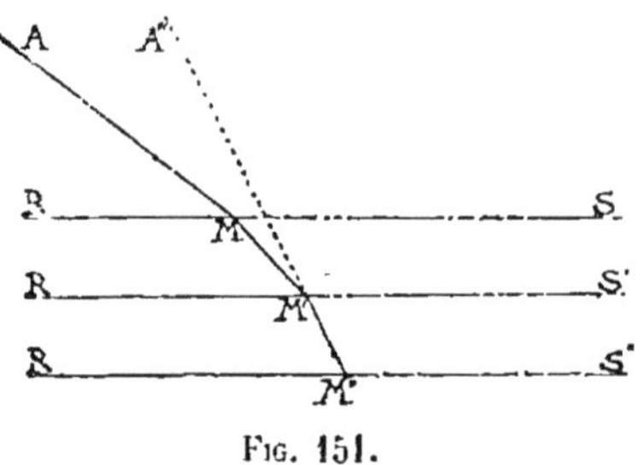

Fig. 151.

**249. Mirage.** — Il peut se faire, au contraire, comme dans les pays chauds, que les couches de l'atmosphère soient de plus en plus réfringentes à mesure qu'on s'élève, jusqu'à une certaine hauteur; il en résulte des phénomènes de mirage, qui ont été observés et expliqués par Monge, lors de la campagne d'Égypte.

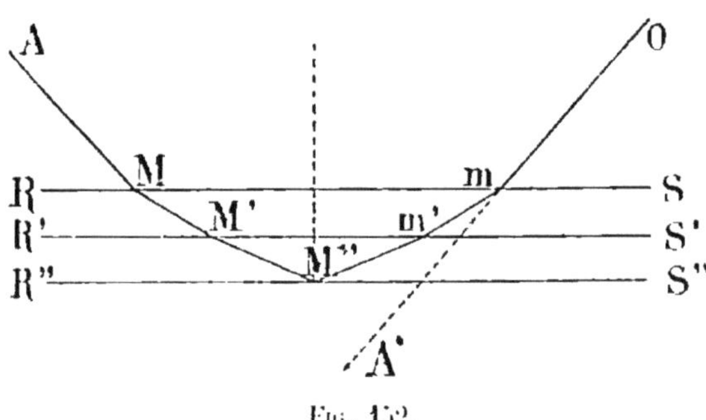

Fig. 152.

Un rayon lumineux issu du point A suit le chemin AMM'M" dans lequel les angles d'incidence vont en augmentant (*fig.* 152). Si le dernier angle d'incidence atteint l'angle limite, il y a réflexion totale sur la surface de séparation R"S", et le rayon suit un nouveau chemin M"m'mO, symétrique du premier par rapport à la verticale du point M" : il peut arriver ainsi à l'œil d'un observateur placé en O, et celui-ci voit alors une image de A en A' sur la direction Om.

Un prisme est un corps transparent limité par deux plans qui se coupent.

On suppose le rayon lumineux contenu dans une *section principale*, c'est-à-dire dans un plan perpendiculaire à l'arête du prisme.

**250. Formules du prisme.** — Soit un rayon BM (*fig.* 153), qui subit une réfraction suivant MN, en entrant dans le prisme, et une seconde réfraction suivant NO, en sortant de ce prisme.

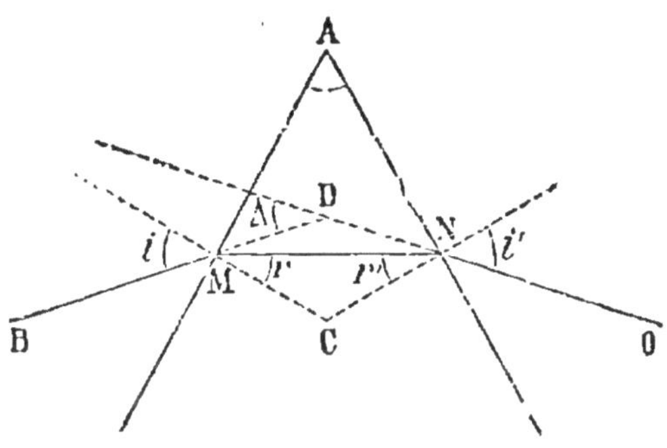


Fig. 153.

Soient : MC et NC les normales en M et en N; $n$ l'indice de réfraction de la lumière passant de l'air dans le verre; et $\Delta$, l'angle que fait le prolongement du rayon réfracté avec le rayon incident BM : cet angle $\Delta$ se nomme *angle de déviation*. On a :

$$\sin i = n \sin r, \qquad (1)$$
$$\sin i' = n \sin r', \qquad (2)$$
$$r + r' = \Lambda, \qquad (3)$$
$$\Delta = i - r + i' - r' = i + i' - \Lambda. \qquad (4)$$

**251. Déviation minimum.** — Quand la lumière passe dans un prisme plus réfringent que le milieu environnant, il y a une direction de la lumière incidente pour laquelle la déviation est minimum.

Ajoutant les relations (1) et (2), il vient, en remplaçant la somme de deux sinus par un produit,

$$\sin \frac{i+i'}{2} \cos \frac{i-i'}{2} = n \sin \frac{r+r'}{2} \cos \frac{r-r'}{2}.$$

Or,

$$i + i' = A + \Delta,$$

et :

$$r + r' = A,$$

donc :

$$\sin \frac{A+\Delta}{2} = n \sin \frac{A}{2} \cdot \frac{\cos \dfrac{r-r'}{2}}{\cos \dfrac{r-i}{2}}.$$

Mais on démontre qu'on a :

$$i - i' > r - r';$$

le dernier facteur est donc $> 1$ : il est minimum et égal à 1 pour :

$$i' = i,$$

et :

$$r = r';$$

la déviation est alors minimum ; sa valeur étant $\delta$, on a :

$$\sin \frac{\delta + A}{2} = n \sin \frac{A}{2}.$$

Cette relation sert à la détermination de l'indice $n$.

**252. Foyer du prisme** (fig. 154). — Un point lumineux B envoie un rayon BM sur un prisme : à la première réfraction MN correspond un foyer virtuel B' : à la seconde réfraction correspond un autre foyer virtuel B", qui est le foyer du prisme.

Quand le trajet de la lumière dans le prisme est peu considérable par rapport à la distance

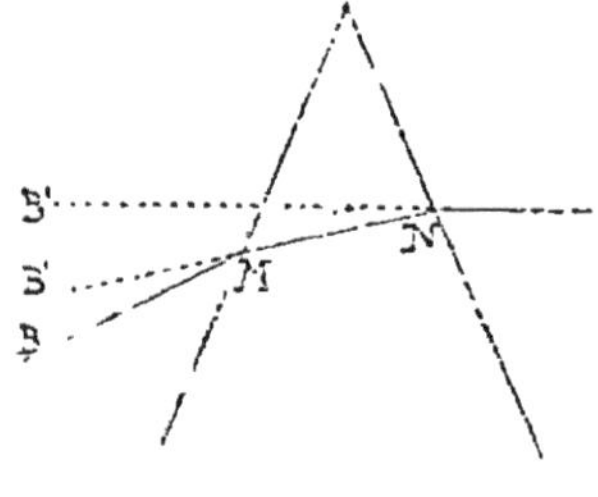

Fig. 154.

du point lumineux, on peut considérer les distances B'M et B'N comme égales, alors, dans le cas de la déviation minimum, on a sensiblement : B'N — B'M, c'est-à-dire que le foyer virtuel B' du point lumineux B se trouve à la même distance du prisme que le point lumineux.

## LENTILLES SPHÉRIQUES

**253.** On appelle ainsi des milieux réfringents terminés par des surfaces sphériques (*fig.* 155). On distingue les lentilles *convergentes* telles que *a*, *b*, *c* (biconvexe, plan-convexe et ménisque convergent) et les lentilles *divergentes* telles que *d*, *e*, *f* (biconcave, plan-concave et ménisque divergent).

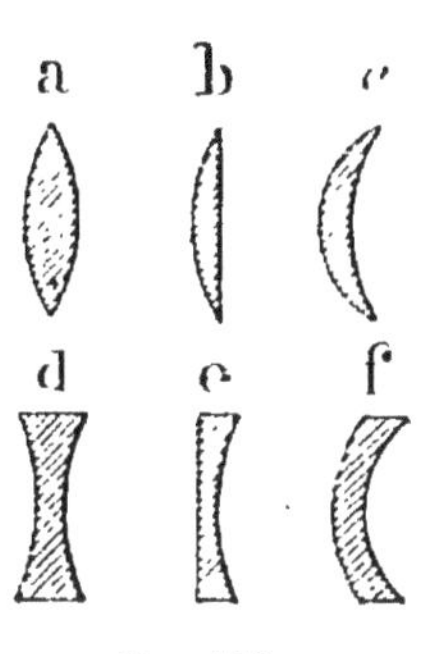

Fig. 155.

Étudions d'abord le problème de la réfraction d'un rayon lumineux placé dans l'air et passant dans un milieu plus réfringent (comme le verre) limité par une surface sphérique convexe ou concave du côté de l'air.

**254. Réfraction à travers une surface sphérique convexe.** — Soit une surface sphérique convexe CM dont O est le centre de courbure et R le rayon (*fig.* 156). Un rayon incident AM,

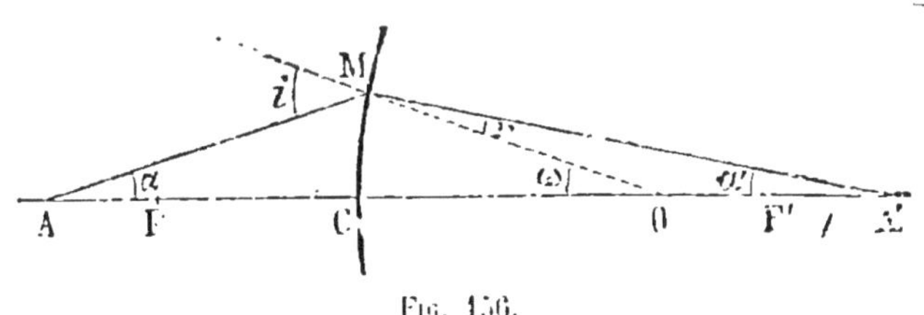

Fig. 156.

issu du point lumineux A, se réfracte en MA', et A' est le foyer du point lumineux A ; supposons le rayon AM très voisin du diamètre AO, les angles *i* et *r* sont très petits ; soit *n* l'indice de réfraction de la lumière passant de l'air dans le verre :

on peut écrire :

$$i = nr.$$

Les triangles AMO et A'MO donnent :

$$r = \omega + \alpha',$$

et :

$$i = \alpha + \omega.$$

Cette dernière relation peut s'écrire :

$$\alpha + n\alpha' = (n - 1)\,\omega.$$

Si on désigne par $p$ et $p'$ les distances CA et CA', il vient, en remplaçant les angles par leur valeur en fonction des distances,

$$\frac{1}{p} + \frac{n}{p'} = \frac{n - 1}{R}. \qquad (1)$$

On considère $p'$ comme positif quand il est compté en sens contraire de $p$, c'est le cas du foyer réel représenté dans la figure 156.

Dans le cas du foyer virtuel, $p'$ est négatif.

**255. Réfraction à travers une surface sphérique concave** (*fig.* 157). — Soit une surface sphérique concave MC de rayon R ; un rayon incident AM, issu du point lumineux A,

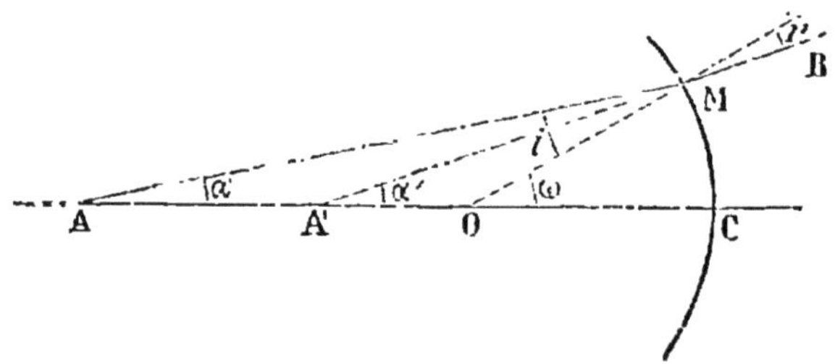


Fig. 157.

se réfracte dans la direction MB : supposons le rayon AM très voisin du diamètre AO ; les angles $i$ et $r$ étant très petits, on a :

$$i = nr.$$

Les triangles AMO et A'MO donnent :

$$r = \omega - \alpha',$$

et

$$i = \omega - \alpha,$$

ce qui peut s'écrire :

$$\alpha - n\alpha' = -(n-1)\,\omega.$$

En désignant par $p$ et $p'$ les distances CA et CA', on obtient la relation :

$$\frac{1}{p} - \frac{n}{p'} = -\frac{n-1}{R}. \qquad (2)$$

## 256. Lentilles convergentes.

Considérons une lentille biconvexe placée dans l'air (*fig.* 158). L'axe de la lentille est la

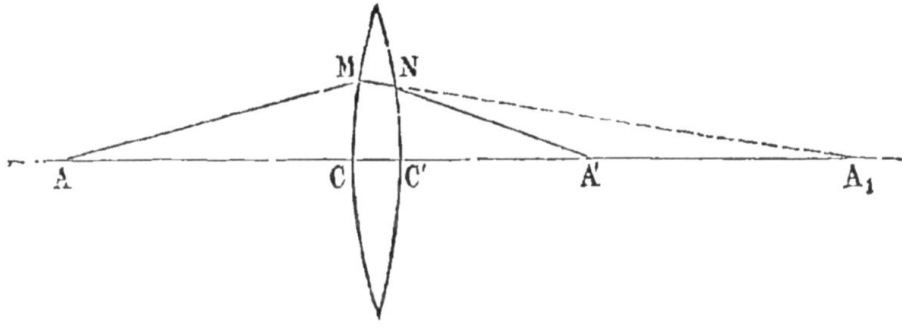


Fig. 158.

droite qui joint les centres des deux surfaces sphériques. Soient : R et R' les rayons de courbure des deux faces C et C' ; $n$ l'indice de réfraction de la lumière passant de l'air dans le verre. Un rayon AM très voisin de l'axe éprouve une première réfraction MN. Les points A et $A_1$ sont conjugués. Appelons $p$ la distance AC. $p_1$ la distance $A_1$C. La formule (1) (n° 254), appliquée à la première réfraction, donne :

$$\frac{1}{p} - \frac{n}{p_1} = \frac{n-1}{R}. \qquad (3)$$

Le rayon MN subit ensuite une deuxième réfraction en traversant la surface C', et forme un foyer réel en A' : les deux points $A_1$ et $A'$ sont conjugués; le point $A_1$ est le foyer virtuel du point lumineux $A'$ par rapport à la seconde face de la lentille. Appelons $p'$ la distance $A'C$, $e$ l'épaisseur $CC'$ de la lentille; la formule (1) donne ici :

$$\frac{1}{p'} - \frac{n}{p_1 - e} = \frac{n-1}{R'}. \qquad (4)$$

En supposant la lentille très mince, c'est-à-dire l'épaisseur $e$ négligeable, et en éliminant $p_1$ entre (3) et (4), on a, pour les lentilles convergentes :

$$\frac{1}{p} + \frac{1}{p'} = (n-1)\left(\frac{1}{R} + \frac{1}{R'}\right).$$

**257. Foyers principaux** (*fig.* 159). — Si on suppose le point $A$ à l'infini, le foyer principal $F'$ est à une distance $f'$ de la lentille donnée par:

$$\frac{1}{f'} = (n-1)\left(\frac{1}{R} + \frac{1}{R'}\right).$$

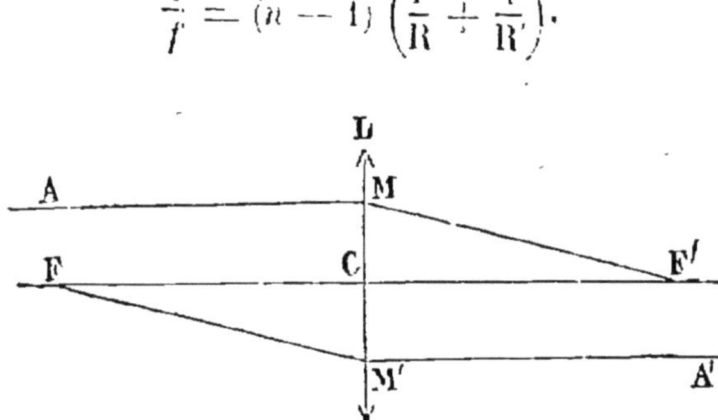


Fig. 159.

Si on suppose $A'$ à l'infini, le point lumineux $A$ est à une distance $f$ de la lentille donnée par :

$$\frac{1}{f} = (n-1)\left(\frac{1}{R} + \frac{1}{R'}\right).$$

Les deux foyers principaux sont donc situés à égale distance de la lentille. En appelant $p$ et $p'$ les distances du point lumineux et de son foyer à la lentille, la formule générale devient

$$\frac{1}{p} + \frac{1}{p'} = \frac{1}{f}.$$

**258. Discussion** (*fig.* 160). — 1° Si le point A, d'abord à l'infini, se rapproche du foyer principal F, le foyer réel A′ part du foyer principal F′ et s'éloigne à l'infini ;

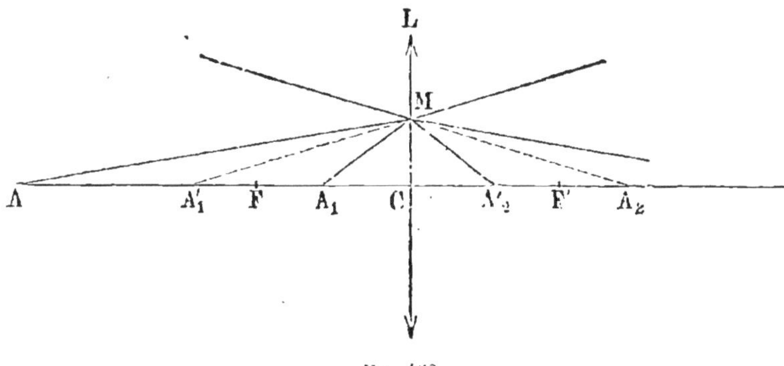


Fig. 160.

2° Si le point lumineux est en $A_1$, entre F et C, le foyer $A'_1$ est virtuel et à gauche de la lentille ; quand $A_1$ se rapproche de la lentille, $A'_1$ s'en rapproche aussi ;

3° Si le point lumineux est virtuel $A_2$, le foyer $A'_2$ est réel et situé entre la lentille et le foyer principal F′. Quand $A_2$ s'éloigne à l'infini, $A'_2$ se rapproche de F′.

**259. Centre optique** (*fig.* 161). — Il y a sur l'axe de la lentille un point C tel que les rayons lumineux MCM′ qui passent par ce point sortent de la lentille dans deux directions parallèles BM et B′M′. Ce point est le *centre optique* de la lentille.

Considérons deux plans tangents aux points M et M′ à la lentille supposée biconvexe ; les rayons OM et O′M′ sont parallèles, et les triangles semblables OCM et O′CM′ donnent :

$$\frac{OC}{O'C} = \frac{OM}{O'M'} = \frac{R}{R'}.$$

Donc la droite MM' qui joint les deux points de contact
rencontre l'axe principal en un point C dont la position est
indépendante de celle du point M, et, par conséquent, de la
direction des deux plans tangents considérés. Réciproque-
ment, si par le point C on mène une droite quelconque MM'
et des plans tangents aux points M et M', ces plans tangents
sont parallèles.

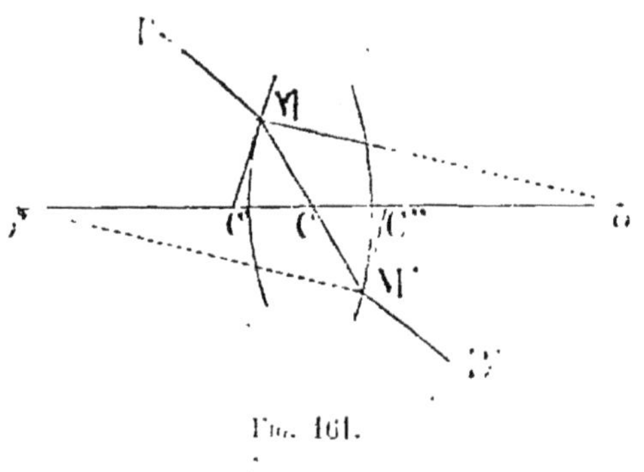

Fig. 161.

Cela posé, si un rayon BM rencontre la lentille sous une
incidence telle que le rayon intérieur MM' passe par le centre
optique C, tout se passe comme si ce rayon traversait une
lame de verre à faces parallèles, et le rayon émergent M'B' est
parallèle au rayon incident MB.

D'ailleurs, l'épaisseur de la lentille étant supposée très
petite, les deux rayons BM et B'M' peuvent être regardés comme
étant en *ligne droite*, on peut donc dire qu'un rayon lumineux mené d'un point quelconque B au centre optique de
la lentille, traverse celle-ci *sans déviation*.


**2C0. Axe secondaire.   Images.** — Un rayon lumineux, mené
par un point B et le centre optique, s'appelle l'*axe secondaire* du
point B.

L'image B' d'un point quelconque B d'un objet lumineux AB
s'obtient alors facilement (*fig.* 162). On mène l'axe secondaire BB' du point B. L'image du point B est sur cet axe ; on
mène ensuite un rayon BM parallèle à l'axe principal ; BM se
réfracte en MF ; et l'intersection B' de MF avec l'axe secondaire BB' donne l'image B' du point B.

La droite A'B', perpendiculaire à l'axe principal, est l'image de AB.

Discussion. — 1° Quand l'objet AB est à une distance de la lentille plus grande que 2*f*, double de la distance focale principale, l'image A'B' est réelle, renversée, plus petite que l'objet, et à une distance de la lentille plus grande que *f*, mais plus petite que 2*f*. L'objet se rapprochant de la lentille, son image s'en éloigne et grandit ;

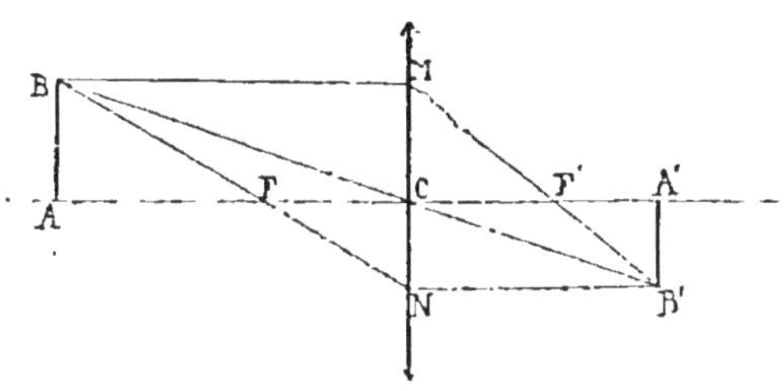

Fig. 162.

2° Si AB est à une distance 2*f* de la lentille, l'image est réelle, renversée, égale en grandeur à l'objet, et à une distance 2*f*.

3° Lorsque AB est à une distance de la lentille < 2*f* et > *f*, l'image est à une distance plus grande que 2*f* ; elle est réelle, renversée, et plus grande que l'objet ;

4° Si l'objet est en F, il ne se forme pas d'image ;

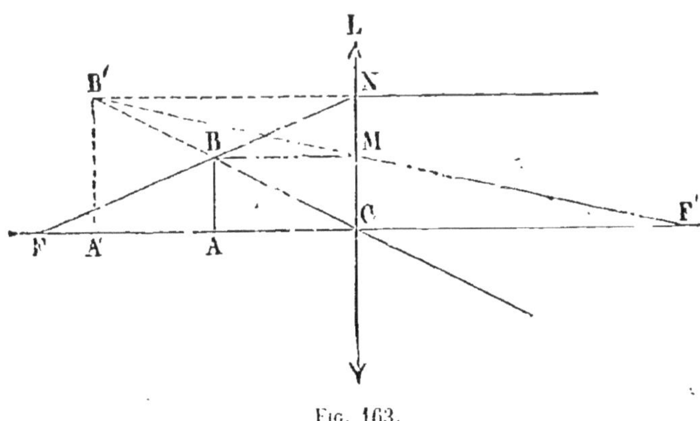

Fig. 163.

5° Quand l'objet est entre le foyer F et la lentille (*fig.* 163), l'image A'B' est *virtuelle, droite et plus grande* que l'objet ; elle grandit et s'éloigne de la lentille à mesure que l'objet AB se rapproche du foyer principal.

Ces résultats peuvent s'obtenir en discutant algébriquement les deux relations :

$$\frac{1}{p'} + \frac{1}{p} = \frac{1}{f}; \qquad \text{et:} \qquad \frac{i}{o} = \frac{p'}{p}.$$

On vérifie ces résultats expérimentalement en recevant sur un écran l'image réelle de la flamme d'une bougie.

**261. Lentilles divergentes.** — Soit un point lumineux A sur l'axe d'une lentille divergente (*fig.* 164) ; le rayon AM se réfracte une première fois, et le prolongement du rayon MN ainsi réfracté coupe l'axe en $A_1$.

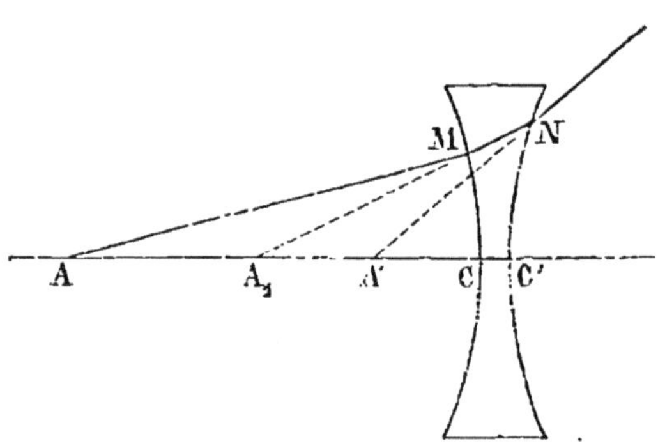

Fig. 164.

D'après la formule (2) appliquée aux lentilles divergentes, on a, en appelant $p$ et $p_1$ les distances de A et de $A_1$ à la première surface de la lentille,

$$\frac{1}{p} - \frac{n}{p_1} = -\frac{n-1}{R}. \qquad (2)$$

Le rayon MN éprouve ensuite une nouvelle réfraction sur la deuxième face de la lentille et le prolongement du rayon réfracté coupe l'axe en A' ; les points A' et $A_1$ sont dits *conjugués*. Le point $A_1$ est le foyer réel du point lumineux virtuel A' par rapport à la seconde face de la lentille. En appelant $p'$ la distance $AC'$, $e$ l'épaisseur $CC'$, on a :

$$ - \frac{1}{p'} + \frac{n}{p_1 + e} = - \frac{n-1}{R'} \cdot \qquad (\varphi') $$

Si l'on néglige l'épaisseur $e$ très petite, il vient en ajoutant les deux équations $(\varphi)$ et $(\varphi')$ :

$$ \frac{1}{p} - \frac{1}{p'} = - (n-1) \left( \frac{1}{R} + \frac{1}{R'} \right) \cdot $$

D'ailleurs, les deux foyers principaux sont situés à une même distance $f$ de la lentille donnée par la formule :

$$ - \frac{1}{f} = - (n-1) \left( \frac{1}{R} + \frac{1}{R'} \right) \cdot $$

on a donc en général :

$$ \frac{1}{p} - \frac{1}{p'} = - \frac{1}{f} \cdot $$

Cette formule est analogue à celle des miroirs convexes, comme la formule des lentilles biconvexes est analogue à celle des miroirs concaves.

**262. Images** (*fig.* 165). — Le centre optique se définit de la même manière que pour les lentilles convergentes : il en est de même de l'axe secondaire et de ses propriétés. Ainsi, l'image B' du point lumineux B est obtenue en menant l'axe secondaire BC et le rayon BM parallèle à l'axe ; BM

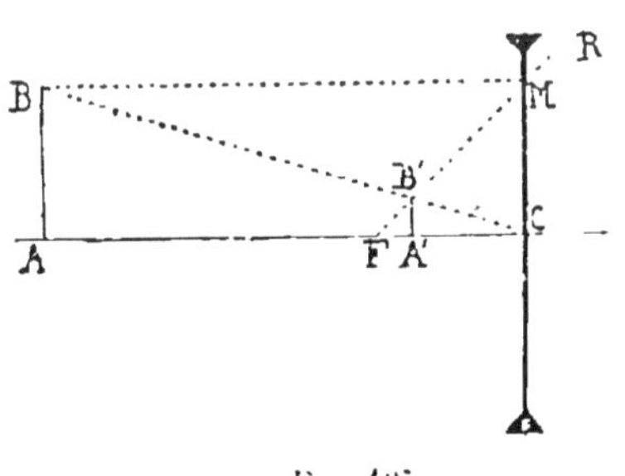

Fig. 165.

se réfracte suivant MR, et l'image B' est située à l'intersection des deux droites BC et MR prolongés.

*Une lentille divergente donne toujours une image A'B'
virtuelle, droite, et diminuée d'un objet lumineux réel AB placé
devant elle.*

**263. Cas particulier** *(fig. 166).* — Si l'on considère un objet
AB *virtuel* et situé au-delà du foyer principal F, son image A'B'
est virtuelle et ren-
versée. La grandeur
de l'image est supé-
rieure, égale ou infé-
rieure à celle de
l'objet, selon que la
distance de l'objet
AB au foyer F est in-
férieure, égale ou su-
périeure à la distance

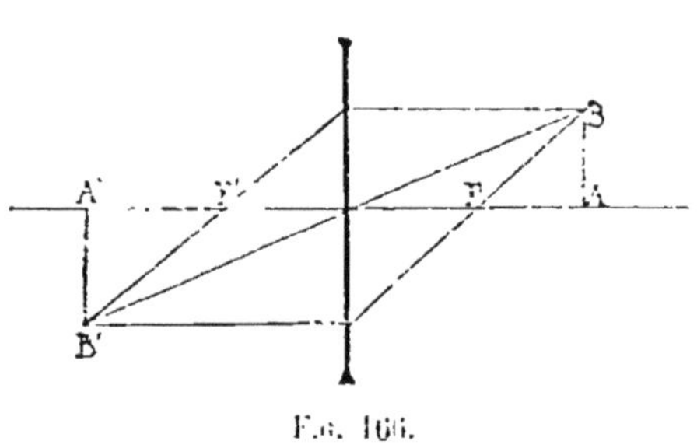



Fig. 166.

focale principale de la lentille (lunette de Galilée).

Lorsque l'objet lumineux virtuel est entre la lentille et le
foyer principal F, l'image est réelle, droite et plus grande que
l'objet.

**264. Moyens d'obtenir les distances focales des lentilles.**
— 1° *Lentilles convergentes.* — *a.* On peut se servir du sphéromètre pour évaluer *f*, connaissant *n*.

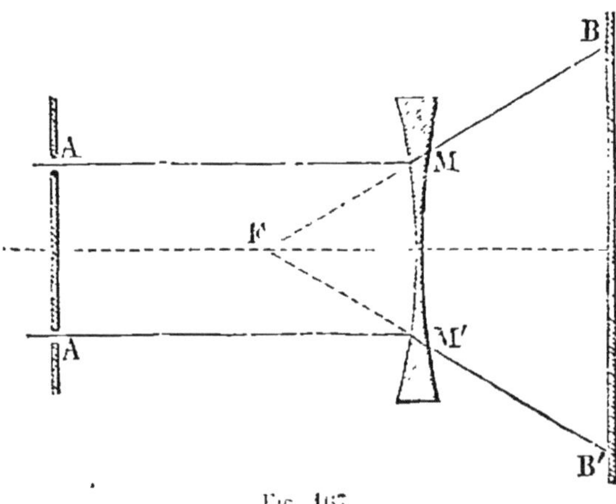



Fig. 167.

*b.* On peut encore diriger l'axe de la lentille vers le centre
du soleil, l'image se forme dans le plan focal principal; on la

reçoit sur un écran dont on détermine la position correspondant à l'image la plus nette.

2° *Lentilles divergentes (fig. 167).* — On place perpendiculairement à l'axe de la lentille un écran percé de deux ouvertures A et A' laissant passer des rayons lumineux parallèles à l'axe de la lentille ; ces rayons se réfractent et coupent en des points BB' un écran perpendiculaire à l'axe de la lentille. Si $f$ est la distance focale principale de la lentille et $l$ sa distance à l'écran, on a :

$$\frac{f}{f+l} = \frac{MM'}{BB'}.$$

Mesurant AA' = MM', BB' et $l$, on a $f$.

**265. Aberration de sphéricité des lentilles.** — On a supposé très petite l'ouverture des lentilles et les rayons lumineux très voisins de l'axe. Des rayons éloignés de l'axe viennent, après réfraction, le rencontrer en des points d'autant plus voisins de la lentille que les rayons incidents se rapprochent davantage de ses bords ; ce défaut de convergence s'appelle *aberration de sphéricité* de la lentille, par analogie avec ce qui se produit dans les miroirs. De même, les intersections successives des rayons réfractés déterminent dans un plan passant par l'axe une courbe lumineuse dite *caustique par réfraction*, et dans l'espace une surface dite *surface caustique*.

On diminue les effets de l'aberration en arrêtant les rayons incidents trop voisins des bords au moyen de diaphragmes annulaires.

**266. Lentilles à échelons de Fresnel. — Phares.** — D'après ce que l'on vient de voir au sujet de l'aberration de sphéricité, un point lumineux étant placé au foyer principal d'une lentille convergente de grande ouverture, les rayons réfractés ne forment pas un faisceau parallèle. Il en résulte que l'éclairement produit par ce faisceau sur une surface d'une étendue constante varie avec la distance à laquelle cette surface est placée.

Le système de lentilles dites à *échelons* employées dans les

phares permet d'obtenir à l'émergence des rayons sensiblement parallèles.

Une lentille à échelons se compose d'une partie centrale *ab*,
(*fig.* 168), qui est une lentille plan-convexe dont le foyer est
en *f*, et de parties accolées à cette lentille qui sont formées
d'anneaux dont la face courbe *cd* est calculée de façon que
le foyer principal de chaque anneau soit aussi en *f*. L'ouverture A*f*B peut atteindre 40° sans que les effets de l'aberration
soient sensibles.

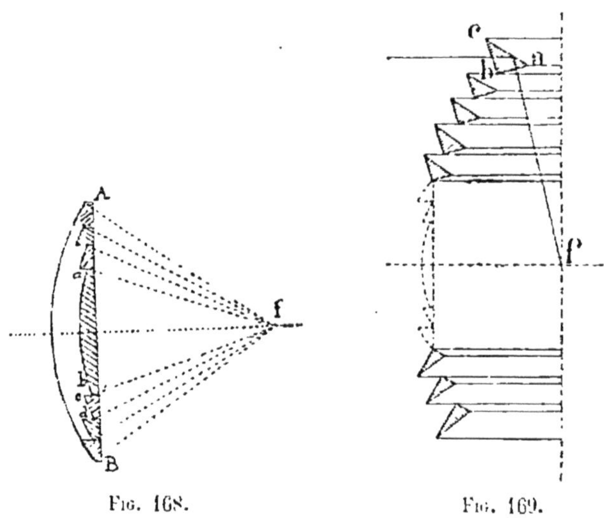

Fig. 168.                              Fig. 169.

Les rayons dirigés vers le haut et vers le bas sont perdus.

Pour les ramener à l'horizon, Fresnel a employé des prismes
disposés comme le montre la figure (*fig.* 169). Le rayon envoyé
du point *f* sur la face *ab* du prisme le traverse et vient frapper
la face *ac* : on calcule l'angle d'incidence de façon qu'il y
ait réflexion totale sur *ac*, et que le rayon émerge du prisme
horizontalement. L'appareil destiné à recueillir les rayons
du bas est disposé d'une manière analogue.

## § 5. — Instruments d'optique

**267. Œil** (*fig.* 170). — L'œil est un système optique formé des parties suivantes : une membrane blanche et opaque *s*, la *sclérotique*, se continue en avant par la *cornée c*, qui est transparente et incolore ;

La sclérotique est tapissée par une membrane vasculaire, la *choroïde ch*, qui forme derrière la cornée un diaphragme l'*iris i* dont l'ouverture est la *pupille p*. La *rétine r* tapisse la

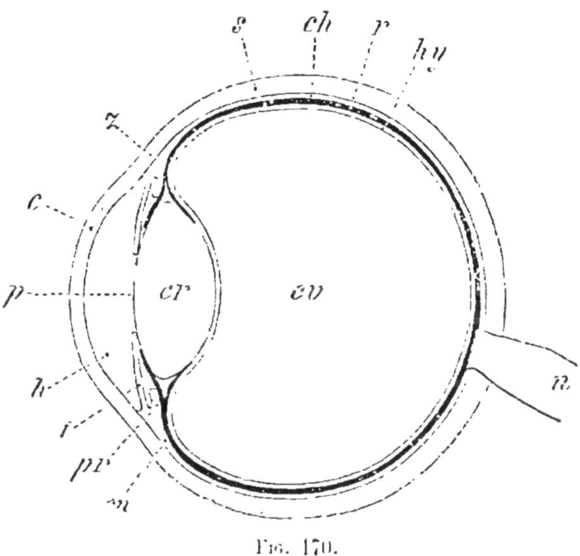


Fig. 170.

choroïde et reçoit l'impression de la lumière. Le *cristallin cr* n'est autre chose qu'une lentille biconvexe plus bombée à la face antérieure qu'à la face postérieure. L'espace *ev* est rempli par l'*humeur vitrée*, sorte de tissu gélatineux, et l'espace *h* par l'*humeur aqueuse*.

**268. Distance de la vision distincte. — Accommodation.** — Un objet lumineux est vu distinctement quand l'image de l'objet se fait sur la rétine. La vision distincte semble donc possible pour une position unique de l'objet, elle l'est cependant pour des positions diverses grâce à une faculté particulière de l'œil qu'on appelle *accommodation* et qui consiste en ce que l'œil, par un changement de courbure de la face antérieure du cristallin, peut avoir des images nettes d'objets placés à des distances très différentes.

La distance *minimum* de la vision distincte est de 15 centimètres pour une vue normale.

Un œil est *emmétrope*, quand le foyer principal du système optique formé par l'œil est situé sur la rétine.

Un œil est *brachymétrope*, ou *myope*, lorsque le foyer principal est en avant de la rétine ; l'œil est long. Il est *hypermétrope*, quand le foyer principal de l'œil est au-delà de la rétine ; l'œil est court.

Un œil *presbyte* est celui qui ne s'accommode pas pour les courtes distances.

**269. Besicles.** — Les besicles servent à corriger les défauts de l'œil. Pour un hypermétrope, il faut une lentille convergente, de façon que l'image de l'objet lumineux se forme sur la rétine ; pour un myope, il faut une lentille divergente ; pour un presbyte, il faut des verres convergents, mais différents de ceux de l'hypermétrope.

**270. Microscope solaire** *(fig. 171)*. — Il sert à rendre visibles des images agrandies d'objets très petits et transparents. Sa

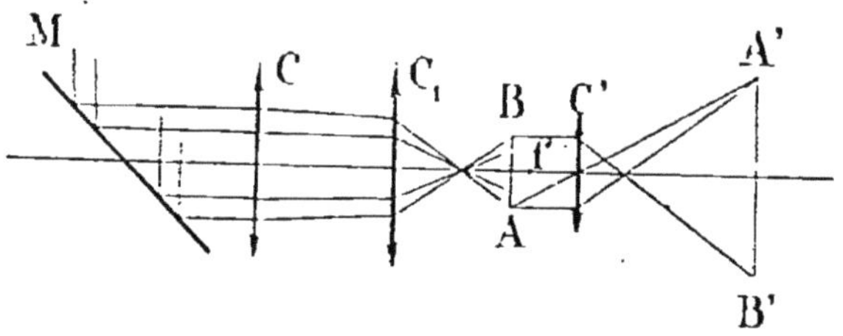


Fig. 171.

partie essentielle est une lentille convergente C dont la distance focale est très petite. L'objet AB se place un peu au-delà de son foyer *f*, il est éclairé par le système des lentilles C₁ et C et du miroir M qui reçoit les rayons solaires de l'extérieur de la salle. On obtient ainsi sur un écran placé à une distance convenable une image A'B' beaucoup plus grande que l'objet et très éclairée.

On met au point en faisant varier la distance du porte-objet à la lentille C'.

**271.** Le *grossissement linéaire* est le rapport $\dfrac{i}{o}$ d'une dimension $i$ de l'image à la dimension $o$ correspondante de l'objet. On le détermine en employant comme objet AB un micromètre, lame de verre portant des divisions espacées d'un centième de millimètre. Il suffit, pour avoir le grossissement linéaire, de mesurer sur l'image la distance de deux de ces traits.

On déduit le grossissement *superficiel* du grossissement linéaire.

La *lanterne magique* repose sur le même principe.

**272. Loupe** (*fig.* 172). — C'est une lentille convergente destinée à donner, d'un objet lumineux, une image située à la

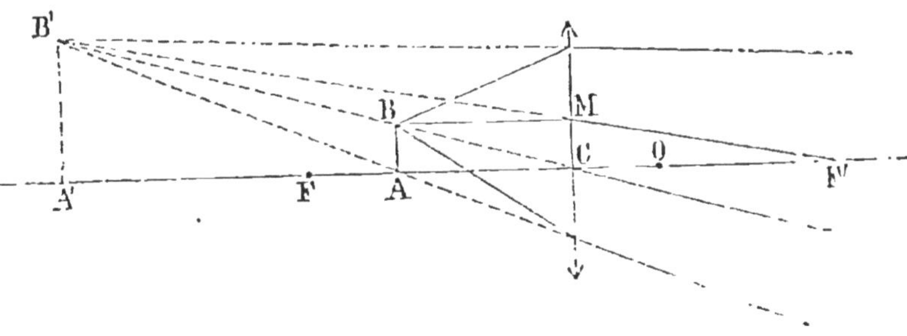

Fig. 172.

distance minimum de la vision distincte. L'objet AB est placé entre la loupe C et son foyer principal F. On obtient l'image B' de B au moyen de l'axe secondaire BC et du rayon BM parallèle à l'axe principal. On a ainsi en A'B' une image virtuelle et amplifiée.

L'œil est en O à une distance $x$ de la lentille. Quand la

loupe est au point, la distance OA' de l'image à l'œil égale la distance minimum de la vision distincte $\delta$.

La distance $AC = p$ de l'objet à la loupe mise au point est donnée par la formule :

$$\frac{1}{p} - \frac{1}{\delta - x} = \frac{1}{f}.$$

**273. Grossissement.** — Le grossissement G est le rapport des diamètres apparents $\omega'$ et $\omega$ de l'image et de l'objet, tous deux étant à la distance minimum de la vision distincte, donc :

$$G = \frac{\omega'}{\omega}.$$

Si $h$ et $h'$ sont les grandeurs de l'objet et de l'image, on peut remplacer les angles très petits $\omega$ et $\omega'$ par leurs tangentes, et écrire :

$$\omega = \frac{h}{\delta}; \qquad \omega' = \frac{h'}{\delta}.$$

On déduit :

$$G = \frac{h'}{h}; \qquad \text{ou :} \qquad G = \frac{\delta - x}{p}.$$

Si l'on remplace $p$ par sa valeur, le grossissement est exprimé par la formule :

$$G = 1 + \frac{\delta - x}{f}.$$

— Si $x$ est négligeable, l'œil étant très près de $c$, le grossissement est maximum :

$$G_m = 1 + \frac{\delta}{f}.$$

**274. Microscope composé** (*fig.* 173). — Il est formé de deux lentilles convergentes: l'*objectif* C donne une image réelle et amplifiée de l'objet, l'*oculaire* C' joue le rôle de loupe.

L'objet AB est placé un peu au-delà du foyer principal de l'objectif C qui donne une image réelle et amplifiée A'B'. L'oculaire C′ fournit en A″B″ une image virtuelle et amplifiée de A′B′. Les deux verres C et C′ sont fixés sur une monture métallique à distance invariable CC′. On met au point en déplaçant

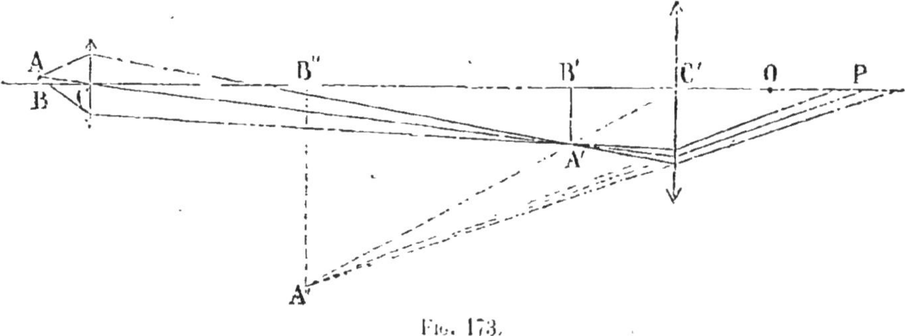

Fig. 173.

le système tout entier, de façon que l'image virtuelle A″B″ se forme à une distance de l'œil égale à la distance minimum de la vision distincte.

**275. Grossissement.** — Il se définit comme pour la loupe. En appelant $h$, $h'$, $h''$ les grandeurs de AB, A′B′ et A″B″, on a :

$$G = \frac{h''}{h} = \frac{h''}{h'} \times \frac{h'}{h};$$

c'est-à-dire que le grossissement est égal au produit des grossissem. ats respectifs de l'objectif et de l'oculaire.

**276. Mesure du grossissement. — Chambre claire** (*fig.* 174). — La chambre claire qu'on peut adapter au microscope est ainsi composée : un tube T tient la place ordinaire de l'oculaire. Les rayons lumineux venant de l'objectif subissent une réflexion totale sur la face hypoténuse d'un prisme triangulaire isocèle : ils

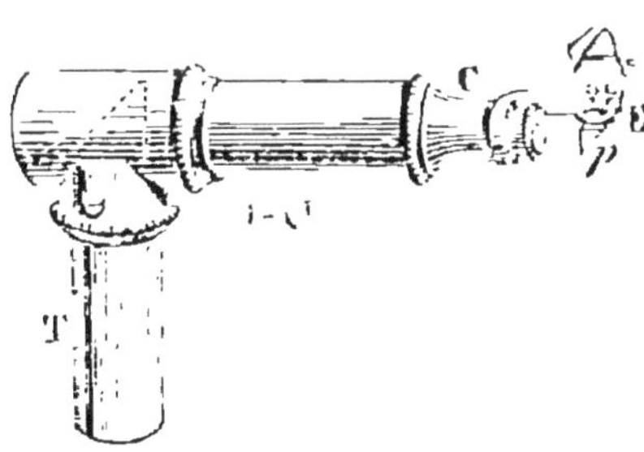

Fig. 174.

traversent ensuite l'oculaire C et se réfléchissent à leur sortie sur la face hypoténuse d'un second prisme $p$ analogue au

premier; l'œil, placé au-dessus de $p$, voit donc l'image virtuelle de l'objet dans un plan horizontal à la distance de la vision distincte. Si le prisme $p$ est assez petit, l'œil peut voir, en même temps, une feuille de papier située dans le même plan horizontal à la distance de la vision distincte.

Pour mesurer le grossissement avec la chambre claire, on remplace l'objet par un micromètre, et sur une feuille de papier à la distance de la vision distincte on dispose une règle divisée en millimètres. On trouve ainsi que l'image virtuelle de $n$ divisions du micromètre couvre N millimètres sur la règle divisée : on en déduit le grossissement :

$$G = \frac{\dfrac{N}{n}}{0,01} = 100\,\frac{N}{n}.$$

**277. Champ.** — Les rayons lumineux issus d'un point A (*fig.* 175) se coupent, après réfraction, en A' sous des angles très petits ; on peut regarder la direction du faisceau réfracté comme définie par l'axe secondaire ACA'. Un point A pourra donc être observé avec le microscope, si l'axe secondaire AC rencontre l'oculaire.

Le *champ* est donc déterminé par la seconde nappe BCB' du cône qui a pour sommet le centre optique C de l'objectif, et pour base l'oculaire C'.

**278. Point oculaire.** — Les rayons lumineux qui passent par le centre optique de l'objectif se coupent, après avoir traversé l'oculaire, en un point P qui est le foyer conjugué du centre optique C de l'objectif par rapport à l'oculaire : ce point P est le *point oculaire*.

C'est en ce point qu'il faut placer l'œil, pour recevoir des rayons lumineux venant de toutes les parties du champ.

La position du point P est déterminée par l'équation :

$$\frac{1}{x} + \frac{1}{l} = \frac{1}{f'}.$$

dans laquelle $x$ est la distance C'P du point oculaire au centre optique de l'oculaire ; $f'$ la distance focale principale de l'oculaire C' ; $l$ la distance CC' des deux lentilles.

**279. Oculaires composés employés dans les microscopes.** — Pour diminuer les aberrations, on constitue l'objectif par un ensemble de lentilles ; l'oculaire est formé ordinairement de deux verres, c'est l'*oculaire composé*.

Il y a deux sortes d'oculaires composés, celui d'Huyghens et celui de Ramsden :

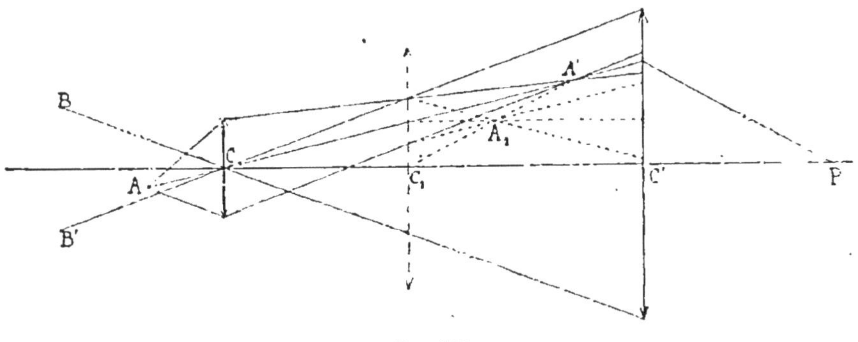

Fig. 175.

1° L'*oculaire d'Huyghens*, ou *oculaire négatif*, comprend, outre l'oculaire simple C', une seconde lentille $C_1$ placée entre l'objectif C et le plan où se formerait l'image réelle A' si elle n'existait pas (*fig.* 175). Il en résulte que l'image réelle d'un point A n'est plus en A', mais en un point $A_1$, situé entre le point A' et le centre optique $C_1$ ; c'est ce point $A_1$ que l'on regarde à travers la lentille C'. — La lentille $C_1$ augmente le champ de l'instrument, mais diminue un peu le grossissement.

2° L'*oculaire positif*, ou *oculaire de Ramsden*, est formé aussi de deux lentilles convergentes situées l'une et l'autre au-delà de l'image réelle donnée par l'objectif. Cette image réelle peut donc se former, et c'est elle qu'on regarde avec la loupe composée qui forme l'oculaire positif.

**280. Lunette astronomique** (*fig.* 176). Elle est composée d'un objectif et d'un oculaire. L'objet situé à grande distance donne une image réelle et renversée *ab*, sensiblement au foyer principal de l'objectif C. On observe cette image avec l'oculaire C' servant de loupe, on a une image virtuelle *a'b'* à une distance de l'œil égale à la distance de vision distincte : l'image $a'b'$ est renversée par rapport à l'objet.

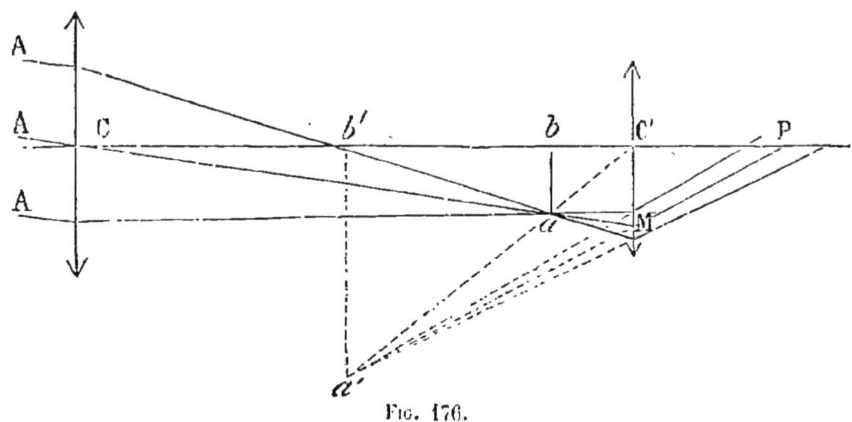

Fig. 176.

Le champ et le point oculaire se définissent comme pour le microscope.

**281.** Le *grossissement* est le rapport de l'angle $\omega'$ sous lequel on voit l'objet dans la lunette avec l'angle $\omega$ sous lequel on le voit à l'œil nu.

$\omega$ est l'angle $bCa$, $\omega'$ est l'angle $b'Pa'$ sous lequel l'œil, placé au point oculaire P, voit l'image $a'b'$. Ces angles $\omega$ et $\omega'$ sont très petits ; M étant le point où l'axe secondaire rencontre l'oculaire, on a :

$$\omega = \frac{C'M}{CC'}, \qquad \omega' = \frac{C'M}{C'P}.$$

Donc :

$$G = \frac{\omega'}{\omega} = \frac{CC'}{C'P}.$$

Or, le point oculaire P est le foyer conjugué du centre optique C de l'objectif par rapport à l'oculaire ; on a donc, d'après la formule des lentilles,

$$\frac{1}{CC'} + \frac{1}{C'P} = \frac{1}{f'}.$$

$f'$ étant la distance focale principale de l'oculaire.

On en déduit :

$$G = \frac{CC'}{f'} - 1.$$

Comme, CC' est très sensiblement la somme des distances focales $f'$ et $f$ de l'oculaire et de l'objectif, on a, approximativement,

$$G = \frac{f}{f'}.$$

— On met au point en faisant mouvoir l'oculaire ; ce déplacement est assez faible pour qu'on puisse le négliger.

**282. Mesure du grossissement.** — Pour mesurer le grossissement on s'appuie sur l'existence de l'*anneau oculaire*. L'objectif étant considéré, par rapport à l'oculaire, comme un

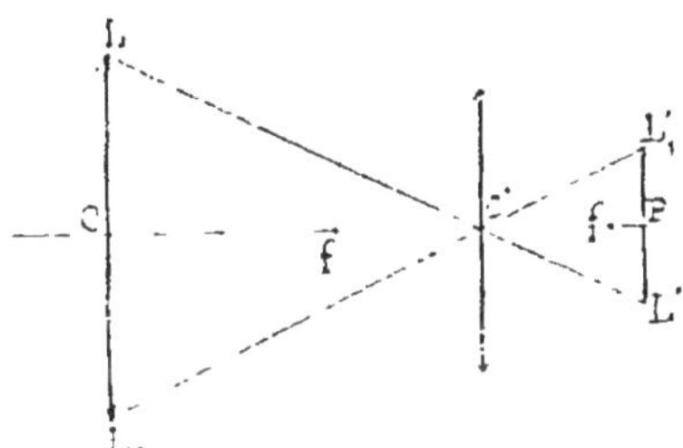

Fig. 177.

objet lumineux, a une image réelle $LL'_1$ très petite au point oculaire P (*fig.* 177). C'est un petit cercle dit *anneau oculaire* dont on reconnaît l'existence en plaçant un écran au point P perpendiculairement à l'axe de la lunette.

Si $r$ est le rayon de ce cercle, R celui de l'objectif, on a :

$$\frac{R}{r} = \frac{CC'}{CP}.$$

Or :

$$G = \frac{CC'}{CP}.$$

donc

$$G = \frac{R}{r}.$$

**283. Réticule.** — La lunette astronomique sert à examiner la configuration des astres et à déterminer leur position. Dans ce but, on a fixé dans la lunette un petit diaphragme nommé *réticule* présentant une ouverture circulaire dans laquelle on a tendu deux fils très fins perpendiculaires entre eux. Le réticule est placé dans un tirage à mouvement lent, l'oculaire est mobile par rapport au réticule. Pour faire une observation on déplace l'oculaire de façon à voir distinctement le réticule; puis, on amène le réticule, au moyen de son tirage, dans le plan de l'image réelle *ab* donnée par l'objectif.

L'*axe optique* de la lunette est la droite qui joint le point de croisement des fils du réticule au centre optique de l'objectif.

Quand l'image réelle d'un point lumineux coïncide avec le point de croisement des fils, l'axe optique détermine la *direction* de ce point.

On fait toujours coïncider l'axe optique avec l'axe géométrique de la lunette, c'est-à-dire avec la droite, joignant les centres des collets qui supportent la lunette. La direction de l'astre visé est alors celle de l'axe géométrique.

**284. Lunette terrestre.** — Les images sont renversées dans la lunette astronomique, ce qui n'a aucune importance pour l'observation des astres.

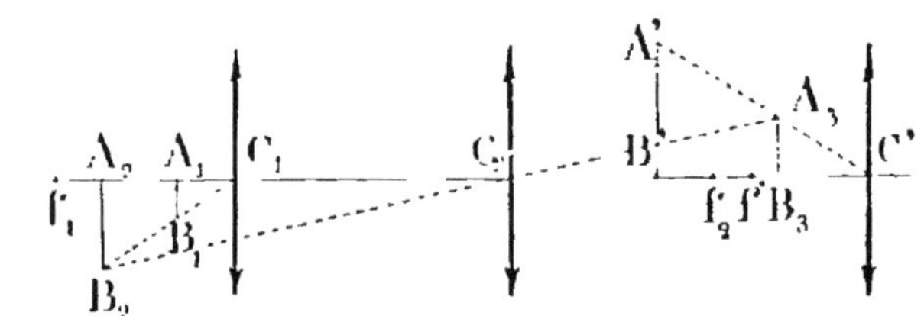

Fig. 178.

Pour les observations terrestres, on adjoint à l'oculaire des lentilles destinées à redresser les images. La lunette terrestre présente la disposition suivante (*fig.* 178): l'objectif donne une image réelle et renversée $A_1B_1$; la lentille $C_1$, placée à une distance de $A_1B_1$ plus petite que sa distance focale principale $C_1f_1$, donne une image virtuelle agrandie $A_2B_2$ renversée également par rapport à l'objet.

La lentille $C_2$ est alors placée à une distance de $A_2B_2$ égale à peu près au double de sa distance focale principale, et l'image $A_2B_2$ donne par rapport à $C_2$ une image $A_3B_3$, réelle, et redressée par rapport à l'objet.

Enfin, la lentille $C'$, fonctionnant comme loupe, substitue à $A_3B_3$ une image $A'B'$ virtuelle, agrandie, et droite par rapport à l'objet.

L'ensemble des trois lentilles convergentes $C_1C_2C'$ constitue *l'oculaire terrestre ;*

On donne le nom de *véhicule* au système des deux premières lentilles $C_1$ et $C_2$.

**285. Lunette de Galilée.** — Dans cette lunette on obtient le redressement de l'image fournie par l'objectif en employant comme oculaire une lentille divergente (*fig.* 179).

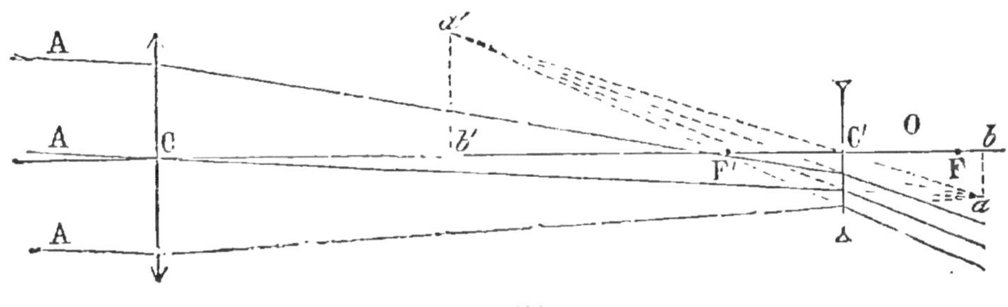



Fig. 179.

L'objectif C donne une image *ab* réelle et renversée. On interpose alors l'oculaire divergent C' entre l'objectif et *ab*, de façon que *ab* soit au-delà du foyer principal F de l'oculaire.

L'image *ab* a pour conjuguée par rapport à l'oculaire une image virtuelle *a'b'* (263) droite.

L'oculaire est au point quand *a'b'* est à une distance de l'œil égale à la distance de la vision distincte.

Le *grossissement* se définit comme celui de la lunette astronomique ; il est approximativement égal au rapport des distances focales principales de l'objectif et de l'oculaire.

Dans la lunette de Galilée il ne se forme pas d'images

réelles, on ne peut donc pas fixer la ligne de visée par un réticule comme dans la lunette astronomique ; mais cette lunette
est moins longue que les lunettes astronomique ou terrestre,
et partant plus commode. Aussi les *jumelles* sont-elles munies
d'oculaires du système de Galilée.

**286. Télescopes.** — Dans ces instruments on obtient l'image
d'un objet éloigné, par réflexion, au moyen d'un ou de plusieurs miroirs, et on observe cette image à l'aide d'un oculaire.

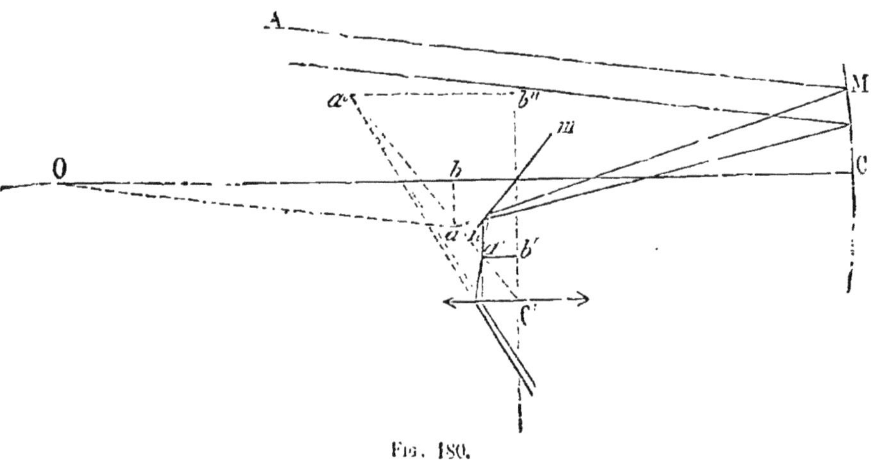

Fig. 180.

1° *Télescope de Newton (fig.* 180). — Il se compose d'un miroir concave MC fixé au fond d'un tube de manière que son
centre O soit sur l'axe de ce tube. Ce dernier étant dirigé
vers un objet très éloigné, le miroir tend à en produire
l'image *ab* au foyer principal.

On interpose entre le miroir et son foyer principal *b* un
petit miroir plan *mn* incliné à 45° sur l'axe du télescope.

L'image *ab* se comporte par rapport au miroir plan comme
un objet lumineux virtuel : les rayons lumineux réfléchis à la
surface du miroir plan *mn* forment en *a'b'* une image réelle,
symétrique de *ab* par rapport au miroir *mn*. Cette image *a'b'*
est observée avec la loupe G' fixée dans un tube à tirage. En

réglant ce tirage, on amène l'image virtuelle $a''b''$ à être distincte, c'est la mise au point. Le grossissement se définit comme pour la lunette astronomique. Il est approximativement :

$$G = \frac{F}{f}.$$

F étant la distance focale principale du miroir ; $f$ celle de l'oculaire.

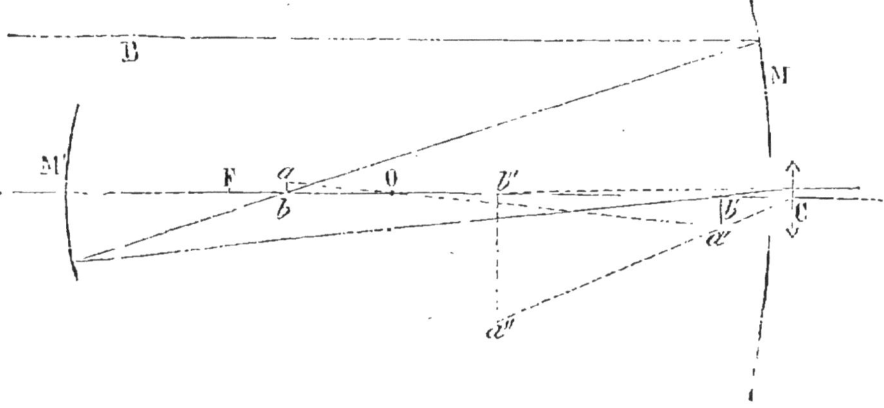



Fig. 181.

2° *Télescope de Grégory* (*fig.* 181). — Il a cet avantage sur celui de Newton, qu'il permet de voir les objets dans la direction où ils sont réellement par rapport à l'observateur. Le miroir concave M donne en $ab$, à son foyer principal, une image réelle et renversée de l'objet ; cette image est redressée et amplifiée en $a'b'$ par un second miroir concave M', beaucoup plus petit, tourné en sens contraire et placé sur le même axe que le grand miroir, de façon que l'image $ab$ soit entre le centre O et le foyer principal F de ce second miroir.

On observe l'image réelle $a'b'$ avec l'oculaire C adapté à une ouverture centrale du miroir M : il donne une image virtuelle $a''b''$ à la distance de la vision distincte, lorsqu'on a mis au point en déplaçant le petit miroir M'.

3° *Télescope de Foucault.* — Foucault a perfectionné celui de Newton en substituant au miroir sphérique de bronze, se ternissant rapidement et, de plus, très difficile à construire, un

miroir de verre argenté par des procédés chimiques. En outre,
la méthode qu'il a imaginée pour travailler la surface du miroir,
permet de lui faire prendre, au lieu de la forme sphérique,
la forme d'un paraboloïde de révolution qui supprime les
aberrations de sphéricité.

## § 6. — Dispersion de la lumière

**287. Décomposition de la lumière solaire.** — Un faisceau
de lumière solaire tombant sur un prisme, subit, outre la déviation que nous avons étudiée, un épanouissement et une coloration : ce phénomène a reçu le nom de *dispersion* ; l'image
reçue sur un écran est appelée *spectre solaire*.

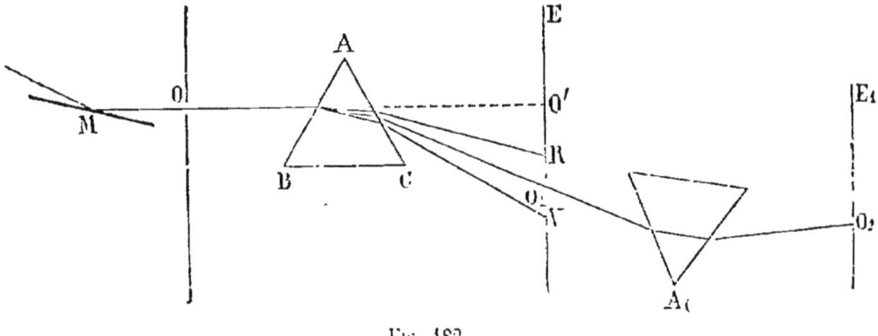


Fig. 182.

Lorsqu'un faisceau de lumière solaire réfléchie par un miroir
plan M (*fig.* 182) traverse une fente rectangulaire O pratiquée
dans le volet d'une chambre obscure, puis un prisme ABC dont
l'arête A est parallèle à la direction de la fente, on obtient sur
un écran E une bande colorée RV qui est le spectre solaire,
et qui présente de R en V une série de couleurs disposées dans
l'ordre suivant : *violet, indigo, bleu, vert, jaune, orange, rouge.*

On reconnaît, d'ailleurs, que les faisceaux colorés n'éprouvent plus de décomposition si on leur fait traverser un second
prisme. En effet, en faisant passer à travers une petite ouverture O₁ pratiquée dans l'écran E un faisceau coloré quel-

conque, isolé, et en plaçant sur le chemin de ce faisceau le prisme $A_4$, on obtient sur l'écran $E_4$ une image $O_2$ de même couleur que le faisceau considéré.

## 288. Inégale réfrangibilité des couleurs du spectre. —

L'image épanouie, ou spectre, s'explique par l'inégale réfrangibilité des différents rayons colorés. On peut le vérifier par les expériences suivantes de Newton :

1° En faisant tourner le prisme A (*fig.* 182), on peut faire passer successivement par l'ouverture $O_4$ des rayons de chaque couleur; on constate que ces rayons, tombant sur le prisme $A_4$ avec la même direction, éprouvent une déviation différente, et donnent sur l'écran $E_4$ des images à des hauteurs différentes.

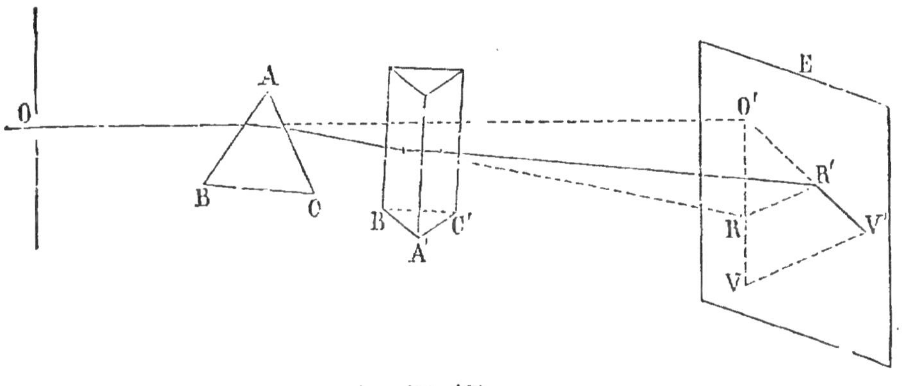

Fig. 183.

2° Par *l'expérience des prismes croisés* (*fig.* 183). — Elle se fait au moyen de deux prismes de même angle ABC et A'B'C'; on fait arriver un faisceau de lumière blanche par la fente O, le prisme A'B'C' étant placé sur le trajet des rayons lumineux de façon que son arête soit perpendiculaire à la direction moyenne des rayons réfractés par ABC, et que la direction moyenne des rayons réfractés par le premier prisme fasse avec le second un angle d'incidence égal à l'angle d'incidence formé par les rayons en tombant sur ABC. La déviation subie par chaque rayon lumineux en traversant le deuxième prisme est sensiblement égale à celle subie en traversant le premier.

On reçoit l'image sur un écran E parallèle à l'arête du prisme A'B'C'.

Sans interposition d'aucun prisme on a une image blanche O'; en interposant le prisme ABC, un rayon rouge forme l'image de l'ouverture en R, et un rayon violet en V; avec les deux prismes, le rayon rouge est dévié dans la direction RR' d'une quantité RR' = O'R, et le rayon violet dans la direction VV' parallèle à RR', d'une quantité VV' — O'V. On a ainsi un spectre R'V' oblique par rapport au spectre RV, ce qui s'explique en admettant l'inégale réfrangibilité des couleurs du spectre.

**289. Méthode pour obtenir un spectre pur** *(fig. 184).* — On reçoit la lumière solaire par une fente étroite O sur un prisme ABC, de façon que le rayon moyen du spectre éprouve la déviation minimum : l'angle d'incidence est alors celui qui correspond au minimum de déviation du rayon moyen du spectre. L'arête du prisme est placée parallèlement à la direction de la fente O.

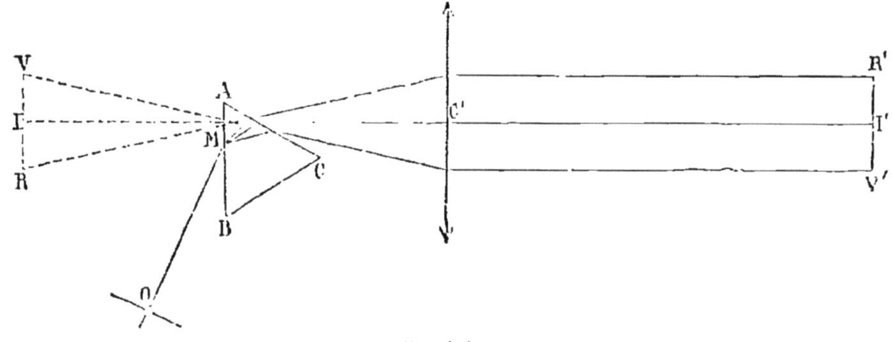


Fig. 184.

RV est le spectre *virtuel* situé à une distance du prisme, égale à la distance de ce prisme à la fente, et dirigé perpendiculairement à la direction du rayon moyen réfracté. (Voir 252.)

On place après le prisme une lentille C à une distance du spectre virtuel égale au double de la distance focale principale ; on obtient ainsi, sur un écran, un spectre réel R'V' de même grandeur que RV, et à la même distance de la lentille que RV.

La position du prisme au minimum de déviation a cet avantage que les images virtuelles de la fente relatives aux couleurs du spectre se forment à des distances égales du prisme, ce qui donne lieu à un spectre réel R'V' très pur.

**290 Recomposition de la lumière blanche.** — En rassemblant les rayons lumineux du spectre, on reconstitue la lumière blanche ou lumière solaire.

*Première expérience (fig. 185).* — En recevant les rayons du spectre sur un miroir concave M et en disposant un écran blanc au foyer *f* des rayons réfléchis, on y observe une image blanche, ayant même aspect que celle obtenue en recevant directement la lumière solaire sur le miroir.

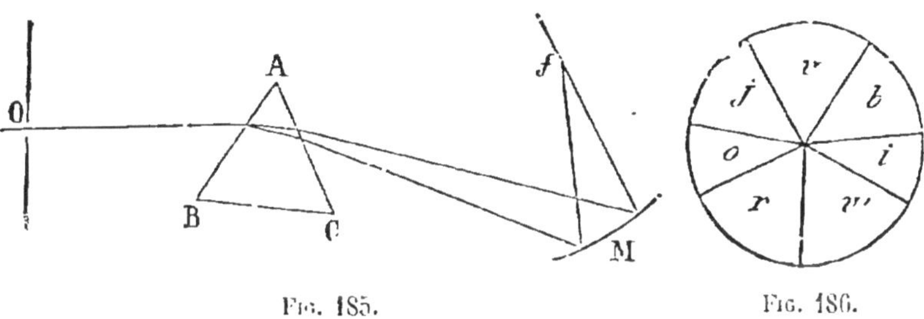

Fig. 185.                     Fig. 186.

*Deuxième expérience (fig. 186).* — Soit un disque divisé en sept secteurs dont les angles au centre sont proportionnels aux longueurs des teintes du spectre ; ces secteurs sont recouverts de papiers colorés représentant les différentes teintes du spectre. Si l'on donne au disque un mouvement de rotation rapide, il se produit une sorte de combinaison de ces couleurs, et l'œil ne voit plus qu'un disque à peu près blanc. Cela tient à la persistance des impressions lumineuses sur la rétine ; le disque ayant une grande vitesse de rotation, les couleurs du spectre passent successivement au même point, dans un temps inférieur à celui de la durée de l'impression lumineuse sur la rétine.

**291. Couleurs complémentaires.** — On appelle ainsi deux couleurs qui, en se superposant, produisent le blanc. Ainsi, lorsqu'on reçoit un spectre solaire sur un écran muni d'ou-

vertures qui laissent passer certaines des cou-
leurs du spectre, si
on fait converger, au
moyen d'une lentille,
toutes ces couleurs en
un même point, l'image
obtenue a une teinte
*complémentaire* de celle
qu'on obtiendrait en
superposant les couleurs
arrêtées par l'écran.

Les corps blancs sont
ceux qui renvoient par
diffusion toutes les cou-
leurs de la lumière blan-
che ; les corps rouges
sont ceux qui absorbent
la couleur complémen-
taire du rouge, etc.

**292. Propriétés calo-
rifiques et chimiques du
spectre.** — En produi-
sant le spectre solaire
avec un prisme de sel
gemme (substance par-
faitement diathermane
pour toute espèce de
chaleur), on constate,
en étudiant le spectre
avec une pile de Melloni,
qu'il a des propriétés
calorifiques croissantes
depuis le violet jusqu'au
rouge. On remarque, en
outre, l'existence de
rayons calorifiques au-

Fig. 187.

delà du rouge, et à une distance égale à environ deux fois la longueur du spectre lumineux. Ce sont des rayons calorifiques *obscurs*, dits rayons *infra-rouges*.

En explorant le spectre solaire avec une substance attaquable par la lumière, on constate qu'il se produit une action chimique qui s'accentue du rouge au violet ; de plus, cette action se manifeste encore au-dessus du violet : il y a donc, de ce côté, des rayons chimiques *obscurs;* on les appelle *ultra-violets.*

**293.** La *phosphorescence*, ou la *fluorescen.* de certaines substances sont déterminées par les rayons chimiques. Ces substances, placées dans les rayons les plus déviés de la partie visible du spectre, ou même dans les rayons ultra-violets, deviennent phosphorescentes et luisent encore dans l'obscurité, lorsqu'on a supprimé les rayons incidents. La fluorescence s'explique de même, mais elle cesse dès qu'on a supprimé les rayons qui en sont la cause. La solution de sulfate de quinine est fluorescente.

**294. Raies du spectre.** — En examinant un spectre bien pur on y observe des raies obscures parallèles à l'arête du prisme. Wollaston avait simplement signalé ce phénomène sans l'expliquer. Fraunhofer, en l'étudiant attentivement, compta six cents raies dans le spectre. Il a désigné les huit principales par les lettres de l'alphabet ABCDEFGH, en allant du rouge au violet. Depuis, on a pu compter environ 3 000 raies.

**295. Spectres divers.** — 1° *Astres.* — La lune et les planètes qui n'ont pas de lumière propre ont le même spectre que le soleil ; mais les étoiles, brillantes par elles-mêmes, n'en diffèrent cependant que par le nombre et le groupement des raies obscures.

2° Les *corps solides*, ou *liquides*, amenés à l'incandescence, ont un spectre *continu* sans intervalles obscurs. En les échauffant graduellement on constate que les rayons calorifiques obscurs, les moins réfrangibles, se produisent les premiers, puis les rayons lumineux, rouges d'abord, violets ensuite à la température du blanc, enfin les rayons chimiques.

Les rayons ultra-violets apparaissent à une température supérieure à celle qui donne le spectre visible complet.

3° Les *corps gazeux* ont un spectre *discontinu* formé de raies *brillantes* dont la couleur et la position sont caractéristiques pour chaque gaz.

On observe ordinairement ces spectres en faisant jaillir l'étincelle électrique dans des tubes de Geissler contenant des gaz raréfiés.

Les flammes de gaz qui tiennent en suspension des particules de carbone ont un spectre continu, à cause de ces particules incandescentes.

L'arc électrique a un spectre discontinu pourvu qu'on éloigne suffisamment les extrémités des corps solides entre lesquels il jaillit.

**296. Spectroscope** (*fig*. 188). — Cet instrument sert à l'étude des différents spectres et repose sur le principe suivant :

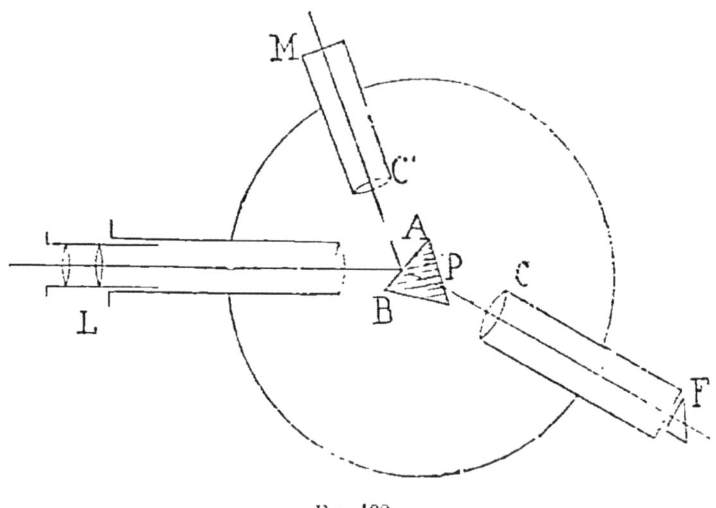

Fig. 188.

Un prisme P est dans la position du minimum de déviation ; on place symétriquement, par rapport à ce prisme, une lunette L et un *collimateur* C formé d'une lentille convergente C au foyer de laquelle on a pratiqué une fente étroite F par où arrivent les rayons lumineux. On observe le spectre dans la lunette L, qui est au point pour toutes les couleurs, puisque le prisme est dans la position du minimum de déviation.

En M se trouve un micromètre en verre dont les divisions très fines sont parallèles à la fente et à l'arête du prisme ; il est éclairé par derrière au moyen d'une flamme quelconque, et placé au foyer d'une lentille convergente C'. Les rayons envoyés par le micromètre sont réfléchis sur la face AB du prisme, puis reçus dans la lunette où il se forme une image des divisions, qui se superpose à l'image de la fente formée par réfraction, c'est-à-dire à l'image du spectre. Chaque raie est alors caractérisée par la division du micromètre à laquelle elle correspond.

**297. Analyse spectrale.** — L'analyse spectrale est une méthode d'analyse extrêmement sensible basée sur l'observation des spectres caractéristiques des gaz ou des vapeurs incandescentes.

La flamme d'un brûleur de Bunsen donne un spectre à peine visible ; si on introduit dans cette flamme un fil de platine trempé dans une solution saline, le spectre présente alors des raies brillantes et colorées qui caractérisent le métal de la solution : ainsi, les sels de potassium donnent deux raies rouges ; ceux de sodium, une raie jaune, etc.

L'apparition de raies particulières n'appartenant à aucun des métaux connus a amené la découverte du rubidium, du cœsium, du thallium, de l'indium, du gallium.

**298. Expérience du renversement des raies.** — La flamme de l'alcool salé produit une lumière dont le spectre se réduit à une bande jaune brillante, qui occupe dans le spectroscope la même place que la raie obscure D du spectre solaire. Si l'on fait tomber dans le spectroscope un faisceau de lumière émis par l'arc voltaïque jaillissant entre deux charbons, on observe un spectre continu, mais en plaçant sur le trajet de ce faisceau la flamme de l'alcool salé, on observe dans ce spectre une bande obscure occupant exactement la place D. C'est l'expérience du *renversement des raies*.

On voit ainsi qu'une flamme contenant un sel de sodium a la propriété d'*émettre* exclusivement des rayons jaunes et

possède aussi celle d'*absorber* la lumière jaune émise par une
source plus intense, sans absorber les autres couleurs de
cette lumière.

— En résumé, la relation qui existe entre l'émission et
l'absorption des mêmes radiations peut s'exprimer ainsi,
d'après les études de M. Kirchoff : *La vapeur incandescente est
parfaitement transparente pour les radiations qu'elle n'émet pas ;
elle absorbe, au contraire, les radiations qu'elle émet. Le pouvoir émissif croît avec la température, le pouvoir absorbant croît
avec le pouvoir émissif.*

Ainsi, la flamme de l'alcool salé qui, à la température de sa
combustion, donne un spectre jaune, n'émet que des rayons
jaunes à cette température ; de plus, cette flamme absorbe
les radiations jaunes de la lumière de l'arc qui la traverse,
mais laisse passer les autres. D'ailleurs, les rayons jaunes de
la flamme elle-même n'ont pas une intensité compensant
la perte d'éclat du faisceau qui la traverse.

**299. Explication des raies du spectre solaire.** — M. Kirchoff
admet que le soleil est un globe fluide incandescent, enve-
loppé de vapeurs métalliques ; le globe central enverrait une
lumière qui aurait un spectre continu sans la présence de ces
vapeurs ; celles-ci absorbent les radiations du globe qui sont
de même nature que leurs propres radiations : de là, la présence de nombreuses raies obscures dans le spectre solaire.

En remarquant la coïncidence exacte entre certaines raies
obscures du spectre solaire et les raies brillantes fournies par
les spectres particuliers des gaz, M. Kirchoff a conclu à la
présence de certains métaux dans l'atmosphère solaire, tels
que l'aluminium, le baryum, le calcium, le cuivre, le fer, le
chrome, le sodium, le zinc, le manganèse, le nickel, etc... ;
on y trouve aussi l'hydrogène.

D'ailleurs, il est bon de remarquer que la vapeur d'eau
répandue dans l'atmosphère de la terre peut faire naître
dans le spectre solaire certaines bandes obscures. On leur a
donné le nom de *raies telluriques.*

**300. Achromatisme.** — Un rayon de lumière blanche traversant une lentille subit le phénomène de la dispersion, et

les images observées sont irisées. En effet, soit un point lumineux A (*fig.* 189) à une distance $p$ de la lentille convergente C, distance plus grande que sa distance focale principale ; la distance $p'$ où doit se former l'image de A est donnée par la relation :

$$\frac{1}{p} + \frac{1}{p'} = (n - 1) \left( \frac{1}{R} + \frac{1}{R'} \right).$$

A chaque couleur correspond un foyer particulier du point lumineux ; le foyer des rayons violets se forme en V plus près de la lentille que le foyer des rayons rouges R ; entre V et R e placent les foyers correspondant aux autres couleurs.

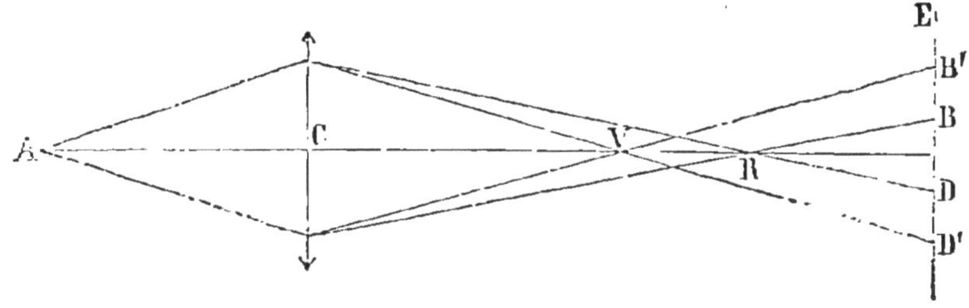

Fig. 189.

Si on place un écran au-delà du foyer R, à l'intérieur du cercle BD on trouvera la lumière blanche, le point B reçoit uniquement de la lumière rouge, le point B' uniquement de la lumière violette ; l'intervalle entre les deux cercles BD et B'D' est l'image irisée.

Ce phénomène a reçu le nom d'*aberration de réfrangibilité*.

On diminue ces effets d'irisation en *achromatisant* les lentilles, cette opération consiste à juxtaposer deux ou plusieurs lentilles de verres différents et auxquelles on donne des courbures telles que le système soit achromatique pour deux ou plusieurs couleurs du spectre. Les foyers de ces couleurs se formeront toujours au même point ; pour les autres couleurs il y aura encore une légère irisation.

# CHAPITRE VII

## NOTIONS DE MÉTÉOROLOGIE

—

### § 1. — Répartition de la température

**301.** Pour connaître les limites extrêmes entre lesquelles varie la température d'un lieu pendant un intervalle de temps déterminé, on se sert des thermomètres *à maxima* et *à minima*.

On nomme *température moyenne d'un jour* en un lieu, la moyenne des températures observées d'heure en heure, de minuit à minuit. Il y a également la température moyenne d'un mois, la température moyenne d'une année.

La température moyenne d'un lieu est la moyenne des températures d'un grand nombre d'années.

**302. Variations de la température. — Saisons. —** La température la plus basse du jour s'observe au moment du lever du soleil ; elle augmente ensuite et devient maximum vers une heure en hiver, vers deux heures en été ; puis, elle redescend jusqu'au coucher du soleil ; ce phénomène s'explique par l'inclinaison des rayons solaires.

Pendant l'année, la température est minimum vers le premier tiers de janvier, maximum vers le milieu de juillet.

— En météorologie, l'été, au lieu d'avoir les limites assignées en astronomie (21 juin au 21 septembre), est formé des mois e juin, juillet, août ; l'hiver est formé par les mois de décembre, janvier, février ; le printemps et l'automne comprennent les mois intermédiaires.

— La température décroît à mesure qu'on s'élève au-dessus de la surface de la terre ; elle diminue d'environ 1° pour une augmentation d'altitude de 180 mètres environ.

Les lignes *isothermes* sont les lignes obtenues sur le globe terrestre en réunissant les points qui offrent la même température moyenne de l'année. Les lignes *isothères* réunissent les points offrant la même température moyenne des trois mois d'été. Les lignes *isochimènes* réunissent les points offrant la même température moyenne des trois mois d'hiver.

Les lignes ainsi tracées se rapportent aux moyennes corrigées, c'est-à-dire réduites au niveau de la mer.

**303. Climats.** — Le climat d'un lieu est défini par l'ensemble des conditions météorologiques auxquelles ce lieu est soumis dans l'intervalle d'une année.

Il y a les climats *constants*, pour lesquels la température moyenne de l'été ne présente avec celle de l'hiver qu'une petite différence (6 à 7°) ; les climats *tempérés* pour lesquels cette différence atteint une quinzaine de degrés ; enfin, les climats *excessifs* pour lesquels cette différence devient beaucoup plus grande.

La température varie avec la latitude ; à ce point de vue, on a divisé la surface du globe en cinq zones : la zone *torride* limitée par les deux tropiques, c'est-à-dire par deux parallèles situés de part et d'autre de l'équateur à une latitude de 23° 28' ; les deux zones *tempérées* situées de part et d'autre de la zone torride, chacune étant comprise entre un tropique et le cercle polaire, petit cercle situé à la latitude de 66° 32' ; les deux zones *glaciales* comprises chacune entre un cercle polaire et le pôle correspondant.

## § 2. — VENTS

**304. Les causes des vents sont très variées.** Ainsi, quand une région du globe est fortement échauffée, les couches d'air voisines du sol, moins denses que les autres, s'élèvent et sont remplacées par de l'air froid venant des régions voisines ; l'air chaud qui s'est élevé se déverse ensuite vers les parties froides ; il résulte de ce fait un double courant d'air dans l'atmosphère : l'un en bas allant de la partie froide à la partie plus chaude ; l'autre en haut allant de la partie chaude vers la région froide.

Les *brises* qu'on observe sur les côtes sont appelées *vents périodiques*. Il y a la brise de mer et la brise de terre, dues toutes deux à ce que la terre, sous l'influence des rayons solaires, s'échauffe le matin plus vite que la surface de la mer, et se refroidit, le soir plus rapidement.

Les *moussons* sont aussi des vents périodiques observés surtout dans la mer des Indes. Il y a la mousson du printemps, vent de mer commençant au mois d'avril, c'est-à-dire à l'époque où la température moyenne du continent commence à devenir plus élevée que celle de la mer ; elle souffle jusqu'en octobre ; la mousson d'automne commence à cette époque, et souffle tant que la température moyenne du sol décroît plus vite que celle des mers.

Les vents *alizés* sont des vents *constants* soufflant toute l'année dans le voisinage de l'équateur. Par suite des différences de température entre les pôles et l'équateur, il se produit des courants dirigés de chacun des pôles vers l'équateur : mais les vitesses des différents points de la terre étant d'autant plus grandes qu'ils sont plus rapprochés de l'équateur, il en résulte qu'une masse d'air venant des régions tempérées vers les tropiques se trouve animée d'une vitesse de rotation moindre que celle venant des tropiques, de sorte que cet air paraît souffler en sens inverse du mouvement de la terre. Le vent de l'hémisphère boréal est un vent de nord-est ; celui de l'hémisphère austral un vent de sud-est ; ces deux courants se réunissent en un courant régulier en arrivant sur l'équateur même, et produisent un vent d'est.

**305. Variations barométriques.** — Il y a des variations régulières et des variations accidentelles.

1° La hauteur barométrique éprouve des variations diurnes très régulières dans le voisinage de l'équateur ; chaque jour la hauteur barométrique atteint deux maxima (vers dix heures du matin et vers dix heures du soir), deux minima (vers quatre heures du matin et quatre heures du soir).

A mesure qu'on s'éloigne de l'équateur, l'influence de la direction des vents devient de plus en plus sensible.

2° Dans nos climats, les variations accidentelles sont fréquentes et rendent plus difficile l'observation des variations régulières.

La hauteur barométrique dépend principalement, dans nos contrées, de la direction des vents ; le baromètre est, en général, plus élevé par les vents du nord et de l'est que par les vents du sud et de l'ouest ; comme ces derniers, humides et chauds, amènent la pluie, on a établi une corrélation entre la hauteur barométrique et l'état probable de l'atmosphère.

On a remarqué aussi que la marche du baromètre est généralement inverse de celle du thermomètre.

La *hauteur moyenne* du baromètre dans un lieu, obtenue en comparant les moyennes de plusieurs années consécutives, dépend surtout de l'altitude et de la latitude de ce lieu.

La répartition des pressions est exprimée graphiquement sur une carte, par des lignes *isobares* (lignes d'égale pression), tracées de 5 en 5 millimètres de mercure : la ligne isobare correspondant à la pression 760 est marquée d'un trait plus gros.

## § 3. — Variations de l'état hygrométrique

306 Le degré d'humidité de l'air, à un moment donné, dépend à la fois de la quantité absolue de vapeur d'eau qu'il contient et de la température de l'atmosphère au même instant.

L'air est rarement saturé de vapeur.

L'état hygrométrique diminue rapidement à mesure qu'on s'élève dans l'atmosphère.

Le résultat de la condensation de la vapeur d'eau dans l'atmosphère ou au voisinage du sol est un *nuage* ou un *brouillard*, qui ne sont autre chose que de l'eau à l'état de vésicules infiniment petites.

La cause générale qui les produit est le refroidissement d'une masse d'air déjà voisine de son point de saturation.

Selon leur aspect, les nuages ont reçu différents noms ; les *cirrus* ont l'aspect de filaments tantôt parallèles, tantôt contournés ; les *cumulus* sont blancs, à contours limités et arrondis ; les marins les appellent des balles de coton ; les *stratus* sont disposés en bandes horizontales ; les *nimbus* sont de grands nuages sombres qui apportent la pluie.

Les cirrus sont toujours à de grandes hauteurs, où la température est très basse : les observations ont montré que ces nuages sont formés de petites aiguilles de glace en suspension dans l'air ; les cumulus sont formés de gouttelettes d'eau liquide ; les aiguilles des cirrus venant à rencontrer les gouttelettes d'eau des cumulus, il en résulte des nimbus très denses et une condensation puissante qui donne la *pluie*, ou bien une chute de *neige*, si les nimbus se forment dans des régions très froides, en hiver par exemple.

## § 4. — Électricité atmosphérique

**307.** On peut reconnaître avec l'électroscope de Saussure (analogue à l'électroscope à feuilles d'or), ou bien avec l'électromètre Thomson, la nature et la distribution de l'électricité dans l'atmosphère.

Par un temps serein, l'air est toujours chargé d'électricité positive ; cette électricité augmente à mesure qu'on s'élève.

Le sol est électrisé négativement. L'électricité des nuages est tantôt positive, tantôt négative, selon leur mode de formation.

— On a cherché à expliquer l'origine de l'électricité atmosphérique de diverses manières : soit par les phénomènes de la végétation (quand une plante germe dans un vase, les gaz qui s'échappent sont électrisés positivement, le vase reste électrisé négativement) ; soit par l'évaporation des eaux à la surface du sol ; la vapeur emporte l'électricité positive, l'eau et le sol gardent l'électricité négative ; soit, enfin, en supposant qu'il se produit des courants d'induction par la rotation de la terre dans les courants supérieurs de l'atmosphère.

Les phénomènes qui se produisent dans les orages sont purement électriques, comme l'a montré Franklin. Quand deux nuages chargés d'électricité contraire se rencontrent, il se produit une décharge électrique résultant de la combinaison de leurs fluides. Il y a coup de foudre quand la décharge éclate entre un nuage et le sol; l'*éclair* est le phénomène lumineux; le *tonnerre* est le bruit produit par la décharge.

La foudre frappe de préférence les points du sol où le fluide acquiert la plus haute tension, c'est-à-dire les points élevés ou terminés en pointe.

— Les effets de la foudre sont analogues à ceux de l'électricité des machines; mais ils ont plus d'intensité.

— Quand un nuage fortement électrisé, positivement par exemple, passe à une petite distance du sol, il agit par influence sur les objets qui sont à la surface, en attirant leur fluide négatif et repoussant le fluide positif; si le nuage se décharge tout à coup sur un autre point du sol, la recomposition des fluides se fait dans les corps influencés, et il peut se produire de cette façon, dans les êtres animés, des commotions mortelles; c'est le phénomène du *choc en retour*.

**308. Paratonnerres.** — Ces appareils reposent sur le pouvoir qu'ont les pointes d'attirer l'électricité; ils ont été inventés par Franklin. En approchant d'une machine chargée la main armée d'une pointe métallique, on n'obtient ni étincelle ni commotion: tel est le principe sur lequel reposent les paratonnerres.

La pointe du paratonnerre est en platine ou en cuivre rouge, pour éviter la combustion qui pourrait se produire par suite de la haute élévation de température. Sous l'influence du nuage, la pointe laisse échapper l'électricité négative du sol qui vient neutraliser celle du nuage. S'il y a coup de foudre, malgré la pointe, c'est le paratonnerre qui est frappé de préférence par suite de son élévation, et un conducteur, barre de fer de 15 millimètres de diamètre, conduit l'électricité dans le sol sans aucun dommage. On rattache à ce conducteur toutes les pièces métalliques intérieures ou extérieures de l'édifice.

— Pour préserver sûrement un édifice de la foudre, il faut

l'envelopper d'un réseau métallique en communication parfaite avec le sol. Cette communication peut avoir lieu soit par une nappe aquifère souterraine, soit par l'intermédiaire de plaques à large surface plongeant assez profondément dans l'eau d'un puits creusé à cet effet.

— On admet que le paratonnerre qui a de 5 mètres à 10 mètres de hauteur protège un cercle d'un rayon égal au double de sa hauteur.

## § 5. — Variations du magnétisme terrestre

Les variations du magnétisme terrestre en un lieu sont périodiques ou accidentelles.

**309. Variations séculaires.** — La déclinaison dans nos climats était orientale en 1580 ; elle a été nulle en 1666 ; depuis elle est occidentale, et a été en augmentant jusqu'en 1824, où elle atteignait 24° ; elle décroît depuis cette époque.

L'inclinaison diminue lentement depuis 1666, et continuera ainsi jusqu'en 2114 environ.

**310. Variations diurnes.** — Elles portent surtout sur la déclinaison ; elles ont deux maxima et deux minima.

Les observations faites pendant toute une année montrent que l'aiguille offre, par rapport à sa position moyenne, un maximum d'écart dans la saison chaude, un minimum dans la saison froide.

**311. Variations accidentelles.** — On les appelle *orages magnétiques*. Elles sont dues à des causes extérieures à la surface de la terre et accompagnent toujours les aurores boréales.

## I. — Densités de l'eau aux températures ordinaires

| Température | Densité | Température | Densité | Température | Densité |
|---|---|---|---|---|---|
| 0 | 0,999871 | 11 | 0,999655 | 22 | 0,997826 |
| 1 | 0,999928 | 12 | 0,999549 | 23 | 0,997601 |
| 2 | 0,999969 | 13 | 0,999430 | 24 | 0,997367 |
| 3 | 0,999991 | 14 | 0,999299 | 25 | 0,997120 |
| 4 | 1,000000 | 15 | 0,999160 | 26 | 0,996866 |
| 5 | 0,999990 | 16 | 0,999002 | 27 | 0,996603 |
| 6 | 0,999970 | 17 | 0,998841 | 28 | 0,996331 |
| 7 | 0,999933 | 18 | 0,998654 | 29 | 0,996051 |
| 8 | 0,999886 | 19 | 0,998460 | 30 | 0,995765 |
| 9 | 0,999824 | 20 | 0,998259 | » | » |
| 10 | 0,999747 | 21 | 0,998047 | 100 | 0,958632 |

## II. — Densités de mélanges d'eau et d'alcool (Gay-Lussac)

| Alcool 0/0 en vol. à 15°, ou degrés alcoom. | Densités | Alcool 0/0 en vol. à 15°, ou degrés alcoom. | Densités | Alcool 0/0 en vol. à 15°, ou degrés alcoom. | Densités | Alcool 0/0 en vol. à 15°, ou degrés alcoom. | Densités |
|---|---|---|---|---|---|---|---|
| 0 | 1,0000 | 26 | 0,9700 | 52 | 0,9309 | 78 | 0,8699 |
| 1 | 0,9985 | 27 | 0,9690 | 53 | 0,9289 | 79 | 0,8672 |
| 2 | 0,9970 | 28 | 0,9679 | 54 | 0,9269 | 80 | 0,8645 |
| 3 | 0,9956 | 29 | 0,9668 | 55 | 0,9248 | 81 | 0,8617 |
| 4 | 0,9942 | 30 | 0,9657 | 56 | 0,9227 | 82 | 0,8589 |
| 5 | 0,9929 | 31 | 0,9645 | 57 | 0,9206 | 83 | 0,8560 |
| 6 | 0,9916 | 32 | 0,9633 | 58 | 0,9185 | 84 | 0,8531 |
| 7 | 0,9903 | 33 | 0,9621 | 59 | 0,9163 | 85 | 0,8502 |
| 8 | 0,9891 | 34 | 0,9608 | 60 | 0,9141 | 86 | 0,8472 |
| 9 | 0,9878 | 35 | 0,9594 | 61 | 0,9119 | 87 | 0,8442 |
| 10 | 0,9867 | 36 | 0,9581 | 62 | 0,9096 | 88 | 0,8411 |
| 11 | 0,9855 | 37 | 0,9567 | 63 | 0,9073 | 89 | 0,8379 |
| 12 | 0,9844 | 38 | 0,9553 | 64 | 0,9050 | 90 | 0,8346 |
| 13 | 0,9833 | 39 | 0,9538 | 65 | 0,9027 | 91 | 0,8312 |
| 14 | 0,9822 | 40 | 0,9523 | 66 | 0,9004 | 92 | 0,8278 |
| 15 | 0,9812 | 41 | 0,9507 | 67 | 0,8980 | 93 | 0,8242 |
| 16 | 0,9802 | 42 | 0,9491 | 68 | 0,8956 | 94 | 0,8206 |
| 17 | 0,9792 | 43 | 0,9474 | 69 | 0,8932 | 95 | 0,8168 |
| 18 | 0,9782 | 44 | 0,9457 | 70 | 0,8907 | 96 | 0,8128 |
| 19 | 0,9773 | 45 | 0,9440 | 71 | 0,8882 | 97 | 0,8086 |
| 20 | 0,9763 | 46 | 0,9422 | 72 | 0,8857 | 98 | 0,8042 |
| 21 | 0,9753 | 47 | 0,9404 | 73 | 0,8831 | 99 | 0,7996 |
| 22 | 0,9742 | 48 | 0,9386 | 74 | 0,8805 | 100 | 0,7947 |
| 23 | 0,9732 | 49 | 0,9367 | 75 | 0,8779 | | |
| 24 | 0,9721 | 50 | 0,9348 | 76 | 0,8753 | | |
| 25 | 0,9711 | 51 | 0,9329 | 77 | 0,8726 | | |

### III. — Comparaison des thermomètres Réaumur et Centigrade

| Réaumur | Centigr. | Réaumur | Centigr. | Réaumur | Centigr. | Réaumur | Centigr. |
|---|---|---|---|---|---|---|---|
| 0 | 0 | 0 | 0 | 0 | 0 | 0 | 0 |
| 1 | 1,25 | 21 | 26,25 | 41 | 51,25 | 61 | 76,25 |
| 2 | 2,50 | 22 | 27,50 | 42 | 52,50 | 62 | 77,50 |
| 3 | 3,75 | 23 | 28,75 | 43 | 53,75 | 63 | 78,75 |
| 4 | 5,00 | 24 | 30,00 | 44 | 55,00 | 64 | 80,00 |
| 5 | 6,25 | 25 | 31,25 | 45 | 56,25 | 65 | 81,25 |
| 6 | 7,50 | 26 | 32,50 | 46 | 57,50 | 66 | 82,50 |
| 7 | 8,75 | 27 | 33,75 | 47 | 58,75 | 67 | 83,75 |
| 8 | 10,00 | 28 | 35,00 | 48 | 60,00 | 68 | 85,00 |
| 9 | 11,25 | 29 | 36,25 | 49 | 61,25 | 69 | 86,25 |
| 10 | 12,50 | 30 | 37,50 | 50 | 62,50 | 70 | 87,50 |
| 11 | 13,75 | 31 | 38,75 | 51 | 63,75 | 71 | 88,75 |
| 12 | 15,00 | 32 | 40,00 | 52 | 65,00 | 72 | 90,00 |
| 13 | 16,25 | 33 | 41,25 | 53 | 66,25 | 73 | 91,25 |
| 14 | 17,50 | 34 | 42,50 | 54 | 67,50 | 74 | 92,50 |
| 15 | 18,75 | 35 | 43,75 | 55 | 68,75 | 75 | 93,75 |
| 16 | 20,00 | 36 | 45,00 | 56 | 70,00 | 76 | 95,00 |
| 17 | 21,25 | 37 | 46,25 | 57 | 71,25 | 77 | 96,25 |
| 18 | 22,50 | 38 | 47,50 | 58 | 72,50 | 78 | 97,50 |
| 19 | 23,75 | 39 | 48,75 | 59 | 73,75 | 79 | 98,75 |
| 20 | 25,00 | 40 | 50,00 | 60 | 75,00 | 80 | 100,00 |

### IV. — Comparaison des thermomètres Fahrenheit et Centigrade

| Fahr. | Centigr. | Fahr. | Centigr. | Fahr. | Centigr. | Fahr. | Centigr. |
|---|---|---|---|---|---|---|---|
| 0 | 0 | 0 | 0 | 0 | 0 | 0 | 0 |
| — 40 | — 40,00 | — 25 | — 31,67 | — 10 | —23,33 | 5 | —15,00 |
| — 39 | — 39,44 | — 24 | — 31,11 | — 9 | —22,78 | 6 | —14,44 |
| — 38 | — 38,89 | — 23 | — 30,56 | — 8 | —22,22 | 7 | —13,89 |
| — 37 | — 38,33 | — 22 | — 30,00 | — 7 | —21,67 | 8 | —13,33 |
| — 36 | — 37,78 | — 21 | — 29,44 | — 6 | —21,11 | 9 | —12,78 |
| — 35 | — 37,22 | — 20 | — 28,89 | — 5 | —20,56 | 10 | —12,22 |
| — 34 | — 36,67 | — 19 | — 28,33 | — 4 | —20,00 | 11 | —11,67 |
| — 33 | — 36,11 | — 18 | — 27,78 | — 3 | —19,44 | 12 | —11,11 |
| — 32 | — 35,56 | — 17 | — 27,22 | — 2 | —18,89 | 13 | —10,56 |
| — 31 | — 35,00 | — 16 | — 26,67 | — 1 | —18,33 | 14 | —10,00 |
| — 30 | — 34,44 | — 15 | — 26,11 | 0 | —17,78 | 15 | — 9,44 |
| — 29 | — 33,89 | — 14 | — 25,56 | 1 | —17,22 | 16 | — 8,89 |
| — 28 | — 33,33 | — 13 | — 25,00 | 2 | —16,67 | 17 | — 8,33 |
| — 27 | — 32,78 | — 12 | — 24,44 | 3 | —16,11 | 18 | — 7,78 |
| — 26 | — 32,22 | — 11 | — 23,89 | 4 | —15,56 | 19 | — 7,22 |

| Fahr. | Centigr. | Fahr. | Centigr. | Fahr. | Centigr. | Fahr. | Centigr. |
|---|---|---|---|---|---|---|---|
| 0 | 0 | 0 | 0 | 0 | 0 | 0 | 0 |
| 20 | — 6,67 | 42 | 5,56 | 64 | 17,78 | 86 | 30,00 |
| 21 | — 6,11 | 43 | 6,11 | 65 | 18,33 | 87 | 30,56 |
| 22 | — 5,56 | 44 | 6,67 | 66 | 18,89 | 88 | 31,11 |
| 23 | — 5,00 | 45 | 7,22 | 67 | 19,44 | 89 | 31,67 |
| 24 | — 4,44 | 46 | 7,78 | 68 | 20,00 | 90 | 32,22 |
| 25 | — 3,89 | 47 | 8,33 | 69 | 20,56 | 91 | 32,78 |
| 26 | — 3,33 | 48 | 8,89 | 70 | 21,11 | 92 | 33,33 |
| 27 | — 2,78 | 49 | 9,44 | 71 | 21,67 | 93 | 33,89 |
| 28 | — 2,22 | 50 | 10,00 | 72 | 22,22 | 94 | 34,44 |
| 29 | — 1,67 | 51 | 10,56 | 73 | 22,78 | 95 | 35,00 |
| 30 | — 1,11 | 52 | 11,11 | 74 | 23,33 | 96 | 35,56 |
| 31 | — 0,56 | 53 | 11,67 | 75 | 23,89 | 97 | 36,11 |
| 32 | 0,00 | 54 | 12,22 | 76 | 24,44 | 98 | 36,67 |
| 33 | 0,56 | 55 | 12,78 | 77 | 25,00 | 99 | 37,22 |
| 34 | 1,11 | 56 | 13,33 | 78 | 25,56 | 100 | 37,78 |
| 35 | 1,67 | 57 | 13,89 | 79 | 26,11 | 101 | 38,34 |
| 36 | 2,22 | 58 | 14,44 | 80 | 26,67 | 102 | 38,89 |
| 37 | 2,78 | 59 | 15,00 | 81 | 27,22 | 103 | 39,45 |
| 38 | 3,33 | 60 | 15,56 | 82 | 27,78 | 104 | 40,00 |
| 39 | 3,89 | 61 | 16,11 | 83 | 28,33 | 105 | 40,56 |
| 40 | 4,44 | 62 | 16,67 | 84 | 28,89 | 106 | 41,12 |
| 41 | 5,00 | 63 | 17,22 | 85 | 29,44 | | |

## V. — Coefficients de dilatation linéaire de quelques solides entre 0° et 100°

| Corps | Coeffic. | Corps | Coeffic. |
|---|---|---|---|
| | 0,000 | | 0,000 |
| Acier.............. | 11500 | Glace de — 27 à — 1.. | 51813 |
| — trempé........ | 12250 | Granit............ | 08625 |
| Aluminium ........ | 22239 | Gypse............. | 14010 |
| Argent............ | 19097 | Marbre blanc........ | 10720 |
| Bois de sapin........ | 03520 | — noir......... | 04260 |
| Briques............ | 05502 | Or............... | 15136 |
| Bronze ........... | 18492 | Platine............ | 08842 |
| Charbon de bois de sa-pin............ | 10000 | Plomb ........... | 28487 |
| | | Spath fluor........ | 20700 |
| Cuivre jaune (laiton). | 18782 | Verres en tubes...... | 08969 |
| Cuivre rouge ........ | 17182 | — en verges pleines | 09220 |
| Etain............. | 21730 | — en règle........ | 08643 |
| Fer.............. | 11821 | — glaces (St-Gobain) | 08909 |
| Fer en fil........... | 14401 | — flint ........... | 08167 |
| Fonte ............ | 11100 | Zinc............. | 29680 |

## VI. — Mélanges réfrigérants de liquides et de sels pris à 10°

|  | Proportion. | Temp. obtenue |
|---|---|---|
| Eau................................. | 1 | — 16° |
| Azotate d'ammonium pulvérisé...... | 1 | |
| Sel ammoniac pulvérisé............. | 5 | |
| Azotate de potassium pulvérisé...... | 5 | — 12° |
| Eau ............................... | 16 | |
| Acide chlorhydrique................. | 5 | — 18° |
| Sulfate de sodium pulvérisé......... | 8 | |

## VII. — Mélanges réfrigérants de neige et de sel à 0°

|  | Proportion. | Temp. obtenue |
|---|---|---|
| Neige............................... | 1 | — 18° |
| Sel marin........................... | 1 | |
| Neige............................... | 2 | — 51° |
| Chlorure de calcium cristallisé, pulvérisé............................... | 3 | |
| Neige refroidie à — 18°............. | 1 | — 55° |
| Chlorure de calcium cristallisé, pulvérisé, à — 18°...................... | 2 | |
| Acide sulfurique.................... | 1 | — 20° |
| Neige............................... | 4 | |

## VIII. — Points de fusion et d'ébullition de quelques corps minéraux

|  | Fusion | Ébullition |
|---|---|---|
|  | ° | ° |
| Acide arsénieux........................ | | 220 |
| — azotique monohydraté $AzO^3H$..... | — 50 | 86 |
| — — quadrihydr. $AzO^5H + 3H^2O$. | | 123 |
| — carbonique...................... | | — 78 |
| — chlorhydrique $D = 1.11$.......... | | 110 |
| — cyanhydrique ................... | · 13,8 | 26,2 |
| — hypoazotique (peroxyde d'azote)... | — 9 | 28 |
| — iodhydrique $D = 1.70$............ | | 128 |
| — sulfureux........................ | — 79 | — 10 |
| — sulfurique anhydre............... | 16 | 46 |
| — — dit monohydraté $(SO^4H^2)$. | pur 10,5 | ord. 338 |

|  | Fusion | Ebullition |
|---|---|---|
|  | 0 | 0 |
| Acier. | 1300 |  |
| Alliage, 1 at. plomb, 3 at. étain | 186 |  |
| — de Darcet (5 Pb,3 Sn,8 Bi) | 94 |  |
| Aluminium | 600 |  |
| Ammoniaque (gaz | — 80 | — 35 |
| Antimoine | 440 |  |
| Argent | 1000 |  |
| Arsenic | 210 | 412 |
| Protoxyde d'azote |  | — 86 |
| Azotate d'argent | 198 |  |
| Bismuth | 265 |  |
| Brome | — 24,5 | 63 |
| Bromure phosphoreux |  | 175,3 |
| — de silicium |  | 153,4 |
| Bronze | 900 |  |
| Cadmium | 320 | 860 |
| Chlorure antimonieux | 73 | 230 |
| — d'argent | 260 |  |
| — d'arsenic |  | 132 |
| — de cyanogène liquide | — 5 | 15,5 |
| — de cyanogène solide | 140 | 190 |
| — d'étain (proto-) | 250 |  |
| — — (per-) |  | 115,4 |
| — d'iode (proto-) | 25 | 101 cor. |
| — mercurique | 265 | 300 |
| — phosphoreux |  | 78,3 |
| — phosphorique | 148 | 148 |
| — de silicium |  | 59 |
| — de soufre (proto-) |  | 138 |
| — — (bi-) |  | 64 |
| — de sulfuryle (SO$^2$Cl$^2$) |  | 77 |
| — de zinc | 250 | 250 |
| Cuivre | 1050 |  |
| Laiton | 1015 |  |
| Eau de mer | — 2,5 | 103,7 |
| Etain | 235 |  |
| Fer doux | 1300 |  |
| Fonte | 1050 |  |
| Iode | 113,5 | > 176 |
| Lithium | 180 |  |
| Magnésium | 1000 env. |  |
| Mercure | — 39,5 | 210 |
| Or fin | 1250 |  |
| — à 900/1000 | 1180 |  |
| Oxychlorure de phosphore |  | 110 |
| Phosphore | 44,2 | 290 |
| Plomb | 335 | 1040 |
| Potassium | 62,5 | 700 |
| Sodium | 90 | 710 |
| Soufre | 109 | 400 |
| Sulfure de carbone |  | 48 |
| Zinc | 412 | 1300 |

## IX. — TENSIONS DE LA VAPEUR D'EAU EN MILLIMÈTRES DE MERCURE, D'APRÈS REGNAULT

| Température | Tension | Température | Tension | Température | Tension | Température | Tension | Valeur en atmosphères |
|---|---|---|---|---|---|---|---|---|
| 0 | | 0 | | 0 | | 0 | | |
| — 30 | 0,39 | 21 | 18,5 | 94 | 610,4 | 105 | 907 | 1,20 |
| — 25 | 0,61 | 22 | 19,7 | 94,5 | 622,2 | 107 | 972 | 1,28 |
| — 20 | 0,9 | 23 | 20,9 | 95 | 633,8 | 110 | 1075 | 1,40 |
| — 15 | 1,4 | 24 | 22,1 | 95,5 | 645,7 | 115 | 1273 | 1,66 |
| — 10 | 2,1 | 25 | 23,6 | 96 | 657,5 | 120 | 1491 | 1,96 |
| — 5 | 3,1 | 26 | 25 | 96,5 | 669,7 | 125 | 1744 | 2,30 |
| — 2 | 4 | 27 | 26,6 | 97 | 682 | 130 | 2030 | 2,67 |
| — 1 | 4,3 | 28 | 28,1 | 97,5 | 694,6 | 135 | 2354 | 3,10 |
| 0 | 4,6 | 29 | 29,8 | 98 | 707,3 | 140 | 2717 | 3,57 |
| 1 | 4,95 | 30 | 31,6 | 98,5 | 721,2 | 145 | 3125 | 4,1 |
| 2 | 5,3 | 35 | 41,9 | 99 | 732,2 | 150 | 3581 | 4,7 |
| 3 | 5,7 | 40 | 55 | 99,1 | 735,9 | 155 | 4088 | 5,3 |
| 4 | 6,1 | 45 | 71,5 | 99,2 | 738,5 | 160 | 4551 | 6,1 |
| 5 | 6,5 | 50 | 92 | 99,3 | 741,2 | 165 | 5274 | 6,9 |
| 6 | 7 | 55 | 117,5 | 99,4 | 743,8 | 170 | 5961 | 7,8 |
| 7 | 7,5 | 60 | 148 | 99,5 | 746,5 | 175 | 6717 | 8,8 |
| 8 | 8 | 65 | 186 | 99,6 | 749,2 | 180 | 7517 | 9,9 |
| 9 | 8,6 | 70 | 233 | 99,7 | 751,9 | 185 | 8453 | 11,1 |
| 10 | 9,1 | 75 | 287 | 99,8 | 754,6 | 190 | 9443 | 12,4 |
| 11 | 9,7 | 80 | 354 | 99,9 | 757,3 | 195 | 10520 | 13,9 |
| 12 | 10,4 | 85 | 432 | 100 | 760 | 200 | 11689 | 15,4 |
| 13 | 11,1 | 90 | 525,4 | 100,1 | 762,7 | 205 | 12956 | 17,5 |
| 14 | 11,9 | 90,5 | 535,5 | 100,2 | 765,5 | 210 | 14325 | 18,8 |
| 15 | 12,7 | 91 | 545,8 | 100,4 | 772 | 215 | 15801 | 20,8 |
| 16 | 13,5 | 91,5 | 556,2 | 100,6 | 776,5 | 220 | 17390 | 22,9 |
| 17 | 14,4 | 92 | 566,8 | 101 | 787 | 225 | 19097 | 25,3 |
| 18 | 15,3 | 92,5 | 577,3 | 102 | 816 | 230 | 20926 | 27,5 |
| 19 | 16,3 | 93 | 588,4 | 103 | 845 | | | |
| 20 | 17,4 | 93,5 | 599,5 | 104 | 876 | | | |

## X. — CHALEURS SPÉCIFIQUES DES CORPS SOLIDES (EAU = 1)

| | | | |
|---|---|---|---|
| Acier | 0,1185 | Fonte blanche | 0,1298 |
| Aluminium | 0,2181 | Iode | 0,0541 |
| Argent | 0,0570 | Laiton | 0,0939 |
| Bismuth | 0,0308 | Marbre sacchar. blanc | 0,2159 |
| Bois de chêne | 0,570 | Magnésie | 0,2439 |
| Bois de pin | 0,650 | Mercure | 0,0333 |
| Briques | 0,189 à 0,241 | Nickel | 0,1086 |
| Carbonate de chaux (craie) | 0,2149 | Noir animal | 0,2609 |
| Charbon de bois | 0,2415 | Or | 0,0324 |
| Chaux vive | 0,2169 | Phosphore | 0,1887 |
| Chlorure de sodium | 0,2140 | Platine | 0,0324 |
| Coke | 0,2009 | Plomb | 0,0314 |
| Cuivre | 0,0952 | Soufre | 0,2026 |
| Eau (glace) | 0,5040 | Verre { de 0 à 100° | 0,177 |
| Étain | 0,0562 | Verre { de 0 à 300° | 0,190 |
| Fer | 0,1138 | Zinc | 0,0956 |

### XI. — CHALEURS SPÉCIFIQUES DES LIQUIDES (EAU $= 1$)

| | | | |
|---|---|---|---|
| Alcool (de 23° à 43°).... | 0,605 | Iode...... | 0,1082 |
| Acide azotique......... | 0,6614 | Mercure............. | 0,0333 |
| Acide chlorhydrique... | 0,600 | Phosphore........... | 0,2045 |
| Acide sulfurique....... | 0,335 | Plomb.............. | 0,0402 |
| Etain.............. | 0,0637 | Soufre...... | 0,2340 |
| Ether sulfurique...... | 0,5157 | Térébenthine........ | 0,4267 |
| Huile d'olive. ......... | 0,3096 | Vinaigre............. | 0,920 |

### XII. — CHALEURS SPÉCIFIQUES DE QUELQUES GAZ ET VAPEURS (EAU $= 1$)

| Substances | Sous volume constant | Sous pression constante |
|---|---|---|
| Air atmosphérique............. | 0,1680 | 0,2375 |
| Oxygène...................... | 0,1548 | 0,2182 |
| Azote ....................... | 0,1730 | 0,2440 |
| Hydrogène.. ................ | 2,4146 | 3,4046 |
| Acide carbonique............. | 0,1719 | 0,2164 |
| Vapeur d'eau................. | 0,3337 | 0,4750 |
| Chlore....................... | 0,0983 | 0,1214 |
| Ammoniac.................... | 0,391 | 0,5080 |
| Alcool....................... | 0,410 | 0,4513 |

### XIII. — COEFFICIENTS DE CONDUCTIBILITÉ DE QUELQUES MÉTAUX

| | | | | | |
|---|---|---|---|---|---|
| Argent...... | 100,00 | Zinc........ | 19,0 | Plomb...... | 8,5 |
| Cuivre...... | 73,6 | Etain....... | 11,4 | Platine .... | 8,3 |
| Or.......... | 53,2 | Fer......... | 11,9 | Palladium... | 6,3 |
| Laiton.. ... | 23,6 | Acier....... | 11,1 | Bismuth.... | 1,8 |

## XIV. — INDICES DE RÉFRACTION PAR RAPPORT A LA RAIE D

| SOLIDES | | LIQUIDES | |
|---|---|---|---|
| Diamant | 2,42 | Phosphore | 2,075 |
| Phosphore | 2,22 | Sulfure de carbone à 10° | 1,634 |
| Soufre natif | 2,04 | Huile de cassia | 1,580 |
| Rubis | 1,71 | Aniline | 1,57 |
| Feldspath | 1,52 | Nitrobenzine | 1,54 |
| Topaze | 1,61 | Phénol | 1,55 |
| Emeraude | 1,58 | Cubébène | 1,51 |
| Flint-glass | 1,6 | Pseudocumène | 1,49 |
| Quartz $o$ | 1,544 | Oxychlor. de phosphore | 1,485 |
| — $e$ | 1,553 | Benzine | 1,49 |
| Sel gemme | 1,54 | Cymène α | 1,48 |
| Acide citrique | 1,53 | Cymène du camphre | 1,475 |
| Nitrate de potassium | 1,52 | Glycérine | 1,47 |
| Crown-glass | 1,5 | Térébenthine | 1,46 |
| Sulfate de potassium | 1,51 | Chloroforme | 1,44 |
| Sulfate de fer | 1,50 | Alcool amyliq. de ferm. | 1,40 |
| Sulfate de magnésium | 1,49 | Amylène | 1,39 |
| Spath-fluor | 1,43 | Alcool éthylique | 1,36 |
| Glace | 1,31 | Éther | 1,35 |
| Spath d'Islande $o$ | 1,658 | Acétone | 1,35 |
| — $e$ | 1,486 | Eau | 1,33 |
| | | Alcool méthylique | 1,33 |

# DEUXIÈME PARTIE

# CHIMIE

## CHAPITRE I

## PRÉLIMINAIRES

**312.** La chimie a pour objet l'étude des phénomènes dans lesquels on voit les corps s'unir ou se séparer avec changement durable de leurs propriétés.

Les corps se divisent en corps *simples*, c'est-à-dire irréductibles, indécomposables, et en corps *composés*, c'est-à-dire susceptibles de se dédoubler en deux ou plusieurs autres.

**313. Corps amorphes. — Corps cristallisés.** — Les corps sont à l'état amorphe ou à l'état cristallin. Les premiers, comme les résines, ne sont pas susceptibles de prendre les formes géométriques régulières qui distinguent les seconds.

On peut provoquer la cristallisation d'un corps par plusieurs procédés :

1° Par *voie sèche* : on n'emploie aucun liquide dissolvant ; on opère soit par fusion suivie d'un refroidissement (exemple : le soufre), soit par sublimation (camphre) ;

2° Par *voie humide* : on fait dissoudre dans un liquide le corps à cristalliser, et on obtient les cristaux soit par refroidissement, soit par évaporation.

**314. Systèmes cristallins.** — On a rangé les formes cristallines en six systèmes différents. Cette classification repose sur l'existence d'un centre et de plusieurs axes de symétrie. Les systèmes cristallins se distinguent les uns des autres par le nombre, la longueur relative et l'orientation des axes; chaque système a reçu le nom de l'une de ses formes les plus simples. Ce sont :

1° Système *cubique*; exemple : sel marin, alun ;

2° Système du *prisme droit à base carrée*; exemple : bioxyde d'étain ;

3° Système du *prisme droit à base rectangle*; exemple : soufre natif ;

4° Système du *prisme oblique à base rectangle* ou *clino-rhombique*; exemple : le soufre cristallisé vers 113° ;

5° Système du *prisme oblique à base parallélogramme*; exemple : sulfate de cuivre ;

6° Système du *prisme hexagonal droit*; exemple : quartz.

**315. Dimorphisme. — Isomorphisme.** — Les substances *dimorphes* sont celles qui peuvent cristalliser dans deux formes appartenant à des systèmes différents. Exemple : le soufre, le carbonate de calcium.

On appelle corps *isomorphes* ceux qui, cristallisant dans un même système, ont, en outre, la propriété de pouvoir exister en proportion variable dans un même cristal; exemple : l'alun ordinaire et l'alun de chrome.

Les corps isomorphes ont toujours la même constitution chimique.

**316. Allotropie. — Isomérie.** — Sous l'influence de la chaleur, de la lumière ou de l'électricité, certains corps simples peuvent subir des modifications profondes et se présenter sous différents états qu'on appelle états *allotropiques*. Exemple : le phosphore ordinaire et le phosphore rouge. Certains corps composés jouissent de la même propriété; on dit qu'ils se présentent sous plusieurs états *isomériques*.

**317. Combinaison. — Mélange.** — Quand deux ou plusieurs corps s'unissent de manière à former un corps nouveau qui diffère essentiellement des autres, on dit qu'il y a *combinaison*; les propriétés des éléments constituants sont remplacées par des propriétés nouvelles. Au contraire, il y a *mélange* quand les propriétés des éléments se conservent.

## LOIS DES COMBINAISONS

**318. Loi des poids ou de Lavoisier.** — Le poids d'un composé est égal à la somme des poids des composants.

**319. Loi des proportions définies ou de Proust.** — Deux corps, pour former un même composé, se combinent toujours dans les mêmes proportions. Exemple : 1 gramme d'hydrogène se combine toujours avec 35$^{gr}$,5 de chlore pour former 36$^{gr}$,5 d'acide chlorhydrique.

**320. Loi des proportions multiples ou de Dalton.** — Quand deux corps se combinent en plusieurs proportions, il y a toujours un rapport simple entre les différents poids de l'un des corps qui s'unissent avec un même poids de l'autre. Exemple : combinaisons de l'azote et de l'oxygène : il y a un rapport simple entre les poids d'oxygène qui s'unissent à un même poids d'azote.

**321. Loi des volumes ou de Gay-Lussac.** — Quand deux gaz se combinent, les volumes des composants sont entre eux dans un rapport simple; il y a aussi un rapport simple entre le volume du composé, à l'état gazeux, et les volumes des composants.

Si les gaz se combinent à volumes égaux, il n'y a pas contraction; dans le cas contraire, il y a contraction; elle est de 1/3 ou de 1/2 de la somme des volumes composants, selon que ceux-ci sont dans le rapport de 2 à 1 ou de 3 à 1. Exemple : 2 volumes d'hydrogène s'unissent à 1 volume d'oxygène pour former 2 volumes de vapeur d'eau; 1 volume de chlore se combine avec 1 volume d'hydrogène pour former 2 volumes de gaz acide chlorhydrique.

## PRINCIPES DE THERMOCHIMIE

**322.** La plupart des combinaisons chimiques se forment avec dégagement de chaleur, et, pour les décomposer, il faut leur restituer cette chaleur. Cependant, il y a des corps qui se forment avec absorption de chaleur, et qui, en se décomposant, en dégagent une quantité égale. Exemple : l'iodure d'azote, le chlorure d'azote, etc. Ces corps qui se décomposent avec dégagement de chaleur sont appelés : *corps explosifs.*

— La thermochimie étudie les réactions chimiques d'après les quantités de chaleur développées.

**1º Principe du travail moléculaire.** — La quantité de chaleur dégagée dans une réaction mesure la somme des travaux chimiques et physiques.

**2º Principe de l'équivalence calorifique des transformations chimiques.** — Si un système de corps simples ou composés, pris dans des conditions déterminées, éprouve des changements physiques ou chimiques capables de l'amener à un nouvel état (sans donner lieu à aucun effet mécanique extérieur au système), la quantité de chaleur dégagée ou absorbée par l'effet de ces changements dépend uniquement de l'état initial et de l'état final du système. Elle est la même, quelles que soient la nature et la suite des états intermédiaires. Exemple : la chaleur dégagée par la combinaison du carbone avec l'oxygène pour former de l'anhydride carbonique $CO_2$ est la même que la somme des quantités de chaleur dégagées par le carbone se transformant d'abord en oxyde de carbone $CO$, puis en $CO_2$.

**3º Principe du travail maximum.** — Tout changement chimique accompli sans l'intervention d'une énergie étrangère (chaleur, électricité) tend vers la production du corps, ou du système de corps, qui dégage le plus de chaleur.

La mesure des quantités de chaleur produites dans les réactions chimiques se fait à l'aide des calorimètres.

## ÉQUIVALENTS ET POIDS ATOMIQUES

**323.** On nomme *équivalents en poids* les poids relatifs des différents corps qui se déplacent et se remplacent dans des combinaisons analogues; ces nombres sont déduits de l'expérience, et indépendants de toute hypothèse sur la constitution intime des composés.

Il y a aussi des *équivalents en volume* : ce sont les volumes relatifs des gaz qui peuvent se déplacer et se remplacer dans des combinaisons analogues.

**324. Poids atomiques.** — On admet que les corps sont formés de particules très petites, représentant la *plus petite quantité de matière pouvant exister à l'état libre* : ces particules ont reçu le nom de *molécules*. On appelle *atomes les plus petites quantités des corps simples entrant dans une molécule*.

Les atomes sont identiques les uns aux autres dans les molécules des corps simples, et différents les uns des autres dans les molécules des corps composés. On appelle *poids moléculaires* les poids relatifs des molécules, et *poids atomiques* les poids relatifs des atomes : on rapporte les poids atomiques à celui de l'hydrogène pris comme unité.

Si on prend pour unité de volume celui de l'atome d'hydrogène, l'analyse des composés gazeux montre qu'on peut considérer les molécules de tous les corps gazeux comme occupant le volume 2 ; il en résulte que les *poids moléculaires sont les poids des corps simples ou des composés gazeux qui occupent le même volume que 2 d'hydrogène*.

Comme les poids de volumes égaux des différents gaz sont entre eux comme les densités de ces gaz, on est conduit à cet énoncé : *les poids moléculaires des gaz sont proportionnels aux densités des gaz*.

Donc, entre le poids moléculaire $p$ d'un gaz, dont la densité est $d$, et le poids 2 de 2 volumes d'hydrogène, dont la densité est 0,06947, on a le rapport :

$$\frac{p}{2} = \frac{d}{0,06947}.$$

d'où :

$$p = \frac{2d}{0,06947} = d \times 28,8.$$

c'est-à-dire que le *poids moléculaire d'un gaz est égal au produit de sa densité par 28,8*.

En général, le poids moléculaire des corps simples est double de leur poids atomique, c'est-à-dire que les molécules des corps simples contiennent, en général, 2 atomes, ou sont *diatomiques*. Il y a quelques exceptions : ainsi les

molécules du phosphore et de l'arsenic contiennent 4 atomes
et sont *tétratomiques*, etc.

En résumé, on prend pour poids atomique de l'hydrogène le nombre 1 et pour poids moléculaire des corps simples
ou des corps composés le poids de 2 volumes de ces corps.

En considérant les poids moléculaires des corps gazeux éva-
lués en grammes, tous les *poids moléculaires occupent le même
volume* (22 lit. 24) qui est le volume occupé par 2 grammes
d'hydrogène ; et le *poids atomique de la plupart des corps simples
est le poids de* 11 lit. 12, qui est le volume occupé par 1 gramme
d'hydrogène.

**325. Valence des atomes.** — On admet que la *valence*, ou
puissance de combinaison, de 1 volume (ou de 1 atome)
d'hydrogène est égale à 1, et on dit qu'il est *monovalent* ; or,
1 volume d'hydrogène se combine avec un 1 volume égal de
chlore, de brome, d'iode pour former les acides chlorhydrique, bromhydrique, iodhydrique : le chlore, le brome,
l'iode sont donc aussi monovalents.

Un volume d'oxygène (ou 1 atome) s'unit à 2 volumes d'hydrogène pour former de l'eau ; l'atome d'oxygène possède
donc une puissance de combinaison deux fois plus grande
que celle de l'hydrogène : on dit que l'oxygène est *divalent*.

De même, l'azote est *trivalent* ; le carbone est *tétravalent*.

**326. Classification des principaux éléments d'après leur
valence.**

| | |
|---|---|
| ÉLÉMENTS MONOVALENTS. . | Hydrogène, chlore, brome, iode, fluor.<br>Argent, potassium, sodium, lithium, thallium. |
| ÉLÉMENTS DIVALENTS . . . | Oxygène, soufre, sélénium, tellure.<br>Baryum, strontium, calcium, magnésium, cuivre, mercure, plomb, cadmium, manganèse, fer, chrome, cobalt, nickel, zinc. |
| ÉLÉMENTS TRIVALENTS. . . | Azote, phosphore, arsenic, bore.<br>Or, bismuth. |
| ÉLÉMENTS TÉTRAVALENTS. . | Carbone, silicium.<br>Étain, titane, platine, palladium, aluminium, fer, chrome. |
| ÉLÉMENTS PENTAVALENTS. . | Azote, phosphore, arsenic.<br>Antimoine. |

Le fer et le chrome doivent être envisagés comme éléments tétravalents dans leurs composés au *maximum* (perchlorure, peroxyde); mais ils jouent le rôle d'éléments divalents dans leurs composés au *minimum* (protochlorure, protoxyde).

L'azote, le phosphore et l'arsenic sont pentavalents dans leurs composés oxygénés, trivalents dans d'autres combinaisons.

## NOMENCLATURE ET SYMBOLES

**327.** Les *corps simples*, au nombre de 65, sont divisés en deux groupes : les *métalloïdes* et les *métaux*.

Les métaux ont de l'éclat, sont bons conducteurs de la chaleur et de l'électricité, et forment des bases avec l'oxygène. Les métalloïdes n'ont aucune de ces propriétés, leurs composés oxygénés sont des acides ou des corps neutres.

On compte actuellement quinze métalloïdes et cinquante métaux.

— Le tableau qui suit contient les corps simples, avec leurs symboles, leurs équivalents, leurs poids atomiques rapportés à celui de l'hydrogène pris pour unité. — On a rapproché les corps qui présentent des propriétés chimiques analogues.

### MÉTALLOÏDES

| NOMS | SYMBOLES | ÉQUIVALENTS | POIDS atomiques | NOMS | SYMBOLES | ÉQUIVALENTS | POIDS atomiques |
|---|---|---|---|---|---|---|---|
| Oxygène ... | O | 8 | 16 | Azote ....... | Az | 14 | 14 |
| Soufre ...... | S | 16 | 32 | Phosphore . | P | 31 | 31 |
| Sélénium... | Se | 39,75 | 79,5 | Arsenic .... | As | 75 | 75 |
| Tellure...... | Te | 64,5 | 129 | | | | |
| | | | | Carbone.... | C | 6 | 12 |
| Fluor ...... | F | 19 | 19 | Bore ....... | B | 11 | 11 |
| Chlore ...... | Cl | 35,5 | 35,5 | Silicium.... | Si | 14 | 28 |
| Brome ...... | Br | 80 | 80 | | | | |
| Iode ........ | I | 127 | 127 | Hydrogène . | H | 1 | 1 |

MÉTAUX

| NOMS | SYMBOLES | ÉQUIVALENTS | POIDS atomiques |
|---|---|---|---|
| Potassium.. | K | 39 | 39 |
| Sodium .... | Na | 23 | 23 |
| Lithium. .. | Li | 7 | 7 |
| Thallium... | Tl | 204 | 204 |
| Cæsium.... | Cs | 133 | 133 |
| Rubidium.. | Rb | 85 | 85 |
| | | | |
| Calcium.... | Ca | 20 | 40 |
| Strontium.. | St | 43,75 | 87,5 |
| Baryum.... | Ba | 68,5 | 137 |
| | | | |
| Magnésium. | Mg | 12 | 24 |
| Manganèse. | Mn | 27,5 | 55 |
| | | | |
| Fer ........ | Fe | 28 | 56 |
| Nickel ..... | Ni | 29,5 | 59 |
| Cobalt ..... | Co | 29,5 | 59 |
| Chrome.... | Cr | 26,25 | 52,5 |
| | | | |
| Aluminium. | Al | 13,75 | 27,5 |
| Glucirium.. | Gl | 7 | 14 |
| Zirconium.. | Zi | 45 | 90 |
| Yttrium.... | Yt | 30,85 | 61,7 |
| Thorium ... | Th | 57,75 | 115,5 |
| Cérium..... | Ce | 47,25 | 95,5 |
| Lanthane .. | La | 45 | 90 |
| Didyme.... | Di | 48 | 96 |
| Erbium .... | Er | 166 | 166 |
| Ytterbium.. | Yt | 173 | 173 |
| Philippium. | Ph | 58 | 58 |

| NOMS | SYMBOLES | ÉQUIVALENTS | POIDS atomiques |
|---|---|---|---|
| Zinc ....... | Zn | 33 | 66 |
| Gallium.... | Ga | 35 | 70 |
| Vanadium.. | Va | 51,3 | 51.3 |
| Cadmium .. | Cd | 56 | 112 |
| Indium .... | In | 56,7 | 113,4 |
| Uranium... | Ur | 60 | 120 |
| | | | |
| Tungstène.. | Tu | 92 | 184 |
| Molybdène . | Mo | 48 | 96 |
| Osmium ... | Os | 99,5 | 199 |
| Tantale .... | Ta | 91 | 182 |
| Titane ..... | Ti | 25 | 50 |
| Etain ..... | Sn | 59 | 118 |
| Antimoine.. | Sb | 120 | 120 |
| Niobium ... | Nb | 47 | 94 |
| | | | |
| Cuivre ..... | Cu | 31,5 | 63 |
| Plomb ..... | Pb | 103,5 | 207 |
| Bismuth... | Bi | 212 | 212 |
| | | | |
| Mercure.... | Hg | 100 | 200 |
| Palladium.. | Pa | 53,25 | 106,5 |
| Rhodium... | Ro | 52 | 104 |
| Ruthénium. | Ru | 52 | 104 |
| | | | |
| Argent..... | Ag | 108 | 108 |
| Platine..... | Pt | 99,5 | 199 |
| Iridium .... | Ir | 98,5 | 197 |
| Or ......... | Au | 98,2 | 196,4 |

**323. Corps composés.** — Un *acide* est un corps composé qui a la propriété de rougir la teinture bleue de tournesol ; une *base* est, au contraire, un composé qui ramène au bleu la teinture de tournesol rougie par un acide ; un *sel* est le composé résultant de l'union d'un acide et d'une base.

Les bases et les acides résultent de l'union des corps simples avec l'oxygène. S'il n'y a qu'un acide formé par le corps simple, on emploie la terminaison *ique* : exemple, acide carbonique ; s'il y a deux acides formés, on emploie,

la terminaison *eux* pour désigner celui des deux acides qui
a le moins d'oxygène : exemple, acide phosphoreux, acide
phosphorique ; s'il y a plus de deux acides formés, on se sert,
en outre, des préfixes *hypo* et *per* : exemple, acide hypochloreux, acide perchlorique.

Il y a des métalloïdes qui, en s'unissant avec l'hydrogène,
forment certaines combinaisons qui jouissent de propriétés
acides, on les appelle des *hydracides ;* ce sont les acides chlorhydrique, bromhydrique, iodhydrique, sulfhydrique, etc.,
formés par le chlore, le brome, l'iode, le soufre avec l'hydrogène.

— Les bases s'appellent encore des *oxydes ;* si un corps
simple forme avec l'oxygène plusieurs oxydes, on emploie,
pour les distinguer les préfixes *proto, sesqui, bi,* et on
dit : protoxyde, sesquioxyde, etc.

— Le nom d'un sel est formé en nommant à la suite l'un
de l'autre l'acide et la base qui composent ce sel ; si l'acide
est terminé en *ique,* on change ique en *ate* pour nommer le
sel, et si l'acide est terminé en *eux,* on change eux en *ite ;* on
dit : sulfate, sulfite de potassium.

**329. Classification des métalloïdes.** — Ils ont été classés
par Dumas en familles naturelles.

L'*hydrogène,* qui se rapproche beaucoup des métaux, est
resté à part : en effet, il est conducteur de la chaleur et de
l'électricité, il est déplacé par le zinc dans l'acide sulfurique,
tout comme l'argent est déplacé par le cuivre dans le sulfate
d'argent ; il forme des alliages avec le potassium, le sodium,
le palladium ; en un mot, il présente à peu près les mêmes
caractères que les métaux.

*Première famille :* Fluor, chlore, brome, iode ;

*Deuxième famille :* Oxygène, soufre, sélénium, tellure ;

*Troisième famille :* Azote, phosphore, arsenic ;

*Quatrième famille :* Carbone, bore, silicium ;

Dans ce qui va suivre, on se servira de la notation atomique.

# CHAPITRE II

# MÉTALLOIDES

---

## HYDROGÈNE

*Poids de l'atome* H *(poids de 1 volume pris pour unité)* = 1
*Poids moléculaire :* H² = 2

**330. Préparation.** — 1° *En décomposant l'eau par le fer au rouge.* — On fait passer un courant de vapeur d'eau sur du fil de fer chauffé au rouge dans un tube de porcelaine ; la vapeur d'eau se décompose en oxygène qui se combine avec le fer pour former de l'oxyde magnétique, et en hydrogène qui se dégage ; la réaction est représentée par l'équation :

$$3Fe + 4H^2O = Fe^3O^4 + 4H^2.$$

2° *A froid par le zinc ou le fer, en présence de l'acide sulfurique étendu d'eau, ou en présence de l'acide chlorhydrique.* — On verse l'acide peu à peu par l'une des deux tubulures d'un flacon renfermant le métal et de l'eau (*fig.* 190).

Il se forme du sulfate de zinc, et l'hydrogène se dégage. La réaction peut être représentée par la formule :

$$Zn + SO^4H^2 = SO^4Zn + H^2.$$

De même, avec l'acide chlorhydrique :

$$Zn + 2HCl = ZnCl^2 + H^2.$$

Le gaz obtenu contient de l'hydrogène sulfuré, de l'hydrogène arsénié, de l'hydrogène silicié, provenant du zinc du commerce et de l'acide sulfurique qui ne sont pas purs. On purifie l'hydrogène en le faisant passer dans un tube de verre rempli de tournure de cuivre maintenu au rouge, le cuivre absorbe toutes ces impuretés. Le gaz est ensuite desséché avec de la potasse caustique.

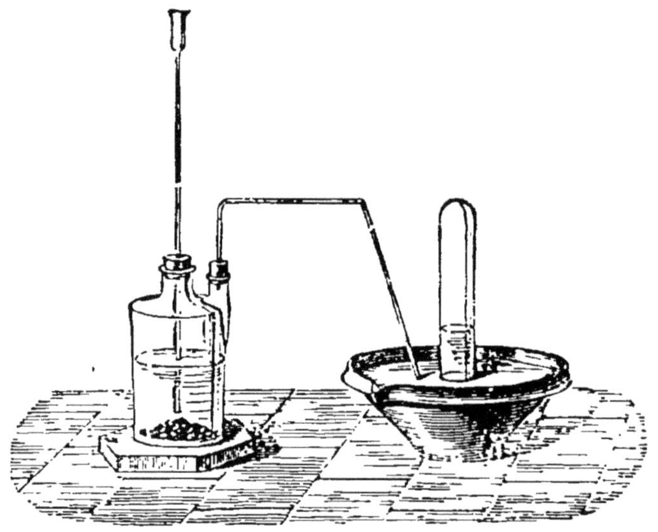

Fig. 190.

Remarque. — Le zinc employé est celui du commerce ; il renferme souvent du plomb ; les deux métaux forment ainsi une pile, et l'hydrogène se porte sur le plomb. Avec le zinc pur, les premières bulles de gaz hydrogène produites adhèrent au zinc et le recouvrent d'une couche qui empêche le contact du métal avec l'acide.

**331. Propriétés physiques.** — Gaz incolore, inodore, insipide. Densité : 0,0694.

C'est le plus léger de tous les gaz, il pèse beaucoup moins que l'air.

Il est très peu soluble dans l'eau ; c'est le seul gaz conducteur de la chaleur.

Il a été liquéfié en 1877 par M. Cailletet et par M. Pictet.

— Il traverse les enveloppes poreuses, le platine et le fer chauffés au rouge : c'est la propriété *endosmotique* de l'hydrogène.

**332. Propriétés chimiques.** — Il ne se combine directement qu'avec l'oxygène et avec le chlore. La combinaison avec l'oxygène donne de l'eau : elle se fait sous l'influence d'une flamme, d'une étincelle électrique, ou de la mousse de platine.

Il forme avec la moitié de son volume d'oxygène un mélange qui détone en présence d'une bougie allumée ; la détonation est moins violente si on emploie l'air au lieu de l'oxygène.

L'hydrogène est combustible, mais il n'entretient ni la combustion ni la respiration.

— L'hydrogène, dégageant beaucoup de chaleur en se combinant avec l'oxygène, est un *réducteur* puissant ; ainsi, un courant de gaz hydrogène, passant sur du sesquioxyde de fer légèrement chauffé, s'empare de son oxygène pour former de la vapeur d'eau ; il reste du protoxyde de fer, ou du fer *pyrophorique*, qui, projeté dans l'air, s'enflamme spontanément.

L'hydrogène se combine avec le potassium, le sodium, le palladium.

**Applications.** — Gonflement des aérostats ; chalumeau à gaz oxhydrique ; chalumeau à gaz hydrogène et à air pour la soudure autogène ; lumière Drummond ; réduction des oxydes, etc.

# OXYGÈNE

*Poids de l'atome O (poids de 1 volume)      16*
*Poids moléculaire : $O^2$ = 32*

**333. Préparation des laboratoires.** — 1° *Par la calcination du bioxyde de manganèse*, au rouge vif, dans une cornue de grès :

$$3MnO^2 \quad Mn^3O^4 + O^2.$$

L'oxygène ainsi obtenu renferme de la vapeur d'eau (enlevée par la ponce sulfurique), de l'acide carbonique (enlevé par la potasse caustique).

L'oxyde $Mn^3O^4$ qui reste dans la cornue est de couleur brun rouge : on lui a donné le nom *d'oxyde salin*.

2° *Par la calcination du chlorate de potassium*, au rouge, dans une cornue de verre ; on a de l'oxygène très pur. La réaction est représentée par la formule :

$$ClO^3K \quad KCl + O^3.$$

A la fin de l'opération, on active le feu pour décomposer une certaine quantité de perchlorate de potassium, formé par la fixation d'une portion d'oxygène sur le chlorate.

On facilite cette décomposition en ajoutant de l'oxyde brun de manganèse ou de l'oxyde de cuivre.

**334. Préparation industrielle.** — Boussingault a extrait l'oxygène de l'air, son procédé a été rendu industriel par les frères Brin.

On fait passer de l'air privé de gaz carbonique et de vapeur d'eau sur de la baryte $BaO$, pure et spongieuse, placée dans des tubes verticaux en fer chauffés à une température constante de 700° ; à cette température, la baryte absorbe l'oxygène de l'air et devient du bioxyde de baryum $BaO^2$. Il suffit ensuite de faire le vide pour enlever au bioxyde la moitié de son oxygène et le ramener à l'état de baryte qui sera encore capable d'absorber l'oxygène de l'air.

On obtient ainsi de grandes quantités d'oxygène qu'on

livre au commerce dans des bouteilles en fer de 8 à 15 litres, où le gaz est comprimé à 120 atmosphères.

**335. Propriétés physiques.** — Gaz incolore, inodore, insipide.

Sa densité est 1,1030 ; il est peu soluble dans l'eau ; il est soluble dans l'argent, l'or, la litharge en fusion. Il a été liquéfié par M. Cailletet, puis par M. Pictet, en 1877.

**336. Propriétés chimiques.** — L'oxygène se combine directement avec tous les métalloïdes, sauf le fluor, le chlore, le brome et l'iode ; avec tous les métaux, sauf l'or, l'argent, le platine.

Il est éminemment propre à la combustion ; celle-ci est tantôt *vive*, tantôt *lente* (combustion est, d'ailleurs, synonyme d'oxydation).

— En brûlant dans l'oxygène, le soufre, le phosphore, l'arsenic, le carbone, le bore, donnent des acides sulfureux, phosphorique, arsénieux, carbonique, borique.

— Les métaux s'oxydent aussi, souvent avec incandescence (potassium, sodium, zinc, fer, magnésium) ; ils forment ainsi des *oxydes*.

Le plomb, le cuivre, le mercure s'oxydent à chaud, mais sans incandescence.

— Dans l'air humide, les métaux s'oxydent lentement ; ainsi, le fer donne la rouille qui est un hydrate de sesquioxyde de fer.

**337. Dosage de l'oxygène dans les mélanges gazeux.** — L'oxygène pur rallume une allumette présentant encore un point en ignition ; des traces d'oxygène dans un mélange gazeux rougissent le gaz bioxyde d'azote.

Le dosage se fait par des absorbants : on emploie surtout le phosphore soit à froid, soit à chaud ; la solution alcaline de pyrogallate de potassium à froid ; la tournure de cuivre à chaud.

**338. Rôle et applications de l'oxygène.** — Le rôle de l'oxygène dans la respiration a été établi par Lavoisier, en 1777.

Il intervient dans la fabrication des acides sulfureux, sulfurique, carbonique, acétique; des oxydes de zinc, de plomb, etc.

**339. Ozone.** — L'ozone est une modification *allotropique* de l'oxygène. Sa formule est $O^3$.

On le prépare en faisant agir l'effluve électrique (décharge diffuse) sur un courant d'oxygène (procédé de M. Berthelot).

— Il s'en produit dans l'électrolyse de l'eau, dans les oxydations lentes, telles que l'oxydation du phosphore au contact de l'air humide.

*Propriétés.* — L'ozone est un gaz bleu, d'odeur pénétrante.

Il est instable, on le ramène à l'état d'oxygène en le chauffant à la température de 250° s'il est sec, et seulement à celle de 100° s'il est humide.

— C'est un oxydant plus énergique que l'oxygène; il oxyde immédiatement l'iode, le phosphore, le fer, le plomb, l'argent, l'étain, les acides sulfureux, sulfhydrique, arsénieux, les sels de protoxyde de fer, etc.

Avec l'iodure de potassium l'ozone donne de la potasse et de l'iode.

L'alcool, en présence de l'ozone, donne de l'acide acétique; la teinture du tournesol et le sulfate d'indigo sont décolorés; le caoutchouc est détruit, etc.

*Réactifs de l'ozone.* — Un *papier amidonné*, imprégné d'une dissolution d'*iodure de potassium*, bleuit sous l'influence de l'ozone; on peut ainsi reconnaître l'ozone de l'atmosphère, avec ce papier qu'on appelle, pour cette raison, papier *ozonoscopique*.

Un papier imprégné d'*oxyde de thallium* brunit en présence de l'ozone, par suite de la formation de peroxyde de thallium.


## EAU $H^2O$

*Poids de la molécule (poids de 2 volumes)* $= 18$


**340. Composition de l'eau.** — Avant 1781 l'eau était regardée comme un élément.

*Analyse de l'eau.* — En 1784, Lavoisier et Meusnier décomposèrent l'eau par le fer chauffé au rouge. L'hydrogène était recueilli dans une cloche placée sur la cuve à eau ; le poids de l'oxygène était déduit de l'augmentation du poids du fer.

*Synthèse de l'eau.* — 1° Lavoisier et Meusnier firent la synthèse de l'eau en brûlant de l'hydrogène dans un ballon rempli d'oxygène.

2° En 1804, Gay-Lussac et de Humboldt ont fait la synthèse de l'eau par l'eudiomètre à mercure, en y enflammant par l'étincelle électrique un mélange d'oxygène et d'hydrogène ; c'est une synthèse en volumes.

L'eudiomètre (*fig.* 191) consiste en un tube reposant sur la cuve à mercure et traversé à la partie supérieure par deux fils de platine entre lesquels on fait jaillir l'étincelle électrique. Le tube est gradué et on connaît la capacité de chaque division.

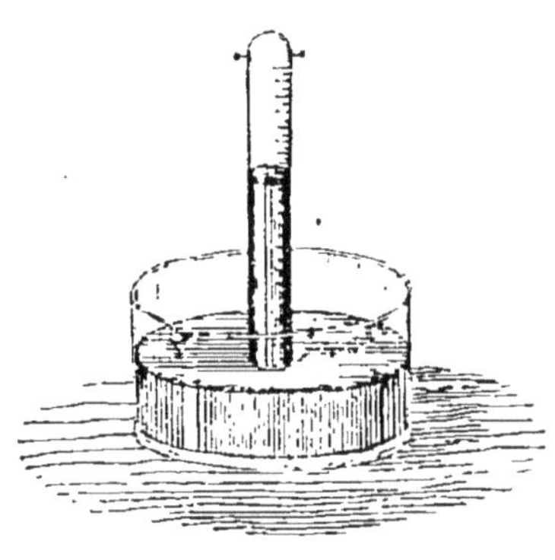

Fig. 191.

Supposons qu'on mette dans l'eudiomètre 100 volumes d'hydrogène et 100 volumes d'oxygène ; après la détonation produite par l'étincelle, il ne reste que 50 volumes de gaz qu'on reconnaît être de l'oxygène. Les 150 volumes disparus pour former de l'eau sont donc formés de 50 volumes d'oxygène et de 100 volumes d'hydrogène.

REMARQUE. — L'équation des poids donne aussi la valeur de $x$, volume de vapeur d'eau produite :

$$2 \times 0.0694 + 1 \times 1.1050 = x \times 0.622.$$

On déduit :

$$x = 2.$$

3° La synthèse de l'eau *en poids* a été faite par Dumas ; un courant d'hydrogène pur et sec passe sur de l'oxyde de cuivre renfermé dans un ballon de verre et porté au rouge.

L'oxyde est réduit; l'eau formée se condense en partie dans un second ballon, froid, et le reste est absorbé par des tubes desséchants contenant de l'acide phosphorique anhydre.

L'augmentation de poids du second ballon et des tubes donne le poids de l'eau produite; la diminution de poids du ballon à oxyde de cuivre donne le poids de l'oxygène; on en déduit celui de l'hydrogène par différence.

*Résultats.* — Composition en volumes : 2 volumes de vapeur d'eau renferment 2 volumes d'hydrogène et 1 volume d'oxygène.

Composition en poids : 18 grammes d'eau contiennent 2 grammes d'hydrogène et 16 grammes d'oxygène.

**341. Propriétés physiques.** — L'eau se présente dans la nature sous les trois états : solide, liquide, gazeux. A l'état de pureté, elle est sans saveur, sans odeur, limpide et incolore.

L'eau solide fond à 0° en diminuant de volume. Sa chaleur de fusion est de 80 calories.

L'eau liquide a un maximum de densité à 4°. Elle dissout un grand nombre de solides et de gaz ; sa chaleur de vaporisation est 537 calories.

**342. Propriétés chimiques.** — L'eau est dissociée par la chaleur à une température comprise entre 1.100° et 1.200°.

Le courant de la pile décompose l'eau (expérience du voltamètre, voir la *Physique*).

Plusieurs métalloïdes au rouge décomposent l'eau et s'emparent soit de son oxygène, soit de son hydrogène : ainsi, l'action du carbone donne lieu à de l'hydrogène et à de l'oxyde de carbone :

$$H^2O + C = H^2 + CO,$$

et l'action du chlore, à de l'acide chlorhydrique et à de l'oxygène :

$$H^2O + 2Cl = 2HCl + O.$$

Parmi les métaux, il n'y a que l'or, l'argent et le platine qui ne décomposent pas l'eau pour s'emparer de son oxygène : les autres métaux décomposent l'eau à des températures variables : le potassium et le sodium, à froid ; le magnésium, au-dessus de 50° ; le fer, le zinc, au rouge sombre, ou à froid en présence d'un acide ; l'étain, au rouge vif ; le cuivre et le plomb, au rouge blanc.

*Rôle chimique de l'eau.* — L'eau se combine avec les anhydrides ou acides anhydres pour former des acides hydratés :

$$SO^3 + H^2O = SO^4H^2.$$

Les hydrates métalliques résultent de la fixation de l'eau sur les oxydes métalliques :

$$K^2O + H^2O = 2KOH.$$

**343. État naturel de l'eau.** — Les eaux courantes contiennent toujours en dissolution des gaz empruntés à l'air : oxygène, azote, acide carbonique ; et des substances solides empruntées au sol : carbonates et sulfates de calcium et de magnésium, chlorures de potassium, de sodium, de magnésium, silice. Le carbonate de calcium et la silice, insolubles dans l'eau pure, sont solubles dans l'eau contenant de l'acide carbonique.

— Pour recueillir les gaz dissous dans l'eau, il suffit de la chauffer dans un ballon entièrement plein et muni d'un tube à dégagement : on recueille les gaz sur le mercure.

Pour recueillir les matières solides, il faut évaporer à siccité.

— Le *carbonate de calcium* se reconnaît avec la dissolution alcoolique de bois de campêche qui prend une teinte violette.

Les *sulfates* donnent un précipité blanc insoluble (sulfate de baryum) avec l'azotate de baryum.

Les *chlorures* se reconnaissent avec l'azotate d'argent qui forme un précipité blanc de chlorure d'argent insoluble dans l'eau, mais soluble dans l'ammoniaque.

La *chaux* se reconnaît par l'oxalate d'ammoniaque qui donne un précipité blanc d'oxalate de calcium, soluble dans l'acide azotique étendu.

**344. Eau potable.** — Une eau potable doit être fraîche, sans odeur, de saveur très faible, et agréable ; elle doit cuire les légumes et dissoudre le savon ; elle doit être aérée et ne pas contenir plus de 5 à 6 décigrammes de matières minérales par litre.

Une eau *crue* en contient davantage ; elle est lourde et indigeste.

Une eau *séléniteuse* est celle qui renferme beaucoup de sulfate de calcium, elle est impropre au savonnage et à la cuisson des légumes.

Une eau qui contient beaucoup de carbonate de calcium est dite *incrustante*, elle forme des dépôts épais dans les tuyaux ou les chaudières. C'est ce sel que les eaux dites *pétrifiantes* laissent déposer quand, au sortir de leur source, elles perdent leur acide carbonique.

Une eau n'est pas potable quand elle contient des matières organiques en dissolution ; portée à l'ébullition elle donne une coloration brune quand on y verse quelques gouttes d'une solution de chlorure d'or.

**345. Eaux minérales.** — Elles sont froides ou thermales ; leur action varie avec leur principe dominant. Les principales sont :

Les *eaux gazeuses*, ou *acidulées*, contenant de l'acide carbonique libre : eaux de Seltz, de Pougues, etc. ;

Les *eaux alcalines* contenant du bicarbonate de sodium : eaux de Vichy, Vals, Ems ;

Les *eaux ferrugineuses* dans lesquelles le fer se trouve à l'état de sulfate ou de carbonate : eaux de Spa, d'Orezza ;

Les *eaux sulfureuses*, renfermant de l'hydrogène sulfuré ou un sulfure alcalin : eaux de Barèges, d'Enghien ;

Les *eaux salines* qui renferment des sulfates alcalins : eaux de Carlsbad, d'Epsom, de Sedlitz.


## AIR ATMOSPHÉRIQUE


**346. Éléments de l'air.** — L'air est formé principalement d'azote et d'oxygène ; on y trouve aussi un peu de vapeur d'eau (on le constate en abandonnant à l'air un morceau de potasse caustique, celle-ci se décompose), un peu d'acide carbonique (qu'on reconnaît en exposant à l'air un vase contenant de l'eau de chaux, celle-ci se couvre bientôt de pellicules de carbonate de calcium); on vient d'y trouver également, en très petite quantité, un troisième gaz inerte, qu'on a appelé *argon*.

L'air peut contenir encore d'autres substances en quantités très petites (ammoniaque, etc.).

**347. Dosage volumétrique de l'oxygène et de l'azote.** — 1° Par la méthode des *absorbants* :

*a.* Le *phosphore à froid* ; dans une cloche graduée et reposant sur l'eau, on introduit 100 centimètres cubes d'air et un bâton de phosphore humide, il se forme de l'acide phosphoreux qui se dissout dans l'eau; on mesure le gaz restant ramené à la pression initiale, et on constate qu'il est formé uniquement d'azote, d'un volume égal à 79 centimètres cubes;

*b.* Le *phosphore à chaud* ; méthode analogue à la précédente, mais plus rapide ;

*c.* L'*acide pyrogallique et la potasse* ; cet acide absorbe l'oxygène de l'air en présence de la potasse, et en même temps se colore en brun.

2° Par la méthode *eudiométrique* : On introduit dans l'eudiomètre 100 volumes d'air et 100 volumes d'hydrogène ; on fait passer l'étincelle ; il reste alors 137 volumes de gaz ; 63 volumes ont disparu pour former de l'eau ; ces 63 volumes sont formés de 21 volumes d'oxygène et de 42 volumes d'hydrogène ; par conséquent, les 100 volumes d'air contiennent 21 volumes d'oxygène et 79 volumes d'azote.

**348. Dosage en poids,** par la méthode de Dumas et Boussingault. — On fait passer un courant d'air sur la tournure de cuivre chauffée au rouge dans un tube de verre ; cet air est débarrassé, au préalable, de sa vapeur d'eau et de son acide carbonique, en passant dans des tubes en U contenant, les uns de la potasse pour l'acide carbonique, les autres de la ponce imbibée d'acide sulfurique pour la vapeur d'eau.

L'oxygène est absorbé par le cuivre, l'azote se rend dans un grand ballon vide. Des pesées donnent le poids de l'oxygène absorbé et celui de l'azote.

*Résultats.* — L'air contient :

En poids :

$$\text{Oxygène} \dots\dots\dots \quad \left.\begin{array}{c} 23 \\ 77 \end{array}\right\} = 100$$

En volume :

$$\text{Oxygène} \dots\dots\dots \quad \left.\begin{array}{c} 20.8 \\ 79,2 \end{array}\right\} = 100$$

**349. Dosage de l'acide carbonique et de la vapeur d'eau.** — On opère sur un grand volume d'air. On le fait passer à l'aide d'un aspirateur à travers des tubes à ponce sulfurique et des tubes à potasse ; la vapeur d'eau est retenue par les premiers, l'acide carbonique par les seconds.

Les poids $p$ et $p'$, de l'acide carbonique et de la vapeur d'eau, s'obtiennent en pesant les tubes avant et après le passage du volume V d'air. Le poids de l'air soumis à l'analyse est, d'ailleurs (*Physique*, n° 63),

$$P = V \times 1,293 \times \frac{1}{1 + 0.00366 \times t} \times \frac{H - F}{760};$$

F étant la tension maximum de la vapeur d'eau à la température $t°$. La quantité de vapeur d'eau contenue dans l'air est variable ; la quantité d'acide carbonique est de 4 à 6 dix-millièmes en poids.

**350. Constance dans la composition de l'air.** — En faisant l'analyse de l'air *dans des régions très éloignées*, et à diverses altitudes, on a constaté que la composition de l'air ne varie pas. En effet, si l'oxygène est continuellement consommé et l'acide carbonique continuellement produit, par suite de la respiration des êtres animés et des combustions ; inversement, l'acide carbonique est détruit, et l'oxygène régénéré par la nutrition des plantes.

**351. L'air est un mélange,** malgré sa composition constante. — En effet : 1° le rapport des volumes des deux gaz oxygène et azote n'est pas simple, comme dans toutes les *combinaisons* des gaz (n° 318) :

2° En ajoutant de l'oxygène à de l'azote, on forme de l'air sans dégagement de chaleur.

3° L'air, en contact avec l'eau, s'y dissout comme ferait un mélange de gaz. L'air dissous dans l'eau contient 33 volumes d'oxygène pour 67 volumes d'azote.

## SOUFRE S

*Poids atomique = 32. — Poids moléculaire : $S^2 = 64$*

**352. État naturel.** — Le soufre existe à l'état natif dans les terrains volcaniques ou au milieu des couches de gypse et de calcaire des terrains tertiaires; on le trouve surtout à l'état de sulfure de fer, de plomb, de cuivre, de mercure, etc.

**353. Extraction du soufre.** — 1° On extrait le soufre des dépôts où il se rencontre à l'état natif, par le procédé des *calkeroni* ou par *distillation*.

Le premier procédé se pratique en Sicile; les *calkeroni* sont des aires circulaires en pente où on dispose le minerai en forme de meules; une partie du soufre, en brûlant, détermine la fusion du reste. Le manque de bois et de charbon oblige à se servir du soufre comme combustible. Le soufre fondu s'écoule à la partie inférieure de la meule. Le rendement dans ce procédé est très faible : 10 à 12 0/0 du poids du minerai.

Le deuxième procédé est employé aux solfatares de Pouzzoles. Le minerai, riche en soufre, est placé dans des pots de terre rangés sur deux files dans des fourneaux; ces pots communiquent par une tubulure inclinée avec d'autres vases extérieurs semblables; le soufre s'y condense et s'écoule par un petit tube inférieur dans des baquets d'eau froide où il se solidifie.

On a obtenu de bons résultats par un troisième procédé qui consiste à obtenir la fusion du soufre au moyen de bains de chlorure de calcium qu'on peut porter sans ébullition jusqu'à la température de 130°.

2° On obtient de grandes quantités de soufre avec la *pyrite de fer*. On la chauffe fortement dans des cornues prismatiques en grès, munies à l'extérieur d'un tube qui conduit le soufre dans un récipient contenant de l'eau froide :

$$3FeS^2 - Fe^3S^4 + S^2 ;$$

3° On extrait aussi le soufre des *charrées*, ou résidus de la préparation de la soude artificielle.

*Raffinage*. — Le soufre obtenu est brut ; on le raffine par une nouvelle distillation qui permet de l'obtenir à l'état de *soufre en canon*, ou de *soufre en fleur*.

**354. Propriétés physiques.** — C'est un corps solide jaune clair, sans odeur ni saveur. La densité de sa vapeur est 6,6 à 500° ; elle diminue à mesure que la température augmente et devient constante et égale à 2.2 vers 860°. Il est insoluble dans l'eau, soluble dans le sulfure de carbone et la benzine. Il est mauvais conducteur de la chaleur et de l'électricité.

Il fond vers 113° en un liquide jaune clair ; au-delà de 120° il se colore en brun et devient visqueux ; vers 200° il est pâteux et on peut retourner le vase qui le contient sans le renverser ; après 200° il reprend sa fluidité en restant brun ; vers 440° il entre en ébullition. Refroidi lentement, le soufre fondu repasse par les mêmes états et vers 230°, 170°, 110°, on observe trois arrêts momentanés du thermomètre.

*États allotropiques du soufre solide*. — Le soufre est cristallin ou amorphe.

1° Le soufre natif, ou bien le soufre obtenu par dissolution dans le sulfure de carbone et évaporation ou refroidissement, est cristallisé en octaèdres du système du prisme droit à base rectangle. C'est le soufre *octaédrique*.

2° Le soufre cristallise aussi en aiguilles transparentes appartenant au système du prisme oblique à base rectangle : c'est le soufre *prismatique* qu'on obtient par fusion vers 113° et refroidissement.

3° Le soufre *amorphe* est insoluble dans le sulfure de carbone ; on le trouve dans la fleur de soufre.

Le soufre octaédrique n'est stable qu'à la température ordinaire, le soufre prismatique n'est stable qu'à une température voisine de celle de la fusion. Les aiguilles de soufre prismatique abandonnées à elles-mêmes se transforment en octaèdres, et les cristaux octaédriques maintenus quelque temps vers 113° se transforment en cristaux prismatiques.

*Soufre mou.* — Quand on coule lentement dans l'eau froide du soufre porté à 250° on obtient le *soufre mou ;* il est élastique comme du caoutchouc.

**355. Propriétés chimiques.** — Le soufre est combustible, le produit de sa combustion est l'acide sulfureux anhydre.

Il s'unit directement au chlore, au brome, à l'iode, au phosphore, à l'arsenic, au charbon.

Il se combine avec un grand nombre de métaux, potassium, zinc, fer, cuivre... La présence de l'eau facilite l'action du soufre (volcan de Lémeri).

**356. Analogies du soufre et de l'oxygène.** — Le soufre se comporte comme l'oxygène vis-à-vis des métalloïdes et des métaux ; il joue vis-à-vis d'eux le rôle de corps comburant. Voici des exemples de cette analogie :

| | | | |
|---|---|---|---|
| $H^2O$.... | eau. | $H^2S$... | hydrogène sulfuré. |
| $K^2O$.... | oxyde de potassium. | $K^2S$... | sulfure de potassium. |
| $KHO$... | hydrate de potassium. | $KHS$.. | sulfhydrate de potassium. |
| $CO^2$.... | anhydride carbonique. | $CS^2$... | sulfure de carbone. |
| $CO^3K^2$.. | carbonate de potassium. | $CS^3K^2$. | sulfocarbonate de potassium. |

**357. Usages du soufre.** — Fabrication des acides sulfureux et sulfurique ; des sulfures de carbone, de cuivre, de potassium, de sodium ; de la poudre ; des allumettes ; préparation du caoutchouc vulcanisé ; soufrage de la vigne contre l'oïdium, etc.

## ACIDE SULFHYDRIQUE $H^2S$

*Poids de la molécule (poids de 2 volumes) : 34*

**358. État naturel.** — Les eaux sulfureuses (de Barèges, d'Enghien...) dégagent de l'acide sulfhydrique ; il est dû à l'action de l'acide carbonique de l'air ou du sol sur les sulfures alcalins contenus dans ces eaux.

Les *fumeroles*, qui se dégagent en fumées épaisses auprès de certains volcans, sont formées de vapeur d'eau et d'acide sulfhydrique avec du soufre pulvérulent.

Cet acide se forme encore dans la décomposition des matières organiques sulfurées.

**359. Préparation.** — On décompose à froid le sulfure de fer FeS par l'acide sulfurique, ou mieux par l'acide chlorhydrique (car le chlorure de fer formé avec HCl n'arrête pas la réaction comme le font les cristaux de sulfate de fer) :

$$FeS + 2HCl = FeCl^2 + H^2S.$$

On a ainsi un gaz $H^2S$ qui renferme de l'hydrogène.

Pour l'obtenir pur, on décompose à chaud le sulfure d'antimoine $Sb^2S^3$ par l'acide chlorhydrique concentré :

$$Sb^2S^3 + 6HCl = 2SbCl^3 + 3H^2S.$$

On recueille le gaz sur le mercure.

**360. Propriétés physiques.** — Gaz incolore, odeur fétide des œufs pourris ; densité 1,1912 ; soluble dans l'eau : la dissolution est très employée dans les laboratoires ; on la prépare avec de l'eau bouillie bien privée d'air, car elle se décompose à l'air humide. Il a été liquéfié et solidifié.

**361. Propriétés chimiques.** — C'est un acide faible. La chaleur ou l'électricité le décomposent en soufre et en hydrogène.

*L'oxygène* et *l'air secs* n'ont aucune action sur cet acide à la température ordinaire ; mais, en présence d'un corps enflammé, l'acide brûle avec une flamme bleue en donnant de l'eau et de l'acide sulfureux :

$$H^2S + 3O = H^2O + SO^2.$$

Il y a, dans ce cas, mélange détonant. Si l'oxygène est insuffisant, l'hydrogène sulfuré brûle avec dépôt de soufre. *L'oxygène* et *l'air humides* décomposent l'eau lentement à la température ordinaire :

$$H^2S + O = H^2O + S.$$

En présence des corps poreux, il se forme de l'acide sulfurique :

$$H^2S + 4O = SO^4H^2.$$

Le chlore, le brome, l'iode s'emparent de l'hydrogène de l'acide sulfhydrique :

$$H^2S + Cl^2 = 2HCl + S.$$
$$H^2S + Br^2 = 2HBr + S.$$
$$H^2S + I^2 = 2HI + S.$$

La plupart des métaux le décomposent à chaud, en donnant un sulfure et de l'hydrogène.

Le potassium donne un sulfhydrate de sulfure :

$$K^2 + 2H^2S = 2KSH + H^2.$$

L'hydrogène sulfuré est oxydé par les acides azotique, sulfurique, sulfureux :

$$H^2S + 2AzO^3H = 2AzO^2 + S + 2H^2O,$$
$$H^2S + SO^4H^2 = SO^2 + S + 2H^2O,$$
$$2H^2S + SO^2 = 3S + 2H^2O.$$

L'hydrogène sulfuré est un violent poison.

**362. Réactif.** — On le reconnaît au moyen d'un papier imprégné d'acétate de plomb; ce papier noircit en présence du gaz, par suite de la formation d'un sulfure de plomb.

**363. Composition.** — On chauffe un morceau d'étain qu'on a introduit dans une cloche courbe contenant un volume déterminé de gaz $H^2S$ sur le mercure. Le soufre se combine avec l'étain; le volume d'hydrogène restant est le même que celui de l'acide; on déduit :

$$2 \times 0,0694 + x \times 2,2 = 2 \times 1,1912.$$

D'où :

$$x = 1;$$

donc 2 volumes de gaz $H^2S$ sont formés de 2 volumes d'hydrogène combinés avec 1 volume de vapeur de soufre.

## COMPOSÉS OXYGÉNÉS DU SOUFRE

**364.** Le soufre forme avec l'oxygène les combinaisons suivantes : l'anhydride sulfureux, ou acide sulfureux anhydre $SO^2$ ; l'anhydride sulfurique, ou acide sulfurique anhydre $SO^3$, l'anhydride persulfurique $S^2O^7$.

Les deux premiers, en fixant une molécule d'eau, se transforment en acides hydratés qui sont : $SO^3H^2$ et $SO^4H^2$ (acide sulfurique). On ne connaît pas $SO^3H^2$, mais on connaît ses sels qui sont les sulfites. Il y a encore les acides : *hydrosulfureux* ($SO^2H^2$), *hyposulfureux* ($S^2O^3H^2$, dont on ne connaît que les sels qui sont les hyposulfites, *hyposulfurique* ou *dithionique* ($S^2O^6H^2$), *trithionique* ($S^3O^6H^2$), *tétrathionique* ($S^4O^6H^2$) et *pentathionique* ($S^5O^6H^2$).

## ACIDE SULFUREUX ANHYDRE $SO^2$

*Poids moléculaire (poids de 2 volumes) : 64*

**365. Préparation.** — 1° On le prépare industriellement par la combustion du soufre dans l'air, et surtout par le grillage des pyrites ($FeS^2$) ;

2° Dans les laboratoires on réduit l'acide sulfurique par le mercure, le cuivre, ou le charbon, selon les réactions suivantes :

$$Hg + 2(SO^4H^2) = SO^2 + SO^4Hg + 2H^2O.$$
$$Cu + 2(SO^4H^2) = SO^2 + SO^4Cu + 2H^2O.$$
$$C + 2(SO^4H^2) = 2SO^2 + CO^2 + 2H^2O.$$

On ne peut employer le fer ou le zinc qui produisent de l'hydrogène, lequel réduirait l'acide sulfureux.

**366. Propriétés physiques.** — Gaz incolore, d'odeur vive ; densité, 2.264. Très soluble dans l'eau ; liquéfié à — 8°, solidifié à — 75° ; évaporé dans le vide, il produit un froid de — 68°.

**367. Propriétés chimiques.** — Il est dissocié par la chaleur vers 200°; il est incombustible et éteint les corps en combustion.

Sa propriété saillante est son affinité pour l'oxygène : c'est un gaz réducteur. Il ne se combine avec l'*oxygène sec* qu'en présence de la mousse de platine légèrement chauffée, ou bien sous l'influence de l'effluve électrique. En présence de l'eau, l'acide sulfureux se combine avec l'oxygène à la température ordinaire, et il se forme de l'acide sulfurique ($SO^4H^2$).

Il réduit les acides arsénique, iodique, azotique, les sels de peroxyde de fer (qui deviennent sels de protoxyde), le permanganate de potassium (qui est décoloré); dans toutes ces réactions, $SO^2$ se transforme en acide sulfurique ou en sulfate.

Il altère certaines matières colorantes, soit parce qu'il les désoxyde, soit parce qu'il se combine avec elles.

Il décompose l'eau en présence du chlore, ou du brome, ou de l'iode, et donne de l'acide chlorhydrique et de l'acide sulfurique :

$$2Cl + 2H^2O + SO^2 = 2HCl + SO^4H^2.$$

L'hydrogène réduit l'acide sulfureux :

$$SO^2 + 2H^2 = 2H^2O + S.$$

Une dissolution d'acide sulfureux versée dans un appareil à hydrogène en activité donne lieu à la réaction :

$$SO^2 + 3H^2 = H^2S + 2H^2O.$$

**368. Composition.** — Un ballon plein d'oxygène, dont le col plonge dans du mercure, renferme une petite coupelle contenant du soufre dont on détermine la combustion en l'enflammant par les rayons solaires concentrés au moyen d'une forte lentille; la combustion terminée, le volume du gaz $SO^2$ dans le ballon refroidi est le même que celui de l'oxygène. On déduit que 2 volumes d'acide sulfureux sont formés de 2 volumes d'oxygène et de 1 volume de vapeur de soufre.

**369. Usages.** — Blanchiment de la laine, de la soie, des plumes, de la paille, des éponges ; traitement de la gale ; extinction des feux de cheminée.

## ACIDE SULFURIQUE ANHYDRE $SO^3$

**370.** On le prépare : 1° par l'oxydation de l'acide sulfureux en présence de la mousse de platine ; 2° en chauffant doucement dans une cornue de l'acide sulfurique de Nordhausen ($S^2O^7H^2$) dont le col pénètre dans un tube en U entouré d'un mélange réfrigérant.

C'est un corps solide, blanc, cristallisé en longues aiguilles soyeuses ; il fond à 18° et bout à 35°. Il est très avide d'eau et répand à l'air d'épaisses fumées.

## ACIDE DE NORDHAUSEN $S^2O^7H^2$

**371.** L'acide de Nordhausen, ou acide sulfurique fumant, peut être considéré comme une combinaison d'acide sulfurique et d'anhydride sulfurique ($SO^4H^2 + SO^3$). C'est un liquide huileux, brun, fumant à l'air. On l'emploie en teinture comme dissolvant de l'indigo, parce qu'il ne contient pas de produits nitreux.

En Bohême on l'obtient, en décomposant par la chaleur le sous-sulfate de sesquioxyde de fer, résidu de la fabrication du sulfate de protoxyde de fer par le grillage des pyrites. Le sel est mis dans des cornues de terre chauffées dans un fourneau. L'acide distille dans des récipients extérieurs ; il reste du *colcothar* ($Fe^2O^3$) dans les cornues.

## ACIDE SULFURIQUE NORMAL $SO^4H^2$

**372. Préparation.** — On calcine du soufre ou mieux des pyrites en présence d'un excès d'air : on a ainsi du gaz sulfureux mélangé avec de l'azote et de l'oxygène.

Au contact du gaz sulfureux et de l'acide azotique, il se forme du *sulfate acide de nitrosyle* qui se dissout dans l'acide sulfurique assez concentré :

$$SO^2 + AzO^3H = SO^4HAzO.$$

On injecte de la vapeur d'eau ; elle se condense et produit le dédoublement du sulfate de nitrosyle en acide sulfurique et acide azoteux :

$$SO^4HAzO + H^2O = SO^4H^2 + AzO^2H.$$

En présence d'une grande quantité de gaz sulfureux et de vapeur d'eau, le sulfate de nitrosyle donne de l'acide sulfurique et du bioxyde d'azote :

$$2SO^4HAzO + SO^2 + 2H^2O = 3SO^4H^2 + 2AzO.$$

Le sulfate se reforme dans l'action de l'acide azoteux et de l'oxygène sur le gaz sulfureux, et aussi dans l'action du bioxyde d'azote, de l'oxygène et de la vapeur d'eau sur le gaz sulfureux :

$$SO^2 + AzO^2H + O = SO^4HAzO.$$
$$2SO^2 + 2AzO + H^2O + 3O = 2(SO^4HAzO).$$

**373. Appareils** *(fig.* 192*).* — Ce sont de vastes chambres dont les parois sont formées de feuilles de plomb soudées entre elles et soutenues par des charpentes extérieures : l'acide produit dans les *chambres de plomb* s'écoule à la partie inférieure où il est recueilli.

En tête des chambres se trouve le four A où l'on brûle du soufre ou, de préférence, des pyrites pour produire le gaz sulfureux ; il sort du four un mélange de gaz sulfureux et d'air. Ce mélange pénètre dans le *dénitrificateur* C dans lequel arrive l'acide sulfurique ayant absorbé des produits nitreux — sulfate acide de nitrosyle : il est dénitrifié par l'action de la chaleur et de l'acide sulfureux.

Les gaz vont ensuite dans le compartiment E où l'on fait couler l'acide azotique nécessaire aux réactions ; elles commencent dans les chambres C et E, mais ont lieu principale-

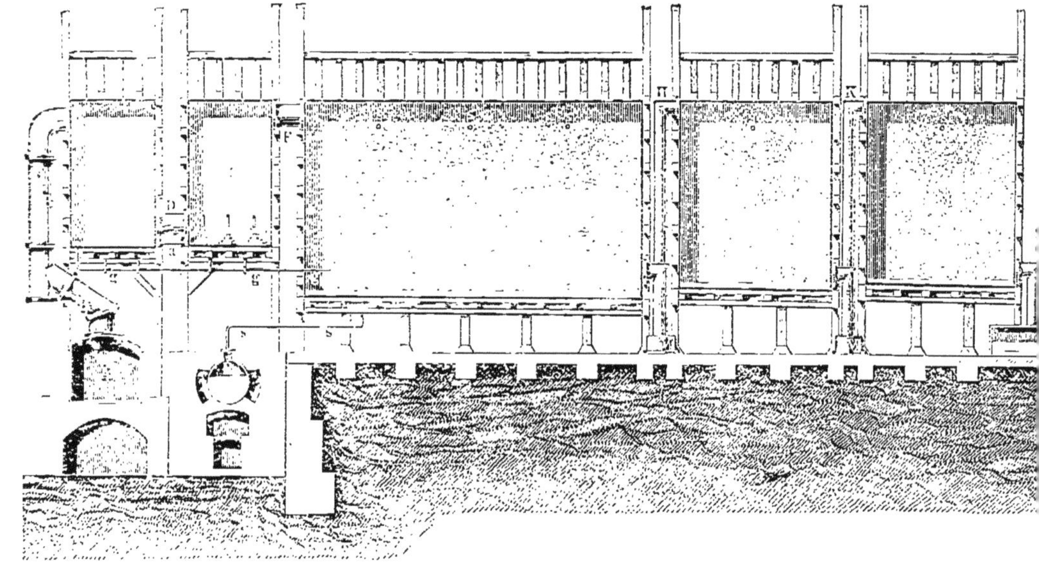

Fig. 192.

ment dans la grande chambre G où on injecte de la vapeur d'eau ; les dernières et le réfrigérant Q sont surtout destinés à condenser l'acide formé et les produits nitreux : cet acide sulfurique nitreux est ramené au dénitrificateur.

Dans les grandes installations le dénitrificateur est remplacé par la *tour de Glover*, tour en plomb de grandes dimensions, remplie de coke et de gros silex ; en queue des appareils se trouve la *colonne de Gay-Lussac*, tour également en plomb et remplie de coke. Cette dernière est destinée à recueillir les produits nitreux venant de la dernière chambre ; dans ce but on verse en haut de la colonne de l'acide sulfurique à 62° Baumé, lequel dissout les produits nitreux arrivant par la partie inférieure. L'acide sulfurique nitreux ainsi formé est conduit alors en haut de la tour de Glover où il est dénitrifié par l'action de la chaleur et du gaz sulfureux. D'ailleurs, l'acide sulfurique subit une concentration dans la tour de Glover ; l'acide produit dans les chambres est à 52° Baumé, celui qui s'écoule au bas de la tour est à 60° Baumé.

La concentration jusqu'à 60° Baumé se fait aussi par évaporation dans des bassines de plomb ; on la pousse jusqu'à 66° Baumé dans des appareils en platine : ce métal est très légèrement attaqué.

**374. Purification.** — Les impuretés qu'on trouve dans l'acide sulfurique sont : produits nitreux, acides arsénique et arsénieux, sulfate de plomb. Les produits nitreux se reconnaissent à la coloration rose ou brune qu'ils donnent aux cristaux de sulfate de protoxyde de fer, ou à la coloration rouge qu'ils donnent avec la brucine ; l'arsenic se constate avec l'appareil Marsh ; le sulfate de plomb donne un précipité noir de sulfure de plomb avec l'acide sulfhydrique.

On purifie l'acide en le chauffant doucement avec un peu de sulfate d'ammoniaque qui réduit les composés nitreux ; ensuite on élimine l'arsenic et le plomb par un courant d'acide sulfhydrique qui les précipite.

**375. Propriétés physiques.** — Liquide incolore, inodore ; densité 1,84 ; il marque 66° à l'aréomètre de Baumé. Il bout à 325° et se congèle vers — 34°.

**376. Propriétés chimiques.** — C'est un acide très énergique.

Dans sa combinaison avec l'eau, il y a toujours contraction et production de chaleur; pour opérer cette combinaison, il faut verser lentement l'acide dans l'eau, et non l'eau dans l'acide, et agiter constamment.

Avec la glace il y a abaissement ou élévation de température, selon que l'effet physique (fusion de la glace) ou l'effet chimique (combinaison) l'emporte.

La chaleur le décompose, au rouge vif, en gaz sulfureux, oxygène et eau :

$$SO^4H^2 = SO^2 + O + H^2O.$$

Il est réduit par l'hydrogène ; selon la proportion de ce dernier gaz il peut se former, avec l'eau, de l'acide sulfureux, ou du soufre, ou de l'hydrogène sulfuré.

Le charbon donne, en présence de cet acide, des acides sulfureux et carbonique.

Parmi les métaux, le fer et le zinc donnent à froid, de l'hydrogène avec l'acide sulfurique étendu d'eau; l'argent, le cuivre, le mercure, donnent de l'acide sulfureux et un sulfate ; l'or et le platine sont sans action.

L'acide sulfurique est un acide bibasique, c'est-à-dire renfermant 2 atomes d'hydrogène pouvant être remplacés par une quantité équivalente de métal; un métal monovalent, comme le potassium, forme un sulfate qui a pour formule $SO^4K^2$ ; si le métal est divalent, comme le plomb, le sulfate est $SO^4Pb$.

Les sulfates de baryum et de plomb sont insolubles; les autres sont solubles ; on les reconnaît au précipité blanc que leur dissolution fournit avec le chlorure ou l'azotate de baryum.

**377. Usages.** — Préparation des acides carbonique, azotique, chlorhydrique, stéarique, etc... ; fabrication du phosphore, des superphosphates, des aluns, de nombreux sulfates, du savon, du verre ; décapage des métaux, etc.

## ACIDE HYPOSULFUREUX $S^2O^3H^2$

**378.** Il n'est pas connu à l'état libre.

Les hyposulfites se forment dans l'oxydation lente des polysulfures alcalins, ou dans l'action de la fleur de soufre sur la dissolution d'un sulfite alcalin, à l'ébullition ; exemple : le sulfate de sodium et la fleur de soufre donnent de l'hyposulfite de sodium :

$$SO^3Na^2 + S = S^2O^3Na^2.$$

Les hyposulfites alcalins dissolvent les chlorure, bromure et iodure d'argent : on les emploie en photographie.

## CHLORE Cl

*Poids atomique (poids de 1 volume)* : 35,5
*Poids moléculaire* : $Cl^2 = 71$

**379. Préparation.** — Le procédé employé est celui de Scheele. On traite du bioxyde de manganèse par de l'acide chlorhydrique ; on chauffe un peu ; le chlore plus dense que l'air est recueilli dans un flacon sec, ou dans l'eau, si on veut une dissolution de chlore :

$$MnO^2 + 4HCl = 2H^2O + MnCl^2 + Cl^2.$$

Dans les laboratoires, la préparation se fait dans un ballon de verre : le chlore passe dans un flacon laveur plein d'eau, puis sur du chlorure de calcium qui le dessèche (*fig.* 193).

Dans l'industrie on opère dans des bonbonnes en grès chauffées à la vapeur d'eau, ou dans des cuves prismatiques en lave de Volvic.

**380. Procédé Weldon.** — Dans ce procédé on régénère le bioxyde de manganèse afin de le faire servir le plus longtemps possible.

On neutralise d'abord la solution de chlorure de manganèse ($MnCl^2$), solution très acide contenant des impuretés (oxyde de fer, silice, alumine), en ajoutant de la craie en poudre; on enlève ainsi l'excès d'acide et on précipite les impuretés ; le liquide contient alors les chlorures de calcium $CaCl^2$ et de manganèse $MnCl^2$. Ce liquide est élevé dans de grands bacs où il s'éclaircit.

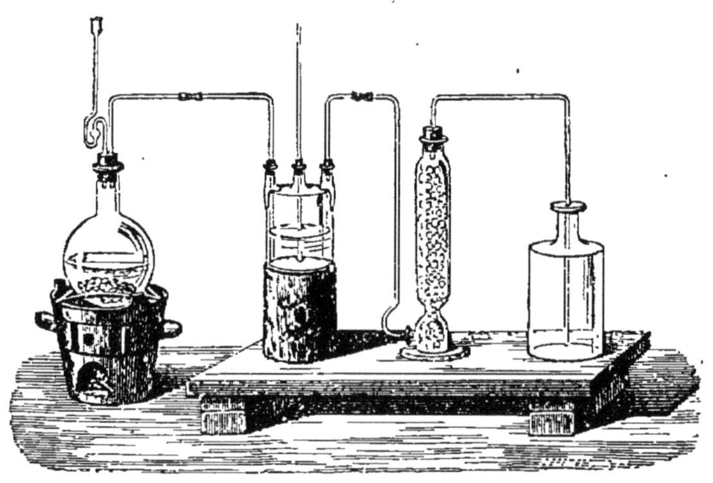

Fig. 193.

De là on l'envoie dans les *oxydeurs*, cylindres verticaux, et on y ajoute de la chaux; on fait passer ensuite un courant d'air, et on chauffe à 55° environ ; le chlorure de manganèse passe à l'état de protoxyde, puis à l'état de manganite de chaux, insoluble, qui se dépose. Ce sel remplace le bioxyde de manganèse ; traité par l'acide chlorhydrique, il donne du chlore et un résidu formé des chlorures $CaCl^2$ et $MnCl^2$, avec un excès d'acide. On recommence à traiter ce mélange, et ainsi de suite.

**381. Propriétés physiques.** — Gaz jaune verdâtre, d'odeur suffocante et provoquant la toux ; densité, 2,44 ; soluble dans l'eau ; sa solubilité est maximum à 8°.

On liquéfie le chlore au moyen de l'hydrate de chlore dans un tube de Faraday ; l'hydrate a pour formule $Cl^2 + 10H^2O$.

**382. Propriétés chimiques.** — Il se combine directement avec les corps simples (sauf l'oxygène, l'azote, le carbone), généralement à la température ordinaire.

Ainsi le phosphore, l'arsenic, l'antimoine s'enflamment dans le chlore : il se fait des chlorures ; il n'y a pas incandescence avec le soufre. Le potassium s'enflamme dans le chlore ; le cuivre, chauffé au rouge sombre, y brûle aussi ; le mercure est attaqué à froid ; l'eau de chlore dissout l'or et le platine.

La propriété caractéristique du chlore est son action sur l'hydrogène ; il se combine avec lui à volume égal, et la combinaison, lente à la lumière diffuse, se fait avec détonation à la lumière solaire.

Le chlore décompose l'eau sous l'influence de la chaleur ou de la lumière, ou bien en présence d'un corps avide d'oxygène :

$$H^2O + Cl^2 = 2HCl + O,$$
$$SO^2 + 2H^2O + Cl^2 = 2HCl + SO^4H^2.$$

Ces réactions montrent le *pouvoir oxydant* du chlore. Le sulfate de protoxyde de fer est, de même, changé en sulfate de peroxyde par l'eau de chlore.

Le chlore est un désinfectant par son action sur le gaz $H^2S$ :

$$H^2S + Cl^2 = 2HCl + S.$$

Il décompose aussi le gaz ammoniac :

$$4AzH^3 + 3Cl = 3 (AzH^4Cl) + Az.$$

*Action sur les matières organiques et sur les matières colorantes.* — Toutes les matières organiques renferment de l'hydrogène ; aussi sont-elles attaquées par le chlore ; ainsi l'alcool $C^2H^6O$ est changé en aldéhyde $C^2H^4O$ ; l'aldéhyde en acide acétique $C^2H^4O^2$.

En présence du gaz des marais $CH^4$, il se fait la réaction :

$$CH^4 + Cl^2 = HCl + CH^3Cl.$$

En continuant l'action du chlore, on peut déplacer tous

les atomes d'hydrogène et obtenir les corps : $CH^2Cl^2$, $CHCl^3$ (chloroforme), et $CCl^4$ ; ce sont des produits de *substitution*.

Il se combine avec l'éthylène $C^2H^4$ et donne la *liqueur des Hollandais* : $C^2H^4Cl^2$.

Les matières colorantes d'origine organique sont décolorées : teinture de tournesol, indigo ; l'encre d'imprimerie n'est pas attaquée ; avec l'encre ordinaire, il reste une trace jaune de sesquioxyde de fer qu'on peut faire disparaître par un lavage à l'acide chlorhydrique étendu ; d'ailleurs, en traitant cette trace jaune par un sulfure alcalin on fait réapparaître en noir les caractères, en bleu si on la traite par du cyanure jaune.

*Action sur les oxydes.* — Le chlore décompose la plupart des oxydes métalliques ; en présence de l'eau, il se forme à la fois des chlorures métalliques et de l'acide hypochloreux, ou un hypochlorite ; exemples :

$$HgO + 2Cl^2 = HgCl^2 + Cl^2O,$$
$$K^2O + Cl^2 = KCl + ClOK.$$

*Réactif.* — On reconnaît le chlore dans les chlorures en dissolution au moyen de l'azotate d'argent qui produit un précipité blanc de chlorure d'argent.

On dose le chlore dans les mélanges gazeux au moyen de la potasse qui l'absorbe.

**383. Usages.** — Fabrication des chlorures décolorants ou désinfectants.


## COMPOSÉS OXYGÉNÉS DU CHLORE


**384.** Ils sont anhydres ou hydratés.

Les anhydrides du chlore sont : l'anhydride hypochloreux $Cl^2O$, l'anhydride chloreux $Cl^2O^3$, le peroxyde de chlore $Cl^2O^4$.

Les acides du chlore sont : l'acide hypochloreux $ClOH$, chloreux $ClO^2H$, chlorique $ClO^3H$, perchlorique $ClO^4H$.

**385. Acide hypochloreux.** — *Préparation.* — 1° L'acide anhydre s'obtient en faisant passer un courant de chlore sec sur de l'oxyde jaune de mercure sec et refroidi :

$$HgO + 2Cl^2 = HgCl^2 + Cl^2O.$$

On obtient une dissolution d'acide hypochloreux en agitant dans un flacon plein de chlore un peu d'eau et de l'oxyde rouge de mercure.

**386. Propriétés.** — Liquide rouge, d'odeur forte ; il bout à 20°, et sa vapeur est jaune.

Il est très peu stable ; anhydre, il est décomposé par la lumière, et aussi par la chaleur, l'étincelle électrique, avec explosion. Les corps pulvérulents décomposent la dissolution de l'acide.

La dissolution est un oxydant et un décolorant énergique.

**387. Hypochlorites.** — Les hypochlorites alcalins s'obtiennent en faisant passer un courant de chlore sur de la chaux éteinte, ou dans une dissolution d'un carbonate alcalin tenant de la chaux en suspension :

$$4Cl + 2CaO = \underbrace{CaCl^2 + Cl^2O^2Ca.}_{\text{Chlorure de chaux}}$$

Les hypochlorites mélangés avec le chlorure correspondant constituent les *chlorures décolorants* (chlorure de chaux, eau de Javel et de Labarraque) ; ils sont employés à la place du chlore pour décolorer ou désinfecter ; sous l'influence des acides, même les plus faibles, comme l'acide carbonique, ils fournissent de l'acide hypochloreux.

*Usages.* — Autrefois on blanchissait les toiles par exposition sur le pré ; maintenant on utilise le chlorure de chaux.

## ACIDE CHLORHYDRIQUE HCl

*Poids de la molécule (poids de 2 volumes) : 36,5*

**388. Préparation.** — On traite dans un ballon un mélange de chlorure de sodium préalablement fondu et d'acide sulfurique :

$$NaCl + SO^4H^2 = SO^4NaH + HCl,$$
$$NaCl + SO^3NaH = SO^4Na^2 + HCl.$$

Il se forme d'abord du sulfate acide de sodium (SO⁴NaH); ce sel, fortement chauffé, se décompose et réagit sur le sel marin en donnant du sulfate neutre.

Dans l'industrie, la préparation de cet acide n'est que la partie secondaire de la fabrication du sulfate de sodium destiné à produire la soude artificielle. On emploie des fours à deux compartiments A et B ; on fait passer le mélange de l'un A dans l'autre B pour décomposer le sulfate acide par une chaleur plus forte (*fig*. 194).

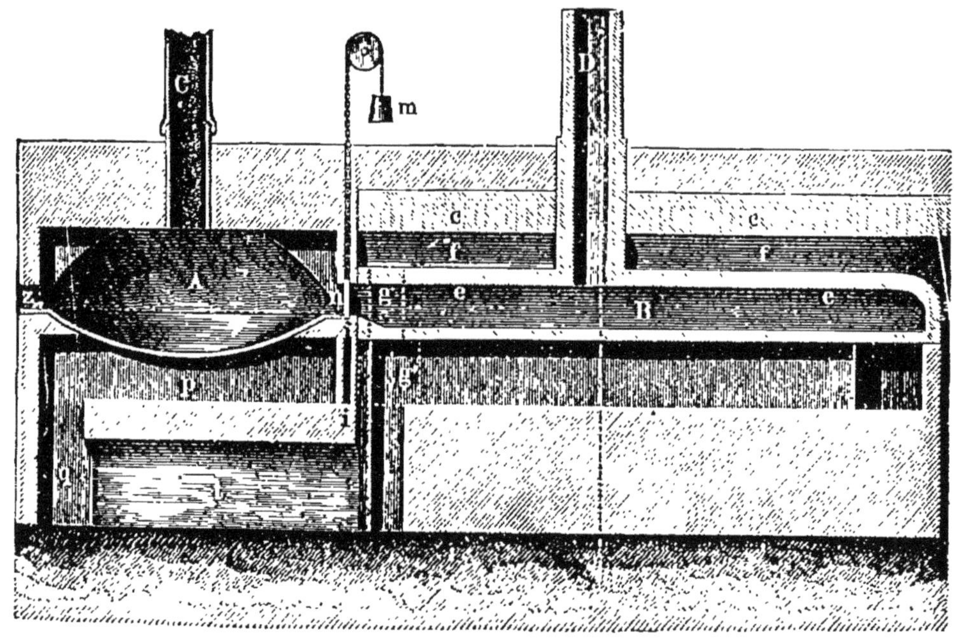

Fig. 194.

L'acide HCl qui s'échappe va se condenser dans des bonbonnes à circulation d'eau, puis dans une tour à coke.

L'acide du commerce doit marquer 22° Baumé.

*Impuretés*. — L'acide contient de l'acide sulfurique, du chlorure de fer, un peu de chlorure d'arsenic (provenant de l'acide sulfurique préparé à l'aide des pyrites). On traite par le sulfure de baryum qui précipite à la fois l'acide sulfurique et l'arsenic.

**389. Propriétés physiques.** — Gaz incolore, fumant à l'air, d'odeur piquante, de saveur très acide; densité 1,247. Liquéfié par Faraday.

Il est très soluble dans l'eau.

**390. Propriétés chimiques.** — C'est un acide très énergique. Il est dissocié par la chaleur ou par une série d'étincelles électriques en chlore et en hydrogène. Il n'est ni combustible, ni comburant.

Les métalloïdes sont, en général, sans action sur cet acide.

Tous les métaux, sauf l'or et le platine, décomposent l'acide chlorhydrique à des températures variables; il se fait de l'hydrogène et des chlorures.

Les oxydes métalliques et les hydrates forment avec cet acide de l'eau et des chlorures; ainsi, l'hydrate de potassium forme avec l'acide chlorhydrique du chlorure de potassium et de l'eau :

$$HCl + KOH = KCl + H^2O.$$

Le gaz ammoniac et HCl se combinent à volumes égaux.

**391. Usages.** — Préparation du chlore, des hypochlorites ; fabrication du sel ammoniac, de la gélatine ; revivification du noir animal.

**392. Eau régale.** — C'est un mélange d'acide chlorhydrique et d'acide azotique qui a la propriété de dissoudre l'or et le platine ; cette propriété est due au chlore qui se produit :

$$2HCl + 2AzO^3H = 2H^2O + Az^2O^4 + Cl^2.$$

Outre le chlore il se produit les composés AzOCl (chlorure de nitrosyle) et AzO²Cl (chlorure d'azotyle).

## BROME Br

*Poids de l'atome* Br (*poids de 1 volume*): 80
*Poids moléculaire* : $Br^2 = 160$

**393. Préparation.** — On obtient le brome en décomposant les bromures de potassium ou de magnésium par l'acide sulfurique et le bioxyde de manganèse; outre le brome, il se forme du sulfate de potassium, du sulfate de· manganèse et de l'eau :

$$2KBr + MnO^2 + 2SO^4H^2 = SO^4K^2 + SO^4Mn + 2H^2O + Br^2.$$

On chauffe le mélange dans une cornue posée sur un bain de sable ; le brome est condensé dans un récipient refroidi.

Les sources du brome dans l'industrie sont :

1° *Les eaux-mères des marais salants.* — On y trouve des bromures avec une très petite quantité d'iodures ; c'est dans ces eaux que Balard a découvert et extrait le brome ;

2° *Les eaux-mères des cendres de varechs.* — On en extrait d'abord l'iode ; on les concentre, et, par refroidissement, les chlorures et le sulfate de potassium s'en séparent ; on ajoute alors du bioxyde de manganèse et de l'acide sulfurique.

3° *Les eaux-mères des sels de Stassfürth.* — Les sels de Stassfürth fournissent du chlorure de potassium; on enlève ce sel. Les eaux-mères contiennent du bromure de magnésium, on le traite par le bioxyde de manganèse et l'acide sulfurique : le brome va dans un condenseur. La partie échappée au condenseur se rend ensuite dans une colonne où elle est absorbée par de la tournure de fer mouillée et remise ensuite dans l'appareil.

— Le brome, dans tous les cas, est purifié par une nouvelle distillation.

**394. Propriétés physiques et chimiques.** — C'est un liquide rouge brun, d'odeur irritante ; il bout à 63° et est volatil à la température ordinaire ; peu soluble dans l'eau ; soluble dans le chloroforme, l'éther, le sulfure de carbone.

— Les bromures sont isomorphes des chlorures. Le phosphore, l'arsenic, l'antimoine, le potassium, le cuivre brûlent dans la vapeur de brome comme dans le chlore.

L'affinité du brome pour l'hydrogène est grande, mais moindre que celle du chlore ; le brome a donc des propriétés oxydantes, décolorantes, désinfectantes. Au rouge il décompose l'eau et s'empare de son hydrogène. Le brome est chassé par le chlore de ses combinaisons avec l'hydrogène ou avec les métaux.

Il tache la peau en jaune et attaque violemment les organes respiratoires.

Il est employé en photographie et en médecine.

**395. Composés oxygénés du brome.** — On connaît trois acides du brome, savoir : les acides hypobromeux $BrOH$, bromique $BrO^3H$, et perbromique $BrO^4H$ ; ils sont analogues aux composés correspondants du chlore, mais plus stables.

**396. Acide bromhydrique $HBr$.** — Il se prépare en chauffant doucement dans une cornue un mélange de brome, de phosphore rouge et d'eau ; il se forme de l'acide phosphoreux et de l'acide bromhydrique :

$$PBr^3 + 3H^2O = PO^3H^3 + 3HBr.$$

On peut aussi avoir une dissolution étendue de cet acide en faisant arriver un courant de gaz $H^2S$ dans une dissolution de brome.

C'est un gaz incolore, d'odeur piquante, de saveur acide ; il fume à l'air comme l'acide chlorhydrique. Il est décomposé au rouge par l'oxygène, ou à froid en présence de l'eau, et aussi par le chlore et les métaux qui mettent en liberté de l'hydrogène.

# IODE I

*Poids de l'atome I (poids de 1 volume) : 127*
*Poids moléculaire : I² = 254*

**397. État naturel.** — On le trouve dans les fucus et les varechs, dans le foie des-morues, dans les sels des mines de Stassfürth, dans l'azotate de sodium du Pérou.

**398. Préparation.** — On l'obtient dans l'industrie :

1° *Par les eaux-mères des cendres de varechs* en les faisant bouillir avec de l'acide sulfurique étendu qui transforme les polysulfures contenus dans ces eaux en S et $H^2S$, et les hyposulfites en S et $SO^2$ ; on décante, et on traite le liquide par du chlore obtenu par l'action de l'acide chlorhydrique sur le chlorate de potassium pur : on peut ainsi produire la quantité de chlore juste nécessaire pour ne précipiter que l'iode, en laissant le brome à l'état de bromure.

2° *Par les eaux-mères de l'azotate de sodium du Chili*, qui contiennent de l'iodure et de l'iodate de sodium ; on précipite l'iode de l'iodure par un courant de chlore, puis l'iode de l'iodate par un courant d'acide sulfureux.

L'iode obtenu est purifié par sublimation dans des cornues de grès chauffées au bain de sable et reliées à des réfrigérants.

**399. Propriétés physiques.** — Corps solide, gris d'acier; densité, 4,95 ; il fond à 113° et bout à 175°; sa vapeur est violette. Il émet des vapeurs sensibles à la température ordinaire ; peu soluble dans l'eau, très soluble dans les dissolutions d'acide iodhydrique et d'iodures alcalins, dans l'alcool, l'éther, le sulfure de carbone.

**400. Propriétés chimiques.** — Il a des analogies avec le brome et le chlore ; les iodures sont isomorphes des chlorures et des bromures.

Le chlore et le brome précipitent l'iode des iodures.

L'iode ne se combine avec l'hydrogène que sous pression à 440°, ou sous l'action de la mousse de platine.

Le phosphore, l'arsenic, l'antimoine, le potassium brûlent dans la vapeur d'iode. L'iode forme avec l'oxygène des composés plus stables que ceux formés par le chlore et le brome ; on connaît l'acide *iodique* $IO^3H$ et l'acide *periodique*.

**401. Réactif de l'iode.** — L'iode contenu dans une dissolution donne une coloration bleue en présence de l'*empois d'amidon ;* si on veut reconnaître un iodure dans une dissolution, il suffit d'y ajouter de l'empois d'amidon, puis quelques gouttes d'eau de chlore, pour mettre l'iode en liberté ; un excès de chlore donnerait lieu, par suite de la décomposition de l'eau, à de l'acide iodique, et la coloration bleue disparaîtrait.

L'*azotate d'argent* donne avec les iodures un précipité jaunâtre d'iodure d'argent, insoluble dans l'acide azotique et l'ammoniaque, soluble dans l'hyposulfite de sodium, comme le bromure et le chlorure d'argent.

*Usages.* — L'iode est utilisé en photographie, en médecine (iodure de potassium).

**402. Acide iodhydrique IH.** — Cet acide s'obtient en chauffant au bain-marie du phosphore rouge et une dissolution d'iode dans une dissolution concentrée d'iodure de potassium ; ou bien en faisant passer un courant de gaz $H^2S$ sur de l'iode en suspension dans l'eau.

C'est un gaz incolore, fumant à l'air ; densité 4,44 ; il a été liquéfié et solidifié ; très soluble dans l'eau. Il est dissocié par la chaleur, par le chlore et le brome, qui s'emparent de son hydrogène et mettent l'iode en liberté ; par les métaux qui chassent l'hydrogène.

En présence de l'oxygène il se fait la réaction :

$$2IH + O = H^2O + I^2.$$

Cette réaction a lieu quand les deux gaz sont en présence de l'eau, à la température ordinaire, ou bien quand on enflamme le mélange.

## FLUOR

$$F = 19. \; - \; \textit{Poids moléculaire} : \; F^2 = 38$$

**403.** On trouve du fluor dans le spath-fluor (fluorure de calcium), dans la cryolithe (fluorure double d'aluminium et de sodium).

Il a été isolé par M. Moissan. C'est un gaz très corrosif ; il forme avec les métaux des composés isomorphes des chlorures, bromures et iodures correspondants, et avec l'hydrogène un acide, l'acide fluorhydrique, qui fume à l'air comme les acides chlorhydrique, bromhydrique et iodhydrique.

**404. Acide fluorhydrique** HF. — Ce corps se prépare en chauffant du fluorure de calcium avec de l'acide sulfurique dans une cornue de plomb (*fig.* 195) ; il se forme du sulfate de calcium et de l'acide fluorhydrique :

$$CaF^2 + SO^4H^2 = CaSO^4 + 2HF.$$

Fig. 195.

L'acide est condensé à l'état liquide dans un récipient en plomb entouré de glace. On le conserve dans un flacon en gutta-percha ou en platine, car il attaque énergiquement le verre.

La préparation précédente donne un acide impur; pour l'avoir pur et anhydre on décompose par la chaleur, dans une cornue de platine, le fluorhydrate de fluorure de potassium (KFHF).

*Propriétés.* — L'acide anhydre est gazeux à la température ordinaire; il est très avide d'eau et extrêmement corrosif.

Tous les métaux, sauf le mercure, l'or, l'argent et le platine, le décomposent en dégageant l'hydrogène.

L'acide fluorhydrique hydraté attaque la silice :

$$SiO^2 + 4HF = SiF^4 + 2H^2O ;$$

aussi cet acide est-il employé pour la gravure sur verre.

Pour cette opération, on produit le gaz fluorhydrique par la décomposition du fluorure de calcium au moyen de l'acide sulfurique, et on expose à l'action du gaz la plaque de verre couverte d'un mince vernis (4 parties de cire jaune avec 1 partie d'essence de térébenthine) où on a tracé avec une pointe les traits qu'on veut reproduire, de façon à mettre à nu la surface du verre.

## AZOTE Az

*Poids de l'atome Az (poids de 1 volume) = 14*
*Poids moléculaire : $Az^2 = 28$*

Il se trouve dans l'air et dans bien des substances animales ou végétales.

**405. Préparation.** — 1° On peut extraire l'azote de l'air en faisant brûler du phosphore sous une cloche sur la cuve à eau (*fig.* 196); il se produit des vapeurs blanches d'acide phosphorique anhydre qui se dissolvent dans l'eau.

L'azote obtenu dans la cloche contient un peu d'oxygène, lequel est absorbé par des bâtons de phosphore qu'on laisse séjourner plusieurs heures dans la cloche; les vapeurs de phosphore sont absorbées par du chlore ; il y a aussi de l'acide carbonique, mais on l'enlève avec de la potasse caustique qui absorbe en même temps l'excès de chlore ;

2° On peut absorber l'oxygène de l'air par du cuivre chauffé au rouge dans un tube de porcelaine ; l'air est auparavant dépouillé de sa vapeur d'eau et de son acide carbonique ; l'azote, qui reste seul, peut être recueilli ;

Fig. 196.

3° On a de l'azote pur en chauffant dans une petite cornue de l'azotite d'ammoniaque ($AzO^2AzH^4$) :

$$AzO^2AzH^4 = 2H^2O + Az^2.$$

On peut remplacer ce sel par un mélange d'azotite de potassium et de chlorhydrate d'ammoniaque.

**406. Propriétés.** — L'azote est un gaz incolore, inodore, insipide ; densité 0,971 ; il est peu soluble dans l'eau ; a été liquéfié par M. Cailletet en 1877.

Il n'est pas combustible et n'entretient pas la combustion ; il ne trouble pas l'eau de chaux comme l'acide carbonique, et ne rougit pas non plus la teinture de tournesol.

Il ne se combine directement qu'avec le carbone, le bore, le silicium, le titane, le magnésium, le tantale et le tungstène.

Sous l'influence d'une série d'étincelles électriques il peut s'unir à l'oxygène pour former du peroxyde d'azote $AzO^2$, et à l'hydrogène pour former de l'ammoniaque $AzH^3$.

### COMPOSÉS OXYGÉNÉS DE L'AZOTE

**407.** Les composés oxygénés de l'azote connus sont : le protoxyde d'azote $Az^2O$, le bioxyde d'azote $AzO$, l'acide azo-

teux anhydre $Az^2O^3$, le peroxyde d'azote ou vapeur ni-
treuse $AzO^2$, l'acide azotique anhydre $Az^2O^5$, l'acide azoteux
$AzO^2H$, l'acide azotique $AzO^3H$, et l'anhydride perazotique $AzO^3$.

*Propriétés générales.* — Ils sont tous décomposables par la
chaleur; le plus stable est le peroxyde d'azote $AzO^2$.

L'hydrogène les décompose à l'aide de la chaleur en produisant de l'eau et de l'azote; en présence de la mousse de
platine, il se forme de l'eau et de l'ammoniaque.


## PROTOXYDE D'AZOTE $Az^2O$

*Poids de la molécule $Az^2O$ (poids de 2 volumes) $= 44$*


**408. Préparation.** — On l'obtient en chauffant dans une
cornue en verre de l'azotate d'ammoniaque; il se forme de
l'eau et du protoxyde d'azote :

$$AzO^3AzH^4 - 2H^2O + Az^2O.$$

Il ne faut pas chauffer au-dessus de $250°$, car, au delà, une
partie du gaz peut se transformer en azote, bioxyde et peroxyde d'azote.

**409. Propriétés physiques.** — Gaz incolore, inodore, de
saveur sucrée; densité $1,527$; son coefficient de solubilité
dans l'eau est $1,3$ à $0°$.

Il a été liquéfié par M. Cailletet; le liquide obtenu bout à
$-88°$; il se solidifie à $-100°$ quand on l'évapore dans le
vide.

**410. Propriétés chimiques.** — Ce gaz se décompose, à une
température élevée, en azote et en oxygène en dégageant de
la chaleur, ou bien sous l'action d'une série d'étincelles électriques; il est aussi décomposé en peroxyde d'azote $AzO^2$.

Une allumette presque éteinte se rallume dans le protoxyde
d'azote; le charbon et le phosphore allumés y brûlent; le
soufre aussi, s'il est bien enflammé.

Le protoxyde d'azote et l'hydrogène forment un mélange
détonant à l'approche d'une bougie :

$$Az^2O + H^2 = Az^2 + H^2O.$$

Le mélange gazeux, passant sur de la mousse de platine un peu chauffée, donne la réaction :

$$Az^2O + 4H^2 = 2AzH^3 + H^2O.$$

— Le protoxyde d'azote n'entretient pas la respiration ; on l'emploie comme anesthésique en le mélangeant avec l'oxygène.

Il se distingue de l'oxygène par ce fait que le bioxyde d'azote $AzO$, qui se transforme en $AzO^2$ (*vapeurs rutilantes*) dans l'air ou dans l'oxygène, ne s'oxyde pas dans le protoxyde d'azote.

**411. Analyse.** — On introduit un fragment de sulfure de baryum dans une cloche courbe contenant un volume déterminé du gaz; on chauffe, l'azote est mis en liberté, et l'oxygène entre en combinaison ; on constate que le volume de l'azote est le même que celui du protoxyde employé. On en déduit que deux volumes de protoxyde renferment 2 volumes d'azote et 1 volume d'oxygène.

## BIOXYDE D'AZOTE $AzO$

*Poids de la molécule $AzO$ (poids de 2 volumes) : 30*

**412. Préparation.** — On l'obtient en faisant réagir à froid le cuivre sur de l'acide azotique étendu ; l'appareil est le même que pour l'hydrogène ; on a de l'azotate de cuivre, de l'eau et du protoxyde d'azote :

$$3Cu + 8AzO^3H = 3\,[(AzO^3)^2\,Cu] + 4H^2O + 2AzO.$$

Au début, il se produit dans le flacon des vapeurs nitreuses, car le bioxyde d'azote qui se dégage absorbe l'oxygène de l'air du flacon, ce qui donne lieu aux vapeurs de $AzO^2$.

Il faut maintenir froid le flacon pour éviter la production de $Az^2O$.

— On obtient encore du bioxyde d'azote pur en faisant

arriver peu à peu de l'acide azotique dans une solution bouillante de sulfate de protoxyde de fer.

**413. Propriétés physiques.** — C'est un gaz incolore ; son odeur et sa saveur ne peuvent être connues, puisqu'à l'air il devient $AzO^2$ ; densité 1,039 ; très peu soluble dans l'eau ; il a été liquéfié par M. Cailletet.

**414. Propriétés chimiques.** — Il est décomposé par la chaleur, plus facilement que le protoxyde ; il se fait, au rouge vif, de l'azote et de l'oxygène. Sa propriété caractéristique est de donner, à l'air ou dans l'oxygène, des valeurs rutilantes de peroxyde d'azote :

$$AzO + O = AzO^2.$$

Une allumette presque éteinte ne se rallume pas dans le bioxyde d'azote : le phosphore et le charbon bien enflammés y brûlent avec éclat ; le soufre s'y éteint.

Le mélange de bioxyde et d'hydrogène détone au contact d'une bougie allumée, et on a :

$$AzO + H^2 = Az + H^2O.$$

Si le mélange des deux gaz passe sur de la mousse de platine chauffée, la réaction est :

$$AzO + 5H = AzH^3 + H^2O.$$

Le bioxyde d'azote est absorbé par une dissolution de sulfate de protoxyde de fer qui devient brune ; de là un moyen de séparer ce gaz du protoxyde d'azote avec lequel il est souvent mélangé.

## ACIDE AZOTEUX

**415.** 1° *L'anhydride azoteux* $Az^2O^3$ prend naissance quand on dirige dans un récipient fortement refroidi un mélange de bioxyde d'azote en grand excès et d'oxygène ; c'est un liquide bleu très instable ;

. 2° Au contact de l'eau l'anhydride azoteux se change en
*acide azoteux* AzO²H :

On obtient de l'acide azoteux par l'action d'une petite
quantité d'eau sur le peroxyde d'azote :

$$2AzO^2 + H^2O = AzO^3H + AzO^2H.$$

Les azotites se forment par la décomposition partielle des
azotates sous l'effet de la chaleur; par l'alcool on dissout l'azotite et on le sépare ainsi du reste de l'azotate ; on forme ainsi
l'azotite de potassium $AzO^2K$.

**416. Propriétés.** — L'acide azoteux est un *oxydant ;* il oxyde
l'iodure de potassium et transforme les sels de protoxyde de
fer en sels de sesquioxyde; l'acide sulfureux, en acide sulfurique.

Il est, au contraire, *réducteur* vis-à-vis de certains corps ;
ainsi il réduit les sels d'or et de mercure en mettant le
métal en liberté ; il réduit le permanganate de potassium et
le décolore, réaction qui permet de reconnaître la présence
de l'acide azoteux.

PEROXYDE D'AZOTE $AzO^2$

**417. Préparation.** — L'azotate de plomb sec, chauffé au
rouge, se décompose en oxyde de plomb et en vapeurs
rouges de peroxyde d'azote qu'on condense dans un tube
en U refroidi :

$$(AzO^3)^2 Pb = PbO + O + 2AzO^2.$$

**418. Propriétés.** — C'est un liquide jaune orangé ; il est
solide à — 9° et bout à 22° ; un peu d'eau le colore en vert,
parce qu'il se forme un peu d'acide azoteux.

Il est décomposé au rouge blanc, ou par une série d'étincelles électriques, en azote et en oxygène.

Avec l'eau il donne de l'acide azotique et de l'acide azoteux ; avec les bases, un azotate et un azotite.

C'est un oxydant énergique pour le soufre, le phosphore, le charbon, le potassium, l'acide sulfhydrique.


## ACIDE AZOTIQUE ANHYDRE $Az^2O^5$


**419.** L'anhydride azotique s'obtient en faisant passer un courant de chlore sec sur de l'azotate d'argent desséché et maintenu dans un tube en U à une température d'environ 60°; il y a formation de chlorure d'argent :

$$2AzO^3Ag + Cl^2 = Az^2O^5 + 2AgCl + O.$$

On l'obtient aussi (M. Berthelot) en chauffant doucement un mélange d'acide azotique concentré et d'anhydride phosphorique.

*Propriétés.* — L'anhydride azotique est un solide; il cristallise en prismes droits à base rhombe qui fondent à 30° ; le liquide obtenu alors bout à 47°. Il ne peut être conservé, même en vase clos et à basse température, car il détone et se décompose spontanément.


## ACIDE AZOTIQUE $AzO^3H$


**420. État naturel.** — Il se trouve dans le sol à l'état d'azotates de potassium, sodium, calcium, magnésium, et dans l'atmosphère à l'état d'azotate d'ammoniaque.

Les éléments de l'air peuvent, en s'unissant directement sous l'influence de l'électricité atmosphérique, concourir à la formation des azotates; il se fait aussi dans le sol des azotates par oxydation des matières organiques azotées, sous l'influence d'un *ferment* organisé, en présence des bases alcalines.

**421. Préparation.** — Dans les laboratoires, on prépare l'acide concentré en décomposant dans une cornue de verre de l'azotate de potassium par l'acide sulfurique concentré ; on obtient du sulfate acide de potassium et de l'acide azotique :

$$SO^4H^2 + AzO^3K = SO^4KH + AzO^3H.$$

On condense dans un ballon froid.

On observe un dégagement de vapeurs rutilantes au commencement et à la fin de l'opération : en effet, au début, les premières portions d'acide azotique qui se dégagent n'ont pas l'eau qui leur est nécessaire, et se décomposent en oxygène et peroxyde d'azote ; à la fin de l'opération, l'acide azotique hydraté se dissocie, parce qu'il faut chauffer fortement, ce qui décompose l'azotate de potassium.

Fig. 197.

Dans l'industrie, on emploie l'azotate de sodium, qui est moins cher, et on le traite par de l'acide sulfurique moins concentré, 62° Baumé ; on opère dans des chaudières en fonte et on condense l'acide dans des bonbonnes de grès contenant un peu d'eau (*fig.* 197).

*Impuretés.* — L'acide azotique contient des acides chlorhydrique et sulfurique qu'on enlève en distillant de nouveau, après avoir ajouté un peu d'azotate de plomb ; on chasse les vapeurs nitreuses par un courant d'acide carbonique.

**422. Propriétés physiques.** — Liquide incolore quand il est pur ; il jaunit à la lumière ; il fume à l'air, bout à 86°, lorsqu'il contient 14 0/0 d'eau ; l'acide à 40 0/0 d'eau bout à 123°.

**423. Propriétés chimiques.** — L'acide azotique est un acide très énergique, mais facilement décomposable ; la lumière le décompose en oxygène et peroxyde d'azote, ce qui le colore en jaune ; la chaleur agit de même au rouge.

Parmi les *métalloïdes*, un grand nombre décomposent l'acide azotique en s'oxydant, tels sont l'hydrogène, le soufre, le phosphore, l'arsenic, l'iode, le silicium, le charbon ; l'action est d'autant plus énergique que l'acide est concentré. L'hydrogène à chaud donne de l'eau et de l'azote, à froid de l'eau et de l'ammoniaque. Le phosphore produit une explosion dangereuse avec l'acide ordinaire ; avec l'acide étendu, il s'oxyde et donne de l'acide phosphorique.

L'oxygène, le chlore, le brome, l'azote n'ont pas d'action sur l'acide azotique.

L'acide azotique oxyde aussi presque tous les métaux ; l'action est plus énergique quand l'acide est étendu, car les azotates sont peu solubles dans l'acide concentré ; le fer, le nickel, le cobalt, mis en contact avec l'acide concentré, deviennent *passifs*, c'est-à-dire sont sans action sur l'acide étendu ; pour qu'ils l'attaquent il faut les toucher avec une tige de cuivre. L'or et le platine n'agissent à aucune température.

Beaucoup de matières organiques sont oxydées et même détruites : l'indigo est décoloré ; la soie, la laine, la peau sont colorées en jaune ; l'alcool est transformé en acide acétique ; la benzine forme avec l'acide azotique la nitrobenzine :

$$C^6H^6 + AzO^3H = H^2O + C^6H^5AzO^2.$$

La glycérine donne la nitroglycérine ; le coton forme le ulm i-coton : ces composés sont détonants.

**424. Usages.** — Préparation des azotates ; fabrication de l'acide sulfurique ; dérochage du cuivre, du bronze et du laiton ; affinage de l'or et de l'argent. Il est employé pour la gravure sur cuivre (gravure à l'eau-forte) ; teinture de la laine et de la soie en jaune ; fabrication de la nitrobenzine, de la nitroglycérine, du coton-poudre.

## GAZ AMMONIAC AzH³

*Poids de la molécule AzH³ (poids de 2 volumes) : 17*

**425. Préparation.** — Dans les laboratoires, on chauffe légèrement dans un ballon de verre un mélange intime de chaux vive et de sel ammoniac bien pulvérisés (*fig.* 198) ; on obtient du gaz ammoniac, du chlorure de calcium et de l'eau ; le gaz se dessèche en passant sur de la potasse caustique :

$$2AzH^4Cl + CaO = 2AzH^3 + CaCl^2 + H^2O.$$

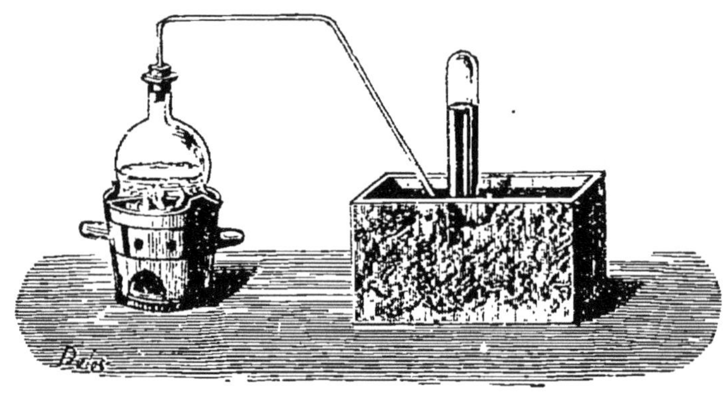

Fig. 198.

On recueille le gaz sur le mercure, car il est soluble dans l'eau.

On le prépare plus simplement encore en chauffant l'ammoniaque.

Dans l'industrie, on prépare l'*ammoniaque*, ou dissolution du gaz ammoniac, en soumettant à la distillation, avec de la chaux, les eaux ammoniacales qui résultent de la fermentation des urines, ou bien les eaux qui proviennent de l'épuration du gaz de l'éclairage.

L'ammoniaque s'appelle encore *alcali volatil*.

**426. Propriétés physiques.** — Gaz incolore, d'odeur piquante

qui provoque les larmes, saveur âcre; densité 0,591; à 0°
l'eau en dissout 1 150 fois son volume, avec dégagement de
chaleur. Le charbon de bois en absorbe à 0° 90 fois son
volume.

Faraday l'a liquéfié au moyen du chlorure d'argent sec; ce
composé absorbe le gaz. Le chlorure d'argent saturé est placé
dans l'une des branches C d'un tube en verre vert recourbé
(*fig.* 199); on ferme la branche vide et on la plonge dans un

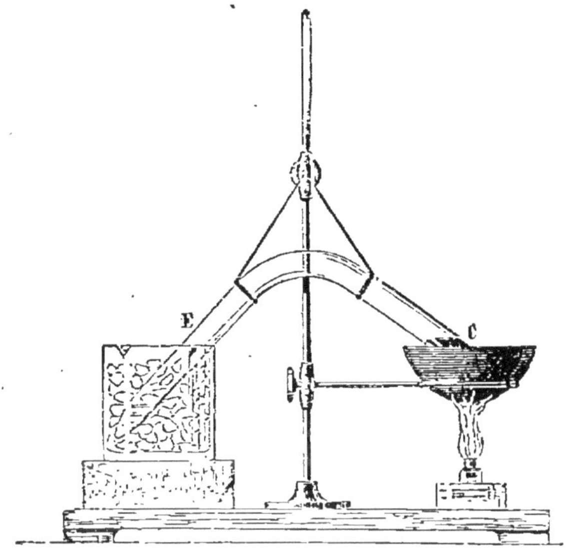

Fig. 199.

mélange réfrigérant, tandis qu'on chauffe légèrement l'autre
dans un bain-marie; le chlorure abandonne le gaz $AzH^3$, qui
se condense dans la branche refroidie. L'évaporation, dans
le vide, de ce liquide produit un froid de — 80°; il se solidifie
à — 75°.

L'appareil Carré, pour la fabrication de la glace, est basé sur
le froid produit par cette évaporation.

**427. Propriétés chimiques.** — Le gaz $AzH^3$ est décomposé
par une forte chaleur ou par une série d'étincelles électriques.

Le gaz $AzH^3$ ne brûle pas au contact de l'air et d'un corps
enflammé; il brûle avec une flamme blanche dans l'oxygène;

une bougie allumée fait détoner le mélange formé de 4 volumes de gaz ammoniac et de 3 volumes d'oxygène :

$$2AzH^3 + O^3 = 3H^2O + 2Az.$$

Au contact de la mousse de platine chauffée, si l'oxygène est en excès, il se produit de l'acide azotique :

$$AzH^3 + 2O^2 = AzO^3H + H^2O.$$

Le chlore, le brome, l'iode ont une action encore plus énergique : un jet de gaz ammoniac, arrivant par un tube effilé dans un flacon de chlore, s'enflamme aussitôt :

$$4AzH^3 + Cl^3 = 3AzH^4Cl + Az.$$

Dans d'autres conditions le chlore peut donner du chlorure d'azote, l'iode de l'iodure d'azote, deux composés très détonants.

— Les métaux décomposent le gaz $AzH^3$ en ses éléments sous l'action de la chaleur.

— *L'ammoniaque*, ou dissolution du gaz ammoniac, a les propriétés des dissolutions alcalines : elle verdit les violettes, ramène au bleu la teinture de tournesol rougie par un acide. Elle dissout le chlorure d'argent et l'oxyde de cuivre ; quand on la verse sur de la planure de cuivre, à l'air, il y a oxydation du cuivre et de l'ammoniaque et formation d'azotite de cuivre dans la liqueur ; cette liqueur, qui est le *réactif de Schweitzer*, dissout la cellulose.

L'ammoniaque est un caustique énergique ; elle attaque la peau, peut occasionner des ophtalmies, et est un poison violent.

**428. Usages.** — L'ammoniaque est employée en médecine (alcali volatil), dans l'industrie pour le dégraissage de la laine, pour aviver les couleurs, etc.

## PHOSPHORE P

*Poids atomique : 31. — Poids moléculaire : P⁴ = 124*

Le phosphore a été trouvé par Brandt, en 1669, dans l'urine ; Scheele indiqua le moyen de l'extraire des os ; son procédé a été un peu modifié de nos jours.

**429. Préparation.** — 1° *Procédé ancien.* — On calcine les os pour brûler l'osséine ; le résidu, formé de phosphate tricalcique et de carbonate de calcium, est pulvérisé et tamisé : on obtient ainsi la *cendre d'os* ; en la traitant par l'acide sulfurique on fait passer le carbonate à l'état de sulfate très peu soluble et on convertit le phosphate tricalcique en phosphate monocalcique, dit phosphate acide ; ces deux réactions peuvent s'écrire :

$$CaCO^2 + SO^4H^2 = CaSO^4 + CO^2 + H^2O,$$
$$(PO^4)^2 Ca^3 + 2SO^4H^2 = (PO^4)^2 H^4Ca + 2SO^4Ca.$$

Le phosphate acide est soluble ; on le sépare par filtration du sulfate ; on évapore la dissolution et on ajoute du charbon de bois en poudre ; on porte ensuite ce mélange au rouge dans une chaudière en fonte ; le phosphate acide se change en métaphosphate $(PO)^2Ca$, lequel, fortement calciné en présence du charbon, donne du phosphore ; en même temps, il se dégage de l'oxyde de carbone, et il se reforme du phosphate tricalcique :

$$3 [(PO^3)^2 Ca] + 10C = (PO^4)^2 Ca^3 + 10CO + P^4.$$

Le phosphore qui distille est condensé dans de l'eau froide.

2° *Procédé actuel.* — On traite les os par l'acide chlorhydrique qui dissout la matière minérale et laisse l'osséine (qu'on transforme ensuite en gélatine) :

$$(PO^4)^2 Ca^3 + 4HCl = (PO^4)^2H^4Ca + 2CaCl^2.$$

On ajoute ensuite un lait de chaux étendu à la dissolution

chlorhydrique, et on précipite ainsi l'acide phosphorique à
l'état de phosphate bicalcique insoluble :

$$(PO^4)^2 CaH^4 + CaO = (PO^4)^2 Ca^2H^2 + H^2O.$$

On traite ce phosphate par l'acide sulfurique pour le transformer en acide phosphorique ; le sulfate de calcium produit
se précipite :

$$(PO^4)^2 CaH^4 + SO^4H^2 = 2PO^4H^3 + SO^4Ca.$$

On concentre l'acide phosphorique, on y ajoute du charbon
de bois en poudre, de façon à former une pâte que l'on sèche
et qu'on chauffe ensuite dans des cornues horizontales en
terre à une température inférieure au rouge blanc ; il se produit de l'oxyde de carbone, de l'hydrogène et de la vapeur de
phosphore qui va se condenser dans de l'eau à 50° :

$$4PO^4H^3 + 16C = P^4 + 16CO + 6H^2.$$

*Épuration.* — On purifie le phosphore par filtration sous
l'eau chaude à travers une couche de noir animal, puis à travers une peau de chamois, sous l'eau à 50° ; on le moule en
petits bâtons.

**430. Propriétés physiques.** — Le phosphore est un solide
jaune pâle, insoluble dans l'eau, soluble dans l'éther, le
pétrole, et surtout dans le sulfure de carbone. Densité 1,83 ; il
fond à 44°,2 et bout à 290°.

**431. Propriétés chimiques.** — A l'air sec le phosphore
forme avec l'oxygène de l'acide phosphoreux ; à l'air humide
il se produit, en outre, de l'acide phosphorique, de l'ozone et
de l'azotite d'ammoniaque.

Chauffé à 60°, le phosphore s'enflamme et brûle avec éclat
en donnant de l'acide phosphoreux anhydre.

La phosphorescence est le résultat de l'oxydation lente.

Au-dessus de 30°, le phosphore brûle avec éclat dans l'oxygène, même quand il est dans l'eau ; il suffit de faire arriver
à son contact l'oxygène par un tube effilé.

— Le phosphore s'enflamme dans le chlore ; il se forme un

des deux chlorures $PCl^3$ ou $PCl^5$; le brome forme deux bromures $PBr^3$ et $PBr^5$; l'iode forme les deux iodures $PI^3$ et $P^2I^4$.

— Le phosphore, à une température variable, réduit la plupart des composés oxygénés, acides azotique, sulfurique, oxydes métalliques, sels d'or, etc.

— En présence de l'eau et des alcalis, il se produit du phosphure d'hydrogène et un hypophosphite alcalin.

— Le phosphore est un poison très violent; on combat les brûlures dues au phosphore par des lotions faites avec de l'eau dans laquelle on a délayé de la magnésie.

**432. Usages.** — Fabrication des allumettes et de la pâte dite *mort aux rats*.

**433. Phosphore rouge.** — Le phosphore rouge est une modification allotropique du phosphore ordinaire. Il se forme par l'action prolongée des rayons directs du soleil sur le phosphore ordinaire, et surtout sous l'influence d'une température maintenue pendant plusieurs jours à 280° environ, à l'abri du contact de l'air.

On prépare industriellement le phosphore rouge en maintenant le phosphore ordinaire en vase clos à 280° pendant une dizaine de jours; l'opération terminée, on traite la masse refroidie par le sulfure de carbone, qui dissout le phosphore ordinaire seul, ou par une dissolution bouillante de soude caustique, qui n'attaque que le phosphore ordinaire.

**434. Différences entre le phosphore ordinaire et le phosphore rouge.**

| Phosphore ordinaire | Phosphore rouge |
|---|---|
| Couleur ambrée. | Couleur rouge. |
| Fond à 44°,2. | Ne fond pas. |
| Cristallise à la température ordinaire. | Cristallise vers 580°. |
| Soluble dans le sulfure de carbone. | Insoluble dans le sulfure de carbone. |
| Phosphorescent. | Non phosphorescent. |
| S'oxyde rapidement à l'air. | S'oxyde lentement à l'air. |
| Inflammable à 60°. | Inflammable à 260°. |
| Poison violent. | Non vénéneux. |

Le phosphore rouge sert à la fabrication des allumettes dites à phosphore amorphe.

# COMPOSÉS OXYGÉNÉS DU PHOSPHORE

**485.** Le phosphore forme avec l'oxygène : l'anhydride phosphoreux $P^2O^3$ ; l'anhydride phosphorique $P^2O^5$ ; l'acide hypophosphoreux $PO^2H^3$ ; l'acide phosphoreux $PO^3H^3$ ; l'acide phosphorique ordinaire $PO^4H^3$, l'acide pyrophosphorique $P^2O^7H^4$ ; l'acide métaphosphorique $PO^3H$.

**486. Acide hypophosphoreux $PO^2H^3$.** — On l'obtient en décomposant l'hypophosphite de baryum par l'acide sulfurique ajouté goutte à goutte ; d'ailleurs, l'hypophosphite est obtenu en faisant bouillir du phosphore avec une solution concentrée de baryte.

C'est un liquide visqueux, acide ; réducteur énergique, il réduit à l'ébullition les sels d'argent et de mercure, en passant à l'état d'acide phosphorique.

La chaleur le décompose en acide phosphorique et en phosphure d'hydrogène. C'est un acide monobasique.

**487. Acide phosphoreux.** — L'acide *anhydre* $P^2O^3$ est une poudre blanche combustible qui se forme dans l'oxydation lente du phosphore à l'air sec.

L'anhydride, en fixant trois molécules d'eau, se convertit en acide phosphoreux :

$$P^2O^3 + 3H^2O = 2PO^3H^3.$$

Ce dernier se prépare par l'action de l'eau sur le trichlorure de phosphore :

$$PCl^3 + 3H^2O = PO^3H^3 + 3HCl.$$

Par le refroidissement, la liqueur, dont on a chassé HCl par l'ébullition, se prend en cristaux d'acide phosphoreux.

C'est aussi un réducteur ; il réduit à l'ébullition les sels d'argent et de mercure, et l'acide sulfureux ; il se tranforme ainsi en acide phosphorique.

C'est un acide bibasique, c'est-à-dire que 2 seulement des

3 atomes d'hydrogène qu'il contient peuvent être remplacés par une quantité équivalente de métal.

**438. Acides phosphoriques.** — 1° *L'anhydride phosphorique* $P^2O^5$ s'obtient en brûlant du phosphore dans un grand ballon où arrive de l'air desséché par du chlorure de calcium ; l'anhydride va se condenser dans un flacon sec et froid sous forme de flocons neigeux.

Il fond au rouge ; il siffle comme le fer rouge au contact de l'eau, dont il est très avide.

2° *L'acide phosphorique ordinaire*, ou *orthophosphorique*, $PO^4H^3$, résulte de l'anhydride ayant fixé trois molécules d'eau $(P^2O^5 + 3H^2O = 2PO^4H^3)$. On le prépare en chauffant dans une cornue de verre du phosphore rouge avec de l'acide azotique moyennement concentré.

On l'obtient encore par l'action de l'eau sur le perchlorure de phosphore $PCl^5$ :

$$PCl^5 + 4H^2O = PO^4H^3 + 5HCl.$$

On chasse $HCl$ par évaporation, et en concentrant on a l'acide phosphorique en cristaux.

Ces cristaux fondent à 41°. Ils sont déliquescents à l'air, très solubles dans l'eau. Cet acide est tribasique.

3° *L'acide pyrophosphorique* $(P^2O^7H^4 = P^2O^5 + 2H^2O)$ se forme quand on décompose par un courant de gaz $H^2S$ le pyrophosphate de plomb insoluble mis en suspension dans l'eau ; ce dernier sel se transforme en sulfure de plomb :

$$P^2O^72Pb + 2H^2S = 2PbS + P^2O^72H^2.$$

Cet acide est cristallisé ; chauffé avec de l'eau, il se change en acide phosphorique ordinaire.

4° *Acide métaphosphorique* $PO^3H$. — Cet acide se produit dans l'hydratation de l'anhydride, ou bien dans la calcination de l'un ou de l'autre des deux acides précédents, ou encore dans la calcination du phosphate d'ammoniaque du commerce :

$$PO^4 (AzH^4)^2 H = PO^3H + 2AzH^3 + H^2O ;$$

ou bien en décomposant par le gaz $H^2S$ le métaphosphate de plomb $P^2O^6Pb$.

Cet acide est solide, vitreux, très soluble dans l'eau. Il est monobasique.

**439. Caractères distinctifs des trois acides.** — L'acide métaphosphorique coagule une dissolution d'albumine ; il donne un précipité blanc ($PO^3Ag$) avec une solution d'azotate d'argent. Les deux autres acides ne coagulent pas l'albumine, ce qui les distingue du premier. Ces deux derniers se distinguent l'un de l'autre par la couleur du précipité qu'ils donnent avec l'azotate d'argent ; le pyrophosphate d'argent ($P^2O^7Ag^4$) est blanc, tandis que l'orthophosphate ($PO^4Ag^3$) est jaune.

Avant d'ajouter le réactif $AzO^3Ag$ à l'un quelconque des trois acides, il faut les neutraliser par un alcali pour que le précipité se forme.

## COMPOSÉS HYDROGÉNÉS DU PHOSPHORE

**440. 1° Phosphure gazeux $PH^3$.** — On le prépare en chauffant dans un ballon du phosphore au contact de la chaux éteinte ou d'une dissolution concentrée de potasse ; il se forme un hypophosphite, et le gaz se dégage :

$$3KOH + P^4 + 3H^2O - 3PO^2H^2K + PH^3.$$

Le gaz obtenu est *spontanément inflammable*, parce qu'il contient de la vapeur de phosphure liquide $P^2H^4$ qui se forme aussi dans cette réaction.

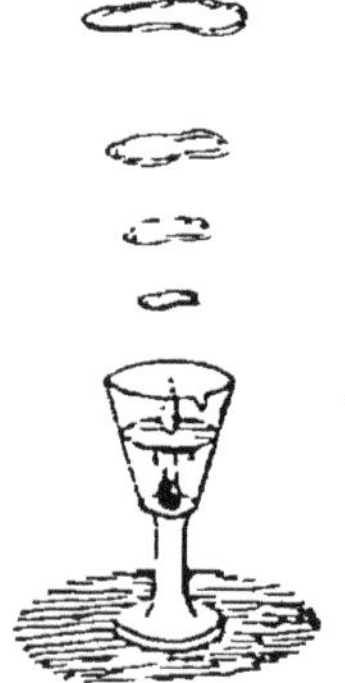

Le même gaz spontanément inflammable se produit encore (*fig.* 200) quand on jette dans l'eau, à froid, du phosphure de calcium $Ca^2P^2$, substance préparée en faisant passer des vapeurs de phosphore sur des morceaux de craie incandescente.

Fig. 200.

Pour avoir de l'hydrogène phosphoré pur, on fait agir le phosphure de calcium non plus sur l'eau, mais sur l'acide chlorhydrique, ou encore en chauffant fortement de l'acide phosphoreux ou de l'acide hypophosphoreux :

$$4PO^3H^3 = PH^3 + 3PO^4H^3,$$
$$2PO^2H^3 = PH^3 + PO^4H^3.$$

**441. Propriétés.** — Gaz incolore, vénéneux, d'odeur alliacée. Il est peu soluble dans l'eau ; il l'est davantage dans l'alcool.

Quand il est pur, il ne *s'enflamme à l'air qu'à* 100° ; il s'enflamme spontanément quand il contient un peu de phosphure liquide.

Le chlore décompose ce gaz avec chaleur et lumière ; pour faire l'expérience sans danger, il faut faire arriver les deux gaz en contact dans l'eau.

Le gaz $PH^3$ réduit les sels de cuivre, d'or, d'argent.

Il est absorbé par la dissolution de sulfate de cuivre et par le chlorure de chaux.

Il se combine avec les acides iodhydrique, bromhydrique et chlorhydrique ; c'est une analogie du gaz $PH^3$ avec le gaz ammoniac $AzH^3$ ; il est, comme $AzH^3$, décomposé par la chaleur et l'électricité.

**442. 2° Phosphure liquide $P^2H^4$.** — Il s'obtient en faisant passer dans un tube, refroidi par un mélange de glace et de sel, de l'hydrogène phosphoré obtenu par l'action du phosphure de calcium sur l'eau.

C'est un liquide incolore, soluble dans l'alcool, très instable ; il s'enflamme spontanément à l'air.

**443. 3° Phosphure solide $P^2H$.** — C'est une poudre jaune, insoluble, s'enflammant vers 160° à l'air, et décomposable par la chaleur.

## ARSENIC As

*Poids atomique :* 75. — *Poids moléculaire :* $As^4 = 300$

**444. Préparation.** — L'arsenic se trouve à l'état natif, et plus souvent à l'état de sulfure, ou de sulfo-arséniure.

On l'extrait généralement du *mispickel*, sulfo-arséniure de fer, en chauffant ce composé dans des cylindres :

$$FeSAs = FeS + As ;$$

l'arsenic se sublime et va se déposer dans d'autres cylindres placés au-dessus des premiers. On le purifie par une distillation avec un peu de charbon.

**445. Propriétés.** — C'est un solide gris, d'aspect métallique ; densité 5,7. Il se volatilise au-delà de 300°, sans fondre.

Il se ternit à l'air et devient gris noir. Il brûle dans l'air ou dans l'oxygène raréfié avec une flamme verdâtre, en donnant de l'acide arsénieux $As^2O^3$ et en répandant une odeur d'ail ; il devient phosphorescent quand il est chauffé à une température modérée.

Projeté en poudre dans le chlore, il brûle vivement avec une flamme blanche, en donnant le chlorure $AsCl^3$ ; il se combine aussi avec le brome, l'iode, le soufre, les métaux.

L'acide azotique, à chaud, le change en acide arsénique $As^2O^5$.

Il est très toxique.

On voit par ces propriétés que l'arsenic a des analogies avec le phosphore.

## ANHYDRIDE ARSENIEUX $As^2O^3$

**446. Préparation.** — C'est un produit accessoire de la fabrication du nickel et du cobalt par le grillage des sulfo-arséniures de nickel et de cobalt ; l'acide arsénieux formé va se déposer dans des chambres froides, on le purifie par une nouvelle distillation.

**447. Propriétés physiques.** — C'est un corps solide blanc, inodore ; il a une faible saveur âcre. Il se présente à l'état amorphe ou à l'état cristallin.

L'acide amorphe, ou *vitreux*, s'obtient par condensation sur une paroi très chaude au moment de sa préparation ; il se dissout dans 25 fois son volume d'eau à 13°.

L'acide cristallisé, ou *porcelanique*, s'obtient par sublimation sur une paroi froide, ou bien sur une paroi à 250° ; dans le premier cas, les cristaux sont des octaèdres réguliers, dans le second cas, des prismes droits à base rhombe ; on a encore des octaèdres par transformation de la dissolution d'acide vitreux dans l'eau ou dans l'acide chlorhydrique.

L'acide cristallisé est donc dimorphe.

L'acide vitreux n'est stable qu'à chaud, il se tranforme en acide porcelanique à la température ordinaire. L'acide porcelanique n'est stable qu'à la température ordinaire ; au rouge sombre, il se change en acide vitreux.

L'acide porcelanique est soluble dans 80 fois son poids d'eau à 13°.

**448. Propriétés chimiques.** — L'acide arsénieux $AsO^3H^3$, correspondant à l'acide phosphoreux, ne se sépare pas de la solution de l'anhydride.

A chaud, il est changé en acide arsénique par les acides azotique, chromique, par l'eau régale, par le chlore.

Les corps réducteurs, tels que le charbon, l'hydrogène, le zinc, lui enlèvent son oxygène: le charbon dégage de l'acide carbonique et met l'arsenic en liberté; l'hydrogène forme de l'eau et de l'arséniure d'hydrogène :

$$2As^2O^3 + 3C = 3CO^2 + As^4,$$
$$As^2O^3 + 6H^2 = 3H^2O + 2AsH^3.$$

L'acide $AsO^3H^3$ est bibasique, comme l'acide phosphoreux.

C'est un poison très violent. On l'emploie en médecine et dans l'industrie, pour la fabrication de certaines couleurs.

**449. Caractères distinctifs.** — Projeté sur des charbons, il donne une odeur d'ail. Chauffé avec du charbon, il donne un anneau noir, miroitant, d'arsenic qui se déplace facilement.

Sa dissolution, ou celle des arsénites, additionnée d'un peu d'acide chlorhydrique, donne avec l'acide $H^2S$ un précipité jaune d'*orpiment* qui est du trisulfure d'arsenic $As^2S^3$.

Cette même dissolution, neutralisée par l'ammoniaque, donne encore : un précipité blanc jaunâtre d'arsénite d'argent avec l'azotate d'argent, un précipité vert (vert de Scheele) avec les sels de cuivre.

## ACIDE ARSÉNIQUE

**450.** L'*anhydride arsénique* $As^2O^5$ est analogue à l'anhydride phosphorique ; il y a aussi : l'*acide arsénique* $AsO^4H^3$ qu'on obtient en traitant l'acide arsénieux à chaud par l'acide azotique ; l'acide *pyroarsénique* $As^2O^7H^4$ et l'acide *métarsénique* $AsO^3H$ ; ces deux derniers se déduisent de l'acide $AsO^4H^3$ chauffé jusqu'à 180°, puis au-delà de 200°. En le chauffant au rouge sombre, on a l'anhydride.

Ces acides, en présence de l'azotate d'argent en dissolution, donnent tous un précipité rouge brique d'arséniate d'argent $AsO^4Ag^3$ ; il n'y a donc assimilation complète qu'entre les phosphates ordinaires et les arséniates.

Le charbon et l'hydrogène réduisent l'acide arsénique ; à l'ébullition, l'acide sulfureux le ramène à l'état d'acide arsénieux.

**451. Caractères distinctifs.** — Chauffé avec le charbon, il donne un anneau miroitant d'arsenic ; jeté sur des charbons ardents, il répand l'odeur d'ail caractéristique de l'arsenic ; la dissolution d'un acide ou d'un arséniate donne un précipité rouge brique avec les sels d'argent, un précipité blanc bleuâtre avec les sels de cuivre ; l'acide sulfhydrique forme, au bout de quelques heures, un précipité jaune $As^2S^5$.

## COMPOSÉS HYDROGÉNÉS DE L'ARSENIC

**452.** On connaît l'arséniure gazeux $AsH^3$ et l'arséniure solide $As^2H$.

L'*arséniure gazeux* se prépare en faisant réagir l'acide sulfurique étendu sur un alliage de zinc et d'arsenic ; il se forme en même temps du sulfate de zinc :

$$Zn^3As^2 + 3(SO^4H^2) = 2AsH^3 + 3(ZnSO^4).$$

C'est un gaz incolore à odeur d'ail. Il se décompose au rouge en arsenic et en hydrogène ; il brûle à l'air au contact d'une flamme en donnant de l'eau et de l'acide arsénieux ($2AsH^3 + 6O = As^2O^3 + 3H^2O$).

Le chlore agit sur ce gaz comme sur le phosphure $PH^3$.

Il est absorbé par les sels d'argent et de cuivre; aussi emploie-t-on le sulfate d'argent pour purifier l'hydrogène préparé avec le zinc qui contient des traces d'arsenic.

**453. Recherche de l'arsenic dans les empoisonnements.** — 1° Si l'on trouve des grains blancs d'acide arsénieux dans l'estomac ou dans les matières rendues, on en recherchera les caractères comme on l'a indiqué;

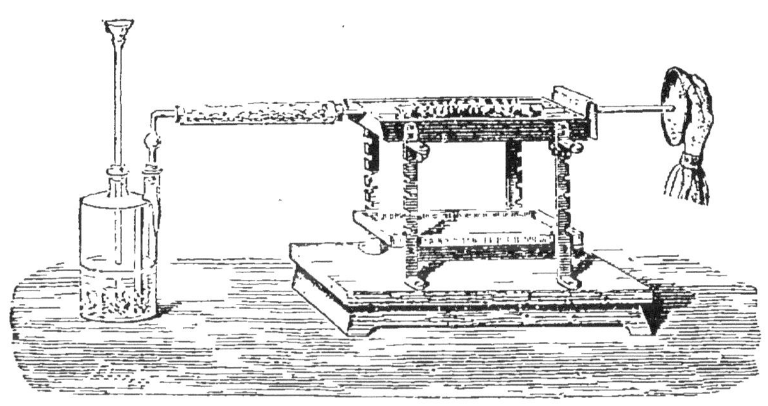

Fig. 201.

2° Si l'acide a été entièrement absorbé, on calcine avec de l'acide sulfurique pur les intestins, l'estomac et le foie; les matières organiques sont détruites; on traite par l'eau, et on met la solution dans le flacon de *l'appareil Marsh* (*fig.* 201) composé d'un flacon producteur d'hydrogène, d'un tube renfermant du coton cardé qui arrête les gouttelettes d'eau entraînées, et d'un long tube à l'extrémité duquel on enflamme le gaz.

En présence de l'hydrogène, il se produit de l'hydrogène arsénié; la flamme, d'abord jaunâtre, devient livide; écrasée avec une soucoupe, elle y forme une tache brune d'arsenic;

si on chauffe une partie du tube, il se forme, au-delà du point chauffé, un anneau miroitant d'arsenic.

La tache et l'anneau, traités par l'acide azotique, se changent en acide arsénique dont on connaît les caractères.

**454. Arsenic et antimoine.** — Les composés d'antimoine, dont certains sont employés en médecine, donnent aussi avec l'appareil de Marsh un anneau noir qui ne se déplace pas par la chaleur. Traité par $AzO^3H$, il ne fournit pas les caractères de l'acide arsénique. La solution, traitée par le gaz $H^2S$, donne un sulfure rouge orangé $Sb^2S^3$.

L'antimoine, qu'on range, d'ailleurs, parmi les métaux, se rattache à l'arsenic par ses composés : oxyde d'antimoine $Sb^2O^3$, acide antimonique $Sb^2O^5$, sulfures $Sb^2S^3$ et $Sb^2S^5$.

## CARBONE $C = 12$

**455. Propriétés physiques.** — Le carbone se présente sous des états allotropiques très variés : sous chacun d'eux la couleur, la densité, la dureté, etc., sont différentes.

Quel que soit son état, il est solide, insoluble dans tous les liquides, sauf dans la fonte de fer en fusion.

**456. Propriétés chimiques.** — Le carbone brûle dans l'oxygène en donnant de l'anhydride carbonique $CO^2$ ; si le carbone est en excès, il se forme aussi de l'oxyde de carbone $CO$.

Il se combine directement avec un autre métalloïde, le soufre, avec lequel il forme, au rouge, du sulfure de carbone $CS^2$.

Il se combine avec l'hydrogène par l'action de l'arc voltaïque d'une forte pile : il se fait de l'acétylène $C^2H^2$.

Il s'unit à l'azote en présence des alcalis, au rouge, et il se produit un cyanure alcalin.

Le charbon est un réducteur puissant : il décompose, en général, à des températures élevées, l'acide azotique, les azotates, les chlorates, l'acide sulfurique, l'eau et beaucoup d'oxydes métalliques ; avec l'eau on obtient de l'oxyde de carbone et de l'hydrogène :

$$C + H^2O = CO + 2H.$$

Avec un oxyde difficilement réductible, comme l'oxyde de zinc, il se produit aussi de l'oxyde de carbone ; avec un oxyde facilement réductible, comme celui de cuivre, il se fait de l'anhydride carbonique. On utilise en métallurgie cette propriété réductrice du carbone.

## VARIÉTÉS DU CARBONE

**457.** Les diverses variétés de carbone plus ou moins pur sont : les charbons naturels : diamant, graphite, anthracite, houille, lignite ; les charbons artificiels : charbon de cornue, coke, charbon de bois, noir de fumée, noir animal.

**458. Diamant.** — Lavoisier a montré que le diamant brûle dans l'oxygène en formant de l'acide carbonique. Davy constata que cet acide est le seul produit formé. Le diamant est donc du carbone pur.

Il est généralement incolore. Il y a aussi des diamants colorés, principalement noirs.

Il se trouve en cristaux dérivés du système cubique.

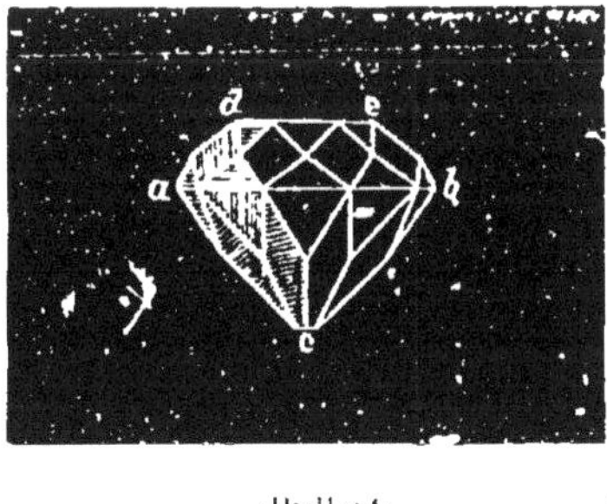

(Brillant)     Fig. 202.     (Rose)

Il est le plus dur de tous les corps ; densité 3,53 ; sous l'action d'une forte pile il gonfle et noircit. Il est très réfringent.

On augmente son éclat par la taillé; cette opération se fait par frottement contre de la poudre de diamant; on taille les diamants en *rose* ou en *brillant* (*fig.* 202). On les vend au *carat*, poids qui vaut 0 gr. 212; leur prix croît proportionnellement au carré du poids.

Le diamant sert à faire des pivots pour l'horlogerie; on s'en sert également pour couper le verre. On emploie des diamants noirs pour creuser des trous de mine dans les roches dures.

**459. Graphite.** — Le graphite, ou plombagine, est du carbone à peu près pur; il se présente en paillettes brillantes d'un gris d'acier; il est doux au toucher et tendre. Densité 2,2.

Il conduit bien la chaleur et l'électricité; il brûle dans l'oxygène à une température élevée.

La fonte, saturée de carbone, abandonne en se solidifiant lentement des paillettes de graphite; la fonte grise lui doit sa couleur.

On l'emploie à faire les crayons à mine de plomb, les crayons Conté, le cambouis (par adjonction de matières grasses); il sert aussi en galvanoplastie à la métallisation des surfaces.

**460. Anthracite.** — C'est un charbon dur et compact contenant 8 à 10 0/0 d'impuretés (silice, alumine, oxyde de fer); il est d'origine végétale. Ce charbon dégage une grande quantité de chaleur; c'est un bon combustible quand on dispose d'un tirage suffisant.

**461. Houille.** — La houille résulte de l'altération lente des végétaux; elle est moins pure que l'anthracite et contient des matières bitumineuses.

On distingue les *houilles grasses*, à longue flamme, qui se ramollissent en brûlant et se boursouflent beaucoup; elles ont une puissance calorifique considérable, 8.600 calories; les *houilles sèches* sont à courte flamme et produisent moins de chaleur que les premières.

La houille est le principal combustible employé; elle sert

également à la fabrication du gaz d'éclairage et, par suite, du coke.

**462. Lignite, tourbe.** — Les lignites ont 30 0/0 d'impuretés ; ils brûlent avec une flamme longue, peu chaude, accompagnée d'une fumée noire. Ils sont noirs en général et ont la même origine que la houille. Le *jais naturel* est une variété de lignite ; noir et luisant, il est très employé pour les parures de deuil.

La tourbe, encore plus impure, est de formation plus récente ; elle est composée de végétaux qui croissent dans les marais. Elle brûle lentement, avec peu de chaleur ; comprimée et desséchée, elle devient un combustible excellent et économique.

**463. Coke et charbon de cornue.** — La distillation de la houille dans les cornues employées pour fabriquer le gaz d'éclairage laisse un résidu poreux qui est le *coke*, et sur les parois un dépôt très dur qui est le *charbon de cornue*.

On prépare encore le coke par le procédé des meules ou par celui des fours ; 100 kilogrammes de houille donnent environ 60 kilogrammes de coke.

Le charbon de cornue est très dense, bon conducteur de la chaleur et de l'électricité ; on s'en sert pour former l'un des pôles de la pile de Bunsen, pour faire des creusets ; avec un bon tirage il brûle en donnant une température très élevée.

**465. Charbon de bois.** — Il provient de la décomposition du bois par la chaleur dans des fours spéciaux, ou bien de sa combustion incomplète dans des *meules* (*fig.* 203). Il renferme 1 0/0 de cendres.

Il a la propriété d'absorber les gaz ; les plus solubles sont les plus absorbables ; cette propriété fait employer le charbon de bois pour la filtration des eaux.

Il brûle d'autant plus facilement qu'il a été préparé à plus basse température.

**465. Noir de fumée.** — C'est une poussière très fine composée de carbone retenant un peu de matière huileuse ; il est le produit de la combustion incomplète des matières résineuses. On l'emploie dans la peinture en noir, dans la fabrication de l'encre d'imprimerie et de l'encre de Chine.

Fig. 303.

**466. Noir animal.** — Il est le produit de la calcination des os en vase clos ; ce produit est noir, poreux, ayant la forme des os ; il contient environ 10 0/0 de charbon avec du phosphate et du carbonate de calcium.

Il absorbe les matières colorantes ; aussi on l'utilise dans les raffineries pour décolorer les jus et les sirops. Quand il a servi quelque temps, on le revivifie en le faisant bouillir avec de l'eau acidulée d'acide chlorhydrique, et ensuite en le calcinant en vase clos.

## OXYDE DE CARBONE CO

**467. Préparation.** — 1° On l'obtient en calcinant dans une cornue de grès un mélange intime d'oxyde de zinc et de charbon :

$$ZnO + C = CO + Zn.$$

2° On le prépare dans les laboratoires en décomposant l'acide oxalique par l'acide sulfurique ; l'acide oxalique perd les éléments de l'eau qu'il cède à l'acide sulfurique :

$$C^2H^2O^4 = CO + CO^2 + H^2O.$$

Les gaz passent dans un flacon laveur contenant de la potasse caustique qui retient $CO^2$.

**468. Propriétés.** — C'est un gaz incolore, inodore, insipide ; densité 0,967. Il est peu soluble et a été liquéfié.

Il est neutre et ne trouble point l'eau de chaux comme l'acide carbonique. Il éteint les corps en combustion ; il est impropre à la respiration et très délétère. Il brûle à l'air avec une flamme bleue en donnant du gaz carbonique. Par ces propriétés, il se distingue de l'acide carbonique et de l'azote.

Il se dissocie à haute température en donnant du charbon et $CO^2$. C'est un réducteur énergique qui réduit au rouge la plupart des oxydes métalliques, de là son rôle important dans la métallurgie.

Il est absorbé par une dissolution de sous-chlorure de cuivre dans l'ammoniaque, ce qui permet de le séparer d'autres gaz.

Il se combine avec le chlore sous l'influence de la lumière pour former le gaz chloroxycarbonique $COCl^2$.

## ANHYDRIDE CARBONIQUE $CO^2$

*Poids de la molécule $CO^2$ (poids de 2 volumes)*     44

**469.** Le corps $CO^2$ est l'anhydride du véritable acide carbonique, qui serait $CO^2 + H^2O = CO^3H^2$, et qui n'est pas isolé.

Cet acide se rencontre dans l'air et dans l'eau. Il y a de nombreux carbonates dans la nature.

**470. Préparation.** — On l'obtient en décomposant par l'acide chlorhydrique étendu ou l'acide sulfurique le carbonate de calcium (marbre ou craie) (*fig.* 204); il se forme du chlorure de calcium, du gaz carbonique et de l'eau :

$$CaCO^3 + 2HCl = CO^2 + CaCl^2 + H^2O.$$

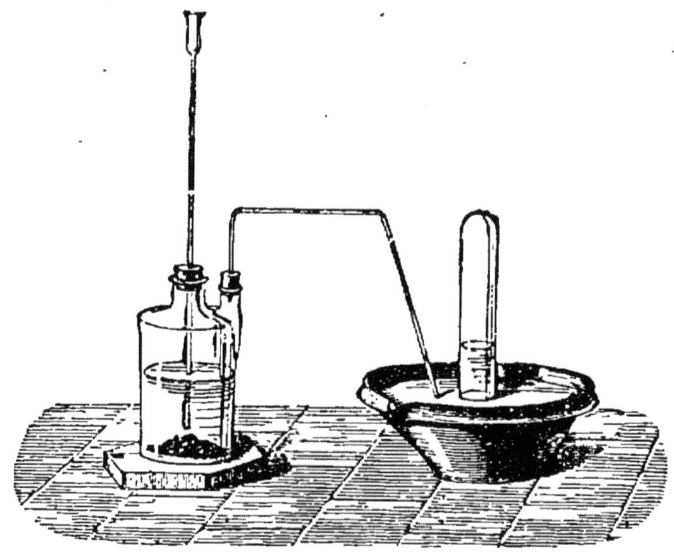

Fig. 204.

Avec de l'acide chlorhydrique concentré, le dégagement du gaz carbonique serait tumultueux. On recueille le gaz sur la cuve à eau.

**471. Propriétés physiques.** — C'est un gaz incolore, d'odeur piquante, de saveur aigrelette. Densité 1,529; à cause de cette grande densité, des bulles de savon rebondissent dans un flacon plein de gaz carbonique. Il a été liquéfié : cette liquéfaction se fait en grand dans l'appareil Thilorier; le liquide obtenu est mobile, incolore, a pour point critique 31°; par son évaporation rapide il se solidifie en neige, qui forme avec l'éther un mélange pouvant abaisser la température à — 80°.

Le gaz carbonique est assez soluble dans l'eau.

**472. Propriétés chimiques.** — Il est impropre à la combustion : si on met une bougie allumée dans une large éprouvette, on l'éteint en faisant tomber sur elle le gaz carbonique contenu dans une autre éprouvette : à cause de sa grande densité le gaz tombe comme un liquide (*fig.* 205).

Il n'est pas combustible ; il trouble l'eau de chaux en formant du carbonate de calcium insoluble; ces deux propriétés le distinguent de l'oxyde de carbone.

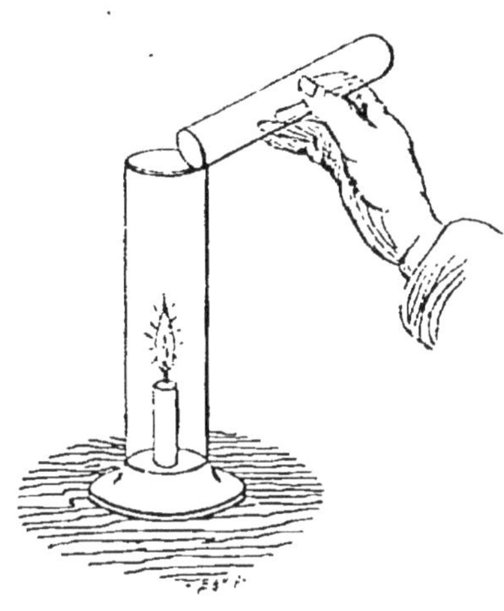

Fig. 205.

Il est dissocié en oxyde de carbone et oxygène par la chaleur ou par une longue série d'étincelles électriques.

La plupart des corps combustibles le décomposent et le ramènent à l'état d'oxyde de carbone : tels sont l'hydrogène, le carbone, le phosphore, le bore, le silicium. Il est absorbable par la potasse.

L'acide carbonique $CO^3H^2$ est bibasique.

L'acide carbonique est impropre à la respiration ; il faut donc éviter de séjourner dans les endroits où il peut s'accumuler: caves, voisinage des fours à chaux ou des cuves à fermentation. Une bougie s'éteint dans une atmosphère viciée par ce gaz, et, pour purifier l'air, il faut activer la ventilation.

**473. Composition.** — La composition *en volumes* du gaz carbonique se fait par la combustion d'un morceau de charbon pur dans de l'oxygène pur contenu dans un ballon retourné sur le mercure ; le volume du gaz carbonique produit est le même que celui de l'oxygène ; on peut donc dire que 2 volumes de gaz carbonique renferment 2 volumes d'oxygène : on admet que ces 2 volumes d'oxygène, qui représentent 2 atomes, sont combinés avec 1 atome de carbone, ce qui donne la formule $CO^2$.

L'analyse *en poids* du gaz carbonique a été faite par Dumas et Stass, en faisant passer un courant d'oxygène pur et sec sur du charbon pur chauffé dans un tube de porcelaine ;

l'acide carbonique produit est absorbé par des tubes à potasse ;
on détermine le poids du charbon brûlé et celui du gaz produit ; on déduit ainsi que 44 grammes de $CO^2$ contiennent
32 grammes d'oxygène et 12 grammes de carbone.

**474. Usages.** — Il sert à la fabrication de l'eau de Seltz
artificielle (pour 1 litre d'eau on emploie 18 grammes d'acide
tartrique et 21 grammes de bicarbonate de sodium), à la
fabrication de la céruse, du sucre, des bicarbonates alcalins.

## COMPOSÉS HYDROGÉNÉS DU CARBONE

**475.** Ces composés, très nombreux, s'appellent encore *carbures d'hydrogène* ; ils sont solides (caoutchouc), liquides
(benzine, essence de térébenthine), gazeux (acétylène, gaz
des marais, éthylène).

Ils sont tous décomposables par la chaleur ; ils brûlent avec
une flamme éclairante en donnant de l'acide carbonique et
de l'eau. Ils forment avec l'oxygène des mélanges détonants.

**476. Protocarbure d'hydrogène ou gaz des marais $CH^4$.** —
Il se produit au fond de la vase des marais ; il se dégage de
la houille et se trouve dans le grisou ; il existe dans le gaz
d'éclairage. On l'appelle encore *formène*. On l'extrayait autrefois de la vase des marais. On le prépare maintenant en faisant agir à chaud un excès de chaux sodée sur de l'acétate de
sodium fondu ; celui-ci est décomposé et forme du carbonate
de sodium :

$$C^2H^3O^2Na + NaOH = CH^4 + Na^2CO^3.$$

La chaux n'intervient que pour rendre le mélange intime
et empêcher la soude de fondre et d'attaquer le verre.

Ce gaz est incolore, inodore, peu soluble dans l'eau.

Un mélange de ce gaz et d'oxygène détone à l'approche
d'une flamme. Le chlore le décompose en présence d'une
flamme ou des rayons solaires ; à la lumière diffuse le chlore
réagit plus lentement et il se forme de l'acide chlorhydrique

et des produits de *substitution* $CH^3Cl$, $CH^2Cl^2$, $CHCl^3$ ou chloroforme, $CCl^4$.

Ce gaz est le type d'une série de carbures homologues, appelés *carbures saturés* ou *paraffines*, dont la formule générale est $C^nH^{2n+2}$; on les trouve dans le pétrole.

**477. Bicarbure d'hydrogène, ou éthylène, $C^2H^4$.** — On l'obtient en déshydratant l'alcool par un excès d'acide sulfurique; on fait ce mélange d'alcool et d'acide lentement, puis on le chauffe doucement dans un ballon; en présence de l'acide, l'alcool se dédouble ($C^2H^6O = C^2H^4 + H^2O$). A la fin de l'opération le mélange noircit et il se dégage des gaz carbonique et sulfureux absorbés par un flacon laveur contenant de la potasse caustique.

C'est un gaz incolore, d'odeur éthérée, peu soluble dans l'eau; il est décomposable par la chaleur; il est combustible et forme avec l'oxygène un mélange détonant.

Si on mélange de l'éthylène avec un volume double de chlore dans une grande éprouvette, on obtient, au contact d'une bougie, une flamme rouge et un dépôt de charbon :

$$C^2H^4 + 4Cl = 4HCl + 2C.$$

A la température ordinaire, le chlore et l'éthylène se combinent à volumes égaux en donnant du chlorure d'éthylène : c'est un liquide huileux, d'odeur éthérée, qu'on appelle souvent *liqueur des Hollandais* :

$$C^2H^4 + 2Cl = C^2H^4Cl^2.$$

Le brome et l'iode agissent de même.

Un excès de chlore, réagissant sur le composé $C^2H^4Cl^2$, sous l'influence de la lumière, donne des produits de substitution $C^2H^3Cl^3$, $C^2H^2Cl^4$, $C^2HCl^5$ et $C^2Cl^6$.

L'éthylène est le type d'une série de carbures homologues dont la formule générale est $C^nH^{2n}$, tels que le propylène $C^3H^6$, le butylène $C^4H^8$, etc.

**478. Acétylène $C^2H^2$.** — Ce gaz existe, comme les deux précédents, dans le gaz d'éclairage. Il se produit par l'action de la chaleur sur les deux gaz $CH^4$ et $C^2H^4$ ; M. Berthelot l'a obtenu en faisant circuler un courant d'hydrogène autour de l'arc électrique produit par une forte pile entre deux pointes de charbon de cornue.

On le prépare en faisant passer des vapeurs d'éther dans un tube de porcelaine chauffé au rouge ; les gaz qui se dégagent passent sur du protochlorure de cuivre ammoniacal, qui a la propriété d'absorber l'acétylène ; cette absorption donne lieu à un précipité rouge d'acétylène de cuivre qu'il suffit de traiter par l'acide HCl pour avoir l'acétylène.

C'est un gaz incolore, combustible. Il est le premier terme d'une série de carbures, tels que l'allylène $C^3H^4$, le crotonylène $C^4H^6$, etc.

## GAZ D'ÉCLAIRAGE

**479. Préparation.** — Le gaz d'éclairage qu'on obtient par la distillation de la houille en vase clos est un mélange de divers carbures d'hydrogène combustibles, d'oxyde de carbone, d'acide carbonique, d'hydrogène, d'azote, d'ammo-

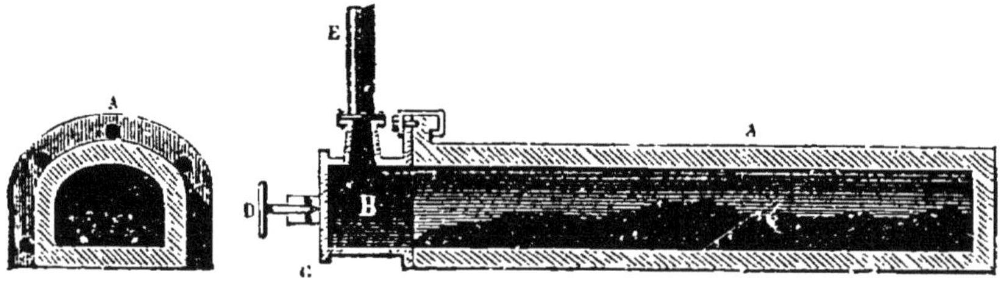


Fig. 206.

niaque, d'acide sulfhydrique et de vapeur d'eau. 100 kilogrammes de houille donnent environ 25 mètres cubes de gaz. La distillation se fait dans des cornues chauffées au rouge cerise (*fig.* 206). En sortant des cornues, le gaz subit l'*épuration physique* qui a pour effet de condenser les carbures liquides et solides (goudrons), la vapeur d'eau, et partiellement l'ammoniaque et l'acide sulfhydrique ; cette épuration

a lieu dans le *barillet*, puis dans le *réfrigérant*, et dans la
colonne à coke (*fig.* 207).

Le gaz subit ensuite l'*épuration chimique* qui le débarrasse
des corps pouvant diminuer son pouvoir éclairant ou exercer
une action délétère sur l'économie : ammoniaque, acide sulfhydrique, acide carbonique. On produit cette épuration en
faisant passer le gaz dans des caisses contenant du sulfate de
calcium et du peroxyde de fer divisés par de la sciure de

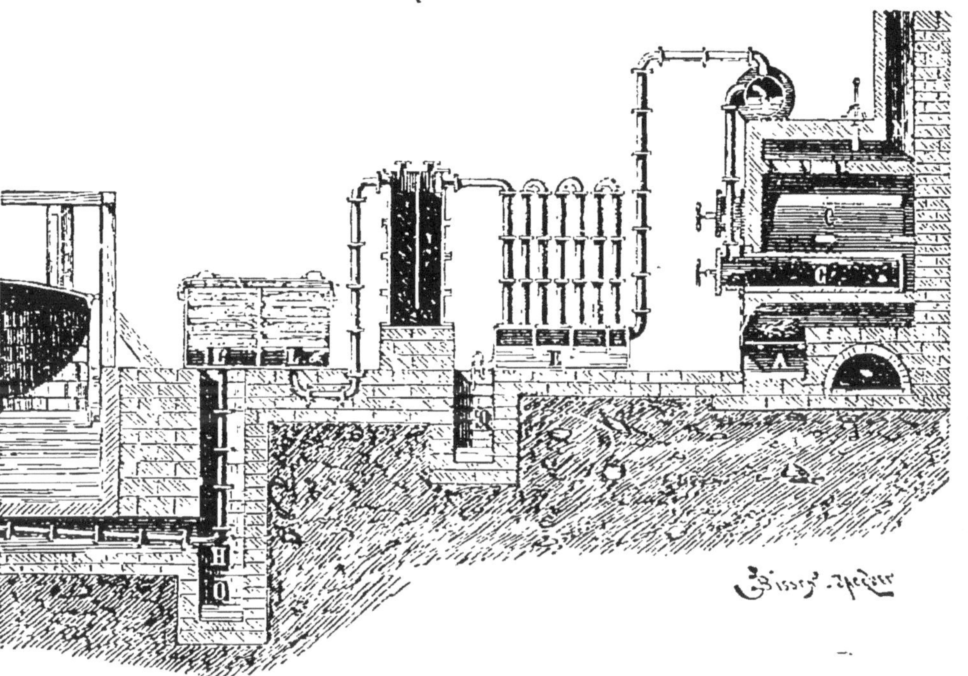

Fig. 207.

bois. L'ammoniaque devient sulfate d'ammoniaque ; l'acide
carbonique donne du carbonate de calcium ; et l'acide sulfhydrique, de l'eau et du sulfure de fer. On ne cherche pas
à épurer complétement le gaz, afin de ne pas condenser les
carbures liquéfiables qui lui donnent son pouvoir éclairant,
et afin de lui laisser de l'odeur.

Le gaz ainsi épuré se rend au gazomètre : il contient alors
rtout de l'hydrogène et du protocarbure d'hydrogène, et

un peu de benzine, de bicarbure, d'oxyde de carbone, d'oxygène, d'azote.

**480. Produits secondaires.** — Ce sont : le coke, le charbon de cornue, les eaux ammoniacales, les goudrons ; en distillant ces goudrons on en retire de la benzine, du phénol, de la naphtaline, de l'anthracène et un résidu qui est le *brai*.

## SULFURE DE CARBONE $CS^2 = 76$

**481.** Ce corps s'obtient par la combinaison directe du soufre avec le charbon ; l'appareil employé dans l'industrie est un cylindre de fonte rempli de charbon incandescent sur lequel on fait arriver le soufre ; le sulfure de carbone produit est recueilli dans un appareil à condensation ; on le rectifie par distillation.

C'est un liquide incolore, d'odeur fétide ; il est vénéneux ; se vaporise vite à l'air ; est très peu soluble dans l'eau ; il dissout le soufre, l'iode, le phosphore, le caoutchouc, les corps gras.

— Il est combustible et brûle avec une flamme bleue en donnant les gaz $SO^2$ et $CO^2$. Il forme avec l'oxygène un mélange qui détone à l'approche d'une flamme.

Il se combine avec les sulfures alcalins pour former des sels appelés *sulfocarbonates*, comme celui de sodium $CS^3Na^2$ ; l'acide *sulfocarbonique* aurait pour formule $CS^3H^2$.

On l'emploie pour dissoudre les corps gras et le phosphore, pour la vulcanisation du caoutchouc ; on a fait aussi d s sulfocarbonates utilisés pour la destruction du phylloxera.

## CYANOGÈNE $C^2Az^2 = Cy^2 : 52$

**482.** Il a été découvert en 1814 par Gay-Lussac qui montra que ce corps se comporte comme un élément et a des analogies avec le chlore, le brome et l'iode ; il forme avec les métaux des cyanures isomorphes des chlorures, bromures et iodures, et un hydracide avec l'hydrogène.

Les cyanures alcalins se forment chaque fois que le carbone et l'azote se trouvent, à une température élevée, au contact d'un alcali ou d'un carbonate alcalin.

**483. Préparation.** — On obtient le cyanogène en chauffant dans une cornue de verre le cyanure de mercure bien sec $(C^2Az^2Hg = C^2Az^2 + Hg)$. Il reste dans la cornue une substance solide, brune, appelée le *paracyanogène*, isomère du cyanogène.

**484. Propriétés.** — C'est un gaz incolore, d'odeur pénétrante, soluble dans l'eau ; la dissolution s'altère rapidement.

Il est décomposé par la chaleur ou par une longue série d'étincelles électriques.

Il brûle avec une flamme violacée :

$$C^2Az^2 + 4O = 2Az + 2CO^2.$$

Avec l'oxygène il forme un mélange détonant.

Il se combine directement avec l'hydrogène, directement ou indirectement avec les métaux en formant des cyanures.

## COMPOSÉS DU CYANOGÈNE

**485. Composés oxygénés.** — *Acide cyanique* $CAzOH$. — C'est un liquide incolore, d'odeur piquante, qu'on prépare en chauffant l'acide cyanurique solide.

L'*acide cyanurique* $(CAzOH)^3$ est une modification allotropique du précédent ; c'est un corps solide, blanc, qu'on obtient en décomposant l'urée $(CH^4Az^2O)$ par la chaleur. Il est soluble dans l'eau.

L'*acide cyanurique insoluble*, ou *cyamélide*, résulte de la transformation isomérique subie par l'acide cyanique à la température ordinaire.

**486. Acide cyanhydrique ou acide prussique** $HCAz = HCy$. — Cet acide a été retiré en 1782 du bleu de Prusse, de là son nom d'acide prussique ; on en trouve dans les feuilles et les amandes amères de certains arbres (laurier-cerise, pécher, abricotier).

*Préparation.* — On l'obtient anhydre en chauffant dans une cornue un mélange de cyanure de mercure et d'acide chlorhydrique :

$$HgCy^2 + 2HCl = 2HCy + HgCl^2.$$

L'acide HCy passe sur du chlorure de calcium fondu qui dessèche le gaz et va se condenser dans un tube en U entouré d'un mélange réfrigérant (*fig.* 208).

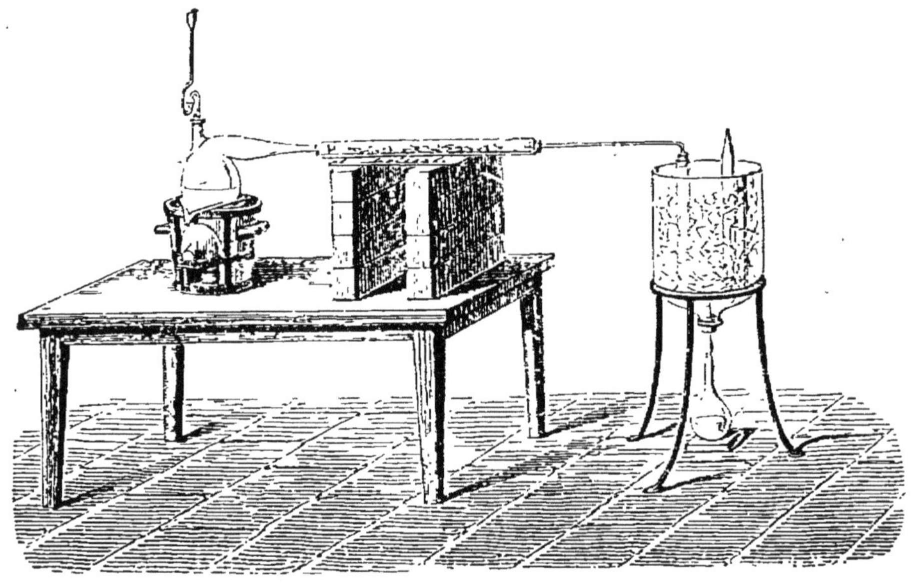

Fig. 208.

On a une dissolution étendue de cet acide en décomposant le ferrocyanure de potassium pulvérisé par l'acide sulfurique étendu.

*Propriétés.* — C'est un liquide incolore, bouillant à 26°, très soluble dans l'eau.

Quand il est impur, il se décompose en donnant une matière brune. Il brûle avec une flamme violette en donnant de l'eau, de l'acide carbonique et de l'azote.

Avec les métaux, à chaud, cet acide donne de l'hydrogène et un cyanure ; avec les bases, il donne un cyanure et de l'eau.

Les cyanures sont isomorphes des chlorures correspondants.

L'acide prussique est le plus violent de tous les poisons connus.

**487. Réactifs.** — 1° L'acide cyanhydrique et les cyanures donnent avec une dissolution d'azotate d'argent, un précipité blanc de cyanure d'argent insoluble dans l'acide azotique, mais soluble dans l'ammoniaque, dans l'hyposulfite de soude et dans le cyanure de potassium ;

2° Si, dans une solution d'acide cyanhydrique, on ajoute un excès de potasse, puis un mélange de sulfate de protoxyde de fer et de sulfate de sesquioxyde de fer, il se produit, sous l'action de la chaleur, un précipité formé de bleu de Prusse et d'hydrate d'oxyde de fer ; en traitant par l'acide chlorhydrique pour dissoudre cet oxyde, on a un beau précipité bleu ;

3° La solution d'acide cyanhydrique chauffée avec un peu de sulfhydrate d'ammoniaque donne un composé, le sulfocyanure d'ammonium ; il se produit une coloration rouge sang quand on ajoute une goutte d'une solution d'un sel de sesquioxyde de fer.

**488. Cyanure de potassium** $CAzK = CyK$. — Ce corps se trouve dans le commerce en plaques blanches fondues ; il faut le conserver à l'abri de l'air humide, car, au contact de la vapeur d'eau et de l'acide carbonique, il se décompose en acide cyanhydrique et carbonate de potassium. Il est très vénéneux. Il dissout le chlorure d'argent.

**489. Ferrocyanure de potassium** $Cy^6FeK^4 + 3H^2O$. — Ce sel, appelé encore prussiate jaune de potasse, se présente en cristaux jaunes assez solubles dans l'eau. Il donne un précipité blanc bleuâtre dans les sels ferreux, et un précipité bleu foncé, qui est le *bleu de Prusse*, dans les sels ferriques.

Le *bleu de Prusse* $(Cy^6Fe)^3Fe^4$ est insoluble dans l'eau, l'alcool et les acides faibles ; il est soluble dans l'acide oxalique, le liquide forme une encre bleue. Calciné à l'air, il laisse un résidu de peroxyde de fer.

**490. Ferricyanure de potassium** $(Cy^5Fe)^2K^6$. — Ce sel, appelé encore prussiate rouge de potassium, se forme par l'action du chlore sur une dissolution de ferrocyanure.

Il est en cristaux rouges, assez solubles dans l'eau. Sa solution ne précipite point les sels ferriques, mais produit avec les sels ferreux un précipité bleu, dit *bleu de Turnbull* qui a pour formule : $(Cy^6Fe)^2Fe^3$.


## SILICIUM ET BORE


**491. Silicium** $Si = 28$. — *Préparation.* — On le prépare en réduisant un composé du silicium par un métal, à haute température.

Le silicium *amorphe* s'obtient en décomposant la silice ou le chlorure de silicium par le sodium.

Le silicium *graphitoïde* s'obtient en décomposant par l'aluminium le fluorure double de silicium et de potassium.

Le silicium *cristallisé* s'obtient par l'action du zinc sur le fluorure double de silicium et de potassium.

*Propriétés.* — Le silicium amorphe est une poudre brune ; le graphitoïde se présente en lamelles grises ; le silicium cristallisé est gris ; il forme de beaux octaèdres réguliers et possède l'éclat métallique.

Le premier est attaquable par l'acide fluorhydrique à froid, seulement ; les deux autres variétés sont attaquées par le mélange d'acide azotique et d'acide fluorhydrique.

Les trois variétés décomposent au rouge les carbonates alcalins : il se fait un silicate alcalin avec dépôt de charbon.

**492. Composés du silicium.** — Ce sont : le protoxyde de silicium $(Si^2O^2,H^2O)$, le sesquioxyde $(Si^2O^3,H^2O)$, la silice ou anhydride silicique $(SiO^2)$, le bichlorure de silicium $(SiCl^4)$ et le sesquichlorure $(Si^2Cl^6)$, le fluorure de silicium $(SiF^4)$, l'acide hydrofluosilicique $(H^2F^2,SiF^4)$.


**493.** *L'acide silicique* est le plus important de ces composés. Ce corps se trouve abondamment dans la nature. A l'état cristallisé la silice constitue les différentes variétés de quartz : le cristal de roche est de la silice pure. A l'état amorphe, elle forme les agates, cornaline, silex, etc. ; à l'état hydraté, elle forme l'opale. Les sables, les grès, les pierres meulières sont de la silice mêlée d'alumine et d'oxyde de fer. Les silicates sont encore plus abondants.

— On prépare la *silice gélatineuse* en traitant par l'acide chlorhydrique une dissolution concentrée de silicate de sodium ; cette silice devient anhydre au rouge.

La silice gélatineuse est légèrement soluble dans l'eau ; la silice anhydre ne l'est pas.

La silice est difficilement fusible ; elle est réduite au rouge par l'action combinée du charbon et du chlore, du charbon et du platine. Elle est attaquée par le seul acide fluorhydrique (gravure sur verre), par les dissolutions alcalines et les carbonates alcalins qui donnent des silicates.

**494. Bore B = 11.** — On l'obtient en réduisant l'acide borique par le sodium dans un creuset de fonte chauffé au rouge vif.

C'est une poudre amorphe, verdâtre, soluble dans l'aluminium en fusion, très combustible ; il se combine directement avec le soufre, le chlore, le brome et l'azote.

Ses composés les plus importants sont : $BCl^3$, $BFl^3$ et $BO^3H^3$.

**495. Acide borique $BO^3H^3$.** — Ce corps existe à l'état libre dans l'eau des lagoni de Toscane ; l'industrie l'en retire par évaporation.

Dans les laboratoires, on le prépare en décomposant une solution bouillante et concentrée de borax (biborate de sodium $B^4O^7Na^2$) par l'acide sulfurique étendu. L'acide borique cristallise par refroidissement.

Cet acide devient l'anhydride borique $B^2O^3$, lorsqu'il est chauffé au rouge. Il est peu soluble dans l'eau, davantage dans l'alcool dont la flamme, en brûlant, prend alors une coloration verte.

On l'emploie pour imprégner les mèches des bougies stéariques ; on l'utilise aussi en médecine.

# CHAPITRE III

# MÉTAUX

___

## GÉNÉRALITÉS

**496.** Les métaux sont des corps simples bons conducteurs de la chaleur et de l'électricité, ce qui les distingue des métalloïdes. Ils s'en distinguent également par leur éclat qu'ils perdent lorsqu'ils sont réduits à l'état de poussière.

Leurs principales *propriétés physiques* sont résumées dans la table I.

Parmi leurs *propriétés chimiques*, la plus importante est leur action sur l'oxygène libre ou combiné, action qui a servi de base à la classification artificielle de Thénard.

**497. Classification.** — Thénard groupe les métaux d'après leurs propriétés les plus importantes pour les applications. On les classe : 1° par leur action sur l'oxygène et sur l'air aux différentes températures ; 2° par la facilité plus ou moins grande avec laquelle la chaleur décompose les oxydes une fois formés ; 3° par l'action des métaux sur l'eau aux différentes températures.

Cette classification peut se résumer ainsi :

| I. — POTASSIUM, SODIUM, LITHIUM. CÆSIUM, RUBIDIUM, THALLIUM. — BARYUM, STRONTIUM, CALCIUM. | Ces métaux décomposent l'eau à froid. Ils s'oxydent dans l'air sec aux températures élevées ; leurs oxydes sont irréductibles par la chaleur. Les cinq premiers, monovalents, sont les métaux *alcalins*. Les trois autres sont les métaux *alcalino-terreux* : ils sont divalents. |
|---|---|
| II. — MAGNÉSIUM ET MANGANÈSE | Métaux décomposant l'eau au-dessus de 50°. Ils s'oxydent dans l'air sec aux températures élevées ; leurs oxydes sont irréductibles par la chaleur. Le magnésium et le manganèse sont divalents. |
| III. — FER, ZINC, NICKEL, COBALT, CHROME, CADMIUM, INDIUM, VANADIUM, URANIUM. | Métaux décomposant l'eau au rouge sombre, ou à froid en présence des acides. Ils s'oxydent dans l'air sec aux températures élevées ; leurs oxydes sont irréductibles par la chaleur. |
| IV. — TUNGSTÈNE, OSMIUM, MOLYBDÈNE, TANTALE, TITANE, ÉTAIN, ANTIMOINE, NIOBIUM, ILMÉNIUM. | Métaux décomposant l'eau au rouge vif, ou à 100° en présence des bases énergiques ; ils forment des acides. Ils s'oxydent dans l'air sec aux températures élevées ; leurs oxydes sont irréductibles par la chaleur. |
| V. — CUIVRE, PLOMB, BISMUTH. | Métaux ne décomposant l'eau qu'au rouge blanc. Ils s'oxydent dans l'air sec aux températures élevées ; leurs oxydes sont irréductibles par la chaleur. |
| VI. — MERCURE, RHODIUM, PALLADIUM, RUTHÉNIUM. — ARGENT, OR, PLATINE, IRIDIUM. | Métaux ne décomposant l'eau à aucune température pour s'emparer de l'oxygène. Les quatre premiers s'oxydent dans l'air sec aux températures peu élevées ; les quatre derniers ne s'oxydent à aucune température. Les oxydes de tous ces métaux sont décomposables par la chaleur. |

Certains métaux n'ont pas encore été classés : aluminium, glucynium, cerium, lanthane, didyme, yttrium, erbium, terbium, thorium, zirconium.

**498. Alliages et amalgames.** — Les alliages sont les combinaisons des métaux entre eux ; les amalgames sont les alliages formés par le mercure. Ces combinaisons se forment avec dégagement de chaleur. Les alliages ne sont pas des mélanges, mais de véritables combinaisons en proportions définies, dissoutes dans un excès de l'un des métaux ; quand on refroidit lentement un alliage fondu, les composés les moins fusibles se séparent du liquide sous forme cristalline ; les composés les plus fusibles demeurent encore liquides : c'est le phénomène de la *liquation*.

Les alliages sont toujours plus fusibles que le plus fusible des métaux composants.

La table II contient les principaux alliages.

**499. Oxydes et hydrates métalliques.** — On trouve dans la nature un grand nombre d'oxydes métalliques ; exemple : $Fe^2O^3$, $Fe^3O^4$, $MnO^2$, $SnO^2$... ; on peut les préparer aussi soit par oxydation du métal, soit par décomposition d'un sel par voie sèche, ou par voie humide ; les oxydes ainsi obtenus sont amorphes.

La plupart des oxydes ne fondent qu'à une très haute température ; les oxydes des métaux alcalins sont très solubles, ceux des métaux alcalino-terreux sont assez solubles ; les autres ne le sont pas.

La chaleur seule réduit à l'état métallique les oxydes des métaux nobles seulement (or, argent, platine).

L'hydrogène réduit la plupart des oxydes à une température plus ou moins élevée : il se forme de l'eau, et le métal est mis en liberté.

Le charbon réduit aussi la plupart des oxydes avec formation de gaz carbonique ou d'oxyde de carbone.

Le chlore décompose presque tous les oxydes à une température élevée ; il se forme un chlorure. Le soufre agit de même en formant des sulfures.

L'eau peut s'unir à certains oxydes et former des *hydrates ;* ainsi, l'eau avec l'oxyde de baryum donne de l'hydrate de baryum ; avec l'oxyde de potassium elle donne de l'hydrate de potassium :

$$BaO + H^2O = BaO^2H^2, \qquad K^2O + H^2O = 2KOH.$$

Les hydrates de potassium et de sodium sont les *alcalis*.

*Composition et classification des oxydes.* — 1° Les oxydes *basiques* sont ceux qui s'unissent aux acides pour former des sels ; dans ces oxydes, un atome d'oxygène est combiné avec 1 ou 2 atomes du métal ; exemples : $K^2O$, $Na^2O$, $Ag^2O$, $BaO$, $CaO$, $SrO$, $MgO$, $MnO$, $PbO$, $ZnO$, $CuO$, $HgO$, $SnO$, $FeO$ ;

2° Les oxydes *indifférents* sont ceux qui jouent le rôle de base ou d'acide ; ils renferment 2 atomes de métal et 3 atome d'oxygène ; ce sont les sesquioxydes :

$$Sb^2O^3, Bi^2O^3, Au^2O^3, Fe^2O^3, Mn^2O^3, Cr^2O^3, Al^2O^3;$$

3° Les oxydes *singuliers* ont 2 atomes d'oxygène pour 1 atome de métal ; exemples :

$$BaO^2, SrO^2, MnO^2, PbO^2;$$

ils sont incapables de s'unir aux acides pour former des sels ;

4° Les oxydes *acides* ont 3 atomes d'oxygène ; ils jouent le rôle d'acides vis-à-vis des oxydes basiques ; exemples :

$$FeO^3, CrO^3, MnO^3$$

(anhydrides ferrique, chromique et manganique ;

5° Les oxydes *salins* sont ceux qu'on peut regarder comme formés par l'union de deux oxydes ; exemples :

$$Pb^3O^4 = PbO^2 + 2PbO;$$
$$Mn^3O^4 = MnO^2 + 2MnO.$$

**560. Sulfures et chlorures.** — Les sulfures ont une composition analogue à celle des oxydes ; on les divise aussi en cinq classes ; exemples :

$$K^2S, HgS, Sb^2S^3, FeS^2, Fe^3S^4.$$

Les chlorures sont formés de 1 atome de métal et de 1 atome ou de 2, 3, 4, 5, 6 atomes de chlore ; exemples :

$$KCl, NaCl, AgCl; CaCl^2, FeCl^2, ZnCl^2; SbCl^3, BiCl^3, AuCl^3;$$
$$SnCl^4, PtCl^4; SbCl^5; MoCl^6.$$

Il y a encore les chlorures formés de 2 atomes de métal et de 2 ou 6 atomes de chlore ; exemples :

$$Cu^2Cl^2 \text{ et } Hg^2Cl^2 ; Al^2Cl^6, G^2Cl^6 \text{ et } Fe^2Cl^6.$$

**501. Sels.** — Les sels résultent de l'action des acides sur les oxydes ou sur les hydrates ; par acides, on entend les composés tels que $HCl$, $HBr$, ou *hydracides*, aussi bien que les composés tels que $(AzO^3)H$, $(SO^4)H^2$... qui sont les *oxacides*. On considère surtout les sels formés par ces derniers qui sont les plus importants (oxysels).

Dans l'action des oxydes sur les composés $(AzO^3)H$, $(SO^4)H^2$, $(PO^4)H^3$...., le métal se substitue à l'hydrogène :

$$2KOH + SO^4H^2 = SO^4K^2 + 2H^2O.$$

Il se fait un sel *neutre* quand l'hydrogène basique est remplacé entièrement par une quantité équivalente de métal : exemple : $AzO^3K$, $SO^4K^2$, $PO^4K^3$ ; un sel *acide* quand il reste dans le sel de l'hydrogène basique, exemple : $SO^4KH$ (sulfate acide de potassium) ; on appelle sels *basiques* certains composés formés par la combinaison de quelques sels neutres avec un oxyde ; ainsi, le carbonate neutre de cuivre s'unit avec de l'hydrate d'oxyde de cuivre.

**502. Propriétés principales des sels.** — Ils sont solides : la saveur des sels solubles dépend de la nature de la base : en général, ils sont blancs quand ils sont anhydres, colorés quand ils sont hydratés : ainsi les sulfates anhydres de cuivre et de fer sont blancs ; le sulfate de cuivre hydraté est bleu, etc...

*Action de l'eau.* — L'eau peut dissoudre un sel : si ce sel se reforme en cristaux dans le liquide, il reste de l'eau interposée (*eau-mère*) entre les cristaux. Ces cristaux décrépitent quand on les chauffe. L'eau peut aussi se combiner avec certains sels et être nécessaire à la formation de leurs cristaux sans être inhérente à leur constitution : c'est l'*eau de cristallisation*, que les sels *efflorescents* abandonnent aisément à l'air.

Ces sels fondent dans leur eau de cristallisation : c'est la *fusion aqueuse* ; les sels anhydres fondent à une plus haute température : c'est la *fusion ignée*.

La *chaleur* décompose beaucoup de sels, difficilement les sels à bases fixes (bases alcalines, par exemple) ou à acides fixes (acides phosphorique, silicique).

L'*électricité* de la pile décompose tous les sels. (V. *Électrolyse*.)

Les *métaux* peuvent se déplacer les uns les autres de leurs solutions salines ; ainsi, le fer plongé dans la solution de sulfate de cuivre se couvre d'une couche de cuivre rouge :

$$Fe + SO^4Cu = SO^4Fe + Cu.$$

Si, dans une solution d'acétate de plomb, on plonge une lame de zinc autour de laquelle on a enroulé des fils de laiton, le zinc déplace le plomb qui s'attache sur les fils (*arbre de Saturne*) ; l'*arbre de Diane* se forme en plaçant une goutte de mercure au fond d'un vase contenant une dissolution d'azotate d'argent.

Les *caractères* distinctifs des sels (sulfates, azotates, carbonates, etc...) seront indiqués aux notions d'analyse chimique (*Détermination de l'acide d'un sel*, 581) ; on y trouvera les principaux caractères des métaux. (*Détermination de la base d'un sel*, 574.)

**503. Lois de Berthollet.** — Ces lois sont relatives aux actions des acides sur les sels, des bases sur les sels, des sels sur les sels.

**Action des acides sur les sels.** — 1° *La décomposition d'un sel par un acide est complète, quand le nouvel acide est plus fixe que celui du sel :*

$$CaCO^3 + SO^4H^2 = CO^2 + CaSO^4 + H^2O ;$$

2° *La décomposition d'un sel par un acide soluble est complète, quand l'acide du sel est insoluble ;* ainsi, on a un précipité gélatineux d'acide silicique quand on verse de l'acide chlorhydrique dans une dissolution de silicate de sodium ;

3° *La décomposition est encore complète, quand l'acide qui agit peut former avec la base du sel un composé insoluble :*

$$AzO^3Ag + HCl = AgCl + AzO^3H.$$

**Action des bases sur les sels.** — 1° *Un sel dont la base est* *volatile est décomposé complètement par une base fixe :*

$$SO^4 (AzH^4)^2 + CaO = 2AzH^3 + H^2O + SO^4Ca;$$

*2° Un sel dont la base est insoluble est décomposé complètement par une base soluble :*

$$SO^4Cu + 2KOH = SO^4K^2 + CuO^2H^2.$$

*3° Une base décompose complètement un sel quand elle peut former avec l'acide du sel un composé insoluble :*

$$SO^4K^2 + BaO^2H^2 = SO^4Ba + 2KOH.$$

**Action des sels sur les sels.** — *1° Deux sels se décomposent complètement quand, de l'échange de leurs acides et de leurs bases, peut résulter un sel plus volatil que ceux qui sont en présence :*

$$2NaCl + SO^4 (AzH^4)^2 = 2AzH^4Cl + SO^4Na^2;$$

*2° Deux sels en dissolution se décomposent complètement quand de l'échange des bases et des acides peut résulter un composé insoluble dans les circonstances où l'on opère :*

$$CO^3Na^2 + SO^4Ca = SO^4Na^2 + CO^3Ca,$$
$$NaCl + AzO^3Ag = AgCl + AzO^3Na.$$

## MÉTAUX ALCALINS

### POTASSIUM K = 39

**604. Préparation et propriétés.** — Le potassium a été découvert par Davy qui l'obtint en décomposant la potasse par une forte pile à auge.

— Gay-Lussac et Thénard ont préparé ce métal en faisant agir la potasse sur du fer au rouge blanc.

— On le prépare aujourd'hui en décomposant son carbonate par le charbon à haute température : $CO^3K^2 + 2C = 3CO + 2K.$

Le potassium distille et est condensé dans un récipient en cuivre rempli d'huile de naphte, car il s'altère à l'air.

C'est un corps solide, malléable ; il fond à 62°,5. C'est le seul métal qui s'oxyde à froid dans l'air sec ; il décompose l'eau à froid, en même temps il brûle vivement :

$$K^2 + 2H^2O = 2KOH + H^2.$$

**505. Principaux composés.** — *Hydrate de potassium, ou potasse caustique.* — Ce corps s'obtient par la décomposition du carbonate $CO^3K^2$ au moyen de la chaux ; on ajoute peu à peu un lait de chaux à la solution bouillante du carbonate ; il se forme du carbonate de calcium insoluble. On décante et on évapore ; on fond ensuite le résidu et on le coule dans des lingotières ; on a ainsi la potasse à la chaux qu'on purifie par l'alcool, ce qui donne la potasse à l'alcool.

La potasse est un corps solide blanc, déliquescent ; c'est un caustique énergique.

*Sulfures de potassium.* — On connaît les sulfures $K^2S$, $K^2S^2$, $K^2S^3$, $K^2S^4$, $K^2S^5$ ; le dernier est le *foie de soufre* employé en médecine.

*Chlorure de potassium* $KCl$. — On en trouve dans les cendres de varechs, dans les eaux-mères des marais salants, et surtout dans les dépôts salins de Stassfürth.

*L'iodure de potassium* $KI$, et le *bromure* $KBr$ sont très employés en médecine.

Le *carbonate neutre* a pour formule $CO^3K^2$ ; le carbonate monopotassique est $CO^3KH$. La potasse du commerce est du carbonate impur qu'on retire du lessivage des cendres fournies par l'incinération de certains végétaux, surtout du lessivage du salin de betterave.

Le *sulfate de potassium* $SO^4K^2$, l'*azotate* $AzO^3K$, appelé aussi *nitre* ou *salpêtre* (employé dans la fabrication de la poudre), le *chlorate* $ClO^3K$, sont aussi des sels importants. L'*eau de Javel* est un mélange d'hypochlorite et de chlorure de potassium.

**506. Poudre.** — *Composition.* — La poudre est un mélange de soufre, de charbon et d'azotate de potassium. Ce mélange s'enflamme vers 300° en produisant du sulfure de potassium, du gaz carbonique et de l'azote :

$$2AzO^3K + S + 3C = K^2S + 3CO^2 + 2Az.$$

Le soufre augmente l'inflammabilité du mélange ; le charbon fournit la puissance de projection par la chaleur de sa combustion et par le volume du gaz qu'il produit.

|  | POUDRE de guerre | POUDRE de chasse | POUDRE de mine |
|---|---|---|---|
| Salpêtre............ | 75,0 | 76,9 | 62,0 |
| Soufre............ | 10,0 | 9,6 | 20,0 |
| Charbon............ | 15,0 | 13,5 | 18,0 |

*Fabrication.* — Pour fabriquer la poudre, on emploie du salpêtre raffiné, du soufre en canon, du charbon très léger et préparé à basse température ; ce charbon est obtenu en brûlant lentement le bois dans des fosses ou en le soumettant à une distillation à feu nu dans les cylindres en fonte, ce qui fournit un charbon plus homogène.

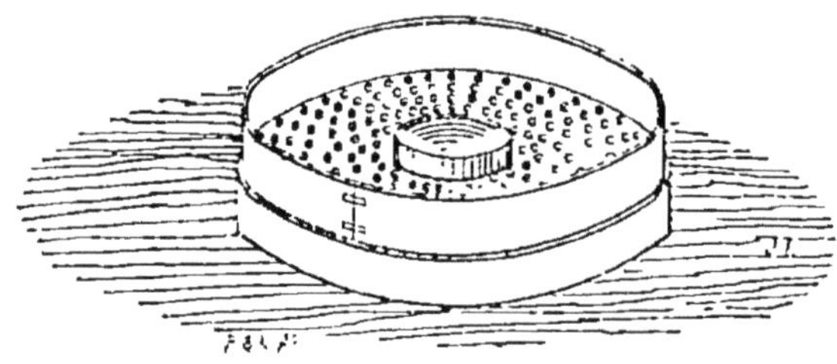

Fig. 209.

On emploie des bois de saule, de peuplier, de tilleul, pour les poudres de mine ; du bois de bourdaine, pour les poudres de chasse et de guerre.

*Procédé des meules.* — Le charbon et le soufre sont pulvérisés ensemble et mélangés avec le salpêtre. La masse est humectée d'une petite quantité d'eau et écrasée sous des meules verticales en fonte ; les galettes compactes qu'on obtient ainsi sont séchées, puis divisées sur un crible appelé *guillaume* (*fig.*209); sous l'effet de la rotation imprimée à l'appareil, le disque de bois divise la poudre en petits grains qui traversent le crible et tombent sur un autre tamis appelé *grenoir*; un troisième tamis, nommé *égalisoir*, retient les grains trop gros; enfin, le *bluttoir* laisse passer le poussier.

La poudre subit alors le *lissage*, opération qui consiste à polir les grains en les faisant frotter les uns contre les,autres dans des cylindres. Enfin, la poudre est séchée, mise en barils et conservée dans des endroits bien secs.

## SODIUM Na = 23

**507. Préparation et propriétés.** — On obtient le sodium en décomposant le carbonate de sodium par le charbon ; on ajoute de la craie pour rendre le mélange infusible.

Ce métal est un corps solide, malléable ; il a l'éclat de l'argent, mais le perd en s'oxydant à l'air humide ; il décompose l'eau à froid, mais avec moins d'énergie que le potassium.

**508. Principaux composés.** — L'*hydrate de sodium*, ou soude caustique, se prépare comme la potasse caustique ; c'est un corps solide, blanc, déliquescent et très caustique. Comme la potasse, elle ramollit et dissout la peau.

Le *chlorure de sodium* NaCl s'extrait des mines de sel gemme ou des marais salants ; sa solubilité dans l'eau varie peu avec la température.

*Carbonate de sodium.* — Il y a le carbonate neutre $CO^3Na^2$ et le bicarbonate $CO^3NaH$. Les *soudes* du commerce, ou le *sel de soude*, sont du carbonate de sodium impur.

La soude artificielle se fabrique par le *procédé Leblanc* ou par le *procédé Solway*.

1° Le *procédé Leblanc* comprend : la transformation du chlorure de sodium en sulfate par l'acide sulfurique :

$$2NaCl + SO^4H^2 = 2HCl + SO^4Na^2;$$

puis, la transformation du sulfate en carbonate par calcination avec un mélange de craie et de charbon ; le lessivage de la masse calcinée ; enfin, l'évaporation de la lessive. Ce procédé comprend donc la fabrication du sulfate de sodium.

2° Le *procédé Solway* consiste à faire réagir le carbonate acide d'ammonium sur le chlorure de sodium en solution aqueuse concentrée ; il en résulte du chlorhydrate d'ammoniaque et du carbonate acide de sodium :

$$NaCl + CO^3 (AzH^4) H = AzH^4Cl + CO^3NaH.$$

Le carbonate acide CO³NaH, peu soluble, se précipite ; on le convertit en carbonate par la chaleur :

$$2CO^3NaH = CO^3Na^2 + CO^2 + H^2O.$$

*Borax.* — Le borax est un biborate de sodium $B^4O^7Na^2$ ; il est très peu soluble et dissout les oxydes métalliques ; il est antiseptique.


# MÉTAUX ALCALINO-TERREUX


## BARYUM Ba = 137


Le baryum est un métal qui a l'éclat de l'argent ; il s'altère vite à l'air. Bunsen l'a obtenu en décomposant par la pile le chlorure de baryum.

**509. Principaux composés.** — *Baryte et hydrate de baryum.* — La baryte, ou oxyde de baryum, BaO s'obtient par la calcination de l'azotate ; elle s'unit à l'eau avec vif dégagement de chaleur en produisant une matière blanche, soluble dans l'eau et caustique, qui est l'hydrate de baryum $BaO^2H^2$. La baryte, chauffée au rouge sombre dans un courant d'oxygène, se transforme en bioxyde de baryum $BaO^2$.

Les autres sels sont : le *sulfure de baryum* BaS, obtenu en calcinant le sulfate avec du charbon ; le *chlorure de baryum* $BaCl^2$ ; le *sulfate de baryum* $BaSO^4$, sel qui n'est soluble que dans l'acide sulfurique concentré ; la barytine est le sulfate de baryum naturel ; le sulfate artificiel s'emploie en peinture sous le nom de *blanc fixe* ; il y a encore l'*azotate de baryum* $(AzO^3)^2Ba$, et le *carbonate de baryum* $CO^3Ba$.


**CALCIUM** Ca = 40

510. Le calcium est un métal blanc jaunâtre, d'un grand éclat, que Bunsen a obtenu en décomposant par la pile le chlorure de calcium fondu. Il s'altère rapidement à l'air humide.

**511. Oxyde et hydrate de calcium.** — La *chaux*, ou *oxyde de calcium* CaO, résulte de la calcination du carbonate dans les fours à chaux. Cette chaux anhydre est la *chaux vive* ; elle est infusible aux plus hautes températures ; elle est très caustique ; arrosée d'eau, elle s'échauffe, se fendille et augmente de volume : on dit qu'elle *foisonne* ; elle est alors de l'hydrate de calcium, ou *chaux éteinte*, $CaO^2H^2$. Si on délaye dans l'eau la chaux éteinte, et si on filtre, on a de l'*eau de chaux*.

Les *chaux grasses* sont celles qu'on obtient en calcinant des calcaires à peu près purs ; les chaux *maigres* proviennent de calcaires impurs contenant un peu de magnésie, d'oxyde de fer et d'argile ; elles foisonnent bien moins que les premières (V. *Table IV*).

Les *chaux hydrauliques* sont des chaux qui font prise sous l'eau ; elles résultent de la calcination de calcaires contenant 10 à 30 0/0 d'argile.

Les *ciments* proviennent de calcaires contenant 30 à 60 0/0 d'argile.

Les chaux servent à faire les mortiers et les bétons.

**512. Carbonate de calcium** $CO^3Ca$. — Ce sel existe à l'état amorphe, comme dans la craie et les divers calcaires, ou bien à l'état cristallisé, comme dans le *spath d'Islande* et l'*aragonite* ; le premier est transparent, incolore et rhomboédrique ; le second est d'un blanc laiteux et prismatique.

L'eau pure ne dissout que de faibles traces de ce sel ; l'eau chargée d'acide carbonique en dissout beaucoup en le transformant en bicarbonate. Si l'eau perd de son acide carbonique, elle laisse alors déposer du carbonate de calcium (sources pétrifiantes, stalactites et stalagmites).

**513. Sulfate de calcium** $SO^4Ca$. — Le sulfate anhydre est *l'anhydrite*; le sulfate hydraté est le *gypse*, ou pierre à plâtre ($SO^4Ca + 2H^2O$). Il est très peu soluble dans l'eau. Le plâtre est du gypse privé de son eau par la calcination; quand on le *gâche* avec son volume d'eau, il *se prend* en une masse très dure, formée de cristaux de sulfate hydraté ; il faut le conserver à l'abri de l'humidité ; autrement, il absorbe de la vapeur d'eau et ne fait plus prise avec l'eau : il est *éventé*.

Le *stuc* est du plâtre gâché avec une dissolution chaude de colle forte : on y ajoute des oxydes colorés.

Le *plâtre aluné*, qui est aussi dur et plus résistant que le stuc, est obtenu en trempant le plâtre cuit dans une dissolution à 12 0/0 d'alun, puis en lui faisant subir une nouvelle cuisson jusqu'au rouge sombre.

**514. Phosphates de calcium.** — Le *phosphate tricalcique* ($PO^4{}^2Ca^3$ est abondant dans la nature et constitue les 80 centièmes de la partie minérale des os : il est insoluble. Il devient soluble et assimilable par les plantes quand on le traite par l'acide sulfurique; il passe alors à l'état de *phosphate acide* ($PO^4{}^2H^4Ca$, ou monocalcique. Il y a encore le phosphate *bicalcique* ($PO^4{}^2H^2Ca^2$, corps blanc insoluble qui se précipite quand on verse une solution de chlorure de calcium dans une dissolution de phosphate de sodium.

**515. Hypochlorite de calcium** $(ClO)^2Ca$. — Il existe dans le *chlorure de chaux*, produit qu'on obtient solide ou liquide par l'action du chlore sur de la chaux éteinte en couches minces ou sur un lait de chaux :

$$4Cl + 2CaO = CaCl^2 + (ClO)^2Ca ;$$

le mélange de chlorure et d'hypochlorite constitue le chlorure de chaux, décolorant énergique très employé. Le chlorure solide est une poudre blanche.

## VERRES

**516. Composition.** — Les verres sont des silicates doubles formés par l'union d'un silicate alcalin avec un silicate de calcium pour les verres ordinaires, avec un silicate de plomb pour le cristal.

Le silicate alcalin ne peut être employé seul, car il donne un verre trop fusible, trop altérable ; uni avec le silicate de calcium, il donne un verre peu fusible ; avec le silicate de plomb, un verre doué d'un pouvoir réfringent.

1° *Verres ordinaires.* — Les verres ordinaires sont : le *verre à vitre*, silicate double de sodium et de calcium ; le *verre de Bohême*, silicate double de potassium et de calcium ; le *crown-glass*, employé pour les instruments d'optique et plus riche que le verre de Bohême en potasse et en chaux ; le *verre à bouteilles* qu'on fabrique avec de l'argile, du sable ferrugineux et des débris de verre de toutes sortes ; il est coloré en vert par l'oxyde de fer qu'il contient ;

2° *Verres à base de plomb.* — Ce sont : le *cristal*, silicate double de potassium et de plomb ; le *flint-glass* plus riche que le précédent en oxyde de plomb, et employé aussi pour les lentilles achromatiques des instruments d'optique ; le *strass*, encore plus riche en plomb, le plus dense et le plus réfringent de tous les verres ; l'*émail*, qui est un cristal rendu opaque par du bioxyde d'étain ou du phosphate de calcium.

**Propriétés.** — L'air humide agit à la longue sur le verre ; il en est de même de l'eau froide qui lui enlève de l'alcali ; cette action est plus rapide avec l'eau bouillante. Les alcalis attaquent aussi le verre. Les corps réducteurs agissent sur les verres à base de plomb en produisant du plomb métallique.

Le verre, chauffé fortement, puis refroidi brusquement, devient très dur et résiste au choc mieux que le verre ordinaire : c'est alors le verre *trempé*.

## MAGNÉSIUM Mg = 24

**517.** Bunsen a isolé ce métal en décomposant par la pile le chlorure de magnésium.

— On le prépare en chauffant au rouge, dans un creuset couvert, un mélange de chlorure de magnésium, de chlorure de sodium, de fluorure de calcium et de sodium coupé en petits morceaux. Le métal produit se volatilise et va se condenser dans les parties froides de l'appareil.

*Propriétés.* — Le magnésium se trouve dans le commerce sous forme de fils, d'un blanc grisâtre, peu brillants. Il s'oxyde dans l'air humide ; chauffé dans l'air ou l'oxygène, il s'enflamme et brûle avec une flamme éclatante, très riche en rayons chimiques ; sa lumière est utilisée en photographie pour remplacer la lumière solaire.

**518. Principaux composés.** — *Magnésie* MgO. — C'est une poudre blanche, légère, qu'on obtient par la calcination de l'hydro-carbonate ; cette poudre est la *magnésie calcinée*. Elle est peu soluble dans l'eau au contact de laquelle elle se transforme en hydrate $MgO^2H^2$.

Elle est employée en médecine comme purgatif ; c'est le contrepoison des acides, en général, et, en particulier, de l'acide arsénieux.

Le *carbonate* $CO^3Mg$ se trouve dans la nature avec le carbonate de calcium : ce carbonate double est la *dolomie*. La *magnésie blanche* des pharmaciens est de l'hydrocarbonate.

Le *chlorure* $MgCl^2$ existe dans les eaux de la mer : le *sulfate* $SO^4Mg$ se trouve aussi dans ces eaux et dans certaines eaux minérales (Sedlitz, Epsom).

## ALUMINIUM Al = 27,5

**519. Préparation.** — Ce métal a été isolé pour la première fois, en 1827, par Wöhler. Sainte-Claire Deville, en 1854, réussit à le préparer en grand en chauffant au rouge vif un mélange de sodium, de chlorure double d'aluminium et de sodium, et de cryolithe (fluorure double d'aluminium et de sodium qu'on trouve au Groënland) ; ce dernier corps sert de fondant.

On prépare actuellement l'aluminium par l'électrolyse de la cryolithe mêlée à de l'alumine et maintenue en fusion par la chaleur dégagée dans le passage du courant électrique.

**520. Propriétés.** — L'aluminium est un métal blanc, légèrement bleuâtre ; il est très ductile, très malléable, très léger ; il a une grande sonorité. Il est inaltérable à l'air, même humide ; il est difficilement attaquable par les acides azotique ou sulfurique : l'acide chlorhydrique le dissout à froid ; les solutions de potasse ou de soude l'attaquent à chaud.

**521. Principaux composés.** — 1° *Alumine* $Al^2O^3$. — Ce corps existe dans la nature : le *corindon* est de l'alumine anhydre ; le rubis oriental, le saphir oriental, la topaze orientale, etc., sont de l'alumine colorée par des matières étrangères ; l'émeri est de l'alumine colorée par de l'oxyde de fer.

On obtient de l'alumine hydratée, gélatineuse, quand on ajoute du carbonate d'ammoniaque à une solution d'alun.

— On extrait l'alumine de l'aluminate de sodium obtenu en calcinant soit la *bauxite* (alumine et sesquioxyde de fer) avec du carbonate de sodium, soit la *cryolithe* (fluorure double d'aluminium et de sodium) avec de la craie ; on dissout l'aluminate dans l'eau, et on décompose la dissolution par un courant de gaz carbonique.

On a de l'alumine anhydre par calcination de l'alun ammoniacal.

*Propriétés.* — C'est une poudre blanche, insoluble dans l'eau, ne fondant qu'au chalumeau à gaz oxygène et hydrogène, irréductible par le charbon ; anhydre, elle est difficilement soluble dans les alcalis et dans les acides ; hydratée, elle y est soluble.

L'alumine en gelée retient les matières colorantes, avec lesquelles elle forme les *laques*.

**522.** 2° *Alun* $(SO^4)^3Al^2 + SO^4K^2 + 24H^2O)$. — C'est du sulfate double d'aluminium et de sodium.

On l'extrait de l'*alunite*, minéral renfermant les éléments de l'alun avec un excès d'alumine, ou bien des schistes alumineux (Picardie). En exposant ces schistes à l'air humide, la pyrite qu'ils contiennent s'oxyde, et il se forme des sulfates d'alumine et de peroxydes de fer; on sépare le sulfate d'alumine et on le traite par du sulfate de potassium.

*Propriétés.* — L'alun est un sel incolore, de saveur astringente; sous l'action de la chaleur il se boursoufle et devient anhydre.

Il est employé en teinture (mordants); pour la conservation des cuirs; pour le collage de la pâte des papiers; il sert aussi en médecine, comme astringent et comme caustique.

L'alun est le type d'un groupe de corps ayant une composition analogue, et isomorphes entre eux; les plus importants sont : alun ammoniacal (incolore)

$$(SO^4)^3Al^2 + SO^4 (AzH^4)^2 + 24H^2O,$$

alun de fer (rose)

$$(SO^4)^3 Fe^2 + SO^4K^2 + 24H^2O,$$

alun de chrome (violet)

$$(SO^4)^3Cr^2 + SO^4K^2 + 24H^2O.$$

**523. Argiles.** — L'argile pure est un silicate d'aluminium hydraté; elle est difficilement fusible; chauffée, elle subit un *retrait*; elle est plastique. Elle provient de la désagrégation du feldspath sous l'action de l'eau et de l'air. Le *kaolin* est de l'argile pure.

Parmi les argiles, on distingue les *argiles plastiques*, qui forment avec l'eau une pâte liante et acquièrent par la cuisson une grande dureté sans fondre; elles servent à la fabrication des poteries, des briques réfractaires, des creusets. Les *terres à foulon* sont des argiles (dites *smectiques*) qui forment avec l'eau une pâte peu liante et sont employées pour le dégraissage et le foulage des draps. Les argiles *figulines* sont très fusibles, et forment avec l'eau une pâte peu liante; elles forment la terre glaise des sculpteurs et servent à la fabrication des poteries grossières et des terres cuites; ces argiles contiennent de la chaux et de l'oxyde de fer. Les *marnes* sont des mélanges intimes d'argile et de craie employés en agriculture.

**524. Poteries.** — L'argile est la base de toutes les poteries ; pour diminuer le retrait que lui donne la cuisson on y ajoute une matière étrangère, telle que le sable, le feldspath, le quartz pulvérisé, etc.

Les poteries sont recouvertes d'un enduit fusible pour les rendre imperméables aux liquides et leur donner une surface polie.

On les divise en poteries demi-vitrifiées, telles que les porcelaines et les grès, en poteries à pâte poreuse : faïences, poteries communes et terres cuites.

1° *Porcelaines.* — On les fabrique avec du kaolin auquel on ajoute du sable, qui en diminue le retrait, et du feldspath, qui lui fait éprouver un commencement de fusion et rend la masse translucide. On pulvérise finement ces substances, on les délaye dans l'eau et on fait une pâte bien homogène ; avec cette pâte, on confectionne les objets ; puis, on les soumet à une première cuisson ; les pièces sont ainsi *dégourdies*. On les enduit alors de leur *couverte* qui doit former sur elles un vernis ; on l'obtient en les plongeant dans une bouillie faite avec de l'eau et un mélange de quartz et de feldspath en poudre fine (pegmatite), puis en leur faisant subir une seconde cuisson pour fondre la couverte et produire une demi-vitrification.

2° *Grès cérames.* — On les fabrique avec les mêmes matériaux, mais moins purs, aussi sont-ils colorés par un peu d'oxyde de fer.

Pour les vernir, on jette du sel marin dans le four sur les pièces incandescentes : il se dégage de l'acide chlorhydrique et du silicate double d'aluminium et de sodium qui forme un vernis fusible.

3° *Faïences.* — Elles sont fabriquées avec de l'argile plastique mêlée de quartz réduit en poudre impalpable ; les pièces façonnées avec cette pâte sont soumises à une première cuisson, puis recouvertes d'un vernis fusible formé de quartz, de carbonate de potassium et d'oxyde de plomb ; à la seconde cuisson ce vernis fond et produit une couche vitreuse de silicate double de potassium et de plomb.

4° Les *poteries communes* des usages culinaires sont faites avec de l'argile ferrugineuse mêlée de sable et de marne.

Leur couverte est formée par un silicate double d'aluminium et de plomb.

ZINC Zn = 66

Les minerais de zinc sont le sulfure de zinc (*blende*) et le carbonate (*calamine*), souvent mêlé avec du silicate.

**525. Traitement.** — Pour les traiter on les amène à l'état d'oxyde, ce qui se fait en calcinant la calamine ou en grillant à l'air la blende. L'oxyde obtenu est réduit par le charbon ; le métal, séparé de l'oxygène, se volatilise et va se condenser dans des récipients. Les appareils employés (cylindres, cornues, creusets, en terre réfractaire) varient avec les pays.

Le zinc ainsi obtenu, ou zinc du commerce, contient de petites quantités de fer, de cuivre, de plomb, de cadmium et d'arsenic.

**526. Propriétés.** — C'est un métal blanc bleuâtre, inaltérable à froid et dans l'air sec ; à l'air humide, il se couvre d'une couche d'hydrocarbonate de zinc qui préserve le reste du métal de l'oxydation. Chauffé au rouge à l'air, il se volatilise et brûle avec une flamme verte en donnant de l'oxyde en flocons légers. Il est soluble dans les acides chlorhydrique et sulfurique, dans les solutions bouillantes de soude et de potasse.

**527. Usages.** — Il est employé à la fabrication du fer galvanisé, du laiton, du maillechort, des piles ; il sert pour la couverture des toits. On ne l'emploie pas pour les ustensiles de cuisine, car avec les acides il forme des sels vénéneux.

**528. Principaux composés.** — L'*oxyde de zinc* ZnO est un corps blanc, infusible et fixe, c'est le blanc de zinc employé en peinture à la place de la céruse, ou blanc de plomb ; ce dernier est dangereux pour les ouvriers et noircit sous l'action du gaz sulfhydrique, mais il résiste mieux aux intempéries de l'air.

L'hydrate de zinc $ZnO^2H^2$ se forme en versant une solution de potasse ou de soude dans une solution d'un sel de zinc ; il est soluble dans un excès d'alcali.

Les autres composés sont : le *sulfure de zinc* ZnS, ou blende, le *chlorure* ZnCl², le *sulfate* SO³Zn + 7H²O, appelé aussi vitriol blanc, ou couperose blanche.

Les sels de zinc ont ce caractère particulier que leurs solutions neutres donnent un précipité blanc quand on y ajoute un sulfure alcalin : c'est le seul sulfure insoluble qui soit de cette couleur.

## FER Fe = 56

**529. Minerais.** — Les principaux minerais du fer sont les suivants :

| | |
|---|---|
| **MINERAIS OXYDULÉS** | *Fers magnétiques :* 72 0/0 de fer ; agissent sur l'aiguille aimantée.<br>*Franklinite :* formée d'oxydes de fer, de zinc et de manganèse.<br>*Fer titané,* ou *ilménite.* |
| **MINERAIS OXYDÉS ANHYDRES** | *Fer oligiste* (Fe²O³) : 69 0/0 de fer ; aspect rougeâtre et poussière d'un gris noir.<br>*Hématite rouge :* peroxyde de fer amorphe, d'un rouge violacé, poussière rouge, souvent en mamelons d'aspect vitrifié.<br>*Fer oxydé rouge :* peroxyde amorphe ; exemple : les ocres rouges. |
| **MINERAIS OXYDÉS HYDRATÉS** | *Gœthite :* 63 0/0 de fer ; couleur brune et cassure jaune, aspect vitrifié.<br>*Hématite brune :* 60 0/0 de fer ; souvent du manganèse.<br>*Hématite jaune.* - - *Limonite.* |
| **MINERAIS CARBONATÉS** | *Fer spathique :* carbonate de fer avec carbonates de Ca, Mg, Mn.<br>*Blackband :* carbonate schisto-bitumineux, 40 0/0 de fer. |
| **MINERAIS SILICATÉS** | Minerais rares, peu exploités. |

Le fer existe aussi à l'état de sulfure $FeS^2$ : c'est la pyrite jaune d'or, ou la pyrite blanche (marcassite), dont le grillage fournit le sulfate de fer ou l'acide sulfureux nécessaire à la fabrication de l'acide sulfurique.

**530. Propriétés.** — Le fer est le plus tenace des métaux ; il fond vers 1500°. Il peut s'unir avec tous les métalloïdes, sauf avec l'azote.

Il est inaltérable à l'air sec et se transforme lentement en rouille à l'air humide ; on évite l'oxydation du fer en le recouvrant d'une couche de zinc (*fer galvanisé*) ou d'une couche d'étain (*fer-blanc*).

Le fer décompose la vapeur d'eau au rouge. Il est attaqué à froid par l'acide sulfurique étendu ; à chaud, par l'acide sulfurique concentré ; à froid, par l'acide chlorhydrique étendu ou concentré, ainsi que par l'acide azotique ordinaire ; l'acide azotique monohydraté est sans action.

**531. Traitement du fer.** — Le minerai est d'abord soumis à un traitement mécanique (triage, bocardage, etc.) destiné à éliminer la plus grande partie de sa gangue. Le traitement chimique consiste à réduire par le charbon les minerais oxydés, et à séparer le fer de la gangue.

1° *Méthode catalane.* — Dans cette méthode, appliquée à des minerais riches dans les pays où le combustible est cher, on chauffe ces minerais avec du charbon seulement ; une partie de l'oxyde de fer se combine avec la gangue pour former une scorie très fusible (silicate d'aluminium et de fer) ; le reste de l'oxyde donne du fer à peu près pur.

2° *Méthode des hauts-fourneaux.* — Dans ce procédé, on peut traiter tous les minerais de fer ; on les mélange avec du charbon et du calcaire (*castine*) : la gangue se combine avec la chaux pour former un silicate double d'aluminium et de fer, qui ne fond qu'à une température très élevée ; aussi, le fer formé se combine avec du charbon et passe à l'état de *fonte*. Dans ce procédé, il n'y a pas de déchet de fer à l'état de scorie. Le fer extrait des minerais contient toujours du carbone, du silicium, du manganèse, du soufre, du phosphore ; d'après la teneur en carbone, on distingue les *fontes, fers malléables, aciers.*

**532. Fontes.** — Les fontes ont de 2 à 5 0/0 de carbone ; elles fondent entre 1050° et 1300°. Dans la fonte *grise*, le carbone est isolé à l'état de graphite cristallin en paillettes noirâtres, qui donnent à cette fonte sa couleur ; elle contient toujours du silicium, est douce et se travaille facilement. Dans la fonte *blanche*, le carbone est bien disséminé, il n'y a pas de silicium ; cette fonte est dure, cassante, difficilement attaquée par la lime.

Par l'*affinage* de la fonte on obtient un fer malléable ; cet affinage est une oxydation à l'air, à haute température, de la plus grande partie du carbone, du silicium, etc.

L'affinage se fait par le procédé *comtois*, au charbon de bois, ou par le procédé *anglais* ou *puddlage*, à la houille.

**533. Fers malléables.** — Les fers ainsi obtenus sont les fers malléables dont la teneur en carbone est inférieure à 0,5 0/0. Ils fondent vers 1500° ou 1600°. Il y a les fers *forts*, qui se laissent plier à chaud, forger, souder, ou percer sur les bords ; les fers *cassants à froid*, qui sont phosphoreux ; les fers *rouverins*, qui sont cassants à chaud à cause du soufre ou de l'arsenic qu'ils renferment.

Le fer *écroui* est celui qui a été chauffé fréquemment et forgé à température trop basse ; il devient cristallin ; quand on craint ce phénomène, on réchauffe au rose et on trempe le fer.

Pour avoir du fer *pur*, il faut réduire par l'hydrogène, au rouge vif, de l'oxyde de fer. On a ainsi un métal blanc grisâtre, inaltérable à l'air sec à la température ordinaire ; au rouge, il absorbe l'oxygène et se convertit en oxyde $Fe^3O^4$ ; à l'air humide, il se couvre de rouille (hydrate ferrique).

Il agit à froid sur l'acide chlorhydrique, sur l'acide azotique ordinaire, sur l'acide sulfurique étendu.

**534. Aciers.** — Les aciers ont de 0,5 à 2 0/0 de carbone ; ils fondent entre 1300° et 1400° ; outre les autres corps (Si, Mn, P, S), ils peuvent contenir du tungstène ou du chrome ; un acier est d'autant moins dur, ou plus doux, qu'il contient moins de carbone.

L'acier se distingue du fer par sa faculté d'acquérir des propriétés nouvelles par la *trempe* ; on trempe un acier en le chauffant fortement, puis en le plongeant brusquement dans un liquide froid, tel que l'eau salée, l'huile, les acides, le mercure, ou même dans l'air.

On fabrique l'acier soit en décarburant partiellement la fonte, soit en carburant le fer. Le premier procédé produit *l'acier naturel* et *l'acier puddlé;* au second appartient l'acier de *cémentation.*

On a de l'acier *fondu,* bien homogène, en fondant, dans des creusets, de l'acier de cémentation.

Fig. 210.

Il y a encore les aciers *Bessemer, Siemens,* etc. Le procédé Bessemer consiste à introduire de la fonte siliceuse, liquide, dans un grand cubilot (convertisseur) mobile autour d'un axe horizontal (*fig.* 210), à y brûler par un fort courant d'air les éléments, tels que le carbone, le silicium, etc.... puis à y ajouter des *spiegeleisen,* fontes riches en manganèse qui restituent un peu de carbone.

**535. Principaux composés.**    On connaît les *oxydes*

FeO, Fe$^2$O$^3$, Fe$^3$O$^4$, FeO$^3$ ; ce dernier, non isolé, joue le rôle d'acide et n'existe qu'à l'état de sel (ferrate de potassium).

— Les *sulfures* sont : FeS, Fe$^3$S$^4$, FeS$^2$.

— Les *chlorures* sont : FeCl$^2$ (chlorure ferreux), Fe$^2$Cl$^6$ (chlorure ferrique).

— Le *sulfate ferreux* SO$^4$Fe + 7H$^2$O est appelé aussi vitriol vert ou couperose verte ; il s'obtient par l'oxydation à l'air, ou par le grillage des pyrites. Chauffé à 300°, il perd son eau et devient blanc. Il s'oxyde à l'air et rapidement en présence du chlore ou de l'acide azotique ; il décolore le permanganate de potassium.

— Le *sulfate ferrique* (SO$^4$)$^3$Fe$^2$ est blanc jaunâtre.

Les composés formés par le fer et le cyanogène ont déjà été indiqués (489). D'ailleurs, les principaux caractères des sels de protoxyde de fer (sels de fer au minimum) ou de peroxyde de fer (au maximum) sont mentionnés à la détermination du métal d'un sel (583).

## NICKEL Ni = 59

**536.** Il existe à l'état d'arséniure NiAs$^2$ (kupfernickel, ou nickeline), ou de silicate double de magnésium et de nickel.

On l'extrait de l'arséniure.

*Propriétés.* — C'est un métal blanc ; le plus dur des métaux après le manganèse. Il est magnétique et inaltérable à l'air à la température ordinaire ; il s'oxyde au rouge, se dissout dans les acides HCl, SO$^4$H$^2$, et surtout dans l'acide azotique.

Pour le nickelage, on emploie du sulfate double d'ammoniaque et de nickel qu'on décompose par la pile.

Ses *principaux composés* sont : les oxydes NiO et Ni$^2$O$^3$ ; le chlorure NiCl$^2$ ; le sulfate SO$^4$Ni + 7H$^2$O.

## COBALT Co = 59

**537.** Le cobalt se trouve à l'état d'arséniure CoAs$^2$ (smaltine), et de sulfo-arséniure CoAsS (cobaltine).

— On obtient le cobalt au moyen de l'arséniure.

*Propriétés.* — Ce métal est blanc d'argent : il est magnétique. Inaltérable à froid, il s'oxyde au rouge. Il est soluble dans les acides étendus.

— Ses *composés* sont : les oxydes $CoO$ et $Co^2O^3$ ; le chlorure $CoCl^2$ ; le sulfate $SO^4Co + 7H^2O$ ; l'azotate $(AzO^3)^2Co + 6H^2O$.

— Le *small*, ou *azur*, est un silicate de potassium et de cobalt employé pour la peinture sur porcelaine. Il s'obtient en calcinant dans un creuset, avec de la potasse et du sable blanc, le sulfo-arséniure de cobalt préalablement grillé.

*Usages.* — Les solutions étendues de chlorure de nickel ou de chlorure de cobalt servent à faire des *encres sympathiques*. Quand on écrit avec ces solutions, les caractères ne sont pas visibles ; en chauffant le papier, ils apparaissent en jaune avec le chlorure de nickel, en bleu avec le chlorure de cobalt.

<h2 style="text-align:center">MANGANÈSE Mn = 55</h2>

**538.** On le trouve dans la nature à l'état de sesquioxyde anhydre $Mn^2O^3$ (ou braunite), ou hydraté (acerdèse) ; à l'état d'oxyde salin $Mn^3O^4$ (hausmanite), ou de bioxyde $MnO^2$ (pyrolusite).

On l'a obtenu en réduisant le carbonate par le charbon au rouge blanc dans un creuset de chaux.

Ce mélange est gris blanchâtre, a pour densité 7,2, et décompose l'eau à 100°.

Les *principaux composés* du manganèse sont : les oxydes $MnO$, $Mn^2O^3$, $Mn^3O^4$, $MnO^2$, $MnO^3$ et $Mn^2O^7$ ; les deux derniers jouent le rôle d'acides et s'appellent acides manganique et permanganique ; la dissolution verte de manganate de potassium a reçu le nom de *caméléon minéral*, à cause de ses changements de couleur sous l'action des acides ou des alcalis.

La dissolution de permanganate de potassium est pourpre ; elle cède facilement son oxygène aux corps réducteurs, tels que la solution d'acide sulfureux. Le permanganate est décoloré par l'acide sulfureux, par les composés nitreux, par l'acide azoteux, par les sels de protoxyde de fer, et par le chlorure stanneux.

Le carbonate de manganèse $CO^3Mn$ et le sulfate

$$SO^4Mn + 7H^2O$$

sont légèrement roses.

## CHROME Cr = 52.5

**539.** Les minerais de ce métal sont le chromate de plomb, le fer chromé $Cr^2O^3FeO$.

— On l'a isolé en calcinant à haute température un mélange intime d'oxyde de chrome et de charbon dans un creuset de chaux.

C'est un métal gris blanc ; il ne s'oxyde qu'au rouge et se change en oxyde $Cr^2O^3$. Il se dissout dans l'acide chlorhydrique.

*Oxydes.* — 1° Il y a l'oxyde vert $Cr^2O^3$, ou sesquioxyde ; il forme plusieurs hydrates, dont l'un est le *vert Guignet*, employé dans l'impression des toiles ; il est inaltérable à la lumière.

2° L'acide chromique $CrO^3$ qui se présente en aiguilles d'un rouge foncé ; c'est un oxydant très énergique. L'alcool absolu s'enflamme quand on le verse goutte à goutte sur ses cristaux.

Il forme des chromates et des bichromates. Le chromate neutre de potassium $CrO^4K^2$ est en cristaux d'un jaune citron ; la solution de ce sel, traitée par un sel de plomb, fournit le *jaune de chrome*, ou chromate de plomb $CrO^4Pb$. Le bichromate de potassium $Cr^2O^7K^2$ est en cristaux d'un rouge orangé ; il est soluble dans l'eau, comme le chromate neutre, et vénéneux aussi.

3° Il y a encore : l'acide perchromique $Cr^2O^7$, liquide bleu pur qui se produit par l'action de l'eau oxygénée sur l'acide chromique ; les chlorures $CrCl^2$, $Cr^2Cl^6$, et l'acide chlorochromique $CrO^2Cl^2$.

## BISMUTH ET ANTIMOINE

**540. Bismuth Bi = 212.** — Ce métal se trouve à l'état natif dans une gangue quartzeuse ; on l'extrait en chauffant le

minerai dans un tube de fonte incliné ; le métal fond et coule
à la partie inférieure du tube.

*Propriétés.* — Il est blanc avec reflet jaunâtre ; il se volatilise au rouge blanc, est inaltérable à froid et brûle au rouge,
en formant de l'oxyde.

Il est dissous lentement par les acides sulfurique et chlorhydrique, rapidement par l'acide azotique.

Ses composés les plus importants sont : l'oxyde bismuthique $Bi^2O^3$ ; l'anhydride bismuthique $Bi^2O^5$ ; le trisulfure
$Bi^2S^3$ ; le trichlorure $BiCl^3$ ; et l'azotate $(AzO^3)^3Bi$ ; l'azotate
basique, ou sous-nitrate, $AzO^4Bi$, est employé en médecine.

**541. Antimoine** $Sb = 120$. — Ce métal existe à l'état
d'oxyde $Sb^2O^3$ (sénarmontite, ou valentinite), et de sulfure
$Sb^2S^3$ (stibine).

— On l'extrait du sulfure : par fusion on en sépare la gangue ;
puis, on le grille à l'air pour le transformer en oxyde, qu'on
réduit, en le calcinant avec un mélange de charbon et de
carbonate de sodium.

— Dans une classification naturelle, l'antimoine se place à
côté de l'arsenic ; il a bien, comme les métaux, l'éclat et la
conductibilité pour la chaleur et l'électricité ; mais ses composés et ceux de l'arsenic sont isomorphes.

*Propriétés.* — L'antimoine est d'un blanc brillant ; allié à
d'autres métaux, il leur donne de la dureté. Il ne s'oxyde à
l'air qu'au rouge et se convertit en oxyde $Sb^2O^3$ ; il se dissout
lentement dans les acides chlorhydrique et sulfurique concentrés et chauds ; l'acide azotique le transforme en acide
méta-antimonique $SbO^3H$.

*Ses principaux composés sont :* l'oxyde $Sb^2O^3$ ; l'anhydride
$Sb^2O^5$ ; les acides méta-antimonique et pyroantimonique $SbO^3H$
et $Sb^2O^7H^4$ ; les sulfures $Sb^2S^3$ et $Sb^2S^5$ ; les chlorures $SbCl^3$ et
$SbCl^5$ ; l'hydrogène antimonié $SbH^3$.

— Le *kermès*, employé en médecine, est un sulfure d'antimoine coloré en brun et renfermant un mélange de sulfure de
sodium et d'oxyde d'antimoine combiné avec de la soude.

## ÉTAIN Sn = 118

**542.** Le seul minerai d'étain que l'on exploite est le bioxyde $SnO^2$, ou *cassitérite*, en cristaux durs, transparents, d'un brun jaunâtre ; il est mêlé à des sulfures et arséniures de fer, de cuivre, de plomb.

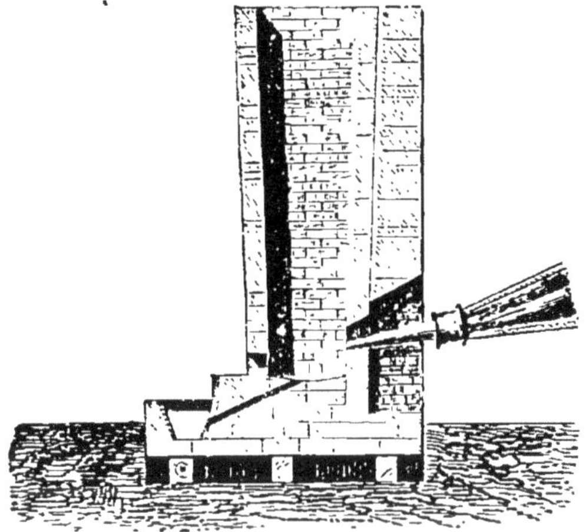

Fig. 211.

Les opérations du traitement qu'on lui fait subir sont : le triage, le bocardage et le lavage ; puis, un grillage pour oxyder et désagréger les sulfures et les arséniures ; ensuite, nouveau lavage qui laisse l'oxyde d'étain plus dense ; enfin, réduction de cet oxyde par le charbon de bois dans un four à manche (*fig*. 211).

**543. Propriétés.** — C'est un métal blanc, le plus fusible des métaux ; il fond à 228° et cristallise par refroidissement. Quand on le plie, il fait entendre un bruit qu'on appelle le *cri* de l'étain.

Il s'oxyde au-delà de 200° ; il attaque lentement l'acide sulfurique concentré ; l'acide chlorhydrique concentré le dissout, surtout à chaud, avec dégagement d'hydrogène.

Il se produit une vive réaction avec l'acide azotique ordinaire, et il se forme du bioxyde d'étain et des vapeurs rouges ; avec le même acide étendu il se forme de l'azotate de protoxyde d'étain soluble, presque sans dégagement de gaz.

— L'étain est employé à la fabrication des bronzes et du fer-blanc, à l'étamage des ustensiles de cuivre, etc.

**544. Principaux composés.** — 1° L'*oxyde stanneux* SnO est une poudre noire, brune ou rouge, selon le mode de préparation ; le *bioxyde* SnO² est l'anhydride stannique ; l'action de l'étain en grenaille sur l'acide azotique concentré donne lieu à un hydrate stannique, appelé acide *métastannique ;* il y a encore l'acide *stannique*, autre hydrate qui se forme quand on ajoute de l'ammoniaque à une solution aqueuse de bichlorure d'étain ;

2° Il y a deux *sulfures* SnS (protosulfure) et SnS² (bisulfure) ; le premier est brun ; le second est jaune, d'aspect métallique ; on l'appelle aussi *or mussif*, et on l'emploie pour bronzer les statuettes de plâtre et frotter les coussins des machines électriques.

3° Le *protochlorure* SnCl². ou chlorure stanneux, est blanc ; c'est un réducteur énergique : il réduit les sels de sesquioxyde de fer à l'état de sel de protoxyde ; il réduit également les sels de mercure et d'argent ; sa solution décolore le permanganate de potassium. Avec ce chlorure dissous dans l'acide chlorhydrique on peut enlever les taches de rouille faites sur le linge.

Le *bichlorure* SnCl⁴, ou liqueur fumante de Libavius, est liquide. L'oxymuriate d'étain du commerce est du bichlorure hydraté.

**PLOMB Pb = 207**

**545. État naturel et extraction.** — Le plomb existe dans la nature à l'état de sulfure, de carbonate, de phosphate et d'arséniate.

On exploite les deux premiers minerais, surtout le sulfure ou *galène*.

Le traitement du carbonate est simple : on le chauffe avec du charbon dans un creuset.

On extrait le plomb de la galène par deux méthodes ; dans la méthode *par réduction*, on fond la galène avec de la fonte grenaillée : il se forme du plomb et du sulfure de fer :

$$PbS + Fe = Pb + FeS.$$

La méthode par *réaction* consiste à griller la galène pour la transformer partiellement en oxyde et sulfate ; par un coup de feu on produit une réaction du sulfure en excès sur l'oxyde et le sulfate :

$$PbS + 2PbO = 3Pb + SO^2,$$
$$PbS + SO^4Pb = 2Pb + 2SO^2.$$

Il reste, en outre, avec le plomb une certaine quantité de sulfure, ou *matte*, très fusible, qui est remise en traitement.

**546.** En général, le plomb ainsi obtenu est argentifère : c'est le *plomb d'œuvre* qu'on soumet à l'affinage, puis à la coupellation pour en extraire l'argent.

L'*affinage par cristallisation*, ou *pattinsonage*, a pour objet de former un alliage de plomb et d'argent plus riche que le plomb d'œuvre ; pour cela, le plomb est fondu et refroidi lentement ; des cristaux de plomb retenant très peu d'argent se déposent au fond du bain ; on les sépare de la masse liquide qui devient, par suite, un alliage de plomb plus riche en argent.

La *désargentation par le zinc* est un autre procédé basé sur la propriété que possède le zinc de s'emparer de l'argent du plomb d'œuvre pour former un alliage triple d'argent, de plomb et de zinc qui se réunit en écume à la surface du plomb fondu. On sépare le zinc par distillation.

*Coupellation.* — De l'alliage ainsi obtenu on enlève l'argent par la coupellation, opération fondée sur la propriété du plomb de s'oxyder à l'air en donnant un oxyde fusible (litharge) qu'on fait écouler, tandis que l'argent, qui n'est pas oxydable, reste sur la coupelle, ou sole sphérique d'un four à réverbère.

**547. Propriétés.** — Le plomb ne s'écrouit ni par le laminage, ni par le martelage ; il est le moins tenace des métaux usuels.

Il se ternit à l'air ; fondu, il se couvre de protoxyde de plomb jaune pulvérulent (*massicot*) ; à plus haute température le protoxyde est jaune rougeâtre (*litharge*).

Au contact de l'eau *pure et aérée* (eau de pluie), le plomb absorbe l'oxygène et l'acide carbonique et se couvre d'une couche mince de carbonate ; l'eau qui coule sur les toitures de plomb peut donc être toxique ; avec l'eau contenant des chlorures ou des sulfates en petite quantité (eau de source ou de rivière), cette oxydation n'a pas lieu ; aussi on peut se servir de tuyaux de plomb pour les eaux potables.

L'acide chlorhydrique attaque le plomb, même à froid l'acide sulfurique étendu ne l'attaque pas ; l'acide azotique le dissout à froid.

Le plomb et ses composés sont toxiques ; ils agissent à la longue, causant la *colique saturnine ou colique des peintres*.

Les usages du plomb sont nombreux : caractères d'imprimerie, couvertures, tuyaux, chambres de plomb, etc.

**548. Principaux composés.** — 1° *Oxydes*. — Le protoxyde $PbO$ s'appelle massicot ou litharge ; la litharge, qui est en paillettes d'un jaune rougeâtre, sert à fabriquer l'acétate de plomb, à rendre l'huile de lin siccative.

Le minium ($Pb^3O^4 = 2PbO.PbO^2$) est en poudre rouge ; il représente une combinaison de protoxyde et de bioxyde. On l'obtient en chauffant le massicot au-dessous de 300° : on appelle *mine orange* le minium obtenu en chauffant la céruse au contact de l'air. Le minium sert à colorer la cire à cacheter et les papiers de tenture ; il entre dans la composition du cristal, du strass, du flint-glass, etc.

Le bioxyde de plomb $PbO^2$, ou oxyde puce de plomb, est la poudre brune qu'on obtient en traitant le minium par l'acide azotique faible.

2° Le *sulfure* $PbS$, ou galène, sert à former le vernis des poteries grossières. En présence de l'air et de la silice, ce sulfure devient par la cuisson un silicate fusible, jaune ; on peut le colorer en vert ou en brun au moyen de l'oxyde de cuivre ou de manganèse. On ne doit pas conserver d'aliments acides dans ces poteries, car le vinaigre attaque ce vernis plombeux.

3° Le *chlorure* PbCl² est blanc ; il sert à faire le jaune de Cassel, le jaune de Turner, le jaune minéral, qui sont des oxychlorures.

L'*iodure* PbI² est jaune ; il est soluble dans l'iodure de potassium.

L'*azotate* (AzO³)²Pb est blanc ; il est soluble dans l'eau.

4° L'*acétate neutre* (C²H³O²)²Pb sert à faire l'*extrait de saturne;* ce liquide est obtenu en faisant bouillir 3 parties d'acétate avec 1 partie de litharge et 9 parties d'eau ; on filtre ensuite ; on fait l'*eau blanche* en mélangeant l'extrait de Saturne avec l'eau de rivière.

— Le *sulfate* SO⁴Pb est une poudre blanche insoluble dans l'eau.

5° Le *chromate* CrO⁴Pb naturel est rouge ; le chromate artificiel est jaune (jaune de chrome). Ce sel, insoluble dans l'eau, est soluble dans la potasse caustique.

6° *Carbonate de plomb* CO³Pb. — Ce sel existe cristallisé dans la nature. La céruse, ou blanc de plomb, est un carbonate hydraté, contenant aussi de l'hydrate d'oxyde de plomb.

La céruse se prépare par le *procédé de Clichy* ou par le *procédé hollandais.* Le premier consiste à dissoudre la litharge dans une solution d'acétate de plomb, ce qui forme un acétate tribasique (C²H³O²)²Pb + 2PbO + *n*H²O, puis à faire passer dans la solution un courant de gaz carbonique.

Le second, ou procédé hollandais, consiste à exposer des lames de plomb à une atmosphère chargée de vapeurs acétiques et riche en gaz carbonique.

La céruse est ensuite lavée et séchée. Celle que fournit le procédé de Clichy est plus blanche que la céruse hollandaise ; mais celle-ci, étant plus opaque, *couvre* mieux en général.

La céruse est falsifiée souvent avec de la craie et du sulfate de baryum.

## CUIVRE Cu = 63

**549. État naturel et extraction.** — Le cuivre se rencontre à l'état natif ou à l'état d'oxyde cuivreux Cu²O (cuprite), d'oxyde cuivrique CuO, d'hydrocarbonate (azurite et malachite) ; mais les minerais les plus abondants et les plus exploités sont le sulfure cuivreux (chalkosine), le sulfure double $Cu^2S$, $Fe^2S^2$ (chalkopyrite, ou pyrite cuivreuse), et aussi le sulfure double de cuivre et d'antimoine (panabase, ou cuivre gris), ou le sulfure double de cuivre et d'arsenic (tennantite).

Le cuivre s'extrait facilement de l'oxydule et du carbonate par fusion avec du charbon.

Le traitement des pyrites cuivreuses est plus long, parce qu'il faut éliminer le soufre et le fer ; on y arrive par des grillages et par des fusions au contact de matières siliceuses ; on élimine ainsi le fer à l'état de silicate, et on forme des *mattes* (sulfure de cuivre avec du sulfure de fer) de plus en plus riches en cuivre ; un dernier grillage donne de l'acide sulfureux et un cuivre impur (95 0 0 de cuivre), qui est le *cuivre noir*.

— On le raffine en le fondant sous l'action d'un courant d'air oxydant ; on termine la fusion en jetant un peu de charbon en poudre et en brassant le bain avec une perche de bois vert.

— On prépare du cuivre pur en réduisant une solution de sulfate de cuivre par le fer, ou bien l'oxyde de cuivre par un courant d'hydrogène.

**550. Propriétés.** — Le cuivre est très bon conducteur de la chaleur et de l'électricité. Il est inaltérable à l'air sec, mais il s'altère au contact de l'air et de l'eau ou d'un acide : à l'air humide il se couvre d'une couche d'hydrocarbonate de cuivre (*vert-de-gris*). La présence d'un acide (vinaigre, corps gras) accélère l'oxydation au contact de l'air ; il se forme un sel vénéneux.

A température élevée, le cuivre se couvre d'oxydule rouge $Cu^2O$ ou d'oxyde noir CuO.

L'acide chlorhydrique attaque le cuivre, même à froid, et donne du chlorure cuivreux $Cu^2Cl^2$ ; l'acide azotique étendu le dissout avec formation d'azotate et de bioxyde d'azote ; l'acide sulfurique concentré et chaud donne un sulfate et du gaz sulfureux.

Le cuivre est employé pour la fabrication des chaudières.

tuyaux, etc., et d'alliages importants : laiton, bronze, maillechort.

**551. Principaux composés.** — 1° *Oxydes.* — L'oxyde cuivreux $Cu^2O$ est rouge, il sert à colorer le verre en rouge ;
l'oxyde cuivrique $CuO$ est noir et se produit par calcination
de la tournure de cuivre au contact de l'air ; on l'emploie
pour colorer les verres en vert.

2° Il y a deux *sulfures*, le sulfure cuivreux $Cu^2S$ et le sulfure cuivrique $CuS$ ;

3° Le *chlorure cuivreux* $Cu^2Cl^2$ est une poudre blanche, cristalline, insoluble dans l'eau pure, soluble dans l'ammoniaque ; le *chlorure cuivrique* $CuCl^2 + 2H^2O$ est en cristaux
verts solubles dans l'eau.

4° *Carbonates.* — On trouve dans la nature deux hydrocar-
bonates, qui sont : l'*azurite* ($2CO^3Cu + CuO^2H^2$), en cristaux
bleus ; et la *malachite* ($CO^3Cu + CuO^2H^2$) en masses concré-
tionnées vertes ;

5° Le *sulfate* $SO^4Cu + 5H^2O$ est le vitriol bleu ou couperose
bleue ; il est en cristaux bleus solubles ; anhydre, ce sel est
blanc. En ajoutant de l'ammoniaque en excès à une solution
de sulfate de cuivre, on a une liqueur d'un bleu foncé connue
sous le nom d'*eau céleste*.

## MERCURE $Hg = 200$

**552. État naturel et extraction.** — Le mercure se rencontre
à l'état natif en petits globules, mais surtout à l'état de sulfure, ou *cinabre*, $HgS$, rouge violacé.

— On extrait le mercure soit en grillant ce sulfure, soit en
le réduisant par la chaux. On le purifie par distillation.

**Propriétés.** — Il bout à 350° et se solidifie à — 40°. Il s'altère lentement à l'air, et rapidement à partir de 350°, ce qui
donne l'oxyde rouge $HgO$ (précipité *per se*). Il est attaqué à
froid par l'acide azotique étendu ; à chaud, par l'acide sulfurique concentré ; à très haute température, par l'acide chlorhydrique.

Le mercure est un poison très violent.

**553. Principaux composés.** — Les *oxydes* sont $Hg^2O$ et $HgO$ ; le premier est noir verdâtre ; le second, ou oxyde mercurique, est rouge quand il est obtenu par voie sèche ; jaune, quand il est préparé par voie humide.

Le *sulfure* $Hg^2S$ est noir : le sulfure mercurique $HgS$, ou cinabre, est rouge ; le *vermillon* est un cinabre naturel.

Il y a deux *chlorures* : le calomel, ou sublimé doux, $Hg^2Cl^2$, insoluble dans l'eau ; le sublimé corrosif $HgCl^2$, soluble dans l'eau, et surtout dans l'alcool et l'éther : c'est un poison très violent ; on l'emploie en médecine surtout comme antiseptique.

Les autres sels sont : l'*azotate mercureux* $(AzO^3)^2Hg^2 + 2H^2O$, et l'*azotate mercurique* $(AzO^3)Hg + 8H^2O$, les *sulfates mercureux* et *mercurique* $SO^4Hg^2$ et $SO^4Hg$.


**ARGENT** $Ag = 108$

**554. État naturel et extraction.** — Ce métal se trouve à l'état natif, à l'état de sulfure $Ag^2S$ (argyrose), de sulfo-antimoniure, de sulfo-arséniure, de chlorure, de bromure et d'iodure.

Pour extraire l'argent, on emploie une méthode de *chloruration* et d'*amalgamation* ; elle consiste à faire passer tout l'argent à l'état de chlorure, qu'on dissout dans du chlorure de sodium ; on précipite ensuite l'argent par un métal plus chlorurable ; on dissout enfin l'argent par le mercure, et on décompose l'amalgame par la chaleur.


**555. Propriétés.** — L'argent est le plus blanc des métaux, il est le plus malléable après l'or ; fondu, il peut dissoudre l'oxygène ; et, quand il se solidifie, il *roche*, c'est-à-dire que l'oxygène se dégage en partie avec projection d'un peu de métal.

— Il est inaltérable à l'air. Il est soluble dans l'acide azotique à froid ; il est attaqué par l'acide sulfurique concentré et bouillant, et par l'acide chlorhydrique vers 350°. Le nitre et les alcalis sont sans action.

**556. Composés.** — L'oxyde le plus important est le *protoxyde* AgO, poudre brune qu'une solution concentrée d'ammoniaque change en une poudre noire, très explosive, qui est *l'argent fulminant*.

Le *chlorure* AgCl est soluble dans l'ammoniaque et dans les hyposulfites alcalins ; il en est de même du *bromure* AgBr ; l'*iodure* AgI est insoluble dans l'ammoniaque, soluble dans l'hyposulfite de sodium et dans l'iodure de potassium ; le *cyanure* est soluble dans les cyanures alcalins, ainsi que dans les hyposulfites et dans l'ammoniaque.

L'*azotate* $AzO^3Ag$, qu'on obtient en dissolvant l'argent dans l'acide azotique et en évaporant la liqueur, est soluble dans l'eau ; sa solution noircit à la lumière par suite d'une réduction partielle ; aussi laisse-t-elle sur la peau une tache qui noircit rapidement.

L'azotate d'argent fondu est employé pour cautériser (*pierre infernale*). Il est très vénéneux. Sa dissolution sert à marquer le linge.

$$\text{OR} \quad Au = 196.4$$

**557.** L'or existe à l'état natif, et en combinaison avec les sulfures d'argent, de plomb ou de cuivre.

On l'extrait des sables aurifères au moyen de lavages qui entraînent les parties plus légères que l'or ; on fait ensuite un amalgame, que l'on chauffe pour vaporiser le mercure. L'or obtenu contient de l'argent ou du cuivre ; on l'affine en le traitant par l'acide sulfurique concentré et bouillant, l'or non dissous reste à l'état pulvérulent.

**558. Propriétés.** — L'or est le plus ductible et le plus malléable des métaux. Il est inaltérable à l'air à toutes les températures. Il n'est pas attaqué par les acides isolés ; il est dissous par l'eau régale ; il se dissout aussi dans le mercure.

**559. Composés de l'or.** — L'or forme deux *oxydes* $Au^2O$ et $Au^2O^3$ : le second, appelé aussi acide aurique, forme des aurates ; son hydrate, en présence de l'ammoniaque, donne une poudre très explosive qui est l'*or fulminant*.

Le *sulfure* $Au^2S^3$ est brun ; le *chlorure* aureux $AuCl$ est une poudre jaune insoluble ; le chlorure aurique $AuCl^3$ s'obtient par dissolution du métal dans l'eau régale ; une solution étendue de ce chlorure, agissant sur une dissolution contenant des équivalents égaux de chlorures stanneux et stannique, produit un précipité floconneux pourpre qui est le *pourpre de Cassius*.

## PLATINE Pt = 197

**560.** Ce métal se trouve à l'état natif, en grains irréguliers mêlés, le plus souvent, à des paillettes d'osmiure d'iridium, avec du rhodium, du ruthénium, du fer et du cuivre.

**561. Propriétés.** — Le platine est blanc grisâtre ; il ne fond qu'aux feux de forge les plus violents ou à la température du chalumeau à gaz de l'éclairage alimenté par de l'oxygène. Le platine fondu absorbe l'oxygène comme l'argent et roche aussi par refroidissement.

— Il est très poreux et s'échauffe en conduisant les gaz. Cette propriété est très développée dans l'*éponge de platine* que l'on obtient par la calcination du chlorure double de platine d'ammoniaque, et surtout dans le *noir de platine*, précipité de métal très divisé qui se produit quand on fait bouillir la dissolution de chlorure de platine $PtCl^2$ avec de la potasse et du sucre.

Le platine est inaltérable à l'air. Il n'est pas attaqué par les acides azotique, chlorhydrique, sulfurique, même bouillants ; il se dissout seulement dans l'eau régale ; il est attaqué à haute température, au contact de l'air, par les alcalis et par les azotates alcalins.

Il se combine directement avec le soufre, le phosphore, l'arsenic, le silicium ; on doit éviter le contact des charbons en chauffant des creusets de platine, car la silice contenue dans les charbons peut être réduite : il se forme un siliciure de platine, et le creuset est percé.

**562. Composés du platine.** — On connaît deux *oxydes* de platine, $PtO$ et $PtO^2$. Il y a aussi deux *chlorures*, $PtCl^2$ et $PtCl^4$. Le premier est une poudre d'un vert olive, insoluble dans l'eau, soluble dans l'acide chlorhydrique ; le second est rouge brun, soluble dans l'eau et dans l'alcool ; quand on verse dans la solution de ce chlorure une solution de chlorure d'ammonium, on a un précipité jaune cristallin qui est un chlorure double de platine et d'ammonium $PtCl^4, 2AzH^4Cl$, insoluble dans l'alcool et très peu soluble dans l'eau froide. Avec du chlorure de potassium le chlorure platinique donne de même un précipité jaune cristallin de chlorure double : $PtCl^4, 2KCl$.

# CHAPITRE IV

## NOTES SUR QUELQUES SUBSTANCES ORGANIQUES

**563. Résines.** — Les résines sont des corps solides, jaunes ou bruns, qu'on obtient ordinairement comme résidus de la distillation de sucs recueillis en faisant des incisions aux végétaux ; elles s'y trouvent dissoutes dans une essence.

Elles brûlent à l'air avec une flamme épaisse, fuligineuse. Les principales résines sont : la sandaraque, le copal, la colophane, le succin, le gaïac, le jalap.

Les *gommes-résines* sont des mélanges de résine et de gomme ; elles résultent de l'évaporation à l'air des sucs d'un grand nombre de plantes ; exemple : l'assa fœtida, l'encens, la myrrhe, la gomme-gutte.

*Vernis.* — Les vernis sont des dissolutions de résines soit dans l'alcool (vernis pour meubles), soit dans les essences (vernis pour métaux), soit dans les huiles siccatives (vernis pour voitures).

**564. Caoutchouc.** — Le caoutchouc est contenu dans le suc laiteux qui s'écoule des incisions faites aux arbres des genres *Hevea* ou *Ficus elastica*.

Il est blanc quand il est pur et brunit sous l'action prolongée de la lumière ; il est élastique et souple entre 10° et 35°, devient dur et inextensible à 0°, visqueux à 100°, fond vers 180°.

Il est insoluble dans l'eau ; on peut le dissoudre dans un mélange de sulfure de carbone avec 5 0 0 d'alcool absolu.

Il n'est pas attaqué, à la température ordinaire, par les acides ou les alcalis ; il est attaqué par le chlore.

Avec 1 à 2 0/0 de soufre, le caoutchouc est dit *vulcanisé* ; il conserve son élasticité aux basses températures ; avec 20 à 35 0/0 de soufre, il devient très dur.

**565. Gutta-percha.** — Cette substance se trouve aussi dans le suc laiteux fourni par des arbres d'une espèce spéciale.

Elle est insoluble dans l'eau, et soluble dans le sulfure de carbone.

A la température ordinaire, elle est dure ; elle se ramollit vers 50° et fond vers 130°.

On l'emploie en galvanoplastie pour faire des moules ; en électricité pour isoler les fils ; on s'en sert encore pour faire des bouteilles pour acide fluorhydrique, des entonnoirs, etc.

**566. Glycérine ; nitro-glycérine.** — La glycérine $C^3H^8O^3$ est un produit accessoire de la fabrication des bougies stéariques.

C'est un liquide incolore soluble dans l'eau et dans l'alcool.

— Quand on verse goutte à goutte de la glycérine dans un mélange d'acide sulfurique et d'acide azotique placé dans l'eau froide, on obtient des gouttes oléagineuses de *nitroglycérine* $C^3H^5(AzO^3)^3$. Ce liquide huileux est jaune, insoluble dans l'eau ; il détone violemment par le choc, par l'action de la chaleur, et même spontanément.

Nobel l'a rendue moins sensible aux chocs, en y ajoutant une matière inerte (de la silice amorphe) ; il donna le nom de *dynamite* à ce mélange qui détone par un choc violent et surtout par l'explosion d'une capsule au fulminate de mercure. Depuis, on a donné le nom de dynamite à des mélanges très divers à base de nitroglycérine.

1° La *dynamite ordinaire* a 30, 50 ou 75 0/0 de nitroglycérine avec de la silice (Kieselguhr, randanite, etc.). Elle est d'un gris jaune. Elle peut détoner au choc quand elle est gelée. Elle ne produit aucun effet quand on la chauffe doucement jusqu'à 100° ; si on chauffe rapidement, elle s'enflamme vers 220° et brûle lentement, sans explosion, sauf si elle est enfermée hermétiquement dans un vase clos.

La lumière solaire et les étincelles électriques la décomposent sans explosion.

L'eau, à la longue, s'empare peu à peu de la silice et déplace la nitroglycérine ; la dynamite mouillée devient donc dangereuse, parce que la nitroglycérine ainsi déplacée peut détoner spontanément.

Elle fait explosion par le choc de fer sur fer, ou de fer sur pierre, mais non par le choc de bois sur bois.

2° La *dynamite gomme* comprend 93 parties de nitroglycérine dissoute dans 7 parties de collodion et un peu de camphre pour diminuer la sensibilité au choc. C'est un composé gélatineux, élastique, jaune clair, plus stable que la précédente, ne donnant pas d'exsudation de nitroglycérine, très peu altérable par l'eau, car le collodion insoluble forme couche protectrice. La congélation n'en change pas non plus la force brisante, qui est plus grande que celle de la dynamite siliceuse.

**567. Corps gras.** — Les corps gras naturels (huiles, graisses, suif) sont des substances neutres laissant sur le papier une tache translucide que la chaleur ne fait pas disparaître. Ce sont des mélanges de certains principes dont les plus importants sont la *stéarine*, la *margarine* et l'*oléine*, qui sont eux-mêmes des éthers de la glycérine.

**568. Huiles.** — Les corps gras liquides à la température ordinaire s'appellent huiles. L'oléine, qui est liquide, domine dans les huiles, tandis que la stéarine et la margarine, qui sont solides, dominent dans les corps gras solides.

On extrait les huiles de la graine des végétaux (colza, pavot, noix, amandes, etc.), ou de la pulpe des fruits (olives), ou des animaux (huiles de poisson). L'extraction se fait par pression à froid ou à chaud.

Toutes les huiles sont plus légères que l'eau.

Les huiles *siccatives* s'épaississent en absorbant l'oxygène de l'air et dégagent de l'acide carbonique ; on les rend plus siccatives encore en les faisant bouillir avec de la litharge ou des sels de manganèse : les huiles de lin, de noix, d'œillette, de chènevis sont siccatives. Les huiles *non siccatives*, comme celles de colza, d'olive, d'amandes douces, de ricin, ne perdent pas leur limpidité en s'oxydant. D'ailleurs, le peroxyde d'azote ($AzO^2$) les solidifie, tandis qu'il ne solidifie pas les huiles siccatives.

**569. Saponification.** — Les principes immédiats des corps gras, stéarine, margarine, oléine, etc., étant des éthers de la glycérine, peuvent se dédoubler chacun en deux substances : la glycérine et un acide gras qui est l'un des acides stéarique, margarique, oléique ; les deux premiers, solides, forment les bougies ; le dernier est liquide.

Ce dédoublement, qui est la saponification, peut s'opérer soit par l'action de l'eau à haute température, soit par une base énergique telle que la chaux, soit encore par l'acide sulfurique.

Quand on emploie la chaux, surtout sous pression en vase clos, les acides gras forment des stéarate, margarate et oléate de chaux insolubles ; la glycérine est dissoute dans l'eau. On sépare le liquide pour en extraire la glycérine ; en chauffant doucement les sels calcaires dans de l'eau acidulée avec de l'acide sulfurique, on en sépare la chaux à l'état de sulfate insoluble, tandis que les acides gras, libres, forment une couche huileuse à la surface du liquide. On les décante, on les lave et on les coule en pains ; par pression, on sépare l'acide oléique liquide des deux autres qui sont solides ; ces deux acides stéarique et margarique servent alors au moulage des bougies.

**570. Savons.** — Les savons sont obtenus en saponifiant les corps gras par la potasse et la soude ; ce sont de véritables sels : oléate, margarate et stéarate. Les corps gras employés sont de l'huile d'olive de qualité inférieure, des huiles d'arachide et de sésame ; on utilise aussi l'acide oléique qu'on sépare, dans la fabrication des bougies, des deux autres acides gras.

Les savons *mous* sont à base de potasse ; les savons *durs*, à base de soude.

Le savon *marbré* (savon de Marseille) est obtenu en chauffant de l'huile d'olive non colorée et récemment préparée avec des lessives de soude ; quand la lessive est peu abondante, comme les soudes employées renferment toujours de l'alumine et du fer, il se forme des savons à base d'alumine et de fer ; ces derniers, peu solubles, se disséminent dans la masse du savon qui prend ainsi un aspect marbré. Quand il y a beaucoup de lessive et qu'on refroidit lentement, le savon alumino-ferrugineux se précipite, la couche qui surnage est du savon *blanc*.

Le savon blanc retient 45 à 50 0/0 d'eau ; le savon marbré, 25 à 30 0/0.

**571. Coton-poudre.** — Quand on trempe pendant une demi-minute du coton cardé dans de l'acide azotique monohydraté, on a un produit qui, lavé rapidement à grande eau, puis séché à l'air, constitue le coton-poudre, ou *fulmi-coton*. On emploie de préférence un mélange de 1 volume d'acide azotique fumant et de 3 volumes d'acide sulfurique.

Le coton-poudre a l'aspect du coton ; il est soluble dans l'éther acétique, insoluble dans l'eau, l'alcool, l'éther, l'acide acétique et le réactif de Schweitzer (n° 427). Il peut être mouillé et reprendre ses propriétés. Bien préparé, il doit être neutre au tournesol.

— Il est très explosif, s'enflamme par le choc ou au contact d'un corps chaud (vers 120°) ; il brûle vivement, avec une flamme rougeâtre, sans fumée, sans résidu, en dégageant beaucoup de gaz ($CO^2$, $CO$, $Az$, vapeur d'eau).

La lumière solaire le décompose lentement. Sa stabilité paraît très grande. Il est très sensible aux explosions par influence. On détermine son explosion par le fulminate de mercure. Il s'emploie souvent comprimé.

**572. Acide picrique et picrates.** — L'acide picrique se produit quand on fait bouillir du phénol ($C^6H^6O$) avec de l'acide azotique concentré : c'est du phénol trinitré $C^6H^3(AzO^2)^3O$. Il se dépose sous forme de lamelles cristallines d'un jaune citron.

Il est peu soluble dans l'eau et soluble dans l'alcool.

Chauffé lentement, il fond ; chauffé brusquement, il se

décompose avec explosion. Il n'est pas employé seul, mais sous forme de picrate de potassium ou d'ammoniaque.

Le picrate de potassium $C^6H^2K(AzO^2)^3O$ se présente en longues aiguilles jaunes, peu solubles dans l'eau ; il détone par la chaleur ou par le choc. On l'emploie, mélangé avec du chlorate de potassium, dans le chargement des torpilles.

Le picrate d'ammoniaque est aussi en cristaux jaunes ; il est moins sensible au choc. On le mélange avec le salpêtre.

# CHAPITRE V

## NOTIONS SOMMAIRES D'ANALYSE CHIMIQUE

### (Analyse qualitative)

**573.** L'analyse chimique comprend les opérations au moyen desquelles on peut déterminer la *nature* et la *quantité* des éléments qui constituent une substance donnée ; l'analyse est donc *qualitative* ou *quantitative*.

Dans l'analyse *qualitative*, on provoque des phénomènes chimiques pouvant révéler la présence ou l'absence d'un élément. Exemple : si dans une dissolution de perchlorure de fer on ajoute quelques gouttes d'une dissolution de ferro-cyanure de potassium, il se produit un précipité bleu ; ce précipité indique la présence du fer ; de même, un courant d'hydrogène sulfuré passant dans une dissolution de chlorure d'antimoine produit un précipité rouge orangé. Le ferro-cyanure de potassium est un *réactif* du fer, l'hydrogène sulfuré un *réactif* de l'antimoine.

— D'une façon générale, un *réactif* est un corps qui, mis en contact avec la substance à analyser, donne lieu à des phéno-mènes (changement de couleur, précipité, dégagement gazeux) permettant de caractériser cette substance.

Nous allons indiquer succinctement la méthode générale permettant de résoudre le problème suivant : *étant donné un sel simple, c'est-à-dire ne renfermant qu'un acide et qu'une base, déterminer la nature de cet acide et de cette base.* On suppose le sel soluble dans l'eau ou dans les acides.

ESSAIS PAR VOIE SÈCHE

**574.** Le sel étant supposé à l'état solide, on le soumet d'abord à des essais préliminaires, ou essais *par voie sèche*, qui peuvent fournir des indications précieuses. On dissout ensuite le sel dans l'eau ou dans les acides, puis on soumet la dissolution *aux essais par voie humide.*

Les essais préliminaires, ou par voie sèche (après examen des propriétés extérieures de la substance, couleur, odeur, densité, etc.), sont les suivants.

**575. Essai au tube fermé** (*fig.* 212). — C'est un tube de verre de 10 centimètres de longueur environ et de 4 à 5 millimètres de diamètre intérieur ; il est fermé à une extrémité. On y chauffe une petite quantité de la substance réduite en poudre ; on peut alors observer les phénomènes suivants :

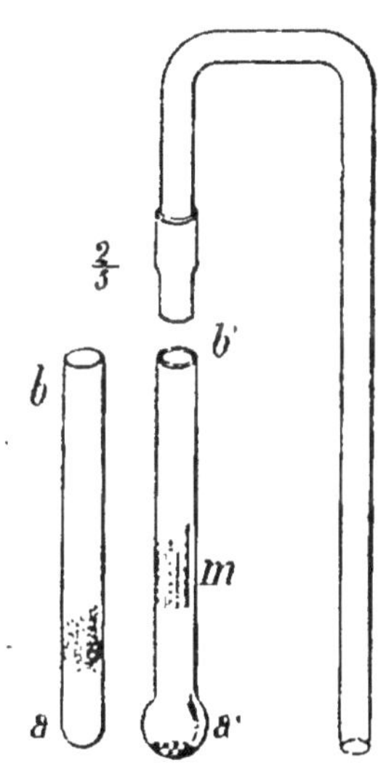

Fig. 212.

*Dégagement d'eau* provenant d'un sel hydraté.

*Formation d'un sublimé ;* un sublimé jaune est dû à du soufre ou à du sulfure d'arsenic ; un sublimé blanc à un sel ammoniacal, ou à du sublimé corrosif, ou à du calomel, etc.

*Changement de couleur du corps chauffé.*

*Dégagement de gaz.* — On observe la couleur et l'odeur du gaz ; son action sur certains réactifs, s'il est combustible ou comburant.

**576. Essai au tube ouvert** (*fig.* 213). — On emploie un tube de verre de même diamètre que le précédent, mais plus long et recourbé en angle obtus ; on met dans la courbure un peu de la substance à analyser, afin de la chauffer en faisant agir l'air ; les sulfures sont grillés en donnant de l'acide sul-

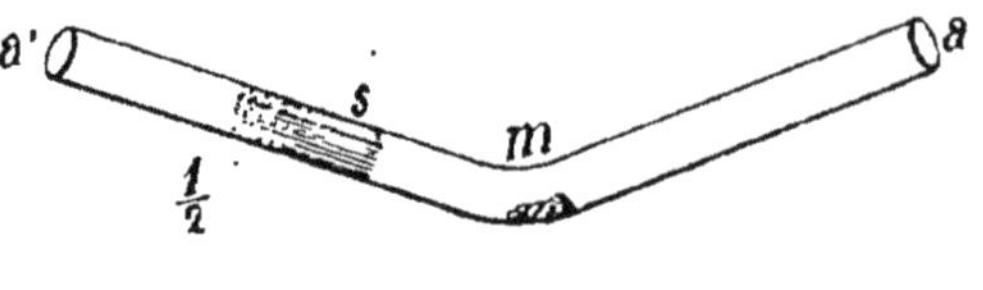

FIG. 213.

fureux dont on reconnaît l'odeur ; les arséniures répandent une odeur d'ail, etc.

**577. Essais au chalumeau.** — Ils sont de plusieurs sortes.

*Coloration de la flamme.* — On emploie la flamme non éclairante d'un brûleur Bunsen ; on y porte une parcelle de la substance au moyen d'un fil fin de platine, dont une extrémité est recourbée en boucle. On a des colorations variées : *jaune* pour les sels de sodium, *violette* pour les sels de potassium, *rouge* pour ceux de strontium et de lithium, *rouge jaunâtre* pour ceux de calcium, *verte* pour les sels de cuivre et l'acide borique, *bleue* pour les sels de cuivre (chlorure), *vert jaune* pour les sels de baryum.

*Coloration d'une perle de borax.* — On emploie encore un fil fin de platine recourbé en boucle (*fig.* 214) ; on chauffe la boucle au rouge par le chalumeau et on la plonge dans du borax ; le borax adhère en fondant à la partie extérieure de la flamme du chalumeau ; on laisse refroidir et on constate si on a une perle limpide ; on la replonge dans la substance en poudre, on chauffe de nouveau, et on observe la coloration de la perle.

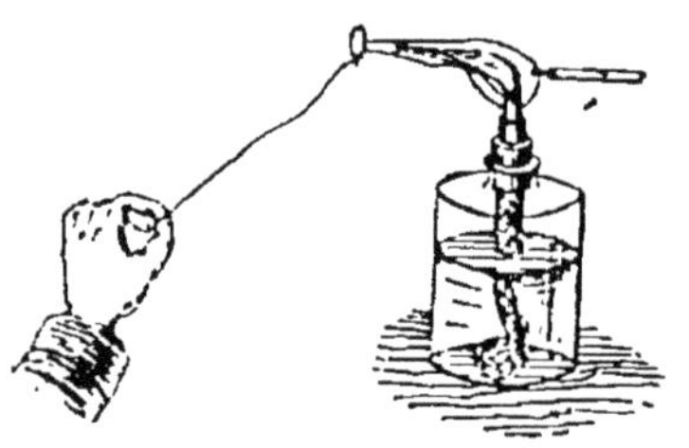

FIG. 214.

Le cuivre donne une perle *bleue* à la flamme d'oxydation, *rouge* à la flamme de réduction ; le manganèse donne une perle *violette* améthyste ; le cobalt, une perle *bleue* dans les deux flammes ; le chrome, une perle *verte*.

*Emploi du charbon.* — On pratique une cavité dans un morceau de charbon de bois, on y met un peu de la substance qu'on enveloppe avec la flamme du chalumeau ; on peut observer ainsi sur le charbon des auréoles de couleurs diverses dues à des dépôts d'oxydes, ou des fusions de métaux (plomb).

## ESSAIS PAR VOIE HUMIDE

**578.** Après ces essais préliminaires, on fait passer le sel à l'état de dissolution ; cette dissolution se fait en employant successivement l'eau, ou l'acide HCl, ou l'acide $AzO^3H$, ou l'eau régale, à froid ou à chaud. Si l'eau suffit, on notera la réaction de la dissolution (alcaline ou acide) ; si on emploie un acide, on observera s'il se dégage un gaz, et quel est ce gaz.

Au moyen de cette dissolution, on effectue les essais par voie humide permettant de déterminer la nature de la base et la nature de l'acide du sel ; pour chaque essai on ne prend qu'une portion de la dissolution, afin d'en réserver pour les opérations ultérieures.

## DÉTERMINATION DE LA BASE D'UN SEL HOMOGÈNE SOLUBLE DANS L'EAU OU LES ACIDES

**579.** On indiquera, en même temps que la marche à suivre, les réactions les plus importantes permettant de caractériser complètement le métal de la base.

La méthode consiste à traiter la dissolution, supposée acide, successivement par les réactifs suivants : *eau, acide chlorhydrique, hydrogène sulfuré, sulfhydrate d'ammoniaque, carbonate de sodium.*

### I. — ACTION DE L'EAU

**580.** On ajoute de l'eau distillée à la dissolution acide ; si cette dernière est trop acide, ce que l'on constate avec un papier de tournesol, on la neutralise d'abord par un peu d'ammoniaque, puis on traite par l'eau en excès : s'il se produit un précipité *blanc*, le métal est du *bismuth* ou de l'*antimoine*, ou du *cuivre* au minimum ; on le trouvera à l'aide des caractères suivants :

| | |
|---|---|
| **BISMUTH** | La dissolution du sel est incolore.<br>Le précipité blanc est soluble dans l'acide acétique $C^2H^4O^2$.<br>Le précipité blanc est insoluble dans la potasse KOH.<br>$H^2S$ dans la dissolution donne un précipité *brun noir*. |
| **ANTIMOINE** | La dissolution est incolore.<br>$H^2S$ dans la dissolution donne un précipité *rouge orangé*.<br>Le précipité blanc produit par l'eau est soluble dans la potasse. |
| **CUIVRE AU MINIMUM** | La dissolution est bleu verdâtre.<br>L'ammoniaque augmente la coloration bleue.<br>$H^2S$ noircit le précipité blanc produit par l'eau. |

## II. — ACTION DE L'ACIDE CHLORHYDRIQUE HCl

**581.** Si l'addition d'eau dans la dissolution neutre n'a donné lieu à aucun précipité, on ajoute quelques gouttes d'acide chlorhydrique ; il peut alors se produire un précipité *blanc*. Il ne faut pas s'occuper des précipités cristallins, *solubles dans un excès d'eau*, qui pourraient se former ; certains sels, en effet, tels que les chlorures de baryum, de strontium, de potassium, de sodium, s'ils sont en solutions concentrées, donnent lieu à des précipités cristallins qu'on redissout par un excès d'eau : ces précipités, d'ailleurs, ne noircissent pas par l'acide sulfhydrique.

Si donc l'addition d'acide HCl a donné un précipité blanc, on se trouve en présence de l'un des trois métaux : *argent*, *mercure* au minimum, *plomb* ; on saura devant quel métal on est en présence par les réactions suivantes :

Argent
- Dissolution incolore.
- $H^2S$ donne un précipité *noir* dans la dissolution.
- Le précipité blanc formé par HCl est insoluble dans l'acide azotique.
- Le précipité blanc formé par HCl est soluble dans l'ammoniaque.
- Le précipité blanc formé par HCl est soluble dans l'hyposulfite de sodium.

Mercure au minimum
- Dissolution incolore.
- $H^2S$ donne un précipité *noir* dans la dissolution.
- L'ammoniaque donne un précipité brun noir.
- La potasse donne un précipité noirâtre.
- L'iodure de potassium donne un précipité vert olive.

Plomb
- Dissolution incolore.
- $H^2S$ donne dans la dissolution un précipité d'abord *rougeâtre*, puis *noir*.
- Le chromate de potassium donne un précipité jaune.
- Un sulfate donne un précipité blanc.
- L'iodure de potassium produit un précipité jaune.

REMARQUE. — Pour que l'acide chlorhydrique produise un précipité blanc dans la solution d'un sel de plomb, il faut que cette solution soit un peu concentrée.

### III. — ACTION DE L'HYDROGÈNE SULFURÉ $H^2S$

**582.** Si on n'a obtenu aucun précipité ni avec l'eau, ni avec l'acide chlorhydrique, on essaie en troisième lieu l'action de l'hydrogène sulfuré; on prend une petite quantité de la dissolution dans une éprouvette, on la rend légèrement *acide par l'acide chlorhydrique*, et on y fait passer un courant de gaz $H^2S$; s'il se forme un précipité, on continue de faire passer le courant jusqu'à ce que la précipitation soit complète; quelquefois il ne se produit rien à froid, même quand il s'agit d'une base précipitable par $H^2S$; on chauffera donc la dissolution soumise à l'action de ce gaz avant de rien conclure.

Supposons qu'il se soit formé un précipité qui est un sulfure, et que la précipitation soit complète; on note la couleur du précipité, on le recueille sur un filtre, on le lave un peu à l'eau bouillante sur le filtre, et on constate s'il est soluble dans le sulfhydrate d'ammoniaque $(AzH^4)SH$.

Pour cela, on prend un peu du précipité avec une spatule, on le met dans une capsule ou dans un tube à essais, et on y ajoute quelques gouttes de sulfhydrate en chauffant un peu et en agitant avec une baguette de verre.

1° *Si le sulfure se dissout dans le sulfhydrate*, la dissolution contenait l'un des métaux : *or*, *étain* (au maximum ou au minimum), ou bien de l'*arsenic*.

Le sulfure d'antimoine, rouge orangé, est soluble aussi dans le sulfhydrate ; mais s'il s'agissait de ce métal, on l'aurait reconnu au premier essai (action de l'eau) ; cependant, s'il avait échappé dans ce premier essai, on serait averti de sa présence par le précipité rouge orangé qui se produirait en faisant passer le courant de $H^2S$.

2° *Si le sulfure n'est pas soluble dans le sulfhydrate d'ammoniaque*, on se trouve alors en présence de l'un des métaux : *cadmium*, *mercure* (au maximum), *platine*, *cuivre* (au maximum), *palladium*.

Le tableau suivant permet de déterminer le métal, qu'il soit de ce groupe ou du groupe précédent :

| Le précipité formé par $H^2S$ est soluble dans $(AzH^4)SH$ | | |
|---|---|---|
| | **OR** | La dissolution est jaune brun.<br>$H^2S$ a donné un précipité *noir*.<br>L'acide oxalique donne à chaud, dans la dissolution, un précipité parsemé de paillettes brillantes d'or métallique. |
| | **ÉTAIN AU MAXIMUM** | La dissolution est incolore.<br>$H^2S$ a donné un précipité *jaune citron*.<br>La dissolution ne précipite pas par $HgCl^2$. |
| | **ÉTAIN AU MINIMUM** | La dissolution est incolore.<br>$H^2S$ a donné un précipité *brun chocolat*.<br>La dissolution donne un précipité blanc avec $HgCl^2$. |
| | **ARSENIC** | L'arsenic donne un précipité *jaune clair* par $H^2S$ ; on en parlera à propos de la recherche des acides, car l'arsenic ne se trouve dans les sels solubles que sous forme d'acide (acide arsénique ou arsénieux). |

| | | |
|---|---|---|
| **Le précipité formé par $H^2S$ est insoluble dans $(AzH^4)\,SH$** | **Cuivre au maximum** | La dissolution primitive est bleue ou verte. $H^2S$ a donné un précipité *noir*. L'ammoniaque donne une coloration d'un bleu intense; il y a précipité bleu soluble dans un excès d'ammoniaque. Le ferrocyanure de potassium donne un précipité brun. Une lame de fer dans la dissolution se couvre d'un dépôt de cuivre. |
| | **Mercure au maximum** | La dissolution est incolore. $H^2S$ a donné un précipité *noir*. L'iodure de potassium donne un précipité rouge. Le chlorure stanneux donne un précipité blanc. La potasse donne un précipité jaune. |
| | **Palladium** | La dissolution est brune (couleur acajou). $H^2S$ a produit un précipité *noir*. L'iodure de potassium donne un précipité noir. |
| | **Platine** | La dissolution est brune. $H^2S$ a produit un précipité *noir*. Le chlorhydrate d'ammoniaque donne un précipité jaune dans la dissolution concentrée, surtout après addition d'alcool. |
| | **Cadmium** | La dissolution est incolore. $H^2S$ a donné un précipité *jaune citron*. L'ammoniaque donne un précipité blanc soluble dans un excès du réactif. |

REMARQUE. — Au lieu de l'un des sulfures précédents, il pourrait se former, sous l'action de $H^2S$ un précipité blanchâtre laiteux ; ce précipité est du soufre provenant de la réduction de $H^2S$ en présence d'un sel de *peroxyde de fer ;* on le reconnaît à l'odeur d'acide sulfureux qu'il dégage quand on le chauffe sur une lame de platine.

## IV. — ACTION DU SULFHYDRATE D'AMMONIAQUE $(AzH^4)SH$

**583.** Supposons qu'on n'ait obtenu aucun précipité dans les trois essais successifs par $H^2O$, $HCl$, $H^2S$ ; on traite alors la dissolution dont on a toujours une partie en réserve, pour chaque essai, de la façon suivante : on ajoute à la dissolution quelques centimètres cubes de chlorhydrate d'ammoniaque, puis assez d'ammoniaque pour la rendre basique ; l'ammoniaque peut produire un précipité, on n'en tient pas compte ; on ajoute alors le sulfhydrate d'ammoniaque, goutte à goutte. S'il se produit un précipité, on note sa couleur : il provient d'un des métaux : *fer* (au minimum ou au maximum), *cobalt*, *nickel*, *zinc*, *aluminium*, *manganèse*, *chrome* ; on reconnaîtra ce métal d'après les réactions suivantes .

**FER AU MAXIMUM**
La dissolution est brun jaunâtre.
Le sulfhydrate d'ammoniaque a donné un précipité *noir* soluble dans HCl.
$H^2S$ avait donné un précipité blanc laiteux de soufre.
Le ferrocyanure de potassium donne un précipité bleu foncé.
L'ammoniaque produit un précipité couleur de rouille.
La dissolution ne décolore pas une dissolution de permanganate de potassium.

**FER AU MINIMUM**
La dissolution est presque incolore.
Le sulfhydrate a produit un précipité *noir*, soluble dans HCl.
Le ferrocyanure de potassium donne un précipité blanc bleuâtre.
La dissolution décolore une dissolution de permanganate de potassium.

**COBALT**
La dissolution est rouge ou bleue, selon la concentration.
Le sulfhydrate a produit un précipité *noir* peu soluble dans HCl.
La potasse KOH produit un précipité bleu.
L'azotite de potassium produit un précipité jaune,

**NICKEL**
La dissolution est verte.
Le sulfhydrate a produit un précipité *noir* peu soluble dans HCl.
La potasse KOH produit un précipité vert pomme.
L'azotite de potassium ne donne pas de précipité.

**MANGANÈSE**
La dissolution est incolore.
Le sulfhydrate a produit un précipité *rose* chair.
La potasse KOH produit un précipité blanc qui brunit à l'air.

**CHROME**
La dissolution est verte ou violette.
Le sulfhydrate a donné un précipité *vert*.
La potasse donne un précipité vert bleuâtre, soluble dans un excès : par l'ébullition, le précipité réapparaît.

ZINC
{ Dissolution incolore.
Le sulfhydrate a donné un précipité blanc, insoluble dans KOH.
$H^2S$ donne aussi un précipité blanc dans la dissolution acidulée par HCl et additionnée d'acétate de sodium.

ALUMINIUM
{ Dissolution incolore.
Le sulfhydrate a donné un précipité *blanc* soluble dans KOH.
$H^2S$ ne précipite pas la dissolution, même après addition d'acétate de sodium.

## V. — ACTION DU CARBONATE DE SODIUM $CO^3Na^2$

**584.** Aucun des réactifs précédents n'ayant donné de réaction, on reprend une portion de la dissolution primitive et on y ajoute un peu de carbonate de sodium, jusqu'à ce que la liqueur soit basique. S'il se forme un précipité, c'est que la dissolution contient un sel d'un des métaux : *baryum, strontium, calcium, magnésium.* D'ailleurs, la dissolution de chacun de ces métaux est *incolore*, et le précipité produit par le $CO^3Na^2$ est *blanc;* on les distinguera ainsi :

MAGNÉSIUM
{ Le précipité blanc est soluble dans $AzH^4Cl$ en dissolution.
La dissolution ne précipite pas après qu'on y a ajouté quelques cent. cubes d'alcool, puis quelques gouttes d'acide sulfurique.

BARYUM
{ Une goutte de la dissolution, portée dans la flamme du bec Bunsen avec un fil de platine la colore en vert.
Le sulfate de calcium donne vite un précipité blanc.

STRONTIUM
{ Une goutte de la dissolution colore la flamme en rouge.
Le sulfate de calcium donne lentement un précipité blanc.

CALCIUM
{ La flamme est colorée en jaune foncé.
Le sulfate de calcium ne donne pas de précipité.
L'oxalate d'ammoniaque donne un précipité blanc, soluble dans l'acide acétique.

## VI. — SELS NE DONNANT DE PRÉCIPITÉ AVEC AUCUN DES RÉACTIFS PRÉCÉDENTS

**585.** Si les réactifs employés successivement n'ont donné aucun précipité, c'est que la dissolution primitive contenait un sel d'un des métaux : *potassium, sodium, lithium*, ou un *sel ammoniacal*. La dissolution dans chaque cas est incolore :

| | |
|---|---|
| AMMONIUM | La dissolution, chauffée avec de la chaux vive, dégage $AzH^3$. <br> Le réactif de Neesler (iodure double de mercure et de potassium, solution alcaline) donne un précipité jaune rouille. |
| POTASSIUM | Une goutte de la dissolution colore la flamme en violet. <br> Le tartrate acide de sodium donne un précipité blanc. <br> Le chlorure platinique $PtCl^4$ donne un précipité jaune, surtout après addition d'un peu d'alcool. |
| SODIUM | Une trace de la dissolution colore la flamme en jaune. <br> Le pyroantimoniate acide de potassium forme lentement un précipité blanc. |
| LITHIUM | Colore la flamme en rouge cramoisi. |

## DÉTERMINATION DE L'ACIDE D'UN SEL HOMOGÈNE SOLUBLE DANS L'EAU OU DANS LES ACIDES

**586.** L'acide qu'on cherche peut être un acide *métallique*, ou un acide *métalloïdique*.

1° Les acides métalliques sont les acides *manganique, permanganique, ferrique, chromique, dichromique* : leurs dissolutions sont colorées.

2° Les acides métalloïdiques sont divisés en quatre groupes, selon les réactions qu'ils fournissent avec deux réactifs, qui sont le chlorure de baryum $BaCl^2$ et l'azotate d'argent $AzO^3Ag$.

*Premier groupe.* — Acides dont les sels donnent un précipité avec le chlorure de baryum et n'en donnent pas avec l'azotate d'argent : acides sulfurique, fluorhydrique, hydrofluosilicique.

*Deuxième groupe.* — Acides dont les sels donnent un précipité par $BaCl^3$ et aussi par $AzO^3Ag$ : acides orthophosphorique, pyrophosphorique, métaphosphorique, sulfureux, hyposulfureux, borique, arsénieux, arsénique, iodique, azoteux, silicique, carbonique, oxalique.

*Troisième groupe.* — Acides dont les sels ne sont précipités que par $AzO^3Ag$ : acides sulfhydrique, cyanhydrique, chlorhydrique, bromhydrique, iodhydrique.

*Quatrième groupe.* — Acides dont les sels ne sont précipités par aucun des deux réactifs $BaCl^2$ et $AzO^3Ag$ : acides chlorique, perchlorique, azotique.

Remarques. — Parmi les sels à acides métalloïdiques, les polysulfures seuls ont des dissolutions colorées (en jaune) ; toutes les autres dissolutions sont incolores.

— Pour déterminer l'acide d'un sel au moyen de la dissolution de ce sel, il convient que la solution soit neutre ou légèrement alcaline ; on la traite par du carbonate de sodium en excès qui précipite le métal à l'état de carbonate insoluble ; le liquide filtré contient l'acide à l'état de sel alcalin : *c'est avec ce liquide qu'on va opérer* pour la recherche de l'acide.

D'ailleurs, si on avait à déterminer la nature d'un acide libre, non combiné avec une base, on le neutraliserait aussi, d'abord, à l'aide d'un carbonate alcalin.

La méthode qu'on vient de définir se trouve exposée dans les tableaux qui suivent ; ils contiennent aussi les principales réactions caractérisant les sels formés par chaque acide.

## 587. Acides métalliques

| | |
|---|---|
| Acide manganique (manganates) | Dissolution verte. <br> L'acide sulfureux $SO^2$ la décolore. <br> Le sulfhydrate d'ammoniaque donne un précipité rose dans la dissolution rendue basique par l'ammoniaque. |

|  |  |
|---|---|
| ACIDE PERMANGANIQUE (PERMANGANATES) | Dissolution violette.<br>SO² la décolore  Le sulfate ferreux aussi.<br>(AzH⁴)SH donne un précipité rose dans la dissolution basique. |
| ACIDE FERRIQUE (FERRATES) | Dissolution violette.<br>SO² la décolore.<br>(AzH⁴)SH donne un précipité noir dans la dissolution basique. |
| ACIDE CHROMIQUE (CHROMATES) | Dissolution jaune.<br>SO² ne la décolore pas.<br>L'acide acétique rend la dissolution rouge.<br>Le bichlorure de mercure donne un précipité jaune rouge. |
| ACIDE DICHROMIQUE (DICHROMATES) | Dissolution rougeâtre.<br>SO² ne la décolore pas.<br>Le bichlorure de mercure ne la précipite pas. |

## 588. Acides métalloïdiques

### I. — ACIDES DONNANT UN PRÉCIPITÉ BLANC AVEC BaCl²
### MAIS NE DONNANT PAS DE PRÉCIPITÉ AVEC AzO³Ag

|  |  |
|---|---|
| ACIDE FLUORHYDRIQUE (FLUORURES) | BaCl² donne un précipité blanc soluble à l'ébullition dans HCl dilué.<br>Le précipité, séché, puis chauffé avec SO⁴H²; donne HFl qui attaque le verre. |
| ACIDE SULFURIQUE (SULFATES) | BaCl² donne un précipité blanc insoluble dans HCl bouillant.<br>Le précipité, lavé, séché et chauffé avec Mg, donne un sulfure (BaS). |
| ACIDE HYDROFLUOSILICIQUE (HYDROFLUOSILI-CATES) | BaCl² donne un précipité blanc insoluble dans HCl étendu et bouillant.<br>L'ammoniaque donne un précipité de silice dans la dissolution. |

### II. — ACIDES DONNANT UN PRÉCIPITÉ AVEC BaCl²
### ET AUSSI AVEC AzO³Ag

**589.** Avec les sels des acides de cette catégorie BaCl²
donne toujours un précipité *blanc* ; mais le réactif AzO³Ag
donne un précipité *jaune* pour les arsénites et les ortho-

phosphates; *rouge brique* pour les arséniates; *blanc* pour les iodates, carbonates, bicarbonates, oxalates, azotites, pyrophosphates, métaphosphates, borates, sulfites, bisulfites, hyposulfites et silicates.

On fera donc ces deux essais sur deux portions séparées de la dissolution.

**Précipité jaune par $AzO^3Ag$**

**ACIDE ARSÉNIEUX (ARSÉNITES)**

$H^2S$ donne un précipité jaune clair dans la dissolution acidulée par HCl.

Le chlorure d'or $AuCl^3$ donne à chaud un précipité d'or métallique.

La dissolution acidulée avec de l'acide sulfurique décolore le permanganate de potassium.

Essai avec l'appareil Marsh.

**ACIDE ORTHOPHOSPHORIQUE (ORTHOPHOSPHATES)**

$H^2S$ ne donne pas de précipité dans la dissolution acidulée par HCl.

La mixture magnésienne ($MgSO^4 + AzH^4Cl + AzH^3$) donne un précipité blanc.

Le molybdate d'ammoniaque donne un précipité jaune.

**Précip. rouge brique**

**ACIDE ARSÉNIQUE (ARSÉNIATES)**

$H^2S$ dans la dissolution acidulée par HCl, et chauffée, donne un précipité jaune.

**Précipité blanc par $AzO^3Ag$**

**ACIDE IODIQUE (IODATES)**

Coloration bleue dans la dissolution diluée additionnée d'empois d'amidon, puis d'acide sulfureux.

**ACIDE CARBONIQUE (CARBONATES) OU (BICARBONATES)**

La dissolution proposée est alcaline.

Les précipités par $BaCl^2$ et $AzO^3Ag$ sont solubles dans $AzO^3H$ dilué avec dégagement d'un gaz incolore ($CO^2$).

Dans un *carbonate*, $MgSO^4$ en dissolution donne un précipité blanc à *froid*.

Dans un *bicarbonate*, $MgSO^4$ en dissolution donne un précipité blanc à *chaud*.

**ACIDE OXALIQUE (OXALATES)**

Les précipités par $BaCl^2$ et $AzO^3Ag$ sont solubles dans $AzO^3H$ sans dégagement de gaz.

La dissolution additionnée de $MnO^2$ et de $SO^4H^2$ dégage du gaz $CO^2$.

**Précipité blanc par AzO³Ag**

| | | |
|---|---|---|
| **ACIDE AZOTEUX** (AZOTITES) | | Les précipités par BaCl² et AzO³Ag sont solubles dans AzO³H avec dégagement de gaz rutilant.<br>La dissolution, acidulée avec de l'acide acétique, se colore en bleu quand on ajoute de l'amidon et de l'iodure KI.<br>La dissolution décolore la solution de permanganate de potassium. |
| **ACIDE MÉTAPHOSPHORIQUE** (MÉTAPHOSPHATES) | | Les précipités par BaCl² et AzO³Ag sont solubles dans AzO³H sans dégagement de gaz.<br>Le molybdate donne un précipité jaune à chaud.<br>La dissolution additionnée d'acide acétique coagule l'albumine. |
| **ACIDE PYROPHOSPHORIQUE** (PYROPHOSPHATES) | | Les précipités par BaCl² et AzO³Ag sont solubles dans AzO³H sans dégagement de gaz.<br>Le molybdate d'ammoniaque donne un précipité jaune à chaud.<br>L'albumine n'est pas coagulée. |
| **ACIDE BORIQUE** (BORATES) | | Les précipités par BaCl² et AzO³Ag sont solubles dans AzO³ sans gaz.<br>La dissolution bien acidulée par HCl rougit le papier jaune de curcuma.<br>La flamme est colorée en vert. |
| **ACIDE SULFUREUX** (SULFITES) ET (BISULFITES) | | Le précipité produit par BaCl² est soluble dans HCl dilué; en chauffant un peu SO² se dégage.<br>Le précipité produit par AzO³Ag est soluble dans un excès de la dissolution primitive; celle-ci à l'ébullition donne un précipité d'argent miroitant.<br>Ces caractères sont communs aux sulfites et aux bisulfites, mais la solution d'un bisulfite a une forte odeur de SO². |
| **ACIDE HYPOSULFUREUX** (HYPOSULFITES) | | Le précipité par BaCl² se forme lentement : traité par HCl dilué et bouillant, il jaunit parce que du soufre se précipite.<br>Le précipité par AzO³Ag est soluble dans un excès de la dissolution primitive : celle-ci à l'ébullition donne un précipité noir (AgS). |

| Précipité blanc par AzO³Ag | ACIDE SILICIQUE (SILICATES) | Le précipité produit par AzO³Ag est d'un blanc sale. La solution primitive est alcaline. $AzH^4Cl$ y donne un précipité de silice gélatineuse. $HCl$ ajouté peu à peu donne de la silice gélatineuse. |
|---|---|---|

**590. III. — ACIDES NE DONNANT AUCUN PRÉCIPITÉ AVEC $BaCl^2$ ET DONNANT UN PRÉCIPITÉ AVEC $AzO^3Ag$.**

| | MONOSULFURES | $MnSO^4$ neutre donne un précipité rose de MnS. $HCl$ donne un dégagement de $H^2S$ sans précipité de soufre. |
|---|---|---|
| Précipité noir par AzO³Ag | SULFHYDRATES | $MnSO^4$ neutre donne un précipité rose et dégagement de $H^2S$. $HCl$ donne un dégagement de $H^2S$, sans soufre. |
| | POLYSULFURES | La dissolution est plus ou moins jaune. $HCl$ donne un dégagement de $H^2S$ et un précipité laiteux de S. |
| Précipité blanc par AzO³Ag | ACIDE CYANHYDRIQUE (CYANURES) | La dissolution alcalinisée par KOH est traitée par une solution de sulfate ferreux renfermant du chlorure ferrique; il se fait un précipité bleu sale; l'addition d'un peu de $HCl$ produit une coloration bleue pure (bleu de Prusse). La dissolution chauffée avec $AzH^4SH$ se transforme en sulfocyanure; on évapore à sec; le résidu traité par un sel ferrique devient rouge intense. |
| | ACIDE CHLORHYDRIQUE (CHLORURES) | Le réactif des cyanures ne donne rien (sulfate ferreux + chlorure ferrique). Un peu de la dissolution chauffée avec $SO^4H^2 + MnO^2$ dégage du chlore. |
| Précipité jaunâtre par AzO³Ag | ACIDE IODHYDRIQUE (IODURES) | L'acétate de plomb donne un précipité jaune ($PbI^2$). L'eau de chlore additionnée d'amidon donne une coloration bleue. |
| | ACIDE BROMHYDRIQUE (BROMURES) | L'acétate de plomb donne un précipité blanc de $PbBr^2$. En évaporant à sec un peu de la dissolution, puis en ajoutant $SO^4H^2 + MnO^2$ au résidu, on a un mélange qui, chauffé, dégage des vapeurs rouges de brome. |

**591. IV.** — ACIDES NE DONNANT PAS DE PRÉCIPITÉ AVEC $BaCl^2$
NI AVEC $AzO^3Ag$

|  |  |
|---|---|
| ACIDE CHLORIQUE (CHLORATES) | La dissolution décolore à froid le sulfate d'indigo. La dissolution évaporée à sec laisse un résidu (chlorate), qui, chauffé. dégage de l'oxygène. |
| ACIDE PERCHLORIQUE | Le sulfate d'indigo n'est pas décoloré. |
| ACIDE AZOTIQUE (AZOTATES) | Le sulfate d'indigo est décoloré à l'ébullition. Le sulfate de brucine donne une coloration rouge intense. Le sulfate ferreux en poudre dans $SO^4H^2$. produit une coloration rose ou brune. Le résidu de l'évaporation à sec chauffé avec $Cu + SO^4H^2$ dégage des vapeurs rutilantes. |

**592. Substances insolubles dans l'eau et dans les acides**

| 1° SUBSTANCES COLORÉES. | Substances volatiles. | Substance verte : $Cr^2O^3$ calciné. Substance brune : $Fe^2O^3$ calciné. |
|---|---|---|
|  | Substances non volatiles. | Substance jaune verdâtre : $Hg^2I^2$. Substance noire : $HgS$ précipité. Substance rouge : $HgS$ ou $HgI^2$. |
| 2° SUBSTANCES BLANCHES OU JAUNATRES, NOIRCIES PAR LE SULFHYDRATE D'AMMONIAQUE. | Substances blanches. | $Hg^2Cl^2$. $AgCl$. $PbSO^4$ |
|  | Substances jaunâtres | $AgBr — AgI$. |
| 3° SUBSTANCES BLANCHES OU JAUNATRES NON NOIRCIES PAR LE SULFHYDRATE D'AMMONIAQUE. | Substances blanches. | $CaFl^2$. $BaSO^4$, $CaSO^4$, $CrSO^4$. $SiO^2$ et silicates. $Al^2O^3$ calcinée. |
|  | Substances jaunâtres. | $Sb^2O^3 — SnO^2$. |

370                                                          CHIMIE

TABLE I. — PRINCIPALES PROPRIÉTÉS PHYSIQUES DES MÉTAUX

| Densité | Température de fusion | Conductibilité (Viedmann et Franz) | Malléabilité (Laminoir) | Ductilité (Filière) | Ténacité Nombre de kilogrammes pour rompre un fil de 2 millimètres de diamètre | Dureté |
|---|---|---|---|---|---|---|
| Platine...... 21,5 | Mercure..... —39° | 1° *Pour la chaleur* | Or | Or | Cobalt. 432$^k$ | Chrome, raye le |
| Or forgé.... 19,35 | Potassium... 62°,5 | Argent.... 1000 | Argent | Argent | Nickel. 320$^k$ | verre. |
| Or fondu.... 19,25 | Sodium..... 95°,6 | Cuivre..... 736 | Aluminium | Platine | Fer.... 230$^k$ | Nickel } |
| Mercure liq.. 13,60 | Etain........ 228° | Or......... 532 | Cuivre | Aluminium | Cuivre. 137$^k$ | Cobalt } rayés par le verre. |
| Palladium... 12,0 | Bismuth..... 264° | Laiton..... 236 | Etain | Fer | Platine. 125$^k$ | Fer |
| Plomb...... 11,35 | Plomb...... 335° | Zinc....... 190 | Platine | Nickel | Argent. 85$^k$ | Antimoine |
| Argent fondu 10,44 | Zinc........ 410° | Etain...... 145 | Plomb | Cuivre | Or..... 68$^k$ | Zinc |
| Bismuth..... 9,8 | Antimoine... 450° | Fer........ 119 | Zinc | Zinc | Zinc... 50$^k$ | |
| Nickel...... 8,8 | Aluminium.. 750° | Plomb..... 85 | Fer | Etain | Etain.. 16$^k$ | Platine } |
| Cobalt...... 8,8 | Argent, vers 1000° | Platine.... 84 | Nickel | Plomb | Plomb. 10$^k$ | Cuivre } |
| Cuivre...... 8,79 | Cuivre...... 1100° | 2° *Pour l'électricité* | | | | Or } rayés par le carbonate de calcium |
| Fer en barre. 7,79 | Or.......... 1250° | Argent... 1000 | | | | Argent } |
| Fer fondu... 7,21 | Fonte....... 1250° | Cuivre.... 733 | | | | Bismuth } |
| Etain fondu. 7,24 | Fer doux.... 1500° | Or........ 585 | | | | Etain |
| Manganèse.. 7,20 | Nickel...... 1500° | | | | | |
| Chrome..... 7,00 | Cobalt...... 1500° | Zinc....... 240 | | | | Plomb { rayé par l'ongle. |
| | | Etain...... 226 | | | | |
| Zinc fondu.. 6,86 | Platine...... 2000° | Laiton..... 215 | | | | Potassium } mous comme la cire |
| Aluminium.. 2,56 | | Fer........ 130 | | | | Sodium } |
| Sodium..... 0,97 | | Plomb..... 107 | | | | |
| Potassium... 0,86 | | Platine.... 103 | | | | |

### TABLE II. — ALLIAGES USUELS

|  |  |
|---|---|
| Monnaie d'or.... | Or..... 900 / Cuivre. 100 |
| Vaisselles et médailles......... | Or .... 916 / Cuivre. 84 |
| Bijouterie d'or.. | Or..... 750 / Cuivre. 250 |
| Monnaie d'argent (pièces de 5 fr.). | Argent. 900 / Cuivre. 100 |
| Monnaie d'argent (pièces de 2 fr., 1 fr., 0.50, 0.20). | Argent. 835 / Cuivre. 165 |
| Vaisselle et médailles d'argent. | Argent. 950 / Cuivre. 50 |
| Bronze des monnaies et des médailles......... | Cuivre. 95 / Etain.. 4 / Zinc... 1 |
| Bronze d'aluminium......... | Alum.. 10 / Cuivre. 90 |
| Ferro-aluminium | Fer ... 90 / Alum.. 10 |
| Chrysocale.... (faux bijoux). | Cuivre. 90.4 / Zinc... 8 / Plomb. 1.6 |
| Poudre à bronzer, jaune pâle. | Cuivre. 82.33 / Zinc... 16.69 |
| Laiton........ | Cuivre. 67 / Zinc... 33 |
| Maillechort ... | Cuivre. 50 / Zinc... 25 / Nickel. 25 |
| Métal anglais. | Etain... 100 / Antim.. 8 / Bismuth 1 / Cuivre. 4 |
| Caractères d'imprimerie. | Plomb.. 55 / Etain .. 20 / Antim . 25 |
| Mesures d'étain | Plomb. 10 / Etain .. 90 |
| Poterie d'étain de Paris..... | Cuivre. 1 / Etain . 90 / Antim.. 9 |

### TABLE III. — SOUDURES

| Soudures | Cuivre | Zinc | Divers |
|---|---|---|---|
| Soudures fortes — jaune peu fusible .. | 53,3 | 43,1 | Étain 1,3; Plomb 0.3 |
| Soudures fortes — demi-blanche fusible. | 44,0 | 49,9 | — 3,3 — 1,2 |
| Soudures fortes — blanche très fusible. | 57,4 | 28,0 | — 14.6 |
| — très forte... | 53,3 | 46,7 | |
| Métal des cloches pour souder................ | 10 | | Étain 15.0; laiton 20 |
| Id. pour souder le laiton.. | 1,5 | 6 | Laiton 10 |
| Argent de soudure pour alliage à $\frac{950}{1000}$........ | 23,33 | 10 | Argent 66.66 |
| Soudure des plombiers... | » | » | Étain 33; Plomb 66 |
| — des ferblantiers.. | » | » | — 50 — 50 |
| — pour or rouge... | 1 | » | Or 5 |
| — pour or à $\frac{750}{1000}$. | 1 | » | Argent 1. Or 4 |

## TABLE IV. — CALCAIRES, CHAUX ET CIMENTS

### CALCAIRES

| Composition sur 100 parties | Marbre de Carrare | Pierre à chaux de Vaugirard | Pierre à chaux de Vichy | Pierre à chaux de Calviac (Dordogne) |
|---|---|---|---|---|
| Carbonate de chaux.... | 100 | 98,5 | 87,2 | 77,8 |
| — de magnésie. | » | » | 10,0 | » |
| Oxyde de fer ($Fe^2O^3$).. | » | » | 2,8 | » |
| Argile................ | » | 1,5 | » | 2,6 |
| Sable ............... | » | » | » | 19,6 |
| Chaux fournie........ | Tr. grasse | Tr. grasse | Maigre | Tr. maigre |

### CALCAIRES A CHAUX TRÈS HYDRAULIQUE

| | Metz | Senouches | Lezoux |
|---|---|---|---|
| Carbonate de chaux.......... | 77,5 | 80,0 | 72,5 |
| — de magnésie....... | 3,0 | 1,5 | 4,5 |
| — de fer ............ | 3,0 | » | » |
| — de manganèse..... | 1,5 | » | » |
| Argile ou silice ............. | 15,0 | 18,5 | 23,0 |

### CALCAIRES A CIMENTS

| | Boulogne | Londres | Pouilly |
|---|---|---|---|
| Carbonate de chaux.......... | 63,6 | 65,5 | 57,3 |
| — de magnésie....... | » | 0,5 | 3,6 |
| — de fer ............ | 6,0 | 6,0 | 6,6 |
| — de manganèse..... | » | 1,9 | » |
| Argile ................... | 23,8 | 24,8 | 25,2 |
| Eau ................... | 6,6 | 1,3 | 7,3 |

### CIMENTS

| | Vassy | Bou'ogne | Portland | Theil |
|---|---|---|---|---|
| CaO................ | 57,85 | 49,9 | 68,1 | 78,2 |
| MgO................ | 2,10 | 0,6 | » | » |
| $SiO^2$................ | 20,62 | 32,7 | 20,6 | 18,2 |
| $Al^2O^3$................ | 13,19 | 9,4 | 10,4 | 1,8 |
| $Fe^2O^3$................ | 6,24 | 7,4 | 0,8 | » |
| Sable quartzeux....... | » | » | » | 1,8 |

TABLE V. — PRINCIPALES MATIÈRES COLORANTES MINÉRALES
*(In), inoffensif ; — (vé), vénéneux ; — (p. vé), peu vénéneux*

| Matières colorantes | Composition |
|---|---|
| **COULEURS ROUGES** | |
| Minium (vé). | Protoxyde et peroxyde de plomb. |
| Cinabre, vermillon (p. vé). | Sulfure de mercure. |
| Rouge anglais (in). | Peroxyde de fer. |
| Rouge de chrome (vé). | Chromate basique de plomb. |
| **COULEURS BLANCHES** | |
| Blanc de plomb, céruse (vé). | Carbonate et oxyde de plomb hydraté. |
| Blanc de zinc (p. vé). | Oxyde de zinc. |
| Spath pesant (in). | Sulfate de baryum. |
| Gypse (in). | Sulfate de calcium. |
| Craie (in). | Carbonate de calcium. |
| **COULEURS BRUNES ET NOIRES** | |
| Brun de manganèse (in). | Peroxyde de manganèse hydraté. |
| Noir d'os (in). | Charbon d'os. |
| Graphite (in). | Carbone. |
| **COULEURS BLEUES** | |
| Outremer bleu (in). | Sulfure de sodium et silicate d'aluminium. |
| Smalt (vé). | Masse vitreuse colorée par protoxyde de cobalt. |
| Bleu Thénard (in). | Protoxyde de cobalt et alumine |
| Bleu de Paris, de Prusse (in). | Ferrocyanure ferrique. |
| Bleu de montagne (vé). | Carbonate de cuivre basique hydraté. |
| **COULEURS JAUNES** | |
| Jaune de Naples (vé). | Antimoniate de plomb. |
| Jaune de Cassel (vé). | Oxychlorure de plomb. |
| Orpiment (vé). | Sulfure d'arsenic. |
| Jaune de chrome (vé). | Chromate neutre de plomb. |
| Ocre jaune (in). | Argile et oxyde de fer. |
| Massicot (vé). | Oxyde de plomb. |

| Matières colorantes | Composition |
| --- | --- |
| **COULEURS VERTES** | |
| Vert guignet (in). | Oxyde de chrome hydraté. |
| Vert de Rinnmann (p. vé). | Protoxyde de cobalt et oxyde de zinc. |
| Vert de Brême, vert de montagne, vert de Brunswick. (vé) | Oxyde de cuivre hydraté. |
| Vert-de-gris (vé). | Acétate basique de cuivre. |
| Vert de Scheele (très vé). | Arsénite de cuivre. |
| Vert de Schweissfürth (trés vé). | Arsénite et acétate de cuivre. |
| Cinabre vert (p. vé). | Bleu de Prusse et jaune de chrome. |
| Vert minéral (vé). | Carbonate de cuivre. |

FIN

# TABLE DES MATIÈRES

## PREMIÈRE PARTIE

## PHYSIQUE



### Préliminaires



## CHAPITRE PREMIER

### Pesanteur



## CHAPITRE II

### Hydrostatique

## CHAPITRE III

### Chaleur

## CHAPITRE IV

### Électricité

## CHAPITRE V

### Acoustique



## CHAPITRE VI

### Optique

## CHAPITRE VII

### Notions de météorologie



# DEUXIÈME PARTIE

# CHIMIE

## CHAPITRE PREMIER

### Préliminaires

## CHAPITRE II

### Métalloïdes

## CHAPITRE IV

### Notes sur quelques substances organiques



## CHAPITRE V

### Notions sommaires d'analyse chimique (analyse qualitative)

Tours. — Imprimerie DESLIS Frères.